线性代数

谢小贤 主 编

清華大学出版社
北 京

内容简介

本书是根据普通高等教育本科“线性代数”课程的教学基本要求编写而成的，是福建省精品在线开放课程的同步教材。全书共分6章，内容包括线性方程组与矩阵、行列式、矩阵及其应用、向量组的线性相关性和向量空间、方阵的特征值和特征向量理论、方阵的相似对角化、二次型等。每章都配有内容小结及习题，并附有习题提示或答案。

本书以线性方程组为主线，以矩阵的初等变换、矩阵的秩、矩阵的乘法为基本工具，比较自然地阐明了线性代数的基本概念、基本理论和基本方法。本书结构严谨，逻辑清晰，例题丰富；在内容的设计上循序渐进、深入浅出、简明易懂，强调数学的基本思想与应用，在满足教学基本要求的前提下，适当降低理论推导难度，便于理解和掌握。与本书配套的在线开放课程，适合读者利用碎片化时间进行预习、练习、期末复习、考研复习或巩固学习。

本书可作为高等学校理工科和经济管理等各专业“线性代数”课程的教材，也可供自学者、考研者和工程技术人员等参考使用。

图书在版编目(CIP)数据

线性代数 / 谢小贤 主编. —北京：清华大学出版社，2019(2024.8 重印)
ISBN 978-7-302-52920-0

Ⅰ.①线… Ⅱ.①谢… Ⅲ.①线性代数－教材 Ⅳ.①O151.2

中国版本图书馆 CIP 数据核字(2019)第 083541 号

责任编辑：王　定
封面设计：周晓亮
版式设计：思创景点
责任校对：牛艳敏
责任印制：杨　艳

出版发行：清华大学出版社
　　网　　址：https://www.tup.com.cn，https://www.wqxuetang.com
　　地　　址：北京清华大学学研大厦A座　　**邮　　编**：100084
　　社 总 机：010-83470000　　**邮　　购**：010-62786544
　　投稿与读者服务：010-62776969，c-service@tup.tsinghua.edu.cn
　　质 量 反 馈：010-62772015，zhiliang@tup.tsinghua.edu.cn
印 装 者：北京嘉实印刷有限公司
经　　销：全国新华书店
开　　本：185mm×260mm　　**印　　张**：16.25　　**字　　数**：385千字
版　　次：2019年8月第1版　　**印　　次**：2024年8月第7次印刷
定　　价：58.00元

产品编号：075594-02

前　言

线性代数是一门经典的代数基础课程，是高校理工类和经管类等学科的一门重要基础课程。线性代数主要研究线性关系，其核心内容包括线性方程组、矩阵、行列式、向量组的线性相关性、向量空间、线性变换、方阵的特征值和特征向量、方阵的对角化和二次型等。许多实际问题，如线性规划、电路设计、信息隐藏、计算机图像处理等技术，都可归结为线性问题来解决，因此，线性代数还是一门应用广泛的数学课程。它不仅是数学专业课程的基础，也是自然科学、工程技术和经济管理等各学科的基础，可以为后继课程提供数学知识，将理论、计算和应用融合在一起，为各个学科领域提供通用的分析问题与解决问题的方法，在科学计算与实际应用中起着重要作用。

随着计算机技术的飞速发展与数学工程软件的广泛应用，作为处理离散问题与线性问题的线性代数已成为科学技术人才必备的数学基础。为了帮助学生更容易学习、理解和掌握线性代数的精髓，掌握相关的代数知识，让学生学会用代数的方法思考、解决实际问题，本书在以下几个方面做出积极的探索与实践。

(1) 加强应用背景的引入。本书中安排了一些简单的案例应用，可加强对基本概念和理论背景的了解及应用，有助于理论联系实际，帮助学生理解抽象的代数概念，进而掌握相关的理论和计算，还有利于拓宽学生的视野，培养学生应用代数知识解决实际问题的能力。

(2) 突出以线性方程组和矩阵为主线。从线性方程组的几何意义和消元法出发，以矩阵的初等变换、矩阵的秩和矩阵乘法运算为基本工具，比较自然地阐述线性代数中一些抽象的、重要的基本概念、基本理论和计算方法；教学内容的安排循序渐进、由浅入深、简明易懂，便于理解和掌握。书中带 × 的教学内容或习题，作为选学或选做内容。

(3) 注重课程的系统性和科学性。既注重“去抽象”，增强基本概念和基本方法的可读性，又注意保持理论分析、内容结构的严谨性；注重突出线性代数的基本理论、基本思想和基本计算，突出知识结构的内在关联与统一；注重知识重点与难点、具体与抽象；课程结构紧凑、难度适中、易学易懂。

(4) 配套省级精品在线开放课程(中国大学 MOOC https://www.icourse163.org/course/HQU-1205898823)，利用信息化手段使教材更加立体化、生动化。在线课程对线性代数的教学内容进行优化细分，保持每个知识单元与整个课程结构上的一致性；注重概念和方法的可读性，又注意保持简单理论分析的严谨性；课程视频主题明确、由易到难，有利于读者利用碎片时间进行预习、练习、期末复习、考研复习或巩固学习；在线讨论、作业与测验有助于学生对知识点的理解、掌握与应用。

(5) 配备不同层次的习题，激发学生的学习兴趣。

(6) 引入数学软件解决线性代数问题。结合教材内容，在附录中介绍 MATLAB 在线性代数计算中的一些用法，以示例解释把理论学习与计算应用结合起来，让学生学会应用数学软件，加深对代数理论的认识。

本书由华侨大学数学科学学院谢小贤、李鸿萍和黄哲煌共同执笔，其中，第 1、3、4 章及附录由谢小贤编写，第 2 章由黄哲煌编写，第 5、6 章由李鸿萍编写，全书由谢小贤统稿和定稿。

与本书同步的精品在线开放课程获得 2017 年华侨大学精品在线开放课程建设立项，获得 2017 年福建省精品在线开放课程建设立项。本书的编写获得 2020 年华侨大学教材编写立项资助，并得到华侨大学教务处、数学科学学院领导们与同事们、清华大学出版社的大力支持与帮助，在此一并表示感谢！

限于编者的水平，书中难免有不足之处或缺点，欢迎读者批评指正。

本书提供课件和习题参考答案，下载地址如下：

课件　　　　习题参考答案

编　者

2019 年 4 月

目　录

第 1 章　线性方程组与矩阵

线性方程组与矩阵是线性代数的核心，它们不仅是线性代数的重要内容，而且是科学研究、工程技术和经济管理各领域中常用的工具. 科学技术和经济管理中的许多问题，如线性规划问题、电路设计问题、图像处理问题和经济投入产出、产出分配问题等，往往可以归结为建立和求解线性方程组的问题，进而利用矩阵理论和矩阵方法进行分析讨论.

本章将引入线性方程组的相关概念，从解析几何角度来直观地了解二元和三元线性方程组的解的几何意义；介绍解线性方程组的高斯(Gauss) 消元法，引入线性方程组和矩阵的初等变换，把用消元法解线性方程组转化为对方程组的增广矩阵施以初等行变换来解决；建立矩阵的秩的概念，并利用矩阵的秩判别线性方程组的解的情况：无解、有唯一解或有无穷多解.

1.1　线性方程组的基本概念

1.1.1　线性方程组的定义

1. 线性方程

线性方程是指包含未知量 $x_1, x_2, \cdots, x_n$ 的一次幂的方程，形如

$$a_1x_1+a_2x_2+\cdots+a_nx_n=b$$

的方程，其中常数 b 称为方程的常数项；$a_1, a_2, \cdots, a_n$ 称为方程未知量的系数；下标 n 为正整数，表示方程未知量的个数.

例如，方程 $2x_1+3x_2=1$ 和 $x_1-x_2+2x_3=5$ 都是线性方程. 而方程 $2x_1+3\sqrt{x_2}=1$ 和 $x_1x_2+2x_3=5$ 都不是线性方程，因为这两个方程中的 $\sqrt{x_2}$ 和 x_1x_2 都不是未知量的一次幂的项(通常称这些项为非线性项).

2. 线性方程组

线性方程组是由一个或几个包含相同未知量 $x_1, x_2, \cdots, x_n$ 的线性方程组成的，形如

$$\begin{cases}a_{11}x_1+a_{12}x_2+\cdots+a_{1n}x_n=b_1\\a_{21}x_1+a_{22}x_2+\cdots+a_{2n}x_n=b_2\\\qquad\vdots\\a_{m1}x_1+a_{m2}x_2+\cdots+a_{mn}x_n=b_m\end{cases}\tag{1.1.1}$$

的方程组，其中 b_i 表示方程组中第 i 个方程的常数项；a_{ij} $(i=1, \cdots, m; j=1, \cdots, n)$ 表示第 i 个方程第 j 个未知量的系数；下标 m，n 均为正整数，分别表示方程组(1.1.1) 中方程的个数和未知量的个数. 本书例题一般取 n 为 2 ～ 5. 通常，从实际问题中得到的线性方程组，n 可以取 100，1 000 或更大；方程个数 m 与未知量个数 n 可以相等，也可以不相等.

3. 线性方程组的类型

若常数项 $b_1, b_2, \cdots, b_m$ 不全为零，则方程组(1.1.1) 称为 n 元非齐次线性方程组；

若常数项 $b_1, b_2, \cdots, b_m$ 全为零，则方程组(1.1.1) 称为 n 元齐次线性方程组.

方程组

$$\begin{cases} a_{11}x_1 + a_{12}x_2 + \cdots + a_{1n}x_n = 0 \\ a_{21}x_1 + a_{22}x_2 + \cdots + a_{2n}x_n = 0 \\ \qquad \vdots \\ a_{m1}x_1 + a_{m2}x_2 + \cdots + a_{mn}x_n = 0 \end{cases} \tag{1.1.2}$$

为 n 元齐次线性方程组. 通常称方程组(1.1.2) 为方程组(1.1.1) 的导出组(齐次线性部分组).

例如，方程组

$$\begin{cases} -x_1 + x_2 = 0 \\ x_1 - x_2 = 0 \end{cases} \tag{1.1.3}$$

$$\begin{cases} 2x_1 + x_2 = 0 \\ x_1 - x_2 = 0 \end{cases} \tag{1.1.4}$$

都是齐次线性方程组.

方程组

$$\begin{cases} -x_1 + x_2 = 2 \\ x_1 - x_2 = 3 \end{cases} \tag{1.1.5}$$

$$\begin{cases} x_1 + 2x_2 + x_3 = 2 \\ x_1 \qquad\quad - x_3 = 3 \\ x_1 + x_2 \qquad\; = 1 \end{cases} \tag{1.1.6}$$

都是非齐次线性方程组，其中方程组(1.1.3) 是方程组(1.1.5) 的导出组.

4. 线性方程组的解

若一组数 $x_1=c_1, x_2=c_2, \cdots, x_n=c_n$，可以使方程组(1.1.1) 中所有方程都成立，则称有序数组 $(c_1, c_2, \cdots, c_n)$ 为方程组(1.1.1) 的一个解(或解向量). 在下文中，我们不再区分解和解向量.

如果线性方程组有解，就称方程组是相容的；否则，就称方程组是不相容的. 线性方程组所有解的集合称为线性方程组的解集合(简称解集). 若两个线性方程组具有相同的解集，则称它们是同解方程组(或等价方程组). 表示线性方程组的全部解的表达式称为线性方程组的通解.

对于齐次线性方程组(1.1.2)，$x_1=x_2=\cdots=x_n=0$ 一定是它的解，这个解 $(0, 0, \cdots, 0)$ 叫作齐次线性方程组(1.1.2) 的零解.若一组不全为零的数是方程组(1.1.2) 的解，则它叫作齐次线性方程组(1.1.2) 的非零解.

例如，齐次线性方程组(1.1.3) 有零解(0,0)，也有非零解(1, 1)，并且可验证方程组有无穷多解(k, k)，k 为任意实数；而齐次线性方程组(1.1.4) 有零解(0,0)，但没有非零解，此时方程组只有唯一的零解.

因此齐次线性方程组一定有零解，但不一定有非零解. 那么：

(1) 齐次线性方程组什么时候有非零解?

(2) 式(1.1.5) 和式(1.1.6) 中的非齐次线性方程组一定有解吗? 它们的解的情况是什么?

1.1.2 二元和三元线性方程组的几何意义

为了方便直观地了解线性方程组的解的情况，我们先利用解析几何来研究比较简单的二元和三元线性方程组.

在解析几何中，平面上直线间的相互位置关系、空间上平面间的相互位置关系等问题，实际上都可以归结为线性方程组的问题来解决.

在 xOy 平面上，一条直线可以用一个二元线性方程 $ax+by=c$ 表示.

设有两条直线 $l_i: a_ix+b_iy=c_i\ (i=1, 2)$，则方程组

$$\begin{cases} a_1x+b_1y=c_1 \\ a_2x+b_2y=c_2 \end{cases} \tag{1.1.7}$$

就是一个二元线性方程组. 若有数组(x_0, y_0)满足方程组(1.1.7) 当且仅当(x_0, y_0)是这两条直线间的公共交点. 因此，二元线性方程组的解等价于平面上直线之间的公共点. 二元线性方程组的解的不同情况对应着平面上直线间不同的位置关系.

平面上两条直线间的位置关系只有平行、相交、重合三种情况，因而对应着二元线性方程组的解只有三种情况：无解、有唯一解或有无穷多解. 故讨论平面上直线间三种不同的位置关系，就相当于研究二元线性方程组的解的三种不同情况，反之亦然.

例 1.1.1 判别下列二元线性方程组的解的情况，并讨论它们的解的几何意义.

(1) $\begin{cases} x_1-x_2=-1 \\ -x_1+3x_2=3 \end{cases}$ (2) $\begin{cases} x_1-x_2=-1 \\ -x_1+x_2=1 \end{cases}$

(3) $\begin{cases} x_1-x_2=-1 \\ -x_1+x_2=3 \end{cases}$ (4) $\begin{cases} x_1-x_2=-1 \\ x_1+x_2=-1 \\ -x_1+3x_2=3 \end{cases}$

(5) $\begin{cases} x_1-x_2=0 \\ -x_1+x_2=0 \end{cases}$ (6) $\begin{cases} x_1-x_2=0 \\ -x_1+2x_2=0 \end{cases}$

解 如表 1.1.1 所示，容易验证，方程组(1) 有唯一解(0,1)；方程组(2) 对应的两条直线完全重合，方程组有无穷多解；方程组(3) 对应的两条直线平行，但不重合，方程组无解；方程组(4) 对应的三条直线两两相交，但没有公共交点，方程组无解；方程组(5) 对应的两条直线都经过原点，且完全重合，方程组有无穷多解；方程组(6) 对应的两条直线都经过原点，且只有唯一交点(0, 0)，方程组有唯一零解.

表 1.1.1　二元线性方程组的解的情况及其图示

二元线性方程组	图示	直线间的位置关系	方程组解的情况
(1) $\begin{cases} x_1 - x_2 = -1 \\ -x_1 + 3x_2 = 3 \end{cases}$	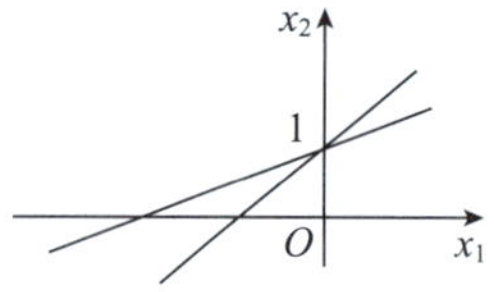	两条直线 相交于一点(0, 1)	方程组有唯一解
(2) $\begin{cases} x_1 - x_2 = -1 \\ -x_1 + x_2 = 1 \end{cases}$	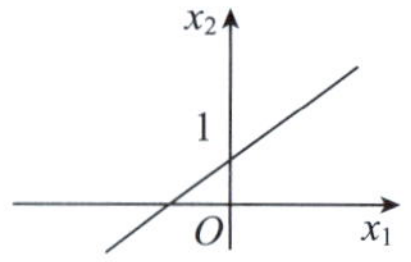	两条直线重合	方程组有无穷多解
(3) $\begin{cases} x_1 - x_2 = -1 \\ -x_1 + x_2 = 3 \end{cases}$	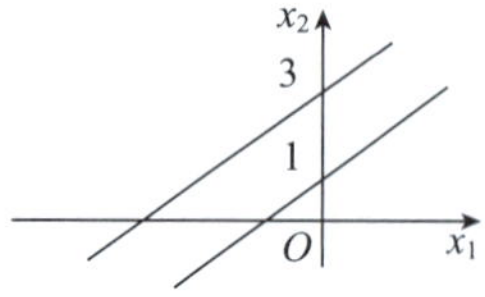	两条直线平行， 但不重合	方程组无解
(4) $\begin{cases} x_1 - x_2 = -1 \\ x_1 + x_2 = -1 \\ -x_1 + 3x_2 = 3 \end{cases}$	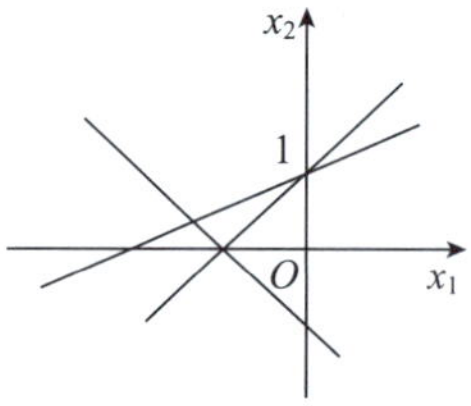	三条直线两两相交， 但没有公共点	方程组无解
(5) $\begin{cases} x_1 - x_2 = 0 \\ -x_1 + x_2 = 0 \end{cases}$	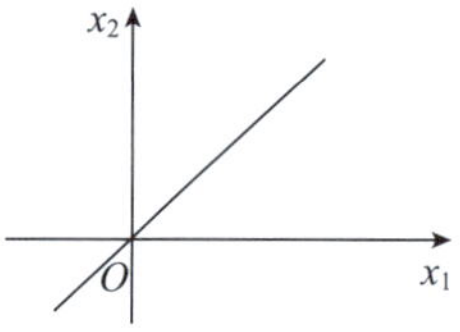	两条直线都经过原点， 且完全重合	方程组有无穷多解 从而有非零解
(6) $\begin{cases} x_1 - x_2 = 0 \\ -x_1 + 2x_2 = 0 \end{cases}$	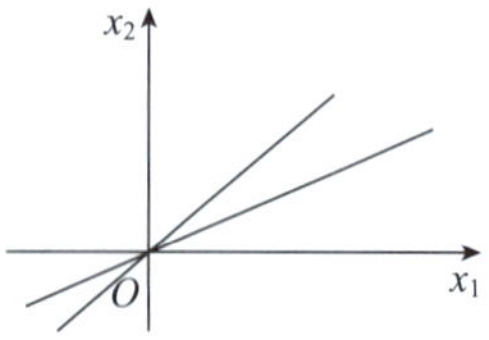	两条直线都经过原点， 且只有唯一交点(0,0)	方程组有唯一解， 从而仅有零解

注　方程组(2)的两个方程中只有一个独立方程，因为其中的一个方程可以由另一个通过加法和数乘运算(线性运算)得到. 这样，方程组的解中会含有参数，例如，由第一个方程 $x_1 - x_2 = -1$ 得到 $x_2 = x_1 + 1$，则将 $x_1 = x_1$，$x_2 = x_1 + 1$ 代入必满足方程组，即 $\begin{cases} x_1 = x_1 \\ x_2 = x_1 + 1 \end{cases}$ 是方程组(2)的解. 该解中的未知量 x_2 可由未知量 x_1 表示，x_1 作为参数可任意取值，故称之为自由未知量，相应地把未知量 x_2 称为基本变量(非自由未知量). x_1 取定一个值，x_2 就相应取得一个定值，所以方程组(2)有无穷多个解，方程组的所有解可表示为 $\begin{cases} x_1 = c \\ x_2 = c + 1 \end{cases}$，

其中 c 为任意常数.

注　方程组(5) 和方程组(6) 都是二元齐次线性方程组,把 $x_1=0$, $x_2=0$ 代入二元齐次线性方程组都能使之满足,故齐次线性方程组必有零解. 但方程组(6) 只有零解,而方程组(5) 的解可表示为 $\begin{cases}x_1=x_1\\x_2=x_1\end{cases}$,其中 x_1 为自由未知量,可以任意取值, 所以方程组(5) 有无穷多个解,方程组的所有解可表示为 $\begin{cases}x_1=c\\x_2=c\end{cases}$,其中 c 为任意常数.

类似地,在空间解析几何中,三元线性方程 $ax+by+cz=d$ 表示空间中的一个平面.

设有三个平面 π_i: $a_ix+b_iy+c_iz=d_i$ $(i=1, 2, 3)$,则方程组

$$\begin{cases}a_1x+b_1y+c_1z=d_1\\a_2x+b_2y+c_2z=d_2\\a_3x+b_3y+c_3z=d_3\end{cases}\tag{1.1.8}$$

就是一个三元线性方程组. 若有数组(x_0, y_0, z_0)满足方程组(1.1.8)当且仅当(x_0, y_0, z_0)是这三个平面间的公共点. 因此三元线性方程组的解等价于平面之间的公共点,要考查这三个平面的位置关系,实际上只要考查这个线性方程组(1.1.8) 的解的情况即可.

例 1.1.2　判别下列三元线性方程组的解的情况,并讨论它们的解的几何意义.

(1) $\begin{cases}x-y+z=2\\2x+y-z=1\\3x-y+2z=7\end{cases}$　　(2) $\begin{cases}x-y+z=2\\2x-2y+2z=6\\-x+y-z=3\end{cases}$

(3) $\begin{cases}x-y+z=2\\2x-2y+2z=4\\-x+y-z=-2\end{cases}$　　(4) $\begin{cases}x-y+z=2\\y+z=1\\-x+y-z=-2\end{cases}$

解　如表 1.1.2 所示,可得方程组(1) 对应的三个平面有唯一公共点,方程组有唯一解(1, 2, 3); 方程组(2) 对应的三个平面平行,但不重合,方程组无解; 方程组(3) 对应的三个平面完全重合,方程组有无穷多解; 方程组(4) 中有两个平面重合,三个平面相交于一条直线,方程组有无穷多解.

表 1.1.2　三元线性方程组的解的情况及其图示

三元线性方程组	图示	平面间的位置关系	方程组解的情况
(1) $\begin{cases}x-y+z=2\\2x+y-z=1\\3x-y+2z=7\end{cases}$		三个平面相交于唯一公共点	方程组有唯一解
(2) $\begin{cases}x-y+z=2\\2x-2y+2z=6\\-x+y-z=3\end{cases}$	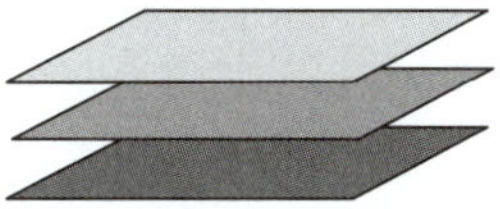	三个平面平行,彼此不重合	方程组无解

（续表）

三元线性方程组	图示	平面间的位置关系	方程组解的情况
(3) $\begin{cases} x-y+z=2 \\ 2x-2y+2z=4 \\ -x+y-z=-2 \end{cases}$		三个平面完全重合	方程组有无穷多解
(4) $\begin{cases} x-y+z=2 \\ y+z=1 \\ -x+y-z=-2 \end{cases}$	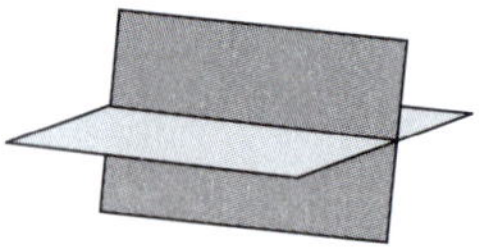	三个平面相交于一条直线	方程组有无穷多解

由于空间上三个平面之间可能没有公共点、可能交于一公共点、可能交于一直线或完全重合，因而对应着三元线性方程组的解只有三种情况：无解、有唯一解或有无穷多解.

由此，我们可得到线性方程组的下列一般事实，这将在 1.4 节证明.

> 线性方程组的解有下列三种情况：
> 1. 无解
> 2. 有唯一解
> 3. 有无穷多解

对于一般的线性方程组，我们最关心的问题是：如何判别一个方程组是否有解？如果方程组有解，那么它有多少解？有解时怎样求出它的全部解？这些问题将在本书中以各种形式出现. 下面我们将在 1.2 节介绍求解线性方程组的消元法和初等变换法，在 1.3 节和 1.4 节介绍如何通过增广矩阵的初等行变换法来解线性方程组.

1.2 线性方程组的消元法和初等变换

本节将介绍解线性方程组的高斯消元法. 它的基本思想是对方程组施行一系列同解变形，消去方程组中的若干未知量，把方程组化为一个更容易求解的同解方程组. 即用方程组的第一个方程中的 x_1 的项消去其他方程中含 x_1 的项，然后用第二个方程中的 x_2 的项消去其他方程中含 x_2 的项，以此类推. 有时还可以消去方程组中某些多余的方程，最后我们将得到一个更简单更容易求解的行阶梯形方程组或行最简形方程组. 下面用具体例子来讨论这一方法.

1.2.1 线性方程组的消元法

例 1.2.1 解线性方程组 I: $\begin{cases} 3x_1+5x_2+10x_3=6, & ① \\ 2x_1+5x_2+7x_3=3, & ② \\ x_1+2x_2+3x_3=1. & ③ \end{cases}$

解 先设法消去方程组的两个方程中的 x_1. 为此，可以把方程 ① 两边乘以 $\frac{1}{3}$ 使 x_1 的系数变成 1,然后再做下一步运算,但若这样,则方程 ① 中未知量的系数会出现分数,接下来的计算会比较麻烦. 为方便运算,先交换方程 ① 和方程 ③ 的位置,消元过程如下:

$$\mathrm{I}\xrightarrow{\text{①}\leftrightarrow\text{③}}\mathrm{I}_1:\begin{cases}x_1+2x_2+3x_3=1, & \text{①}\\ 2x_1+5x_2+7x_3=3, & \text{②}\\ 3x_1+5x_2+10x_3=6. & \text{③}\end{cases}$$

$$\xrightarrow[\text{③}-\text{①}\times 3]{\text{②}-\text{①}\times 2}\mathrm{I}_2:\begin{cases}x_1+2x_2+3x_3=1, & \text{①}\\ x_2+x_3=1, & \text{②}\\ -x_2+x_3=3. & \text{③}\end{cases}$$

$$\xrightarrow{\text{③}+\text{②}}\mathrm{I}_3:\begin{cases}x_1+2x_2+3x_3=1, & \text{①}\\ x_2+x_3=1, & \text{②}\\ 2x_3=4. & \text{③}\end{cases}$$

$$\xrightarrow{\text{③}\div 2}\mathrm{I}_4:\begin{cases}\boxed{x_1}+2x_2+3x_3=1, & \text{①}\\ \boxed{x_2}+x_3=1, & \text{②}\\ \boxed{x_3}=2. & \text{③}\end{cases}$$

用回代法,解得$\begin{cases}x_1=-3\\ x_2=-1\\ x_3=2\end{cases}$. 即方程组 I 有唯一解(−3, −1, 2).我们可以通过代入的方法验证这一结果.

而回代过程也可以这样处理:用方程组 I_4 的第三个方程中的 x_3,把另外两个方程中的 x_3 消去,得方程组 I_5;最后用方程组 I_5 的第二个方程中的 x_2,把第一个方程中的 x_2 消去,也可以得到原方程组 I 的唯一解(−3, −1, 2). 回代过程如下:

$$\mathrm{I}_4\xrightarrow[\text{①}-\text{③}\times 3]{\text{②}\quad\text{③}}\mathrm{I}_5:\begin{cases}\boxed{x_1}+2x_2=-5, & \text{①}\\ \boxed{x_2}=-1, & \text{②}\\ \boxed{x_3}=2. & \text{③}\end{cases}$$

$$\xrightarrow{\text{①}-\text{②}\times 2}\mathrm{I}_6:\begin{cases}\boxed{x_1}=-3, & \text{①}\\ \boxed{x_2}=-1, & \text{②}\\ \boxed{x_3}=2. & \text{③}\end{cases}$$

1.2.2　行阶梯形方程组和行最简形方程组

在上述消元过程中所得的新方程组 I_3 称为行阶梯形方程组,它具有这样的特点:自上而下未知量个数依次减少成为阶梯形状. 因此 $\mathrm{I}_4\sim\mathrm{I}_6$ 也都是行阶梯形方程组.

我们把行阶梯形方程组 I_3 中阶梯线后面的变量 x_1, x_2, x_3 称为基本变量或主元变量,其他变量称为自由变量(自由未知量),我们说的自由变量,是指它们可取任意的值. 例 1.2.1 中有 3 个主元变量,没有自由变量.

在回代过程中最后得到的方程组 I_6 称为行最简形方程组，它是由行阶梯形方程组通过回代处理后得到的形式上最简单的方程组（主元变量的系数为 1），由行最简形方程组 I_6 就可以直接得出原方程组的唯一解.

例 1.2.1 中得到的行阶梯形方程组、行最简形方程组就是与原方程组同解，且为更容易求解的线性方程组. 一般地，当我们得到一个方程组对应的行最简形方程组时，就可以得出原方程组的所有解的情况.

1.2.3 线性方程组的初等变换

例 1.2.1 的解法可以用于任意线性方程组. 在线性方程组的化简及求解过程中，我们施行了下列三种变换：

（1）对调变换：交换第 i，j 两个方程的位置，记作ⓘ$\leftrightarrow$ⓙ；

（2）倍乘变换：以非零常数 k 乘以第 i 个方程，记作ⓘ$\times k$；

（3）倍加变换：第 i 个方程加上第 j 个方程的 k 倍，记作ⓘ$+$ⓙ$\times k$.

我们把这三种变换称为线性方程组的初等变换. 利用初等变换把原方程组化为行阶梯形方程组（消元过程），再继续使用初等变换化为行最简形方程组（回代过程），最后解出原方程组未知量的这个过程叫作（高斯）消元法 .

注 从下面的变换过程容易得出上述三种变换都是可逆的.

例如，下列式(1) 中交换线性方程组 Ⅰ 中第 i，j 两个方程的位置后得到方程组 Ⅱ，那么把方程组 Ⅱ 的 i，j 两个方程再作交换就还原为方程组 Ⅰ，因此对调变换是可逆变换. 类似地，其他两种变换也是可逆的，见式(2) 和式(3).

（1）$\mathrm{I} \xrightarrow{ⓘ\leftrightarrowⓙ} \mathrm{II} \xrightarrow{ⓘ\leftrightarrowⓙ} \mathrm{I}$；

（2）$\mathrm{I} \xrightarrow{ⓘ\times k} \mathrm{II} \xrightarrow{ⓘ\times \frac{1}{k}} \mathrm{I}$；

（3）$\mathrm{I} \xrightarrow{ⓘ+ⓙ\times k} \mathrm{II} \xrightarrow{ⓘ-ⓙ\times k} \mathrm{I}$.

因此，对线性方程组施行的初等变换是可逆变换，变换前后的方程组同解，我们也把这个过程称为方程组的同解变换过程，从而通过初等变换所得到的新的方程组与原方程组同解. 例如，在例 1.2.1 中，原方程组 Ⅰ 经过若干次的初等变换得到了一系列方程组 I_1，I_2，I_3，…，I_6，把数组 $x_1=-3$，$x_2=-1$，$x_3=2$ 代入均能满足其中的每一个方程组，因而这些方程组都是同解方程组.

用消元法解线性方程组时，不是着眼于某一个方程的变形，而是把方程组看作一个整体，着眼于把整个方程组通过逐次消元变成另一个更容易求解的同解方程组. 事实上，线性方程组的消元法等价于线性方程组的初等变换.

注 用初等变换法解线性方程组，运算符号用“ → ”或“ ～ ”，过程如下：

$$\text{线性方程组} \xrightarrow[\text{消元过程}]{\text{初等变换}} \text{行阶梯形方程组} \xrightarrow[\text{回代过程}]{\text{初等变换}} \text{行最简形方程组}$$

例 1.2.2 解线性方程组 Ⅱ：$\begin{cases} x_2+2x_3-x_4=1, & ①\\ x_1+x_2+x_3+x_4=1, & ②\\ 3x_1+x_2-x_3+5x_4=1. & ③\end{cases}$

解 由于方程①中 x_1 的系数为0，不能消去方程②和方程③中的 x_1. 因此，先交换方程①和方程②的位置，解方程组的过程如下：

$$\text{Ⅱ}\xrightarrow{①\leftrightarrow②}\text{Ⅱ}_1:\begin{cases} x_1+x_2+x_3+x_4=1, & ①\\ x_2+2x_3-x_4=1, & ②\\ 3x_1+x_2-x_3+5x_4=1. & ③\end{cases}$$

$$\xrightarrow{③-①\times 3}\text{Ⅱ}_2:\begin{cases} x_1+x_2+x_3+x_4=1, & ①\\ x_2+2x_3-x_4=1, & ②\\ -2x_2-4x_3+2x_4=-2. & ③\end{cases}$$

$$\xrightarrow{③+②\times 2}\text{Ⅱ}_3:\begin{cases} \boxed{x_1}+x_2+x_3+x_4=1, & ①\\ \boxed{x_2}+2x_3-x_4=1, & ②\\ 0=0. & ③\end{cases}$$

$$\xrightarrow{①-②}\text{Ⅱ}_4:\begin{cases} \boxed{x_1}-x_3+2x_4=0, & ①\\ \boxed{x_2}+2x_3-x_4=1, & ②\\ 0=0. & ③\end{cases}$$

我们可以得到与原方程组同解的行阶梯形方程组 Ⅱ_3 和行最简形方程组 Ⅱ_4，其中 $\text{Ⅱ}\to\text{Ⅱ}_3$ 的化简过程为消元过程，$\text{Ⅱ}_3\to\text{Ⅱ}_4$ 的化简过程为回代过程. 行阶梯形方程组 Ⅱ_3 中阶梯线后面的变量 x_1，x_2 为基本变量或主元变量，其他变量 x_3，x_4 为自由变量，可取任意值.

因此，原线性方程组对应的同解方程组为

$$\begin{cases} x_1-x_3+2x_4=0\\ x_2+2x_3-x_4=1\end{cases} \quad \text{即} \quad \begin{cases} x_1=x_3-2x_4\\ x_2=-2x_3+x_4+1\end{cases}$$

即基本变量 x_1，x_2 可以用自由变量 x_3，x_4 表示. 取自由变量 $x_3=c_1$，$x_4=c_2$ 可得方程组的通解为

$$\boldsymbol{X}=\begin{pmatrix} x_1\\ x_2\\ x_3\\ x_4\end{pmatrix}=\begin{pmatrix} c_1-2c_2\\ -2c_1+c_2+1\\ c_1\\ c_2\end{pmatrix} \quad (c_1, c_2 \text{ 为任意实数})$$

即方程组 Ⅱ 有无穷多解.

注 方程组 Ⅱ_4 中最后一个方程"$0=0$"恒成立，说明原方程组的三个方程中有两个独立方程，一个多余方程.

例 1.2.3 解线性方程组 Ⅲ：$\begin{cases} x_1+x_2+x_3=1, & ①\\ x_1+x_2+2x_3=1, & ②\\ x_1+x_2-x_3=2. & ③\end{cases}$

解　解方程组的过程如下：

$$\text{Ⅲ}\xrightarrow[③-①]{②-①}\text{Ⅲ}_1:\begin{cases}x_1+x_2+\ x_3=1,①\\ \qquad\qquad x_3=0,②\\ \qquad\quad -2x_3=1.③\end{cases}$$

$$\xrightarrow{③+②\times 2}\text{Ⅲ}_2:\begin{cases}x_1+x_2+x_3=1,①\\ \qquad\quad x_3=0,②\\ \qquad\qquad 0=1.③\end{cases}$$

由此得到的方程组 Ⅲ_2 为行阶梯形方程组，但其中方程③为"$0=1$"，是矛盾方程，方程组 Ⅲ_2 无解，从而原方程组无解.

由例 1.2.1～1.2.3 可以看出，解线性方程组的消元过程或回代过程，实际上是利用线性方程组的初等变换，把方程组中某些未知量的系数化为零，起到化简方程组的系数和常数项的作用，从而把原方程组化为更容易求解的行阶梯形方程组或行最简形方程组，得出方程组的解. 因此线性方程组的解由方程组的系数和常数项决定. 同时，我们还可以得出这样一个事实，在线性方程组的初等变换(同解变换)过程中，主元变量的个数保持不变.

1.3　矩阵及其初等变换

1.2 节介绍了线性方程组的消元法等价于线性方程组的初等变换，实际上只对方程组的系数和常数项进行运算，未知量并未参与. 因此，这一节我们将把方程组中所有未知量的系数和常数项看作一个整体，引入矩阵的概念，让线性方程组与其增广矩阵一一对应；引入矩阵的初等变换，建立线性方程组的初等变换与矩阵的初等变换之间的联系，把解线性方程组的问题转化为矩阵的初等变换的问题，简化解方程组的过程，并引出两种重要矩阵 —— 行阶梯形矩阵和行最简形矩阵；最后，引入矩阵秩的概念，并用初等变换法来计算.

1.3.1　矩阵的概念

矩阵是一些抽象数学结构的具体表现，是线性代数中的一个基本概念和工具，在线性代数的理论研究中占有极重要的地位. 在日常生活和社会活动中，经常使用各种各样的矩形数表，如学生成绩登记表、公司的产值统计表、工厂的产量统计表等；在科学研究和实际问题中，经常要处理大量的数据，而利用矩阵数表就可以处理成批的数据，有利于应用计算机对这些数据进行科学计算和处理. 下面给出几个简单例子.

例 1.3.1　4 名学生 A，B，C，D 的课程考试成绩如表 1.3.1 所示.

表 1.3.1　课程考试成绩

学生	大学数学	大学物理	大学英语	大学语文	体育
A	95	90	88	91	85
B	88	90	90	89	93
C	90	85	78	82	88
D	81	83	90	75	90

如果略去学生和课程，仅考虑其中的数字，那么表1.3.1就可以用下面一个矩形数表表示：

$$\begin{pmatrix} 95 & 90 & 88 & 91 & 85 \\ 88 & 90 & 90 & 89 & 93 \\ 90 & 85 & 78 & 82 & 88 \\ 81 & 83 & 90 & 75 & 90 \end{pmatrix}$$

例 1.3.2 某厂向两个商店发送三种产品的数量可列成矩形数表

$$\boldsymbol{A} = \begin{pmatrix} a_{11} & a_{12} & a_{13} \\ a_{21} & a_{22} & a_{23} \end{pmatrix}$$

元素 a_{ij} 为工厂向第 i 店发送第 j 种产品的数量.

这三种产品的单价及单件重量也可列成矩形数表

$$\boldsymbol{B} = \begin{pmatrix} b_{11} & b_{12} \\ b_{21} & b_{22} \\ b_{31} & b_{32} \end{pmatrix}$$

其中，b_{i1} 为第 i 种产品的单价；b_{i2} 为第 i 种产品的单件重量.

例 1.3.3 图像可以用矩形数表表示. 例如风景图像(见图 1.3.1) 可表示为一个 230 行、180 列的数表，其中数表的元素由图像的像素(0～255)组成. 图像数据量比较大，一般用计算机读取，再进行相应的图像处理.

图 1.3.1 风景图像

一般地，我们给出矩阵的定义如下.

定义 1.3.1 由 $m \times n$ 个数 $a_{ij}(i=1, \cdots, m; j=1, \cdots, n)$ 排成的 m 行 n 列的数表

$$\begin{pmatrix} a_{11} & a_{12} & \cdots & a_{1n} \\ a_{21} & a_{22} & \cdots & a_{2n} \\ \vdots & \vdots & & \vdots \\ a_{m1} & a_{m2} & \cdots & a_{mn} \end{pmatrix}$$

称为 m 行 n 列矩阵或 $m \times n$ 矩阵，简称矩阵.横排称为矩阵的行，纵排称为矩阵的列，这 $m \times n$

个数称为矩阵的元素，简称元. 数a_{ij}($i=1,\cdots,m;j=1,\cdots,n$)称为矩阵的第$i$行第$j$列的元或$(i,j)$元. $m\times n$ 矩阵通常用大写字母如 $\boldsymbol{A}$，$\boldsymbol{B}$ 或 $\boldsymbol{A}_{m\times n}$，$\boldsymbol{B}_{m\times n}$ 等表示，也可记作 $\boldsymbol{A}=(a_{ij})$ 或$\boldsymbol{A}=(a_{ij})_{m\times n}$.

元素都是实数的矩阵称为实矩阵，元素中有复数的矩阵称为复矩阵，本书中的矩阵除特别说明外，都指实矩阵.

例 1.3.4 n 个变量$x_1,x_2,\cdots,x_n$与m个变量$y_1,y_2,\cdots,y_m$之间的关系式

$$\begin{cases} y_1=a_{11}x_1+a_{12}x_2+\cdots+a_{1n}x_n \\ y_2=a_{21}x_1+a_{22}x_2+\cdots+a_{2n}x_n \\ \vdots \\ y_m=a_{m1}x_1+a_{m2}x_2+\cdots+a_{mn}x_n \end{cases} \tag{1.3.1}$$

表示一个从变量 $x_1,x_2,\cdots,x_n$ 到变量 $y_1,y_2,\cdots,y_m$ 的线性变换，其中 a_{ij} 称为线性变换(1.3.1) 的系数，由 a_{ij} 构成的矩阵记为$\boldsymbol{A}=(a_{ij})_{m\times n}$，称为线性变换(1.3.1) 的系数矩阵.

给定线性变换(1.3.1)，它的系数矩阵也就确定了. 反之，若给出一个矩阵作为线性变换的系数矩阵，则线性变换也就确定了. 因此，线性变换和矩阵之间存在着一一对应的关系，进而我们可以利用矩阵来研究线性变换，也可以利用线性变换来解释矩阵的含义.

例如，线性变换

$$\begin{cases} y_1=x_1 \\ y_2=x_2 \\ y_3=x_3 \\ y_4=x_4 \end{cases}$$

叫作恒等变换，它与矩阵

$$\boldsymbol{E}=\begin{pmatrix} 1 & 0 & 0 & 0 \\ 0 & 1 & 0 & 0 \\ 0 & 0 & 1 & 0 \\ 0 & 0 & 0 & 1 \end{pmatrix}$$

一一对应.

1.3.2 特殊矩阵

1. 行矩阵和列矩阵

只有一行的矩阵

$$\boldsymbol{A}=(a_1\ a_2\ \cdots\ a_n)$$

称为行矩阵，又称行向量. 为避免元素间的混淆，行矩阵也记作

$$\boldsymbol{A}=(a_1,a_2,\cdots,a_n)$$

只有一列的矩阵

$$\boldsymbol{B}=\begin{pmatrix} b_1 \\ b_2 \\ \vdots \\ b_n \end{pmatrix}$$

称为列矩阵，又称列向量.

行向量和列向量也可以用字母 $\boldsymbol{\alpha}$，$\boldsymbol{\beta}$ 等表示.

2. 方阵

行数与列数都等于 n 的矩阵，称为 n 阶方阵(简称方阵)，记作 $\boldsymbol{A}$ 或 $\boldsymbol{A}_n$. 在 n 阶方阵 $\boldsymbol{A}$ 中，从左上角到右下角的对角线称为 $\boldsymbol{A}$ 的主对角线，主对角线上的元 a_{ii} ($i=1, \cdots, n$) 称为 $\boldsymbol{A}$ 的主对角线元；从右上角到左下角的对角线称为 $\boldsymbol{A}$ 的副对角线.

对于一阶方阵，记为 (a) 或 a，在下文中，我们将一阶方阵和一个数不加区别.

3. 零矩阵

元素都是零的矩阵称为零矩阵，记作 $\boldsymbol{O}$，否则称为非零矩阵.

例如，$\boldsymbol{O}_{1\times 4}=(0\quad 0\quad 0\quad 0)$ 和 $\boldsymbol{O}_{2\times 2}=\begin{pmatrix}0 & 0\\ 0 & 0\end{pmatrix}$ 都是零矩阵；而 $\boldsymbol{A}=(1\quad 2\quad 0\quad 0)$ 和 $\boldsymbol{B}=\begin{pmatrix}1 & 0\\ 0 & 0\end{pmatrix}$ 都是非零矩阵.

4. 对角矩阵

主对角线以外的元全为零的 $\boldsymbol{n}$ 阶方阵，形如

$$\boldsymbol{\Lambda}=\begin{pmatrix}\lambda_1 & & & \\ & \lambda_2 & & \\ & & \ddots & \\ & & & \lambda_n\end{pmatrix}$$

的矩阵称为对角矩阵，简称对角阵，记作 $\boldsymbol{\Lambda}=\operatorname{diag}(\lambda_1, \lambda_2, \cdots, \lambda_n)$. 在对角矩阵 $\boldsymbol{\Lambda}$ 中，未写出的元表示零元，下同.

5. 数量矩阵(纯量阵)

主对角线上的元全为 λ 的 n 阶对角矩阵，形如

$$\boldsymbol{A}=\begin{pmatrix}\lambda & & & \\ & \lambda & & \\ & & \ddots & \\ & & & \lambda\end{pmatrix}$$

的矩阵称为 n 阶数量矩阵，简称数量阵或纯量阵.

6. 单位矩阵(单位阵)

主对角线上的元全为 1 的 n 阶对角矩阵，形如

$$\boldsymbol{E}=\begin{pmatrix}1 & & & \\ & 1 & & \\ & & \ddots & \\ & & & 1\end{pmatrix}$$

的矩阵称为 n 阶单位矩阵，简称单位阵，记为 $\boldsymbol{E}$，$\boldsymbol{I}$ 或 $\boldsymbol{E}_n$，$\boldsymbol{I}_n$. 易得单位阵 $\boldsymbol{E}$ 的 (i, j) 元为

$$\delta_{ij}=\begin{cases}1, & \text{当 } i=j\\ 0, & \text{当 } i\neq j\end{cases}\quad(i,j=1,2,\cdots,n)$$

显然，单位阵、数量阵为对角矩阵的特例.

7. 三角矩阵(三角阵)

主对角线以下的元全为零的 n 阶方阵，形如

$$\boldsymbol{A}=\begin{pmatrix}a_{11} & a_{12} & \cdots & a_{1n}\\ 0 & a_{22} & \cdots & a_{2n}\\ \vdots & \vdots & & \vdots\\ 0 & 0 & \cdots & a_{nn}\end{pmatrix}$$

的矩阵称为上三角矩阵(上三角阵).

主对角线以上的元全为零的 n 阶方阵，形如

$$\boldsymbol{B}=\begin{pmatrix}b_{11} & 0 & \cdots & 0\\ b_{21} & b_{22} & \cdots & 0\\ \vdots & \vdots & & \vdots\\ b_{n1} & b_{n2} & \cdots & b_{nn}\end{pmatrix}$$

的矩阵称为下三角矩阵(下三角阵). 上三角阵与下三角阵统称为三角矩阵(三角阵).

8.对称矩阵与反对称矩阵

元素满足 $a_{ij}=a_{ji}$ 的 n 阶方阵 $\boldsymbol{A}$ 称为 n 阶对称矩阵，简称对称阵. 形如

$$\boldsymbol{A}=\begin{pmatrix}1 & 2 & 3\\ 2 & 4 & 5\\ 3 & 5 & 6\end{pmatrix}$$

元素满足 $a_{ij}=-a_{ji}$ 的 n 阶方阵 $\boldsymbol{A}$ 称为 $\boldsymbol{n}$ 阶反对称矩阵，简称反对称阵. 形如

$$\boldsymbol{A}=\begin{pmatrix}0 & -2 & -3\\ 2 & 0 & -5\\ 3 & 5 & 0\end{pmatrix}$$

注　反对称矩阵的主对角线元应满足 $a_{ii}=-a_{ii}$，则 $a_{ii}=0(i=1,2,\cdots,n)$.

9. 增广矩阵和系数矩阵

对于线性方程组

$$\begin{cases}a_{11}x_1+a_{12}x_2+\cdots+a_{1n}x_n=b_1\\ a_{21}x_1+a_{22}x_2+\cdots+a_{2n}x_n=b_2\\ \qquad\vdots\\ a_{m1}x_1+a_{m2}x_2+\cdots+a_{mn}x_n=b_m\end{cases}\tag{1.3.2}$$

记

$$\boldsymbol{A}=\begin{pmatrix}a_{11} & a_{12} & \cdots & a_{1n}\\ a_{21} & a_{22} & \cdots & a_{2n}\\ \vdots & \vdots & & \vdots\\ a_{m1} & a_{m2} & \cdots & a_{mn}\end{pmatrix},\ \boldsymbol{\beta}=\begin{pmatrix}b_1\\ b_2\\ \vdots\\ b_m\end{pmatrix},\ \boldsymbol{X}=\begin{pmatrix}x_1\\ x_2\\ \vdots\\ x_n\end{pmatrix}$$

$$\boldsymbol{B}=(\boldsymbol{A},\boldsymbol{\beta})=\begin{pmatrix} a_{11} & a_{12} & \cdots & a_{1n} & b_1 \\ a_{21} & a_{22} & \cdots & a_{2n} & b_2 \\ \vdots & \vdots & & \vdots & \vdots \\ a_{m1} & a_{m2} & \cdots & a_{mn} & b_m \end{pmatrix}$$

我们通常称 $\boldsymbol{A}$ 为线性方程组(1.3.2)的系数矩阵，称 $\boldsymbol{B}=(\boldsymbol{A},\boldsymbol{\beta})$ 为线性方程组(1.3.2)的增广矩阵，称 $\boldsymbol{\beta}$ 为方程组(1.3.2)的常数列矩阵(向量)，称 $\boldsymbol{X}$ 为方程组(1.3.2)的未知量列矩阵(向量).一个线性方程组包含的主要信息可以用系数矩阵和增广矩阵表示. 增广矩阵中的每一行与方程组中每一个方程对应，增广矩阵中的每一列为方程组中对应未知量的系数或常数项. 因此，增广矩阵与线性方程组之间是一一对应的.

例如，线性方程组 $\begin{cases} 2x_1+x_2+\ \ x_3=0 \\ x_1-x_2+\ \ x_3=1 \\ \qquad x_2-2x_3=5 \end{cases}$ 的增广矩阵 $\boldsymbol{B}=(\boldsymbol{A},\boldsymbol{\beta})=\left(\begin{array}{ccc:c} 2 & 1 & 1 & 0 \\ 1 & -1 & 1 & 1 \\ 0 & 1 & -2 & 5 \end{array}\right)$.

类似地，齐次线性方程组

$$\begin{cases} a_{11}x_1+a_{12}x_2+\cdots+a_{1n}x_n=0 \\ a_{21}x_1+a_{22}x_2+\cdots+a_{2n}x_n=0 \\ \qquad\qquad\vdots \\ a_{m1}x_1+a_{m2}x_2+\cdots+a_{mn}x_n=0 \end{cases}$$

与其系数矩阵一一对应.

10. 同型矩阵

两个矩阵的行数相等、列数相等时，就称它们是同型矩阵.

例如，$\begin{pmatrix} 1 & -1 \\ 0 & 1 \\ 1 & 0 \end{pmatrix}$ 与 $\begin{pmatrix} 3 & 0 \\ 2 & 5 \\ 1 & 4 \end{pmatrix}$ 是同型的，但 $\begin{pmatrix} 1 & -1 \\ 0 & 1 \\ 1 & 0 \end{pmatrix}$ 与 $\begin{pmatrix} 1 & 3 & 0 \\ 2 & 4 & 1 \end{pmatrix}$ 是不同型的.

11. 矩阵相等

如果矩阵 $\boldsymbol{A}=(a_{ij})$ 与 $\boldsymbol{B}=(b_{ij})$ 是同型矩阵，并且它们的对应元素相等，即

$$a_{ij}=b_{ij}\,(i=1,2,\cdots,m;\ j=1,2,\cdots,n)$$

那么就称矩阵 $\boldsymbol{A}$ 与矩阵 $\boldsymbol{B}$ 相等，记作 $\boldsymbol{A}=\boldsymbol{B}$.

例 1.3.5　设矩阵 $\boldsymbol{A}=\begin{pmatrix} x & -1 \\ y+z & x+y \end{pmatrix}$，$\boldsymbol{B}=\begin{pmatrix} 1 & -1 \\ 4 & 3 \end{pmatrix}$，已知 $\boldsymbol{A}=\boldsymbol{B}$，求 x，y，z.

解　根据矩阵相等的定义，很容易求得 $x=1$，$y=2$，$z=2$.

注　不同型的零矩阵是不相等的. 例如，$(0\ \ 0)\neq\begin{pmatrix} 0 & 0 \\ 0 & 0 \end{pmatrix}$.

1.3.3　矩阵的初等变换

矩阵的初等变换是一种十分重要的运算，在解线性方程组和矩阵理论的探讨中起了重要的作用；1.2 节的线性方程组的消元法等价于线性方程组的初等变换，实际上只对方程组的系

数和常数项进行运算，因此，对线性方程组进行初等变换就可以转化为对方程组的增广矩阵 $\boldsymbol{B}=(\boldsymbol{A},\boldsymbol{\beta})$ 进行变换，引入任意矩阵的初等变换.

定义 1.3.2 下面三种变换称为矩阵的初等行变换(初等列变换)：

(1) 对调变换：对调矩阵中第 i，j 两行(列) 的位置，记作 $r_i\leftrightarrow r_j(c_i\leftrightarrow c_j)$；

(2) 倍乘变换：用非零常数 $k\neq 0$ 乘以矩阵的第 i 行(列) 的所有元素，记作 $r_i\times k(c_i\times k)$；

(3) 倍加变换：把矩阵中第 j 行(列) 的 k 倍加到第 i 行(列) 上，记作 $r_i+kr_j(c_i+kc_j)$.

矩阵的初等行变换和初等列变换统称为矩阵的初等变换.

注 由下列变换过程，可得上述三种初等变换都是可逆的，且其逆变换是同一类型的初等变换，因此矩阵的初等变换为可逆变换.

$$\boldsymbol{A}\xrightarrow{r_i\leftrightarrow r_j}\boldsymbol{B}\xrightarrow{r_i\leftrightarrow r_j}\boldsymbol{A};\qquad \boldsymbol{A}\xrightarrow{c_i\leftrightarrow c_j}\boldsymbol{B}\xrightarrow{c_i\leftrightarrow c_j}\boldsymbol{A}$$

$$\boldsymbol{A}\xrightarrow{r_i\times k}\boldsymbol{B}\xrightarrow{r_i\div k}\boldsymbol{A};\qquad \boldsymbol{A}\xrightarrow{c_i\times k}\boldsymbol{B}\xrightarrow{c_i\div k}\boldsymbol{A}$$

$$\boldsymbol{A}\xrightarrow{r_i+kr_j}\boldsymbol{B}\xrightarrow{r_i-kr_j}\boldsymbol{A};\qquad \boldsymbol{A}\xrightarrow{c_i+kc_j}\boldsymbol{B}\xrightarrow{c_i-kc_j}\boldsymbol{A}$$

定义 1.3.3 设 $\boldsymbol{A}$ 和 $\boldsymbol{B}$ 是两个同型矩阵，

(1) 若 $\boldsymbol{A}$ 可通过有限次初等行变换化为 $\boldsymbol{B}$，则称矩阵 $\boldsymbol{A}$ 与 $\boldsymbol{B}$ 行等价，记作 $\boldsymbol{A}\overset{r}{\sim}\boldsymbol{B}$；

(2) 若 $\boldsymbol{A}$ 可通过有限次初等列变换化为 $\boldsymbol{B}$，则称矩阵 $\boldsymbol{A}$ 与 $\boldsymbol{B}$ 列等价，记作 $\boldsymbol{A}\overset{c}{\sim}\boldsymbol{B}$；

(3) 若 $\boldsymbol{A}$ 可通过有限次初等变换化为 $\boldsymbol{B}$，则称矩阵 $\boldsymbol{A}$ 与 $\boldsymbol{B}$ 等价，记作 $\boldsymbol{A}\sim\boldsymbol{B}$.

矩阵之间的等价关系具有下列性质：

(1) 反身性：$\boldsymbol{A}\sim\boldsymbol{A}$；

(2) 对称性：若 $\boldsymbol{A}\sim\boldsymbol{B}$，则 $\boldsymbol{B}\sim\boldsymbol{A}$；

(3) 传递性：若 $\boldsymbol{A}\sim\boldsymbol{B}$，$\boldsymbol{B}\sim\boldsymbol{C}$，则 $\boldsymbol{A}\sim\boldsymbol{C}$.

数学中把具有上述三条性质的关系叫作等价关系.

例如，$\boldsymbol{A}=\begin{pmatrix}1&2&-1&3\\0&1&0&1\\1&2&-1&3\end{pmatrix}\xrightarrow{r_3-r_1}\begin{pmatrix}1&2&-1&3\\0&1&0&1\\0&0&0&0\end{pmatrix}=\boldsymbol{B}$，则矩阵 $\boldsymbol{A}$ 与 $\boldsymbol{B}$ 等价(行等价).

需要注意的是，矩阵 $\boldsymbol{A}$ 与 $\boldsymbol{B}$ 同型，所以即使矩阵 $\boldsymbol{B}$ 中第三行的元素全为零，也要写出来，不能省略.

注 在使用矩阵的初等变换时，要注意运算次序！例如，

$$\begin{pmatrix}1&2\\3&4\end{pmatrix}\xrightarrow{r_1\leftrightarrow r_2}\begin{pmatrix}3&4\\1&2\end{pmatrix}\xrightarrow{r_2+r_1}\begin{pmatrix}3&4\\4&6\end{pmatrix}，可记作\begin{pmatrix}1&2\\3&4\end{pmatrix}\xrightarrow[r_2+r_1]{r_1\leftrightarrow r_2}\begin{pmatrix}3&4\\4&6\end{pmatrix}；$$

$$\begin{pmatrix}1&2\\3&4\end{pmatrix}\xrightarrow{r_2+r_1}\begin{pmatrix}1&2\\4&6\end{pmatrix}\xrightarrow{r_1\leftrightarrow r_2}\begin{pmatrix}4&6\\1&2\end{pmatrix}，可记作\begin{pmatrix}1&2\\3&4\end{pmatrix}\xrightarrow[r_1\leftrightarrow r_2]{r_2+r_1}\begin{pmatrix}4&6\\1&2\end{pmatrix}.$$

上述计算过程中，初等变换的类型相同，但运算次序不同，最后的结果可能不同，因此要特别注意：对矩阵使用初等变换后，矩阵中哪些元保持不变，哪些元改变了.

1.3.4 线性方程组的初等变换与矩阵的初等变换的关系

线性方程组的初等变换实际上只对方程组的系数和常数项进行运算，相当于对方程组的

增广矩阵施以初等行变换. 因此，线性方程组的初等变换与增广矩阵的初等行变换是一致的. 下面用 1.2 节例题的求解过程作一一对应.

例 1.3.6　解线性方程组 Ⅰ：$\begin{cases} 3x_1+5x_2+10x_3=6, & ① \\ 2x_1+5x_2+7x_3=3, & ② \\ x_1+2x_2+3x_3=1. & ③ \end{cases}$

解　方程组的增广矩阵 $\boldsymbol{B}=(\boldsymbol{A},\boldsymbol{\beta})=\begin{pmatrix} 3 & 5 & 10 & 6 \\ 2 & 5 & 7 & 3 \\ 1 & 2 & 3 & 1 \end{pmatrix}$.

为方便运算(避免分数运算)，先交换方程组中的方程 ① 和方程 ③ 的位置，就相当于交换增广矩阵中的第一行和第三行，即对调变换 $r_1\leftrightarrow r_3$，则对应的求解过程如下：

$$\text{Ⅰ}\xrightarrow{①\leftrightarrow③}\text{Ⅰ}_1:\begin{cases} x_1+2x_2+3x_3=1, & ① \\ 2x_1+5x_2+7x_3=3, & ② \\ 3x_1+5x_2+10x_3=6. & ③ \end{cases}\qquad \boldsymbol{B}\xrightarrow{r_1\leftrightarrow r_3}\begin{pmatrix} 1 & 2 & 3 & 1 \\ 2 & 5 & 7 & 3 \\ 3 & 5 & 10 & 6 \end{pmatrix}$$

$$\xrightarrow[③-①\times3]{②-①\times2}\text{Ⅰ}_2:\begin{cases} x_1+2x_2+3x_3=1, & ① \\ x_2+x_3=1, & ② \\ -x_2+x_3=3. & ③ \end{cases}\qquad \xrightarrow[r_3-3r_1]{r_2-2r_1}\begin{pmatrix} 1 & 2 & 3 & 1 \\ 0 & 1 & 1 & 1 \\ 0 & -1 & 1 & 3 \end{pmatrix}$$

$$\xrightarrow{③+②}\text{Ⅰ}_3:\begin{cases} x_1+2x_2+3x_3=1, & ① \\ x_2+x_3=1, & ② \\ 2x_3=4. & ③ \end{cases}\qquad \xrightarrow{r_3+r_2}\begin{pmatrix} 1 & 2 & 3 & 1 \\ 0 & 1 & 1 & 1 \\ 0 & 0 & 2 & 4 \end{pmatrix}$$

$$\xrightarrow{③\div2}\text{Ⅰ}_4:\begin{cases} x_1+2x_2+3x_3=1, & ① \\ x_2+x_3=1, & ② \\ x_3=2. & ③ \end{cases}\qquad \xrightarrow{r_3\div2}\begin{pmatrix} 1 & 2 & 3 & 1 \\ 0 & 1 & 1 & 1 \\ 0 & 0 & 1 & 2 \end{pmatrix}$$

$$\xrightarrow[①-③\times3]{②-③}\text{Ⅰ}_5:\begin{cases} x_1+2x_2=-5, & ① \\ x_2=-1, & ② \\ x_3=2. & ③ \end{cases}\qquad \xrightarrow[r_1-3r_3]{r_2-r_3}\begin{pmatrix} 1 & 2 & 0 & -5 \\ 0 & 1 & 0 & -1 \\ 0 & 0 & 1 & 2 \end{pmatrix}$$

$$\xrightarrow{①-②\times2}\text{Ⅰ}_6:\begin{cases} x_1=-3, & ① \\ x_2=-1, & ② \\ x_3=2. & ③ \end{cases}\qquad \xrightarrow{r_1-2r_2}\begin{pmatrix} 1 & 0 & 0 & -3 \\ 0 & 1 & 0 & -1 \\ 0 & 0 & 1 & 2 \end{pmatrix}=\bar{\boldsymbol{B}}$$

由矩阵 $\bar{\boldsymbol{B}}$ 可得出原方程组对应的同解方程组 Ⅰ_6，解得 $x_1=-3$，$x_2=-1$，$x_3=2$. 即原方程组 Ⅰ 有唯一解$(-3,-1,2)$.

例 1.3.7　解线性方程组 Ⅱ：$\begin{cases} x_2+2x_3-x_4=1, & ① \\ x_1+x_2+x_3+x_4=1, & ② \\ 3x_1+x_2-x_3+5x_4=1. & ③ \end{cases}$

解　方程组的增广矩阵

$$B=(A,\beta)=\begin{pmatrix}0&1&2&-1&1\\1&1&1&1&1\\3&1&-1&5&1\end{pmatrix},$$

则对应的求解过程如下：

$$\text{Ⅱ}\xrightarrow{①\leftrightarrow②}\text{Ⅱ}_1:\begin{cases}x_1+x_2+x_3+x_4=1, ①\\ \quad\ \ x_2+2x_3-x_4=1, ②\\ 3x_1+x_2-x_3+5x_4=1. ③\end{cases}$$

$$\xrightarrow{③-①\times3}\text{Ⅱ}_2:\begin{cases}x_1+x_2+x_3+x_4=1, ①\\ \quad\ \ x_2+2x_3-x_4=1, ②\\ \quad -2x_2-4x_3+2x_4=-2. ③\end{cases}$$

$$\xrightarrow{③+②\times2}\text{Ⅱ}_3:\begin{cases}\boxed{x_1}+x_2+x_3+x_4=1, ①\\ \quad\ \ \boxed{x_2}+2x_3-x_4=1, ②\\ \qquad\qquad 0=0. ③\end{cases}$$

$$\xrightarrow{①-②}\text{Ⅱ}_4:\begin{cases}\boxed{x_1}\qquad -x_3+2x_4=0, ①\\ \quad\ \ \boxed{x_2}+2x_3-x_4=1, ②\\ \qquad\qquad 0=0. ③\end{cases}$$

$$B\xrightarrow{r_1\leftrightarrow r_2}\begin{pmatrix}1&1&1&1&1\\0&1&2&-1&1\\3&1&-1&5&1\end{pmatrix}=B_1$$

$$\xrightarrow{r_3-3r_1}\begin{pmatrix}1&1&1&1&1\\0&1&2&-1&1\\0&-2&-4&2&-2\end{pmatrix}=B_2$$

$$\xrightarrow{r_3+2r_2}\begin{pmatrix}\boxed{1}&1&1&1&1\\0&\boxed{1}&2&-1&1\\0&0&0&0&0\end{pmatrix}=B_3$$

$$\xrightarrow{r_1-r_2}\begin{pmatrix}\boxed{1}&0&-1&2&0\\0&\boxed{1}&2&-1&1\\0&0&0&0&0\end{pmatrix}=B_4$$

由矩阵 B_4 与方程组 Ⅱ_4 对应，可得出原方程组对应的同解方程组为

$$\begin{cases}x_1\qquad -x_3+2x_4=0\\ \quad\ \ x_2+2x_3-x_4=1\end{cases}$$

即

$$\begin{cases}x_1=\quad\ x_3-2x_4\\ x_2=-2x_3+x_4+1\end{cases}$$

取自由变量 $x_3=c_1$，$x_4=c_2$，得原方程组的通解

$$X=\begin{pmatrix}x_1\\x_2\\x_3\\x_4\end{pmatrix}=\begin{pmatrix}c_1-2c_2\\-2c_1+c_2+1\\c_1\\c_2\end{pmatrix}\quad(c_1, c_2\text{ 为任意实数})$$

即方程组 Ⅱ 有无穷多解.

例 1.3.8 解线性方程组 $\text{Ⅲ}:\begin{cases}x_1+x_2+x_3=1, ①\\ x_1+x_2+2x_3=1, ②\\ x_1+x_2-x_3=2. ③\end{cases}$

解 方程组的增广矩阵 $B=(A,\beta)=\begin{pmatrix}1&1&1&1\\1&1&2&1\\1&1&-1&2\end{pmatrix}$，则对应的求解过程如下：

$$\mathrm{III}\xrightarrow[③-①]{②-①}\mathrm{III}_1:\begin{cases}x_1+x_2+x_3=1, & ①\\ x_3=0, & ②\\ -2x_3=1. & ③\end{cases}\qquad \boldsymbol{B}\xrightarrow[r_3-r_1]{r_2-r_1}\begin{pmatrix}1&1&1&1\\0&0&1&0\\0&0&-2&1\end{pmatrix}$$

$$\xrightarrow{③+②\times 2}\mathrm{III}_2:\begin{cases}x_1+x_2+x_3=1, & ①\\ x_3=0, & ②\\ 0=1. & ③\end{cases}\qquad \xrightarrow{r_3+2r_2}\begin{pmatrix}1&1&1&1\\0&0&1&0\\0&0&0&1\end{pmatrix}=\overline{\boldsymbol{B}}$$

由矩阵 $\overline{\boldsymbol{B}}$ 中第三行对应方程“$0=1$”，是矛盾方程，所以原方程组无解.

综上可得，解线性方程组就是对其增广矩阵进行初等行变换，进行化简.

1.3.5　行阶梯形矩阵、行最简形矩阵和标准形

在上述解线性方程组的过程中，行阶梯形方程组、行最简形方程组对应着两种非常重要的矩阵，分别称它们为行阶梯形矩阵、行最简形矩阵，如例 1.3.7 中的

$$\boldsymbol{B}_3=\begin{pmatrix}\boxed{1}&1&1&1&1\\0&\boxed{1}&2&-1&1\\0&0&0&0&0\end{pmatrix},\quad \boldsymbol{B}_4=\begin{pmatrix}\boxed{1}&0&-1&2&0\\0&\boxed{1}&2&-1&1\\0&0&0&0&0\end{pmatrix}$$

若一个矩阵中的某一行(列)元素全为零，则称这一行(列)为零行(列)，否则称其为非零行(列)；非零行最左边的第一个非零元素，称为该非零行的主元(或非零首元)；主元所在的列称为主元列.

定义 1.3.4　一个矩阵称为行阶梯形矩阵，若它有以下三个性质：

(1) 每一个非零行在每一个零行之上；

(2) 某一行的主元所在的列位于前一行主元的右侧；

(3) 某一主元所在的列的下方元素全为零.

若一个行阶梯矩阵还满足以下性质，称它为行最简形矩阵：

(4) 每一非零行的主元为 1；

(5) 每一主元所在的列的其他元素都为 0.

因此，$\boldsymbol{B}_3=\begin{pmatrix}\boxed{1}&1&1&1&1\\0&\boxed{1}&2&-1&1\\0&0&0&0&0\end{pmatrix}$，$\boldsymbol{B}_4=\begin{pmatrix}\boxed{1}&0&-1&2&0\\0&\boxed{1}&2&-1&1\\0&0&0&0&0\end{pmatrix}$ 都是行阶梯形矩阵，$\boldsymbol{B}_4$ 还是行最简形矩阵. 显然，行最简形矩阵一定是行阶梯形矩阵，但反之不一定成立.

行阶梯形矩阵的一般形式，例如

$$\begin{pmatrix}\blacksquare&*&*&*&*\\0&\blacksquare&*&*&*\\0&0&0&\blacksquare&*\\0&0&0&0&0\end{pmatrix}\qquad \begin{pmatrix}0&\blacksquare&*&*&*&*\\0&0&\blacksquare&*&*&*\\0&0&0&\blacksquare&*&*\\0&0&0&0&\blacksquare&*\end{pmatrix}$$

其中，■ 表示非零常数，为非零行的主元；* 表示任意常数. 我们可画出一条阶梯线，阶梯线的下方全为 0；每个台阶只有一行，阶梯线的竖线(每段竖线的长度为一行) 后面的第一个元素为非零行的非零首元，即主元.

下列矩阵都是行最简形矩阵，主元为 1，且主元所在的列的其他元素都是 0.

$$\begin{pmatrix} \boxed{1} & 0 & * & 0 & * \\ 0 & \boxed{1} & * & 0 & * \\ 0 & 0 & 0 & \boxed{1} & * \\ 0 & 0 & 0 & 0 & 0 \end{pmatrix} \qquad \begin{pmatrix} 0 & \boxed{1} & 0 & 0 & 0 & * \\ 0 & 0 & \boxed{1} & 0 & 0 & * \\ 0 & 0 & 0 & \boxed{1} & 0 & * \\ 0 & 0 & 0 & 0 & \boxed{1} & * \end{pmatrix}$$

注 行阶梯形方程组与行阶梯形矩阵一一对应；行最简形方程组与行最简形矩阵一一对应. 例 1.3.7 中行阶梯形矩阵 $\boldsymbol{B}_3$ 中的零行，对应的方程“$0=0$”恒成立，即为多余的方程；行阶梯形矩阵 $\boldsymbol{B}_3$ 中的非零行对应着独立方程. 因此，线性方程组解的情况由独立方程决定，由其增广矩阵对应的行阶梯形中非零行的行数决定.

注 在例 1.3.7 的解题过程中，Ⅱ → Ⅱ_3 是消元过程，Ⅱ_3 → Ⅱ_4 是回代过程；与其对应的增广矩阵 $\boldsymbol{B}$ 的化简过程为：$\boldsymbol{B}\xrightarrow{r}\boldsymbol{B}_3$ 是化行阶梯形矩阵的过程，$\boldsymbol{B}_3\xrightarrow{r}\boldsymbol{B}_4$ 是化行最简形矩阵的过程.

注 由行最简形矩阵 $\boldsymbol{B}_4$，即可写出方程组 Ⅱ 的同解方程组 Ⅱ_4；反之，由方程组的同解方程组 Ⅱ_4 也可写出矩阵 $\boldsymbol{B}_4$. 由此可猜想到一个矩阵的行最简形矩阵是唯一的.

由例 1.3.6 ~ 例 1.3.8 可知，行阶梯形矩阵和行最简形矩阵在求解方程组中起着很重要的作用. 那么，是否每个矩阵都可以经过初等行变换化为行阶梯形矩阵或行最简形矩阵呢？下面的定理给出了肯定的回答.

定理 1.3.1 对于任意矩阵 $\boldsymbol{A}_{m\times n}$，总可以经过有限次初等行变换化成行阶梯形矩阵或行最简形矩阵.

证明 若 $\boldsymbol{A}=\boldsymbol{O}$ 的元全为 0，则 $\boldsymbol{A}=\boldsymbol{O}$ 既是行阶梯形矩阵，也是行最简形矩阵.

若 $\boldsymbol{A}\neq\boldsymbol{O}$ 时，设非零矩阵 $\boldsymbol{A}$ 的第 j 列是自左而右的第一个非零列，不妨设 $a_{1j}\neq 0$(否则，可经交换两行，把第 j 列的非零元换到第一行第 j 列的位置)，因此可利用 a_{1j} 将第 j 列中位于 a_{1j} 下面的元化为零. 这就要对矩阵 $\boldsymbol{A}$ 分别作初等行变换 $r_i-\dfrac{a_{ij}}{a_{1j}}r_1$，$i=2, 3, \cdots, m$，则

$$\boldsymbol{A}\rightarrow\left(\begin{array}{cccc|ccc} 0 & \cdots & 0 & a_{1j} & a_{1,j+1} & \cdots & a_{1n} \\ \hline 0 & \cdots & 0 & 0 & & & \\ \vdots & & \vdots & \vdots & & \boldsymbol{A}_1 & \\ 0 & \cdots & 0 & 0 & & & \end{array}\right)$$

其中 $\boldsymbol{A}_1$ 是$(m-1)\times(n-j)$ 矩阵，对 $\boldsymbol{A}_1$ 施行上面同样的步骤，如此下去，即可得行阶梯形矩阵.

如果对行阶梯形矩阵继续作初等行变换：每个非零行同除以该行的主元(非零首元)，将该行的主元化为 1. 再利用第三种初等行变换(倍加变换)，将主元所在列的其他非零元化为零，即得行最简形.

由此可得下述推论.

推论 1　任意矩阵 $\boldsymbol{A}_{m\times n}$ 经过初等行变换化成的行最简形是**唯一的**.

证明略.

若对行最简形矩阵再施以初等列变换，把主元(主元为 1) 集中在左上角，其余元素全化为 0，可变成一种更简单的矩阵，例如

$$\begin{pmatrix}1&0&-1&2&0\\0&1&2&-1&1\\0&0&0&0&0\end{pmatrix}\xrightarrow[c_5-c_2]{\substack{c_3+c_1-2c_2\\c_4-2c_1+c_2}}\left(\begin{array}{cc:ccc}1&0&0&0&0\\0&1&0&0&0\\ \hdashline 0&0&0&0&0\end{array}\right)=\boldsymbol{F}$$

$$\begin{pmatrix}1&0&-1&0&4\\0&1&-1&0&3\\0&0&0&1&-3\\0&0&0&0&0\end{pmatrix}\xrightarrow[c_5-4c_1-3c_2+3c_3]{\substack{c_3\leftrightarrow c_4\\c_4+c_1+c_2}}\left(\begin{array}{ccc:cc}1&0&0&0&0\\0&1&0&0&0\\0&0&1&0&0\\ \hdashline 0&0&0&0&0\end{array}\right)=\boldsymbol{F}$$

矩阵 $\boldsymbol{F}$ 的共同特点是：$\boldsymbol{F}$ 的左上角是一个单位矩阵，其余元素全为 0. 通常把矩阵 $\boldsymbol{F}$ 分为 4 部分，记 $\boldsymbol{F}=\begin{pmatrix}\boldsymbol{E}_r&\boldsymbol{O}\\\boldsymbol{O}&\boldsymbol{O}\end{pmatrix}$，其中 $\boldsymbol{E}_r$ 为 r 阶单位阵，其他部分都是零矩阵.

定义 1.3.5　形如 $\boldsymbol{F}=\begin{pmatrix}\boldsymbol{E}_r&\boldsymbol{O}\\\boldsymbol{O}&\boldsymbol{O}\end{pmatrix}$ 的矩阵称为**标准形**.

定理 1.3.2　任意矩阵 $\boldsymbol{A}_{m\times n}$ 总可经过有限次初等变换(初等行变换和初等列变换) 化成标准形.

注　任意矩阵 $\boldsymbol{A}_{m\times n}$ 经过初等变换化成的标准形是**唯一的**(将在第 3 章证明).

事实上

> 任意矩阵 $\boldsymbol{A}\xrightarrow{r}$ 行阶梯形矩阵 $\boldsymbol{U}\xrightarrow{r}$ 行最简形矩阵 $\bar{\boldsymbol{U}}\xrightarrow{c}$ 标准形 $\boldsymbol{F}=\begin{pmatrix}\boldsymbol{E}_r&\boldsymbol{O}\\\boldsymbol{O}&\boldsymbol{O}\end{pmatrix}$

若矩阵 $\boldsymbol{A}$ 行等价于行阶梯形矩阵 $\boldsymbol{U}$，则称 $\boldsymbol{U}$ 为 $\boldsymbol{A}$ 的行阶梯形；若矩阵 $\boldsymbol{A}$ 行等价于行最简形矩阵 $\bar{\boldsymbol{U}}$，则称 $\bar{\boldsymbol{U}}$ 为 $\boldsymbol{A}$ 的行最简形；若矩阵 $\boldsymbol{A}$ 等价于标准形 $\boldsymbol{F}$，则称 $\boldsymbol{F}$ 为 $\boldsymbol{A}$ 的标准形. 矩阵 $\boldsymbol{A}$ 中的主元位置是 $\boldsymbol{A}$ 的行阶梯形矩阵中主元的位置，主元列是 $\boldsymbol{A}$ 的含有主元位置的列.

若对某个 4×5 矩阵 $\boldsymbol{A}$ 进行如下初等变换：

$$\boldsymbol{A}\xrightarrow{r}\begin{pmatrix}\blacksquare&*&*&*&*\\0&\blacksquare&*&*&*\\0&0&0&\blacksquare&*\\0&0&0&0&0\end{pmatrix}\xrightarrow{r}\begin{pmatrix}1&0&*&0&*\\0&1&*&0&*\\0&0&0&1&*\\0&0&0&0&0\end{pmatrix}\xrightarrow{c}\left(\begin{array}{ccc:cc}1&0&0&0&0\\0&1&0&0&0\\0&0&1&0&0\\ \hdashline 0&0&0&0&0\end{array}\right)$$

可得：

(1) 对矩阵 $\boldsymbol{A}$ 作初等行变换化为行阶梯形 $\boldsymbol{U}$ 后，再进一步使用初等行变换化为行最简形 $\bar{\boldsymbol{U}}$ 时，主元的位置不变，则主元的个数不变，主元所在的非零行的行数不变.

(2) 对矩阵 $\boldsymbol{A}$ 的行最简形 $\bar{\boldsymbol{U}}$ 再作初等列变换化为标准形 $\boldsymbol{F}$ 时，主元的位置可能改变了，但主元的个数不变，主元所在的非零行的行数不变.

因此，矩阵 $\boldsymbol{A}$ 的行阶梯形 $\boldsymbol{U}$ 的非零行行数、行最简形 $\bar{\boldsymbol{U}}$ 的非零行行数、标准形 $\boldsymbol{F}$ 的非零行

行数和主元的个数都相等. 也就是说，在对矩阵 $\boldsymbol{A}$ 进行初等变换的过程中，矩阵 $\boldsymbol{A}$ 的行阶梯形的非零行行数是一个不变量.

若矩阵 $\boldsymbol{A}_{m\times n}$ 的行阶梯形中有 r 个非零行，则有

$$\boldsymbol{A}\xrightarrow{\text{初等变换}}\boldsymbol{F}=\begin{pmatrix}\boldsymbol{E}_r & \boldsymbol{O}\\ \boldsymbol{O} & \boldsymbol{O}\end{pmatrix}_{m\times n}$$

因此，矩阵 $\boldsymbol{A}$ 一定可以通过初等变换化为如上形式的标准形 $\boldsymbol{F}$，其中标准形 $\boldsymbol{F}$ 由 m，n，r 三个数完全确定，r 就是 $\boldsymbol{A}$ 的行阶梯形矩阵中非零行的行数. 所有与 $\boldsymbol{A}$ 等价的矩阵组成一个集合，标准形 $\boldsymbol{F}$ 是这个集合中形状最简单的矩阵.

显然，标准形一定是行最简形矩阵，行最简形矩阵一定是行阶梯形矩阵，但反之不然.

例 1.3.9 用初等行变换将下列矩阵化为行最简形矩阵，再继续使用初等列变换化为标准形.

(1) $\boldsymbol{A}=\begin{pmatrix}1&2&3\\2&5&7\\3&4&8\end{pmatrix}$；　(2) $\boldsymbol{B}=\begin{pmatrix}1&-2&3&-4\\1&3&0&-3\\0&1&-1&1\\0&7&-3&-1\end{pmatrix}$；

(3) $\boldsymbol{C}=\begin{pmatrix}0&1&-2&5&-2\\1&1&2&-1&2\\2&3&2&4&3\\-3&-4&-4&-3&-5\end{pmatrix}$.

解 (1) $\boldsymbol{A}\xrightarrow[r_3-3r_1]{r_2-2r_1}\begin{pmatrix}1&2&3\\0&1&1\\0&-2&-1\end{pmatrix}\xrightarrow{r_3+2r_2}\begin{pmatrix}1&2&3\\0&1&1\\0&0&1\end{pmatrix}$

$$\xrightarrow[r_1-3r_3]{r_2-r_3}\begin{pmatrix}1&2&0\\0&1&0\\0&0&1\end{pmatrix}\xrightarrow{r_1-2r_2}\begin{pmatrix}1&0&0\\0&1&0\\0&0&1\end{pmatrix}=\bar{\boldsymbol{A}}$$

对矩阵 $\boldsymbol{A}$ 进行初等行变换，先化为行阶梯形矩阵，再化为行最简形矩阵 $\bar{\boldsymbol{A}}$. 易得该行最简形矩阵 $\bar{\boldsymbol{A}}$ 也是所求的标准形.

(2) $\boldsymbol{B}\xrightarrow{r_2-r_1}\begin{pmatrix}1&-2&3&-4\\0&5&-3&1\\0&1&-1&1\\0&7&-3&-1\end{pmatrix}\xrightarrow[r_4-7r_3]{r_2-5r_3}\begin{pmatrix}1&-2&3&-4\\0&0&2&-4\\0&1&-1&1\\0&0&4&-8\end{pmatrix}$

$$\xrightarrow{r_2\leftrightarrow r_3}\begin{pmatrix}1&-2&3&-4\\0&1&-1&1\\0&0&2&-4\\0&0&4&-8\end{pmatrix}\xrightarrow[r_3\div 2]{r_4-2r_3}\begin{pmatrix}1&-2&3&-4\\0&1&-1&1\\0&0&1&-2\\0&0&0&0\end{pmatrix}$$

$$\xrightarrow[r_1-3r_3]{r_2+r_3}\begin{pmatrix}1&-2&0&2\\0&1&0&-1\\0&0&1&-2\\0&0&0&0\end{pmatrix}\xrightarrow{r_1+2r_2}\begin{pmatrix}1&0&0&0\\0&1&0&-1\\0&0&1&-2\\0&0&0&0\end{pmatrix}=\overline{\boldsymbol{B}}$$

这里 $\overline{\boldsymbol{B}}$ 为行最简形矩阵. 再对 $\overline{\boldsymbol{B}}$ 作初等列变换得

$$\overline{\boldsymbol{B}}\xrightarrow{c_4+c_2+2c_3}\left(\begin{array}{ccc:c}1&0&0&0\\0&1&0&0\\0&0&1&0\\\hdashline0&0&0&0\end{array}\right)=\boldsymbol{F}_B$$

则 $\boldsymbol{F}_B$ 为所求的标准形.

(3) $$\boldsymbol{C}=\begin{pmatrix}0&1&-2&5&-2\\1&1&2&-1&2\\2&3&2&4&3\\-3&-4&-4&-3&-5\end{pmatrix}\xrightarrow{r_1\leftrightarrow r_2}\begin{pmatrix}1&1&2&-1&2\\0&1&-2&5&-2\\2&3&2&4&3\\-3&-4&-4&-3&-5\end{pmatrix}$$

$$\xrightarrow[r_4+3r_1]{r_3-2r_1}\begin{pmatrix}1&1&2&-1&2\\0&1&-2&5&-2\\0&1&-2&6&-1\\0&-1&2&-6&1\end{pmatrix}\xrightarrow[r_4+r_2]{r_3-r_2}\begin{pmatrix}1&1&2&-1&2\\0&1&-2&5&-2\\0&0&0&1&1\\0&0&0&-1&-1\end{pmatrix}$$

$$\xrightarrow[r_1+r_3]{\substack{r_4+r_3\\r_2-5r_3}}\begin{pmatrix}1&1&2&0&3\\0&1&-2&0&-7\\0&0&0&1&1\\0&0&0&0&0\end{pmatrix}\xrightarrow{r_1-r_2}\begin{pmatrix}1&0&4&0&10\\0&1&-2&0&-7\\0&0&0&1&1\\0&0&0&0&0\end{pmatrix}=\overline{\boldsymbol{C}}$$

这里 $\overline{\boldsymbol{C}}$ 为行最简形矩阵. 再对 $\overline{\boldsymbol{C}}$ 作初等列变换得

$$\overline{\boldsymbol{C}}\xrightarrow{c_3\leftrightarrow c_4}\begin{pmatrix}1&0&0&4&10\\0&1&0&-2&-7\\0&0&1&0&1\\0&0&0&0&0\end{pmatrix}\xrightarrow{c_4-4c_1+2c_2}\begin{pmatrix}1&0&0&0&10\\0&1&0&0&-7\\0&0&1&0&1\\0&0&0&0&0\end{pmatrix}$$

$$\xrightarrow{c_5-10c_1+7c_2-c_3}\left(\begin{array}{ccc:cc}1&0&0&0&0\\0&1&0&0&0\\0&0&1&0&0\\\hdashline0&0&0&0&0\end{array}\right)=\boldsymbol{F}_c$$

则 $\boldsymbol{F}_C$ 为所求的标准形.

由例 1.3.9 可得，一般地，矩阵的行阶梯矩阵不唯一，但它的行最简形和标准形是唯一的. 进一步地，若任意矩阵 $\boldsymbol{A}\xrightarrow{r}$ 行阶梯形 $\boldsymbol{U}\xrightarrow{r}$ 行最简形 $\overline{\boldsymbol{U}}\xrightarrow{c}$ 标准形 $\boldsymbol{F}=\begin{pmatrix}\boldsymbol{E}_r&\boldsymbol{O}\\\boldsymbol{O}&\boldsymbol{O}\end{pmatrix}$，可得矩阵 $\boldsymbol{U}$，$\overline{\boldsymbol{U}}$，$\boldsymbol{F}$ 的非零行的行数保持不变，因此初等变换不改变矩阵 $\boldsymbol{U}$，$\overline{\boldsymbol{U}}$，$\boldsymbol{F}$ 的非零行的行数.

注 解线性方程组 —— 初等行变换

$$\text{增广矩阵 } \boldsymbol{B} \xrightarrow{r} \text{行阶梯形矩阵 } \boldsymbol{U}_B \xrightarrow{r} \text{行最简形矩阵 } \overline{\boldsymbol{B}}$$

这一化简过程——化行最简形过程非常重要，可用于线性方程组的增广矩阵(系数矩阵)，或本节讨论的任意矩阵.

注 化标准形 —— 初等行变换和初等列变换

(1) 任意矩阵 $\boldsymbol{A} \xrightarrow{r}$ 行阶梯形矩阵 $\boldsymbol{U} \xrightarrow{r}$ 行最简形矩阵 $\overline{\boldsymbol{U}} \xrightarrow{c}$ 标准形 $\boldsymbol{F}$

(2) 任意矩阵 $\boldsymbol{A} \longrightarrow$ 标准形 $\boldsymbol{F}$

1.3.6 矩阵的秩

由重要定理 1.3.1 ~ 1.3.2 及例 1.3.9 可知，矩阵 $\boldsymbol{A}$ 的行阶梯形中非零行的行数是一个不变量. 这个数是矩阵在初等变换下的一个不变量，反映矩阵自身特性的很重要的一个指数，它在线性方程组和向量组的线性相关性等问题的研究中起着非常重要的作用，其重要作用之一是根据这个数能很方便地判别线性方程组的解的情况. 为此，下面引入矩阵秩的概念.

定义 1.3.6 若矩阵 $\boldsymbol{A}_{m\times n}$ 经过初等变换化为标准形 $\boldsymbol{F}_{m\times n}$，则称 $\boldsymbol{F}_{m\times n}$ 中非零行的行数 r 为矩阵 $\boldsymbol{A}$ 的秩，记为 $R(\boldsymbol{A})$.

即

$$\boldsymbol{A} \xrightarrow{\text{初等变换}} \boldsymbol{F} = \begin{pmatrix} \boldsymbol{E}_r & \boldsymbol{O} \\ \boldsymbol{O} & \boldsymbol{O} \end{pmatrix}$$

则 $R(\boldsymbol{A}) = r$.

规定零矩阵的秩为零.

由矩阵秩的定义 1.3.6,可以得到以下基本性质：

(1) $R(\boldsymbol{A}) = R(\boldsymbol{F}) = r$;

(2) $0 \leqslant R(\boldsymbol{A}) \leqslant \min(m, n)$;

(3) $R(\boldsymbol{A}) \leqslant R(\boldsymbol{A}, \boldsymbol{\beta}) \leqslant R(\boldsymbol{A}) + 1$.

当 $R(\boldsymbol{A}_{m\times n}) = m$ 时,称 $\boldsymbol{A}$ 为行满秩矩阵;当 $R(\boldsymbol{A}_{m\times n}) = n$ 时，称 $\boldsymbol{A}$ 为列满秩矩阵;特别地,若 $\boldsymbol{A}$ 为 n 阶方阵,当 $R(\boldsymbol{A}) = n$ 时,称 $\boldsymbol{A}$ 为满秩矩阵;当 $R(\boldsymbol{A}) < n$ 时,称 $\boldsymbol{A}$ 为降秩矩阵.

定理 1.3.3 初等变换不改变矩阵 $\boldsymbol{A}$ 的秩.(将在第 3 章证明)

即任意矩阵 $\boldsymbol{A} \xrightarrow{r}$ 行阶梯形 $\boldsymbol{U} \xrightarrow{r}$ 行最简形 $\overline{\boldsymbol{U}} \xrightarrow{c}$ 标准形 $\boldsymbol{F} = \begin{pmatrix} \boldsymbol{E}_r & \boldsymbol{O} \\ \boldsymbol{O} & \boldsymbol{O} \end{pmatrix}$，有

$$R(\boldsymbol{A}) = R(\boldsymbol{U}) = R(\overline{\boldsymbol{U}}) = R(\boldsymbol{F}) = r$$

由定理 1.3.3 可得矩阵秩的计算，只需对矩阵 $\boldsymbol{A}$ 进行初等行变换化为行阶梯形，则矩阵 $\boldsymbol{A}$ 的秩等于 $\boldsymbol{A}$ 的行阶梯形中非零行的行数，即

$$\text{矩阵 } \boldsymbol{A} \xrightarrow{r} \text{行阶梯形 } \boldsymbol{U} \Rightarrow R(\boldsymbol{A}) = R(\boldsymbol{U}) = r \text{——行阶梯形 } \boldsymbol{U} \text{ 的非零行的行数}$$

在例 1.3.9 中，由矩阵的行阶梯形、行最简形或标准形中非零行的行数，都可得出

$$R(\boldsymbol{A}) = 3, \ R(\boldsymbol{B}) = 3, \ R(\boldsymbol{C}) = 3$$

例 1.3.10　求矩阵 $\boldsymbol{A}=\begin{pmatrix}1&1&1&1\\2&2&3&4\\3&3&4&5\\-1&-1&0&1\end{pmatrix}$ 的秩.

解　用初等行变换将矩阵 $\boldsymbol{A}$ 化为行阶梯形

$$\boldsymbol{A}\xrightarrow[r_4+r_1]{\substack{r_2-2r_1\\ r_3-3r_1}}\begin{pmatrix}1&1&1&1\\0&0&1&2\\0&0&1&2\\0&0&1&2\end{pmatrix}\xrightarrow[r_4-r_2]{r_3-r_2}\begin{pmatrix}1&1&1&1\\0&0&1&2\\0&0&0&0\\0&0&0&0\end{pmatrix}$$

所以 $R(\boldsymbol{A})=2$.

例 1.3.11　讨论矩阵 $\boldsymbol{A}=\begin{pmatrix}a&1&1\\1&b&1\\1&2b&1\end{pmatrix}$ 的秩.

解　对矩阵 $\boldsymbol{A}$ 进行初等行变换，化为行阶梯形

$$\boldsymbol{A}\xrightarrow{r_1\leftrightarrow r_2}\begin{pmatrix}1&b&1\\a&1&1\\1&2b&1\end{pmatrix}\xrightarrow[r_3-r_1]{r_2-ar_1}\begin{pmatrix}1&b&1\\0&1-ab&1-a\\0&b&0\end{pmatrix}$$

$$\xrightarrow{r_2+ar_3}\begin{pmatrix}1&b&1\\0&1&1-a\\0&b&0\end{pmatrix}\xrightarrow{r_3-br_2}\begin{pmatrix}1&b&1\\0&1&1-a\\0&0&(a-1)b\end{pmatrix}$$

当 $(a-1)b=0$ 时，即 $a=1$ 或 $b=0$ 时，有 $R(\boldsymbol{A})=2$.

当 $(a-1)b\neq 0$ 时，即 $a\neq 1$ 且 $b\neq 0$ 时，有 $R(\boldsymbol{A})=3$.

例 1.3.12　当 a，b 为何值时，矩阵 $\boldsymbol{A}=\begin{pmatrix}0&1&2&3\\1&4&7&10\\-1&0&1&b\\a&2&3&4\end{pmatrix}$ 的秩为 2.

解　对 $\boldsymbol{A}$ 进行初等变换，得

$$\boldsymbol{A}=\begin{pmatrix}0&1&2&3\\1&4&7&10\\-1&0&1&b\\a&2&3&4\end{pmatrix}\xrightarrow[c_2\leftrightarrow c_3]{c_1\leftrightarrow c_2}\begin{pmatrix}1&2&0&3\\4&7&1&10\\0&1&-1&b\\2&3&a&4\end{pmatrix}$$

$$\xrightarrow[r_4-2r_1]{r_2-4r_1}\begin{pmatrix}1&2&0&3\\0&-1&1&-2\\0&1&-1&b\\0&-1&a&-2\end{pmatrix}\xrightarrow[r_3\leftrightarrow r_4]{\substack{r_3+r_2\\ r_4-r_2}}\begin{pmatrix}1&2&0&3\\0&-1&1&-2\\0&0&a-1&0\\0&0&0&b-2\end{pmatrix}=\boldsymbol{U}$$

因为 $R(\boldsymbol{A})=2$，初等变换不改变矩阵的秩，可知 $\boldsymbol{U}$ 中有 2 个非零行，由此可得 $a=1$，$b=2$.

注　矩阵秩的计算既可使用初等行变换，也可使用初等列变换.

1.4 线性方程组的解的判定定理

在1.3节中，例1.3.6～例1.3.8把线性方程组的消元法与方程组的增广矩阵的初等行变换作了一一对应，分别给出解线性方程组一般可能出现的三种情况：无解、有唯一解或有无穷多解. 为了方便研究线性方程组解的情况，这节将讨论方程组的系数矩阵、增广矩阵的秩与未知量的个数 n 之间的关系，进而得出线性方程组解的判定的相关结论.

1.4.1 n 元非齐次线性方程组的解的判定定理

定理 1.4.1 设有 m 个方程 n 个未知量的线性方程组

$$\begin{cases} a_{11}x_1+a_{12}x_2+\cdots+a_{1n}x_n=b_1 \\ a_{21}x_1+a_{22}x_2+\cdots+a_{2n}x_n=b_2 \\ \qquad\vdots \\ a_{m1}x_1+a_{m2}x_2+\cdots+a_{mn}x_n=b_m \end{cases} \tag{1.4.1}$$

(1) 无解的充分必要条件是 $R(\boldsymbol{A})<R(\boldsymbol{A},\boldsymbol{\beta})$；

(2) 有唯一解的充分必要条件是 $R(\boldsymbol{A})=R(\boldsymbol{A},\boldsymbol{\beta})=n$(未知量的个数)；

(3) 有无穷多解的充分必要条件是 $R(\boldsymbol{A})=R(\boldsymbol{A},\boldsymbol{\beta})<n$(未知量的个数).

证明 只需要证明条件的充分性，因为(1)(2)(3)中条件的必要性依次是[(2)(3)，(1)(3)，(1)(2)]中条件的充分性的逆否命题.

为了叙述方便，设 $R(\boldsymbol{A})=r$，设增广矩阵 $\boldsymbol{B}=(\boldsymbol{A},\boldsymbol{\beta})$ 的行最简形为 $\bar{\boldsymbol{B}}=(\bar{\boldsymbol{A}},\bar{\boldsymbol{\beta}})$，且

$$\boldsymbol{B}\xrightarrow{r}\bar{\boldsymbol{B}}=(\bar{\boldsymbol{A}},\bar{\boldsymbol{\beta}})=\begin{pmatrix} 1 & 0 & \cdots & 0 & b_{11} & \cdots & b_{1,n-r} & d_1 \\ 0 & 1 & \cdots & 0 & b_{21} & \cdots & b_{2,n-r} & d_2 \\ \vdots & \vdots & & \vdots & \vdots & & \vdots & \vdots \\ 0 & 0 & \cdots & 1 & b_{r1} & \cdots & b_{r,n-r} & d_r \\ 0 & 0 & \cdots & 0 & 0 & \cdots & 0 & d_{r+1} \\ 0 & 0 & \cdots & 0 & 0 & \cdots & 0 & 0 \\ \vdots & \vdots & & \vdots & \vdots & & \vdots & \vdots \\ 0 & 0 & \cdots & 0 & 0 & \cdots & 0 & 0 \end{pmatrix}_{m\times(n+1)}$$

则原方程组与 $\bar{\boldsymbol{B}}$ 对应的下列方程组同解

$$\begin{cases} x_1 \qquad\quad +b_{11}x_{r+1}+\cdots+b_{1,n-r}x_n=d_1 \\ \quad x_2 \qquad +b_{21}x_{r+1}+\cdots+b_{2,n-r}x_n=d_2 \\ \qquad\qquad\vdots \\ \qquad\quad x_r+b_{r1}x_{r+1}+\cdots+b_{r,n-r}x_n=d_r \\ \qquad\qquad\qquad 0=d_{r+1} \\ \qquad\qquad\qquad 0=0 \\ \qquad\qquad\vdots \\ \qquad\qquad\qquad 0=0 \end{cases} \tag{1.4.2}$$

由此可见：

(1) 若$R(\boldsymbol{A})<R(\boldsymbol{A},\boldsymbol{\beta})$，即 $d_{r+1}\neq 0$，则方程组(1.4.2) 中第$r+1$个方程“$0=d_{r+1}$”是一个矛盾方程，故方程组(1.4.2) 无解，从而原方程组(1.4.1) 无解，如例 1.3.8.

(2) 若 $R(\boldsymbol{A})=R(\boldsymbol{A},\boldsymbol{\beta})=r<n$，即 $d_{r+1}=0$，则方程组(1.4.2) 有解，其中后面 $m-r$ 个等式“$0=0$”恒成立，可以不写，因此方程组(1.4.2) 有 r 个独立方程，方程组(1.4.2) 可改写成

$$\begin{cases} x_1 \quad\quad = -b_{11}x_{r+1}-\cdots-b_{1,\,n-r}x_n+d_1 \\ \quad x_2 \quad = -b_{21}x_{r+1}-\cdots-b_{2,\,n-r}x_n+d_2 \\ \quad\quad\quad\quad \vdots \\ \quad\quad x_r = -b_{r1}x_{r+1}-\cdots-b_{r,\,n-r}x_n+d_r \end{cases}$$

取方程组中的 r 个未知量 $x_1, x_2, \cdots, x_r$(一般取与 $\overline{\boldsymbol{B}}$ 中每一行非零首元对应的未知量)为基本变量(主元变量)，其余的 $n-r$ 个未知量 $x_{r+1}, x_{r+2}, \cdots, x_n$ 为自由未知量(自由变量)，令自由未知量 $x_{r+1}=c_1, x_{r+2}=c_2, \cdots, x_n=c_{n-r}$，就得到了方程组的一组含有 $n-r$ 个参数的解

$$\begin{cases} x_1=-b_{11}c_1-\cdots-b_{1,\,n-r}c_{n-r}+d_1 \\ x_2=-b_{21}c_1-\cdots-b_{2,\,n-r}c_{n-r}+d_2 \\ \quad\vdots \\ x_r=-b_{r1}c_1-\cdots-b_{r,\,n-r}c_{n-r}+d_r \\ x_{r+1}=c_1 \\ x_{r+2}=c_2 \\ \quad\vdots \\ x_n=c_{n-r} \end{cases} \tag{1.4.3}$$

由于参数 $c_1, c_2, \cdots, c_{n-r}$ 可取任何实数，它们取一组值，就得到方程组的一个解，故方程组(1.4.2) 有无穷多解. 式(1.4.3) 可表示线性方程组的任一解或全部解，因此解(1.4.3) 为方程组的通解. 通解还可用向量形式表示为

$$\boldsymbol{X}=\begin{pmatrix} x_1 \\ x_2 \\ \vdots \\ x_r \\ x_{r+1} \\ x_{r+2} \\ \vdots \\ x_n \end{pmatrix}=c_1\begin{pmatrix} -b_{11} \\ -b_{21} \\ \vdots \\ -b_{r1} \\ 1 \\ 0 \\ \vdots \\ 0 \end{pmatrix}+c_2\begin{pmatrix} -b_{12} \\ -b_{22} \\ \vdots \\ -b_{r2} \\ 0 \\ 1 \\ \vdots \\ 0 \end{pmatrix}+\cdots+c_{n-r}\begin{pmatrix} -b_{1,\,n-r} \\ -b_{2,\,n-r} \\ \vdots \\ -b_{r,\,n-r} \\ 0 \\ 0 \\ \vdots \\ 1 \end{pmatrix}+\begin{pmatrix} d_1 \\ d_2 \\ \vdots \\ d_r \\ 0 \\ 0 \\ \vdots \\ 0 \end{pmatrix}$$

所以原方程组(1.4.1) 有无穷多解，如例 1.3.7.

(3) 若$R(\boldsymbol{A})=R(\boldsymbol{A},\boldsymbol{\beta})=r=n$，即 $d_{r+1}=0$ 或d_{r+1} 不出现，且$b_{ij}\,(i=1,\cdots,r;j=1,\cdots,n-r)$ 都不出现，于是方程组(1.4.2) 中没有自由变量，可写成

$$\begin{cases} x_1 \quad\quad\quad = d_1 \\ \quad x_2 \quad\quad = d_2 \\ \quad\quad \ddots \\ \quad\quad\quad x_n = d_n \end{cases}$$

故方程组(1.4.2)有唯一解，从而原方程组(1.4.1)有唯一解，如例 1.3.6.

推论 1 n 元非齐次线性方程组（1.4.1）有解的充分必要条件是 $R(\boldsymbol{A})=R(\boldsymbol{A},\boldsymbol{\beta})$.

利用定理 1.4.1 解线性方程组，根据系数矩阵和增广矩阵的秩、未知量的个数之间的关系，可以很方便地判别方程组是否有解、有唯一解或有无穷多解，解题步骤如下：

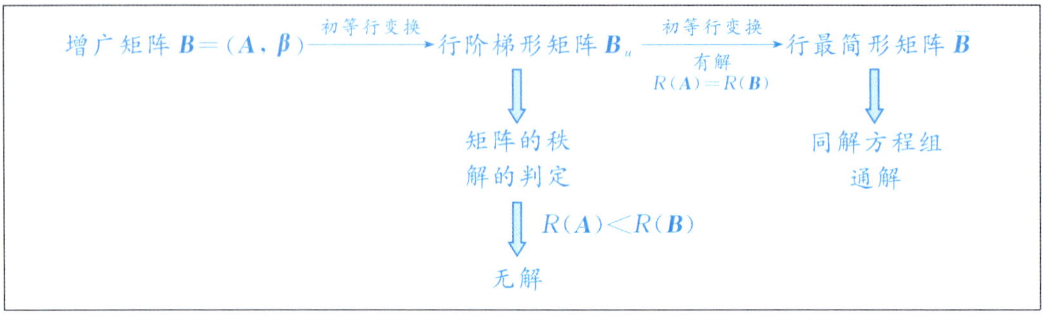

若 $R(\boldsymbol{A})=R(\boldsymbol{B})=r$，则方程组有解，需化简到行最简形矩阵 $\overline{\boldsymbol{B}}$，写出同解方程组.

(1) 若 $R(\boldsymbol{A})=R(\boldsymbol{B})=r=n$(未知量的个数)，则方程组有唯一解；

(2) 若 $R(\boldsymbol{A})=R(\boldsymbol{B})=r<n$(未知量的个数)，则方程组有无穷多解，写出方程组通解.

例 1.4.1 解线性方程组 $\begin{cases} x_2+4x_3=-5 \\ x_1+3x_2+5x_3=-2 \\ 3x_1+7x_2+7x_3=6 \end{cases}$.

解 对方程组的增广矩阵施以初等行变换，化为行阶梯形

$$\boldsymbol{B}=\left(\begin{array}{ccc:c} 0 & 1 & 4 & -5 \\ 1 & 3 & 5 & -2 \\ 3 & 7 & 7 & 6 \end{array}\right) \xrightarrow{r_1 \leftrightarrow r_2} \left(\begin{array}{ccc:c} 1 & 3 & 5 & -2 \\ 0 & 1 & 4 & -5 \\ 3 & 7 & 7 & 6 \end{array}\right)$$

$$\xrightarrow{r_3-3r_1} \left(\begin{array}{ccc:c} 1 & 3 & 5 & -2 \\ 0 & 1 & 4 & -5 \\ 0 & -2 & -8 & 12 \end{array}\right) \xrightarrow{r_3+2r_2} \left(\begin{array}{ccc:c} 1 & 3 & 5 & -2 \\ 0 & 1 & 4 & -5 \\ 0 & 0 & 0 & 2 \end{array}\right)$$

所以 $R(\boldsymbol{A})=2 \neq R(\boldsymbol{B})=3$，故原线性方程组无解.

例 1.4.2 解线性方程组 $\begin{cases} x_1+2x_2+2x_3=-1 \\ 3x_1+x_2+x_3=2 \\ -x_1+2x_2+x_3=-5 \end{cases}$.

解 对方程组的增广矩阵施以初等行变换，化为行最简形

$$\boldsymbol{B}=\left(\begin{array}{ccc:c} 1 & 2 & 2 & -1 \\ 3 & 1 & 1 & 2 \\ -1 & 2 & 1 & -5 \end{array}\right) \xrightarrow[r_3+r_1]{r_2-3r_1} \left(\begin{array}{ccc:c} 1 & 2 & 2 & -1 \\ 0 & -5 & -5 & 5 \\ 0 & 4 & 3 & -6 \end{array}\right) \xrightarrow{r_2 \times \left(-\frac{1}{5}\right)} \left(\begin{array}{ccc:c} 1 & 2 & 2 & -1 \\ 0 & 1 & 1 & -1 \\ 0 & 4 & 3 & -6 \end{array}\right)$$

$$\xrightarrow{r_3-4r_2}\left(\begin{array}{ccc:c}1&2&2&-1\\0&1&1&-1\\0&0&-1&-2\end{array}\right)\xrightarrow[r_1+2r_3]{r_2+r_3}\left(\begin{array}{ccc:c}1&2&0&-5\\0&1&0&-3\\0&0&-1&-2\end{array}\right)\xrightarrow[r_3\times(-1)]{r_1-2r_2}\left(\begin{array}{ccc:c}1&0&0&1\\0&1&0&-3\\0&0&1&2\end{array}\right)$$

所以 $R(\boldsymbol{A})=R(\boldsymbol{B})=3$(未知量的个数)，故原线性方程组有唯一解，且唯一解为

$$\boldsymbol{X}=\begin{pmatrix}x_1\\x_2\\x_3\end{pmatrix}=\begin{pmatrix}1\\-3\\2\end{pmatrix}$$

例 1.4.3　解线性方程组 $\begin{cases}2x_1+3x_2+2x_3+4x_4=3\\ \quad\quad x_2-2x_3+5x_4=-2.\\ x_1+x_2+2x_3-x_4=2\end{cases}$

解　对方程组的增广矩阵施以初等行变换，化为行最简形

$$\boldsymbol{B}=\left(\begin{array}{cccc:c}2&3&2&4&3\\0&1&-2&5&-2\\1&1&2&-1&2\end{array}\right)\xrightarrow{r}\left(\begin{array}{cccc:c}1&0&4&0&10\\0&1&-2&0&-7\\0&0&0&1&1\end{array}\right)$$

所以 $R(\boldsymbol{A})=R(\boldsymbol{B})=3<4$(未知量的个数)，故原线性方程组有无穷多解，对应的同解方程组为

$$\begin{cases}x_1=10-4x_3\\x_2=-7+2x_3\\x_4=1\end{cases}$$

取自由未知量 $x_3=c$，得方程组的通解

$$\boldsymbol{X}=\begin{pmatrix}x_1\\x_2\\x_3\\x_4\end{pmatrix}=\begin{pmatrix}10-4c\\-7+2c\\c\\1\end{pmatrix}\quad(c\text{ 为任意实数})$$

1.4.2　*n* 元齐次线性方程组的解的判定定理

n 元齐次线性方程组

$$\begin{cases}a_{11}x_1+a_{12}x_2+\cdots+a_{1n}x_n=0\\a_{21}x_1+a_{22}x_2+\cdots+a_{2n}x_n=0\\\quad\quad\vdots\\a_{m1}x_1+a_{m2}x_2+\cdots+a_{mn}x_n=0\end{cases}\tag{1.4.4}$$

是非齐次线性方程组(1.4.1)当 $b_1=b_2=\cdots=b_m=0$ 时的特例，显然有 $R(\boldsymbol{A})=R(\boldsymbol{A},\boldsymbol{O})$，利用定理 1.4.1 得，方程组(1.4.4)一定有解，即一定有零解，与 1.1 节的结论一致. 那么,它在什么条件下有非零解(从而有无穷多解)?

定理 1.4.2　n 元齐次线性方程组(1.4.4)

(1) 仅有零解的充分必要条件是 $R(\boldsymbol{A})=r=n$(未知量的个数)；

(2) 有非零解的充分必要条件是 $R(\boldsymbol{A})=r<n$(未知量的个数)，此时解中有 $n-r$ 个自由未知量.

推论 2 若齐次线性方程组 (1.4.4) 中方程个数 m 小于未知量个数 n，则该方程组必有非零解.

由于 $R(\boldsymbol{A})=R(\boldsymbol{A},\boldsymbol{O})$，所以解齐次线性方程组，只需利用系数矩阵 $\boldsymbol{A}$ 的秩和未知量个数的关系就可以判别方程组解的情况，解题步骤如下：

$$\text{系数矩阵}\ \boldsymbol{A}\xrightarrow{\text{初等行变换}}\text{行最简形矩阵}\ \overline{\boldsymbol{A}}$$

(1) 若 $R(\boldsymbol{A})=n$(未知量的个数)，则方程组仅有零解；

(2) 若 $R(\boldsymbol{A})<n$(未知量的个数)，则方程组有非零解(从而有无穷多解)，写出方程组的通解.

例 1.4.4 解齐次线性方程组 $\begin{cases} x_1-2x_2+2x_3-x_4=0 \\ 2x_1-4x_2+8x_3=0 \\ -2x_1+4x_2-2x_3+3x_4=0 \\ 3x_1-6x_2-6x_4=0 \end{cases}$.

解 对齐次线性方程组的系数矩阵 $\boldsymbol{A}$ 作初等行变换，化为行最简形

$$\boldsymbol{A}=\begin{pmatrix} 1 & -2 & 2 & -1 \\ 2 & -4 & 8 & 0 \\ -2 & 4 & -2 & 3 \\ 3 & -6 & 0 & -6 \end{pmatrix}\xrightarrow{r}\begin{pmatrix} 1 & -2 & 0 & -2 \\ 0 & 0 & 1 & \dfrac{1}{2} \\ 0 & 0 & 0 & 0 \\ 0 & 0 & 0 & 0 \end{pmatrix}$$

所以 $R(\boldsymbol{A})=2<4$，故原线性方程组有非零解，对应的同解方程组为

$$\begin{cases} x_1-2x_2-2x_4=0 \\ x_3+\dfrac{1}{2}x_4=0 \end{cases}\quad \text{即}\quad \begin{cases} x_1=2x_2+2x_4 \\ x_3=-\dfrac{1}{2}x_4 \end{cases}$$

取自由未知量 $x_2=c_1$，$x_4=c_2$，得原方程组的通解

$$\boldsymbol{X}=\begin{pmatrix} x_1 \\ x_2 \\ x_3 \\ x_4 \end{pmatrix}=\begin{pmatrix} 2c_1+2c_2 \\ c_1 \\ -\dfrac{1}{2}c_2 \\ c_2 \end{pmatrix}\quad (c_1,\ c_2\ \text{为任意实数})$$

例 1.4.5 解齐次线性方程组 $\begin{cases} x_1-x_2+3x_3-x_4=0 \\ 2x_1-x_2-x_3+4x_4=0 \\ 3x_1-2x_2+2x_3+3x_4=0 \\ x_1-4x_3+5x_4=0 \end{cases}$.

解 对齐次线性方程组的系数矩阵 $\boldsymbol{A}$ 进行初等行变换，化为行最简形

$$A=\begin{pmatrix}1&-1&3&-1\\2&-1&-1&4\\3&-2&2&3\\1&0&-4&5\end{pmatrix}\xrightarrow{r}\begin{pmatrix}1&0&-4&5\\0&1&-7&6\\0&0&0&0\\0&0&0&0\end{pmatrix}$$

所以 $R(\boldsymbol{A})=2<4$，故原线性方程组有非零解，对应的同解方程组为

$$\begin{cases}x_1 \quad -4x_3+5x_4=0\\ x_2-7x_3+6x_4=0\end{cases} \quad 即 \quad \begin{cases}x_1=4x_3-5x_4\\ x_2=7x_3-6x_4\end{cases}$$

取自由未知量 $x_3=c_1$，$x_4=c_2$，得原方程组的通解

$$\boldsymbol{X}=\begin{pmatrix}x_1\\x_2\\x_3\\x_4\end{pmatrix}=\begin{pmatrix}4c_1-5c_2\\7c_1-6c_2\\c_1\\c_2\end{pmatrix} \quad (c_1，c_2 \text{ 为任意实数})$$

例 1.4.6　当 λ 取何值时，齐次线性方程组 $\begin{cases}x_1+x_2-x_3=0\\2x_1+3x_2+\lambda x_3=0\\x_1+\lambda x_2+3x_3=0\end{cases}$ 有非零解？

解　对方程组的系数矩阵 $\boldsymbol{A}$ 进行初等行变换，化为行阶梯形

$$\boldsymbol{A}=\begin{pmatrix}1&1&-1\\2&3&\lambda\\1&\lambda&3\end{pmatrix}\xrightarrow[r_3-r_1]{r_2-2r_1}\begin{pmatrix}1&1&-1\\0&1&\lambda+2\\0&\lambda-1&4\end{pmatrix}\xrightarrow{r_3-(\lambda-1)r_2}\begin{pmatrix}1&1&-1\\0&1&\lambda+2\\0&0&-(\lambda+3)(\lambda-2)\end{pmatrix}$$

当 $R(\boldsymbol{A})<3$ 时，即当 $\lambda=-3$ 或 $\lambda=2$ 时，原方程组有非零解.

例 1.4.7　设有线性方程组 $\begin{cases}ax_1+x_2+x_3=1\\x_1+ax_2+x_3=a\\x_1+x_2+ax_3=a^2\end{cases}$，问 a 取何值时，此方程组(1) 有唯一解；(2) 无解；(3) 有无穷多解，并在有无穷多解时求其通解.

解　对方程组的增广矩阵 $\boldsymbol{B}$ 进行初等行变换，化为行阶梯形

$$\boldsymbol{B}=(\boldsymbol{A},\boldsymbol{\beta})=\left(\begin{array}{ccc|c}a&1&1&1\\1&a&1&a\\1&1&a&a^2\end{array}\right)\xrightarrow{r_1\leftrightarrow r_3}\left(\begin{array}{ccc|c}1&1&a&a^2\\1&a&1&a\\a&1&1&1\end{array}\right)$$

$$\xrightarrow[r_3-ar_1]{r_2-r_1}\left(\begin{array}{ccc|c}1&1&a&a^2\\0&a-1&1-a&a-a^2\\0&1-a&1-a^2&1-a^3\end{array}\right)$$

$$\xrightarrow{r_3+r_2}\left(\begin{array}{ccc|c}1&1&a&a^2\\0&a-1&1-a&a-a^2\\0&0&(2+a)(1-a)&(1+a)^2(1-a)\end{array}\right)$$

于是由最后一个矩阵可知：

(1) 当 $a\neq1$ 且 $a\neq-2$ 时，有 $R(\boldsymbol{A})=R(\boldsymbol{B})=3$(未知量的个数)，则原方程组有唯一解.

(2) 当 $a=-2$ 时，$\boldsymbol{B}=\left(\begin{array}{ccc:c}-2 & 1 & 1 & 1\\ 1 & -2 & 1 & -2\\ 1 & 1 & -2 & 4\end{array}\right)\xrightarrow{r}\left(\begin{array}{ccc:c}1 & 1 & -2 & 4\\ 0 & -3 & 3 & -6\\ 0 & 0 & 0 & 3\end{array}\right)$，

有 $R(\boldsymbol{A})=2\neq R(\boldsymbol{B})=3$，则方程组无解.

(3) 当 $a=1$ 时，$\boldsymbol{B}=\left(\begin{array}{ccc:c}1 & 1 & 1 & 1\\ 1 & 1 & 1 & 1\\ 1 & 1 & 1 & 1\end{array}\right)\xrightarrow{r}\left(\begin{array}{ccc:c}1 & 1 & 1 & 1\\ 0 & 0 & 0 & 0\\ 0 & 0 & 0 & 0\end{array}\right)$，

有 $R(\boldsymbol{A})=R(\boldsymbol{B})=1<3$(未知量的个数)，则方程组有无穷多解.

取自由未知量 $x_2=c_1$，$x_3=c_2$，得原方程组的通解

$$\boldsymbol{X}=\begin{pmatrix}x_1\\ x_2\\ x_3\end{pmatrix}=\begin{pmatrix}1-c_1-c_2\\ c_1\\ c_2\end{pmatrix}\quad (c_1,c_2\text{ 为任意实数})$$

例 1.4.8 当 λ 取何值时，线性方程组 $\begin{cases}x_1+x_2+x_3=1\\ x_1+\lambda x_2-x_3=\lambda-3\\ -\lambda x_1-x_2+x_3=2\\ 2x_1+(\lambda+1)x_2=\lambda-2\end{cases}$ 无解，有唯一解或有无穷多解？并在有无穷多解时求其通解.

解 对方程组的增广矩阵 $\boldsymbol{B}=(\boldsymbol{A},\boldsymbol{\beta})$ 进行初等行变换，化为行阶梯形

$$\boldsymbol{B}=\left(\begin{array}{ccc:c}1 & 1 & 1 & 1\\ 1 & \lambda & -1 & \lambda-3\\ -\lambda & -1 & 1 & 2\\ 2 & \lambda+1 & 0 & \lambda-2\end{array}\right)\xrightarrow[r_4-2r_1]{\substack{r_2-r_1\\ r_3+\lambda r_1}}\left(\begin{array}{ccc:c}1 & 1 & 1 & 1\\ 0 & \lambda-1 & -2 & \lambda-4\\ 0 & -1+\lambda & 1+\lambda & 2+\lambda\\ 0 & \lambda-1 & -2 & \lambda-4\end{array}\right)$$

$$\xrightarrow[r_4-r_2]{r_3-r_2}\left(\begin{array}{ccc:c}1 & 1 & 1 & 1\\ 0 & \lambda-1 & -2 & \lambda-4\\ 0 & 0 & 3+\lambda & 6\\ 0 & 0 & 0 & 0\end{array}\right)$$

当 $\lambda\neq1$ 且 $\lambda\neq-3$ 时，有 $R(\boldsymbol{A})=R(\boldsymbol{B})=3$(未知量的个数)，则原方程组有唯一解；

当 $\lambda=-3$ 时，$\boldsymbol{B}=\left(\begin{array}{ccc:c}1 & 1 & 1 & 1\\ 1 & -3 & -1 & -6\\ 3 & -1 & 1 & 2\\ 2 & -2 & 0 & -5\end{array}\right)\xrightarrow{r}\left(\begin{array}{ccc:c}1 & 1 & 1 & 1\\ 0 & -4 & -2 & -7\\ 0 & 0 & 0 & 6\\ 0 & 0 & 0 & 0\end{array}\right)$，

有 $R(\boldsymbol{A})=2\neq R(\boldsymbol{B})=3$，则原方程组无解；

当 $\lambda=1$ 时，$\boldsymbol{B}=\left(\begin{array}{ccc:c}1 & 1 & 1 & 1\\ 1 & 1 & -1 & -2\\ -1 & -1 & 1 & 2\\ 2 & 2 & 0 & -1\end{array}\right)\xrightarrow{r}\left(\begin{array}{ccc:c}1 & 1 & 0 & -\frac{1}{2}\\ 0 & 0 & 1 & \frac{3}{2}\\ 0 & 0 & 0 & 0\\ 0 & 0 & 0 & 0\end{array}\right)$，

有 $R(\boldsymbol{A})=R(\boldsymbol{B})=2<3$(未知量的个数)，则原方程组有无穷多解，对应的同解方程组为

$$\begin{cases} x_1+x_2 = -\dfrac{1}{2} \\ x_3=\dfrac{3}{2} \end{cases} \quad 即 \quad \begin{cases} x_1 = -\dfrac{1}{2}-x_2 \\ x_3=\dfrac{3}{2} \end{cases}$$

取自由未知量 $x_2=c$，得方程组的通解

$$\boldsymbol{X}=\begin{pmatrix} x_1 \\ x_2 \\ x_3 \end{pmatrix}=\begin{pmatrix} -\dfrac{1}{2}-c \\ c \\ \dfrac{3}{2} \end{pmatrix} \quad (c\ 为任意实数)$$

1.5 应用举例

例 1.5.1(资金分配问题) 一投资者想把 10 000 元投入给三个企业 A_1，A_2，A_3，所得利润率分别是 12%，15%，22%. 如果投入给 A_2 的钱是投给 A_1 的钱的 2 倍，他想得到 2 000 元的利润，那么应当分别给 A_1，A_2，A_3 投资多少?

解 设投资给企业 A_1，A_2，A_3 的钱分别为 x_1，x_2，x_3(单位：元)，则由题意

$$\begin{cases} x_1+x_2+x_3=10\ 000 \\ 2x_1-x_2=0 \\ 0.12x_1+0.15x_2+0.22x_3=2\ 000 \end{cases}$$

解得 $\begin{pmatrix} x_1 \\ x_2 \\ x_3 \end{pmatrix}=\begin{pmatrix} \dfrac{2500}{3} \\ \dfrac{5000}{3} \\ 7500 \end{pmatrix}$

例 1.5.2(几何应用) 设几何空间中有三个平面，它们的方程分别为

$$\Pi_1: x+y-z=k$$
$$\Pi_2: x+ky+z=1$$
$$\Pi_3: kx+y-z=1$$

讨论空间中三个平面间的位置关系.

解 本例相当于讨论线性方程组 $\begin{cases} x+y-z=k \\ x+ky+z=1 \\ kx+y-z=1 \end{cases}$ 的解的情况，因此，只需对其增广矩阵 $\boldsymbol{B}=(\boldsymbol{A},\boldsymbol{\beta})$ 施以初等行变换化为行阶梯形.

$$\boldsymbol{B}=(\boldsymbol{A},\boldsymbol{\beta})=\left(\begin{array}{ccc:c} 1 & 1 & -1 & k \\ 1 & k & 1 & 1 \\ k & 1 & -1 & 1 \end{array}\right) \xrightarrow{r} \left(\begin{array}{ccc:c} 1 & 1 & -1 & k \\ 0 & k-1 & 2 & 1-k \\ 0 & 0 & k+1 & 2-k-k^2 \end{array}\right)$$

当 $k\neq1$ 且 $k\neq-1$ 时，有 $R(\boldsymbol{A})=R(\boldsymbol{A},\boldsymbol{\beta})=3$，得方程组有唯一解，此时三个平面交于一点；

当 $k=-1$ 时，$\boldsymbol{B}=\left(\begin{array}{ccc:c}1 & 1 & -1 & -1\\ 1 & -1 & 1 & 1\\ -1 & 1 & -1 & 1\end{array}\right)\xrightarrow{r}\left(\begin{array}{ccc:c}1 & 1 & -1 & -1\\ 0 & 1 & -1 & -1\\ 0 & 0 & 0 & 1\end{array}\right)$，得 $R(\boldsymbol{A})=2\neq R(\boldsymbol{A},\boldsymbol{\beta})=3$，知方程组无解，此时三个平面没有公共交点.

当 $k=1$ 时，$\boldsymbol{B}=\left(\begin{array}{ccc:c}1 & 1 & -1 & 1\\ 1 & 1 & 1 & 1\\ 1 & 1 & -1 & 1\end{array}\right)\xrightarrow{r}\left(\begin{array}{ccc:c}1 & 1 & 0 & 1\\ 0 & 0 & 1 & 0\\ 0 & 0 & 0 & 0\end{array}\right)$，得 $R(\boldsymbol{A})=R(\boldsymbol{A},\boldsymbol{\beta})=2<3$，知方程组有无穷多解，且解中有一个自由未知量，此时三个平面相交于一条直线.

方程组通解 $\boldsymbol{X}=\begin{pmatrix}1-c\\ c\\ 0\end{pmatrix}$ （c 为任意常数）

例 1.5.3（交通流量分析） 图 1.5.1 中表示某城市的两组单行道构成了一个包含四个节点 A，B，C，D 的交通网络图，图中的数字表示在高峰期每小时车辆流进流出的平均值. 试计算每两个节点之间路段上的交通流量 x_1，x_2，x_3，x_4.

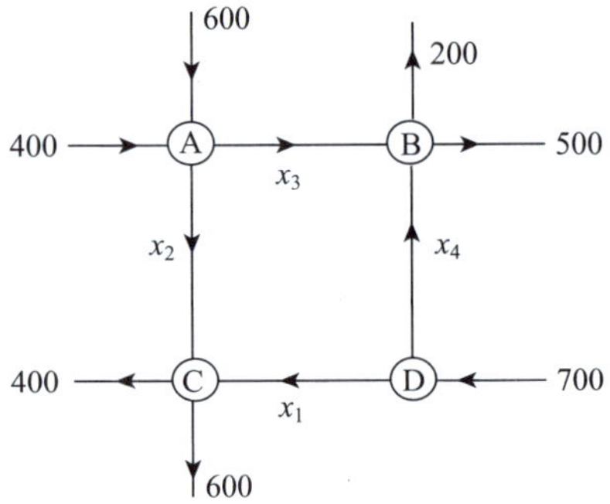

图 1.5.1　交通网络图

解 在每个节点上，进入和离开的车辆数应该相等，依次考虑 A，B，C，D 四个节点，得线性方程组

$$\begin{cases} x_2+x_3 = 1\,000\\ x_3+x_4=700\\ x_1+x_2=1\,000\\ x_1+x_4=700\end{cases}$$

解方程组得 $\begin{cases}x_1=700-x_4\\ x_2=300+x_4\\ x_3=700-x_4\end{cases}$，其中 x_4 为自由变量，且 x_1，x_2，x_3，x_4 均为非负整数.

例 1.5.4（化学平衡方程式） 乙炔（C_2H_2）燃烧生成二氧化碳（CO_2）和水（H_2O），其化学反应式为

$$C_2H_2+O_2\rightarrow CO_2+H_2O$$

试利用方程组知识配平该化学反应式.

解　配平化学反应式，即求 x_1，x_2，x_3，x_4，使得下列化学反应方程式成立

$$x_1 C_2H_2 + x_2 O_2 = x_3 CO_2 + x_4 H_2O$$

参与化学反应的元素为碳(C)、氢(H)、氧(O). 设在三维向量 $\begin{pmatrix} a_1 \\ a_2 \\ a_3 \end{pmatrix}$ 中 a_1，a_2，a_3 分别表示 C，H，O 的原子数目，则由化学反应方程式得

$$x_1\begin{pmatrix} 2 \\ 2 \\ 0 \end{pmatrix} + x_2\begin{pmatrix} 0 \\ 0 \\ 2 \end{pmatrix} = x_3\begin{pmatrix} 1 \\ 0 \\ 2 \end{pmatrix} + x_4\begin{pmatrix} 0 \\ 2 \\ 1 \end{pmatrix}$$

由此即得齐次线性方程组 $\begin{cases} 2x_1 - x_3 = 0 \\ 2x_1 - 2x_4 = 0 \\ 2x_2 - 2x_3 - x_4 = 0 \end{cases}$，解得 $\begin{cases} x_1 = x_4 \\ x_2 = \dfrac{5}{2}x_4 \\ x_3 = 2x_4 \\ x_4 = x_4 \end{cases}$，其中 x_4 为自由变量. 取 $x_4 = 2$，则配平的化学反应方程式为 $2C_2H_2 + 5O_2 = 4CO_2 + 2H_2O$.

1.6　本章小结

一、线性方程组

1. 线性方程组的特点、类型和解.

2. 二元与三元线性方程组的几何图形与解之间的对应关系.

二、线性方程组的初等变换

1. 用消元法解线性方程组.

2. 线性方程组的初等变换是可逆变换，是同解变换. 通过方程组的初等变换，可把系数较复杂的方程组化为行阶梯形方程组或行最简形方程组.

由行阶梯形方程组或行最简形方程组可更容易求出线性方程组的解.

3. 线性方程组的消元法实际上就是线性方程组的初等变换.

三、矩阵及其初等变换

1. 矩阵的本质是一张数表.

2. 特殊矩阵：方阵、零矩阵、对角阵、单位阵、上(下) 三角阵、系数矩阵、增广矩阵等.

3. 矩阵的初等变换是可逆变换，包括初等行变换和初等列变换.

4. 线性方程组的初等变换等价于方程组的增广矩阵的初等行变换.

5. 行阶梯形矩阵、行最简形矩阵和标准形矩阵.

6. 矩阵的秩为矩阵的行阶梯形、行最简形或标准形中非零行的行数.

在线性方程组中，增广矩阵的秩表示线性方程组中独立方程的个数，进而可得方程组中多

余方程的个数.

7. 解线性方程组使用的是矩阵的初等行变换，化行阶梯形方程组的过程相当于化行阶梯形矩阵的过程，化行最简形方程组的过程相当于化行最简形矩阵的过程；化标准形或矩阵秩的计算使用的是矩阵的初等变换(既可用初等行变换，也可用初等列变换).

8. 任意矩阵都可以通过初等行变换化为行阶梯形或行最简形；任意矩阵都可以通过初等变换化为标准形；

9. 初等变换不改变矩阵的秩.

四、线性方程组的解的判定定理

1. 非齐次线性方程组：对于 n 个未知量 m 个方程的线性方程组

$$\begin{cases} a_{11}x_1+a_{12}x_2+\cdots+a_{1n}x_n=b_1 \\ a_{21}x_1+a_{22}x_2+\cdots+a_{2n}x_n=b_2 \\ \qquad\vdots \\ a_{m1}x_1+a_{m2}x_2+\cdots+a_{mn}x_n=b_m \end{cases}$$

① 无解的充分必要条件是 $R(\boldsymbol{A})<R(\boldsymbol{A},\boldsymbol{\beta})$；

② 有唯一解的充分必要条件是 $R(\boldsymbol{A})=R(\boldsymbol{A},\boldsymbol{\beta})=n$(未知量的个数)；

③ 有无穷多解的充分必要条件是 $R(\boldsymbol{A})=R(\boldsymbol{A},\boldsymbol{\beta})<n$(未知量的个数).

2. 齐次线性方程组：对于 n 元齐次线性方程组

$$\begin{cases} a_{11}x_1+a_{12}x_2+\cdots+a_{1n}x_n=0 \\ a_{21}x_1+a_{22}x_2+\cdots+a_{2n}x_n=0 \\ \qquad\vdots \\ a_{m1}x_1+a_{m2}x_2+\cdots+a_{mn}x_n=0 \end{cases}$$

① 只有零解的充分必要条件是 $R(\boldsymbol{A})=n$(未知量的个数)；

② 有非零解的充分必要条件是 $R(\boldsymbol{A})<n$(未知量的个数).

五、几个重要的解题过程

1. 解线性方程组：

$$\text{增广矩阵 } \boldsymbol{B}=(\boldsymbol{A},\boldsymbol{\beta})\xrightarrow{\text{初等行变换}}\text{行阶梯形 } \boldsymbol{U}_B\xrightarrow[\text{有解}]{\text{初等行变换}}\text{行最简形 } \bar{\boldsymbol{B}}$$

2. 化行最简形矩阵：

$$\text{任意矩阵 } \boldsymbol{A}\xrightarrow{\text{初等行变换}}\text{行阶梯形 } U_{\boldsymbol{A}}\xrightarrow{\text{初等行变换}}\text{行最简形 } \bar{\boldsymbol{A}}$$

3. 化标准形：

(1) 任意矩阵 $\boldsymbol{A}\xrightarrow{\text{初等行变换}}$ 行最简形 $\bar{\boldsymbol{A}}\xrightarrow{\text{初等列变换}}$ 标准形 $\boldsymbol{F}$

(2) 任意矩阵 $\boldsymbol{A}\xrightarrow{\text{初等变换}}$ 标准形 $\boldsymbol{F}$

4. 讨论含参数线性方程组的解：从线性方程组有唯一解的情况入手进行讨论，进而确定参数的取值范围.要注意在计算过程中保证每一运算都有意义.

5. 讨论含参数矩阵的秩，与讨论含参数线性方程组的增广(系数)矩阵的秩类似.

1.7　习 题 一

一、填空题

1. 已知列矩阵$\begin{pmatrix}1\\-1\\p\end{pmatrix}$，$\begin{pmatrix}0\\1\\-1\end{pmatrix}$都是线性方程组$\begin{cases}x_1+x_2-x_3=2\\3x_1+qx_2+x_3=r\end{cases}$的解，则$(p,q,r)=$________.

2. 设线性方程组$\begin{cases}x_1+x_2=k\\2x_1+2x_2=4\end{cases}$是相容的，则数 $k=$________.

3. 线性方程组$\begin{cases}x_1+x_2-x_3+x_4=0\\2x_1+2x_2-2x_3+x_4=0\\3x_1+3x_2-3x_3+x_4=0\end{cases}$的通解中所含自由未知量的个数为________.

4. 设三个平面的位置关系如图 1.7.1 所示，则它们所组成的线性方程组的系数矩阵 $\boldsymbol{A}$ 与增广矩阵 $\boldsymbol{B}=(\boldsymbol{A},\boldsymbol{\beta})$ 的秩的关系是________________.

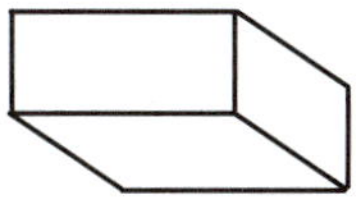

图 1.7.1　平面位置关系

5. 设 $\boldsymbol{A}=\begin{pmatrix}1&-1&2&-1\\1&3&-4&4\\2&2&-2&3\end{pmatrix}$，则 $\boldsymbol{A}$ 的秩 $R(\boldsymbol{A})=$________.

6. 设 $\boldsymbol{A}=\begin{pmatrix}1&x&3\\0&-1&4\\2&2&4\end{pmatrix}$，且 $\boldsymbol{A}$ 的秩 $R(\boldsymbol{A})=2$，则 $x=$________.

7. 设矩阵 $\boldsymbol{A}=\begin{pmatrix}k&1&1&1\\1&k&1&1\\1&1&k&1\\1&1&1&k\end{pmatrix}$，且 $R(\boldsymbol{A})=3$，则 $k=$________.

8. 齐次线性方程组$\begin{cases}x_1+x_2+x_3=0\\x_1-x_2+ax_3=0\\x_1+x_2+a^2x_3=0\end{cases}$有非零解的充分必要条件是参数 a 满足________.

9. 若线性方程组$\begin{cases}\lambda x_1+x_2+x_3=1\\x_1+\lambda x_2+x_3=1\\x_1+x_2+x_3=1\end{cases}$有两个不同的解，则参数 λ 满足条件________.

*10. 若线性方程组 $\begin{cases} a_{11}x_1+a_{12}x_2+a_{13}x_3=b_1 \\ a_{21}x_1+a_{22}x_2+a_{23}x_3=b_2 \\ a_{31}x_1+a_{32}x_2+a_{33}x_3=b_3 \end{cases}$ 总有解，则系数矩阵 $\boldsymbol{A}$ 的秩为________.

*11. 设某个线性方程组的 3×5 系数矩阵有 3 个主元列，则这个方程组________.（无解，有唯一解，有无穷多解或不确定）

12. 方程组 $\begin{cases} x_1-2x_3=t \\ x_2+x_3=0 \\ x_1+2x_2=1 \end{cases}$ 有解的充分必要条件是 $t=$________.

13. 当 a 取________时，线性方程组 $\begin{cases} x_1+x_2+2x_3=1 \\ x_1+x_3=2 \\ 5x_1+3x_2+(a+8)x_3=8 \end{cases}$ 无解.

14. 线性方程组 $\begin{cases} x_1-x_2=b_1 \\ x_2-x_3=b_2 \\ x_3-x_4=b_3 \\ x_4-x_1=b_4 \end{cases}$ 有解的充分必要条件是________.

*15. 当 a 满足________时，方程组 $\begin{cases} (5-a)x_1+2x_2+2x_3=0 \\ 2x_1+(6-a)x_2=0 \\ x_1+x_3=0 \end{cases}$ 有非零解.

16. 设某个非齐次线性方程组的增广矩阵为 $\begin{pmatrix} 1 & -2 & 0 & 3 & -2 \\ 0 & 1 & 0 & -4 & 7 \\ 0 & 0 & 1 & 0 & 6 \\ 0 & 0 & 0 & 1 & -3 \end{pmatrix}$，则该方程组的解为____________.

二、选择题

1. 设有三个平面方程 $a_ix+b_iy+c_iz=d_i(i=1,2,3)$，它们所组成的线性方程组的系数矩阵的秩与增广矩阵的秩不相等，则这三个平面可能的位置关系是（　　）.

A.　　B.　　C.　　D.

2. 线性方程组 $\begin{cases} x+y+z=0 \\ 4x-3y-z=10 \\ 3x+7y+z=4 \end{cases}$ 的解为（　　）.

A. $x=2,y=0,z=-2$　　B. $x=-2,y=2,z=0$

C. $x=0,y=2,z=-2$　　D. $x=-2,y=0,z=2$

3. 设矩阵 $\boldsymbol{A}=\begin{pmatrix}1 & 1 & 1\\ 2 & 3 & 2\\ 3 & 4 & \lambda+2\end{pmatrix}$ 的秩为 2，则 $\lambda=$(　　).

A. 2　　B. 1　　C. 0　　D. -1

4. 下列矩阵中，(　　)是行最简形矩阵.

A. $\begin{pmatrix}1 & 1 & 0 & 1\\ 0 & 1 & 1 & 1\\ 0 & 0 & 0 & 0\end{pmatrix}$　B. $\begin{pmatrix}1 & 1 & 0 & 1\\ 0 & 0 & 1 & 1\\ 0 & 0 & 1 & 0\end{pmatrix}$　C. $\begin{pmatrix}0 & 1 & 1 & 0\\ 0 & 0 & 1 & 1\\ 0 & 0 & 0 & 0\end{pmatrix}$　D. $\begin{pmatrix}1 & 1 & 0 & 1\\ 0 & 0 & 1 & 1\\ 0 & 0 & 0 & 0\end{pmatrix}$

5. 设某个齐次线性方程组的系数矩阵 $\boldsymbol{A}$ 为 $m\times n$ 矩阵，且 $m<n$，则该齐次线性方程组(　　).

A. 无解　　B. 有无穷多解　　C. 只有唯一解　　D. 不能确定

*6. 设某个非齐次线性方程组的系数矩阵 $\boldsymbol{A}$ 为 $m\times n$ 矩阵，且 $R(\boldsymbol{A})=r$，则(　　).

A. $r=m$ 时，该方程组有解

B. $r=n$ 时，该方程组有唯一解

C. $m=n$ 时，该方程组有唯一解

D. $r<n$ 时，该方程组有无穷多解

7. 设非齐次线性方程组 Ⅰ：$\begin{cases}a_{11}x_1+a_{12}x_2+a_{13}x_3=b_1\\ a_{21}x_1+a_{22}x_2+a_{23}x_3=b_2\\ a_{31}x_1+a_{32}x_2+a_{33}x_3=b_3\end{cases}$ 所对应的齐次线性方程组为 Ⅱ：$\begin{cases}a_{11}x_1+a_{12}x_2+a_{13}x_3=0\\ a_{21}x_1+a_{22}x_2+a_{23}x_3=0\\ a_{31}x_1+a_{32}x_2+a_{33}x_3=0\end{cases}$，则下列结论正确的是(　　).

A. 若方程组 Ⅱ 仅有零解，则方程组 Ⅰ 有无穷多解

B. 若方程组 Ⅱ 有非零解，则方程组 Ⅰ 有无穷多解

C. 若方程组 Ⅰ 有无穷多解，则方程组 Ⅱ 有非零解

D. 若方程组 Ⅰ 无解，则方程组 Ⅱ 只有零解

8. 若线性方程组 $\begin{cases}x_1+x_2-3x_3+5x_4=5\\ x_1+3x_2+x_3+x_4=3\lambda\\ x_1+2x_2-x_3+3x_4=\lambda\end{cases}$ 有解，则 $\lambda=$(　　).

A. 0　　B. 1　　C. 5　　D. -5

9. 若线性方程组 $\begin{cases}x_1+x_2-kx_3=0\\ x_2-x_3=0\\ 2x_2+kx_3=0\end{cases}$ 有非零解，则 $k=$(　　).

A. -2　　B. -1　　C. 2　　D. 1

10. 线性方程组 $\begin{cases}x_1+4x_3=-1\\ x_2-2x_3=-1\\ x_1+3x_2-2x_3=-2a\end{cases}$ 有解的充分必要条件是(　　).

A. $a=-2$　　B. $a=2$　　C. $a=3$　　D. $a=-3$

*11. 设 a_i，$b_i(i=1,2,3)$ 均为非零常数，且齐次线性方程组

$$\begin{cases} a_1x_1+a_2x_2+a_3x_3=0 \\ b_1x_1+b_2x_2+b_3x_3=0 \end{cases}$$

的通解中含两个任意常数，则其充分必要条件为(　　).

A. $a_1b_2-a_2b_1=0$　　B. $a_1b_2-a_2b_1\neq 0$

C. $a_i=b_i(i=1,2,3)$　　D. $\dfrac{a_1}{b_1}=\dfrac{a_2}{b_2}=\dfrac{a_3}{b_3}$

12. 线性方程组 $\begin{cases} x_1+2x_2+5x_3=0 \\ 2x_1+4x_2+17x_3=0 \\ 3x_1+7x_2+10x_3=0 \\ x_1+2x_2+14x_3=0 \end{cases}$ 的解的情形是(　　).

A. 无解　　B. 通解中有一个自由未知量

C. 有唯一解　　D. 通解中有两个自由未知量

13. 设矩阵 $\boldsymbol{A}=\begin{pmatrix} 1 & 2 & 1 \\ 2 & 4 & a+2 \\ 3 & ab+6 & 3 \end{pmatrix}$ 的秩 $R(\boldsymbol{A})=2$，则(　　).

A. $a\neq 0, b=0$　　B. $a=0, b\neq 0$　　C. $a=0, b=0$　　D. $a\neq 0, b\neq 0$

14. 矩阵 $\begin{pmatrix} 1 & -1 & 0 & -1 & -2 \\ -1 & 2 & 1 & 3 & 6 \\ 0 & 1 & 1 & 2 & 4 \\ 0 & -1 & -1 & 0 & 2 \end{pmatrix}$ 对应的行最简形为(　　).

A. $\begin{pmatrix} 1 & 0 & 1 & 0 & -1 \\ 0 & 1 & 0 & 0 & 4 \\ 0 & 0 & 1 & 1 & 3 \\ 0 & 0 & 0 & 0 & 0 \end{pmatrix}$　　B. $\begin{pmatrix} 1 & 0 & 1 & 0 & 1 \\ 0 & 1 & 1 & 0 & 2 \\ 0 & 0 & 0 & 1 & 3 \\ 0 & 0 & 0 & 0 & 0 \end{pmatrix}$

C. $\begin{pmatrix} 1 & 0 & 1 & 0 & -2 \\ 0 & 1 & 1 & 0 & 4 \\ 0 & 0 & 0 & 1 & 3 \\ 0 & 0 & 0 & 0 & 0 \end{pmatrix}$　　D. $\begin{pmatrix} 1 & 0 & 1 & 0 & -1 \\ 0 & 1 & 1 & 0 & -2 \\ 0 & 0 & 0 & 1 & 3 \\ 0 & 0 & 0 & 0 & 0 \end{pmatrix}$

15. 设某个非齐次线性方程组的增广矩阵为 $\begin{pmatrix} 1 & -1 & -1 & 0 & 7 \\ 0 & 1 & -2 & 0 & 1 \\ 0 & 0 & 1 & 1 & 2 \\ 0 & 0 & 0 & 0 & 0 \end{pmatrix}$，则在解方程组时下一步应进行的初等行变换为(　　).

A. r_1+r_2，r_2+2r_3，r_1-r_3　　B. r_2+2r_3，r_1+r_3，r_1+r_2

C. r_1+r_2，r_2+2r_3，r_1+r_3　　D. r_2+2r_3，r_1+r_2，r_1-2r_3

三、计算题

1. 解下列线性方程组，并指出方程组所表示的几何意义.

(1) $\begin{cases} x+y=1 \\ x-y=3 \end{cases}$；　(2) $\begin{cases} 2x-2y=6 \\ x-\ \ y=3 \end{cases}$；　(3) $\begin{cases} x+y=1 \\ -x-y=2 \end{cases}$；

(4) $\begin{cases} x-2y=1 \\ 2x+\ \ y=2 \\ x-\ \ y=2 \end{cases}$；　(5) $\begin{cases} x+\ \ y-3z=-1 \\ x+2y-5z=-2 \\ -x-3y+7z=3 \end{cases}$；　(6) $\begin{cases} x+\ \ y+\ \ z=1 \\ 2x+3y+\ \ z=2 \\ x-\ \ y+3z=2 \end{cases}$.

2. 设 $\begin{pmatrix} a+2b & a+b+c \\ -2a+b & -2a+c \end{pmatrix}=\begin{pmatrix} 5 & 3 \\ 0 & -2 \end{pmatrix}$，求 a，b，c.

3. 下列矩阵中，哪些是行阶梯形矩阵？哪些是行最简形矩阵？哪些是标准形？

(1) $\boldsymbol{A}_1=\begin{pmatrix} 0 & 1 & 2 & 1 \\ 0 & 0 & 1 & 3 \\ 0 & 0 & 0 & 0 \end{pmatrix}$；　(2) $\boldsymbol{A}_2=\begin{pmatrix} 1 & 0 & 0 & 0 \\ 0 & 1 & 0 & 0 \\ 0 & 1 & 1 & 0 \end{pmatrix}$；　(3) $\boldsymbol{A}_3=\begin{pmatrix} 1 & 1 & 0 & 2 \\ 0 & 1 & 1 & 1 \\ 0 & 0 & 0 & 0 \end{pmatrix}$；

(4) $\boldsymbol{A}_4=\begin{pmatrix} 1 & 1 & 0 & 1 \\ 0 & 0 & 2 & 1 \\ 0 & 0 & 0 & 0 \end{pmatrix}$；　(5) $\boldsymbol{A}_5=\begin{pmatrix} 1 & 2 & 0 & 1 \\ 0 & 0 & 1 & 1 \\ 0 & 0 & 0 & 1 \end{pmatrix}$；　(6) $\boldsymbol{A}_6=\begin{pmatrix} 0 & 1 & 0 & 0 \\ 0 & 0 & 1 & 0 \\ 0 & 0 & 0 & 1 \end{pmatrix}$；

(7) $\boldsymbol{A}_7=\begin{pmatrix} 1 & 0 & 0 & 0 \\ 0 & 0 & 1 & 1 \\ 0 & 0 & 0 & 0 \end{pmatrix}$；　(8) $\boldsymbol{A}_8=\begin{pmatrix} 1 & 0 & 0 & 0 \\ 0 & 1 & 0 & 0 \\ 0 & 0 & 0 & 0 \end{pmatrix}$.

4. 用初等行变换法将下列矩阵化为行最简形.

(1) $\begin{pmatrix} 2 & 1 & -3 \\ 1 & 2 & -2 \\ -1 & 3 & 2 \end{pmatrix}$；　(2) $\begin{pmatrix} 2 & 1 & -4 \\ 1 & 2 & -2 \\ -1 & 3 & 2 \end{pmatrix}$；

(3) $\begin{pmatrix} 1 & 1 & 2 & -1 \\ 2 & 2 & 3 & 1 \\ 3 & 3 & 4 & 3 \end{pmatrix}$；　(4) $\begin{pmatrix} 0 & 2 & -3 & 1 \\ 0 & 1 & -1 & 2 \\ 0 & 4 & -7 & -1 \end{pmatrix}$；

(5) $\begin{pmatrix} 1 & -1 & 3 & -1 \\ 2 & -1 & -1 & 4 \\ 3 & -2 & 2 & 3 \\ 1 & 0 & -4 & 5 \end{pmatrix}$；　(6) $\begin{pmatrix} 0 & 4 & -12 & 2 \\ 3 & -1 & -6 & -2 \\ -1 & -1 & 6 & 2 \\ 2 & -2 & 0 & 0 \end{pmatrix}$；

(7) $\begin{pmatrix} 2 & 3 & 1 & -3 & -7 \\ 1 & 2 & 0 & -2 & -4 \\ 3 & -2 & 8 & 3 & 0 \\ 2 & -3 & 7 & 4 & 3 \end{pmatrix}$；　(8) $\begin{pmatrix} 2 & -1 & -1 & 1 & 2 \\ 1 & 1 & -2 & 1 & 4 \\ 4 & -6 & 2 & -2 & 4 \\ 3 & 6 & -9 & 7 & 9 \end{pmatrix}$.

5. 用初等变换法把下列矩阵化为标准形.

(1) $\begin{pmatrix} 1 & 1 & 1 \\ 1 & 2 & 3 \\ 1 & 4 & 5 \end{pmatrix}$;　　(2) $\begin{pmatrix} 2 & 3 & 1 & -3 & -7 \\ 1 & 2 & 0 & -2 & -4 \\ 3 & -2 & 8 & 3 & 0 \\ 2 & -3 & 7 & 4 & 3 \end{pmatrix}$.

6. 用初等变换法求下列矩阵的秩.

(1) $\begin{pmatrix} 1 & 3 & 0 & 2 \\ -1 & 1 & 2 & -1 \\ 3 & 1 & -4 & 4 \end{pmatrix}$;　　(2) $\begin{pmatrix} 3 & 2 & 0 & 5 & 0 \\ 3 & -2 & 3 & 6 & -1 \\ 2 & 0 & 1 & 5 & -3 \\ 1 & 6 & -4 & -1 & 4 \end{pmatrix}$;

(3) $\begin{pmatrix} 1 & 1 & 1 \\ 1 & -1 & a \\ 1 & 1 & a^2 \end{pmatrix}$;　　(4) $\begin{pmatrix} 1 & -2 & 3k \\ -1 & 2k & -3 \\ k & -2 & 3 \end{pmatrix}$.

7. 设矩阵 $\boldsymbol{A}=\begin{pmatrix} 1 & 2 & 1 & -1 \\ 3 & 2 & -1 & \lambda \\ 5 & 6 & \mu & 3 \end{pmatrix}$ 的秩为 2，求 λ，μ.

* 8. 求矩阵 $\boldsymbol{A}=\begin{pmatrix} a & b & b & \cdots & b \\ b & a & b & \cdots & b \\ b & b & a & \cdots & b \\ \vdots & \vdots & \vdots & & \vdots \\ b & b & b & \cdots & a \end{pmatrix}$ 的秩.

9. 用矩阵的初等行变换解线性方程组.

(1) $x_1+2x_2-x_3=3$;　　(2) $\begin{cases} x_1+x_3=3 \\ 4x_1+2x_2+5x_3=4 \\ 2x_1-x_2+3x_3=1 \end{cases}$;

(3) $\begin{cases} x_1-5x_3=1 \\ -x_1+x_2+6x_3=3 \\ 2x_1+3x_2-7x_3=15 \end{cases}$;　　(4) $\begin{cases} x_1+3x_2-2x_3=4 \\ 3x_1+2x_2-5x_3=11 \\ 2x_1+x_2+x_3=3 \\ -2x_1+x_2+3x_3=-7 \end{cases}$;

(5) $\begin{cases} x_1+x_2+x_3+x_4=1 \\ 2x_1+3x_2+4x_3+x_4=3 \\ 3x_1+x_2-x_3+5x_4=1 \end{cases}$;　　(6) $\begin{cases} x_1-2x_2+3x_3-4x_4=4 \\ x_1+3x_2-3x_4=1 \\ x_2-x_3+x_4=-3 \\ 7x_2-3x_3-x_4=3 \end{cases}$;

(7) $\begin{cases} x_1+2x_2+2x_3+x_4=0 \\ 2x_1+x_2-2x_3-2x_4=0 \\ x_1-x_2-4x_3-3x_4=0 \end{cases}$;　　(8) $\begin{cases} x_1+x_2+x_3+x_4=0 \\ 2x_1+2x_2+3x_3+4x_4=0 \\ 3x_1+3x_2+4x_3+5x_4=0 \\ -x_1-x_2+x_4=0 \end{cases}$;

(9) $\begin{cases} x_1 - x_2 + 5x_3 - x_4 = 0 \\ x_1 + x_2 - 2x_3 + 3x_4 = 0 \\ 3x_1 - x_2 + 8x_3 + x_4 = 0 \\ x_1 + 3x_2 - 9x_3 + 7x_4 = 0 \end{cases}$;　　(10) $\begin{cases} x_2 + x_3 + \cdots + x_{n-1} + x_n = 0 \\ x_1 + x_3 + \cdots + x_{n-1} + x_n = 0 \\ x_1 + x_2 + \cdots + x_{n-1} + x_n = 0. \\ \vdots \\ x_1 + x_2 + x_3 + \cdots + x_{n-1} = 0 \end{cases}$

10. 讨论 a 取何值时，非齐次线性方程组 $\begin{cases} x_1 + x_2 - x_3 = 1 \\ 2x_1 + 3x_2 + ax_3 = 3 \\ x_1 + ax_2 + 3x_3 = 2 \end{cases}$ (1) 无解；(2) 有唯一解；(3) 有无穷多解，并在有无穷多解时，求出其全部解.

11. 求 a，使方程组 $\begin{cases} x_1 + x_2 + x_3 = 1 \\ x_1 + 2x_2 + ax_3 = 1 \\ 2x_1 + 3x_2 + 3x_3 = a \\ 3x_1 + 4x_2 + (a+2)x_3 = a + 1 \end{cases}$ 有解.

12. 设有线性方程组 $\begin{cases} x_1 + x_2 + x_3 + x_4 = 0 \\ x_2 + 2x_3 + 2x_4 = 1 \\ -x_2 + (a-3)x_3 - 2x_4 = b \\ 3x_1 + 2x_2 + x_3 + ax_4 = -1 \end{cases}$，讨论 a，b 取何值时，该方程组(1) 有唯一解；(2) 无解；(3) 有无穷多解，当有无穷多解时，求其通解.

13. 某公司人员有主管与职员两类，其月薪分别为 5 000 元与 2 500 元，以前公司每月工资支出 60 000 元，现在经营情况不佳，为将月工资支出减少到 38 000 元，公司决定将主管月薪降至 4 000 元，并裁减 $\frac{2}{5}$ 职员. 问：公司原有主管与职员各多少人？

*14. 在光合作用下，植物利用太阳提供的辐射能，将二氧化碳 CO_2 和水(H_2O) 转化为氧气(O_2) 和葡萄糖($C_2H_{12}O_6$). 该化学反应的方程式为

$$x_1 CO_2 + x_2 H_2O \rightarrow x_3 O_2 + x_4 C_6 H_{12} O_6$$

为平衡该方程式，请选择适当的 x_1，x_2，x_3，x_4，使方程式两边的碳(C)、氢(H) 和氧(O) 原子的数量分别相等.

*15. 试求图 1.7.2 所示的电路中各支路的电流.

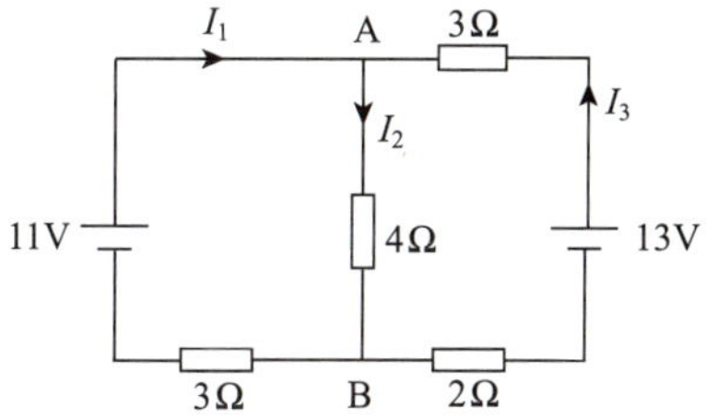

图 1.7.2　电路图

第 2 章　行　列　式

行列式是线性代数中的一个基本概念和重要工具，是方阵的重要数值特征，有着十分广泛的应用. 本章将介绍行列式的定义、基本性质、展开定理和计算方法，并给出求解一类特殊线性方程组的克拉默(Cramer) 法则.

2.1　二阶与三阶行列式

定义 2.1.1　由 4 个数排成二阶矩阵 $\begin{pmatrix} a_{11} & a_{12} \\ a_{21} & a_{22} \end{pmatrix}$，表达式 $\begin{vmatrix} a_{11} & a_{12} \\ a_{21} & a_{22} \end{vmatrix}$ 称为由该矩阵所确定的二阶行列式，即

$$D=\begin{vmatrix} a_{11} & a_{12} \\ a_{21} & a_{22} \end{vmatrix}=a_{11}a_{22}-a_{12}a_{21}$$

其中 $a_{ij}(i=1,2;\ j=1,2)$ 称为该行列式的元素. i 为行标，表明元素位于第 i 行；j 为列标，表明元素位于第 j 列.

上述二阶行列式的定义，可用对角线法则来记忆. 如图 2.1.1 所示，实线表示的对角线称为主对角线，虚线表示的对角线称为副对角线. 于是二阶行列式便是主对角线上的两元素之积减去副对角线上两元素的元素之积所得的差.

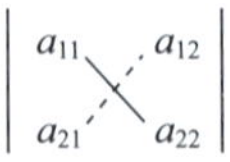

图 2.1.1　对角线法则

例 2.1.1　计算二阶行列式 $D=\begin{vmatrix} 1 & 2 \\ -3 & 4 \end{vmatrix}$.

解　$D=\begin{vmatrix} 1 & 2 \\ -3 & 4 \end{vmatrix}=1\times 4-2\times(-3)=10$

定义 2.1.2　设有 9 个数排成三阶矩阵 $\begin{pmatrix} a_{11} & a_{12} & a_{13} \\ a_{21} & a_{22} & a_{23} \\ a_{31} & a_{32} & a_{33} \end{pmatrix}$，称

$$\begin{vmatrix} a_{11} & a_{12} & a_{13} \\ a_{21} & a_{22} & a_{23} \\ a_{31} & a_{32} & a_{33} \end{vmatrix} = a_{11}a_{22}a_{33} + a_{12}a_{23}a_{31} + a_{13}a_{21}a_{32} - a_{11}a_{23}a_{32} - a_{12}a_{21}a_{33} - a_{13}a_{22}a_{31}$$

为该三阶矩阵所确定的三阶行列式.

上述定义表明三阶行列式含 6 项，每项均由不同行、不同列的三个元素的乘积再冠以正负号，其规律遵循图 2.1.2 所示的对角线法则：图中有三条实线看作是平行于主对角线的连线，三条虚线看作是平行于副对角线的连线，实线上三元素的乘积冠正号，虚线上三元素的乘积冠负号.

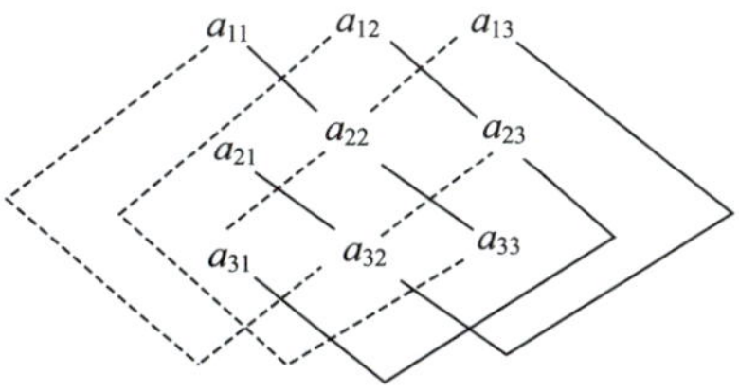

图 2.1.2　对角线法则

注　(1) 对角线法则只适用于二阶与三阶行列式.

(2) 三阶行列式包括 3! 项，每一项都是位于不同行、不同列的三个元素的乘积，其中三项冠以正号，三项冠以负号.

例 2.1.2　计算三阶行列式 $D=\begin{vmatrix} 1 & 2 & -4 \\ -2 & 2 & 1 \\ -3 & 4 & -2 \end{vmatrix}$.

解　由对角线法则有

$$\begin{aligned} D &= 1\times2\times(-2)+2\times1\times(-3)+(-4)\times(-2)\times4 \\ &\quad -1\times1\times4-2\times(-2)\times(-2)-(-4)\times2\times(-3) \\ &= -4-6+32-4-8-24 \\ &= -14 \end{aligned}$$

例 2.1.3　已知行列式 $D_1=\begin{vmatrix} 1 & 3 & 1 \\ 2 & 2 & 3 \\ 3 & 1 & 5 \end{vmatrix}$，$D_2=\begin{vmatrix} \lambda & 0 & 1 \\ 0 & \lambda-1 & 0 \\ 1 & 0 & \lambda \end{vmatrix}$，若 $D_1=D_2$，求 λ 的值.

解　由对角线法则，有

$D_1=10+27+2-3-30-6=0$，$D_2=\lambda^2(\lambda-1)-(\lambda-1)=(\lambda+1)(\lambda-1)^2$

若 $D_1=D_2$，则 $(\lambda+1)(\lambda-1)^2=0$，所以 $\lambda=-1$ 或 $\lambda=1$.

2.2　全排列和对换

2.2.1　全排列及其逆序数

定义 2.2.1　由 1，2，…，n 组成的一个有序排列称为一个 n 级排列.

例如，231 为一个三级排列，25413 为一个五级排列.

n 个不同元素的所有排列的种数，通常用 p_n 表示.于是

$$p_n = n \times (n-1) \times \cdots \times 3 \times 2 \times 1 = n!$$

对于 n 个不同的自然数，规定由小到大的次序为标准次序，按标准次序排列起来的排列称为自然排列(标准排列).

定义 2.2.2　在一排列中，若两个元素的先后次序与标准次序不同，即前面的数大于后面的数，就说有 1 个逆序. 一个排列中所有逆序的总数叫作这个排列的逆序数.

定义 2.2.3　逆序数为奇数的排列叫作奇排列，逆序数为偶数的排列叫作偶排列.

下面讨论排列的逆序数的计算方法.

设 $p_1 p_2 \cdots p_n$ 为 1，2，…，n 的一个排列，若比 p_i 大的且排在 p_i 前面的元素有 t_i 个，就说 p_i 这个元素的逆序数是 t_i，则全体元素的逆序数之总和即为这个排列的逆序数，记为 $t(p_1 p_2 \cdots p_n)$，简记为 t，即

$$t = t_1 + t_2 + \cdots + t_n = \sum_{i=1}^{n} t_i$$

例 2.2.1　求排列 24351 的逆序数，并判别其奇偶性.

解　在排列 24351 中，

2 排在首位，逆序数为 0；

4 的前面没有比 4 大的数，故逆序数为 0；

3 的前面比 3 大的数有一个 4，故逆序数为 1；

5 是最大数，逆序数为 0；

1 的前面比 1 大的数有 4 个，即 2，4，3，5，故逆序数为 4.

于是排列的逆序数为

$$t = 0 + 0 + 1 + 0 + 4 = 5$$

故该排列为奇排列.

例 2.2.2　求排列 $13\cdots(2n-1)24\cdots(2n)$ 的逆序数，并讨论奇偶性.

解　容易看出 1，3，…，$(2n-1)$ 这些数的逆序数为 0；

2 的前面比 2 大的数有 $n-1$ 个，所以逆序数为 $n-1$；

4 的前面比 4 大的数有 $n-2$ 个，所以逆序数为 $n-2$；

……

$2n$ 的前面比 $2n$ 大的数为 0 个，所以逆序数为 0.

于是排列的逆序数为

$$t=(n-1)+(n-2)+\cdots+1+0=\frac{n(n-1)}{2}$$

所以当 $n=4k$，$4k+1$ 时，排列为偶排列；当 $n=4k+2$，$4k+3$ 时，排列为奇排列.

* **例 2.2.3** 若 $p_1p_2\cdots p_n$ 的逆序数为 k，求 $p_n\cdots p_2p_1$ 的逆序数.

解 在 n 个元素中任选两个元素 p_i，p_j(共有 C_n^2 种可能)，则 p_i，p_j 必在两个排列之一中构成逆序，因此两个排列的逆序数之和为 C_n^2.

所以

$$t(p_n\cdots p_2p_1)=C_n^2-k=\frac{n(n-1)}{2}-k$$

2.2.2 对换

定义 2.2.4 在排列中，将任意两个元素对调，其余的元素不动，这种得到新排列的方法称为对换.将相邻两个元素对换，叫作相邻对换.

例如，对排列 12345,对换 2 与 5 后得到排列 15342.

定理 2.2.1 对换改变排列的奇偶性.

证明 先考虑相邻对换的情形.

对于排列 $a_1\cdots a_sabb_1\cdots b_m$，对换 a 与 b，变成 $a_1\cdots a_sbab_1\cdots b_m$，

很明显，除了 a，b，其他元素的逆序数不改变.

当 $a<b$ 时，对换后 a 的逆序数增加 1，b 的逆序数不变；当 $a>b$ 时，对换后 a 的逆序数不变，b 的逆序数减少 1. 则这两个排列的奇偶性不同.

对一般对换的情形，设排列 $a_1\cdots a_sab_1\cdots b_mbc_1\cdots c_n$，经过了 $2m+1$ 次相邻对换变成 $a_1\cdots a_sbb_1\cdots b_mac_1\cdots c_n$，则这两个排列的奇偶性相反.

所以一个排列中的任意两个元素对换，排列改变奇偶性.

推论 奇排列变成标准排列的对换次数为奇数，偶排列变成标准排列的对换次数为偶数.

证明 由定理 2.2.1 知，对换的次数就是排列奇偶性的变化次数，而标准排列是偶排列(逆序数为零)，因此可知推论成立.

2.3 n 阶行列式

为了给出 n 阶行列式的定义，我们先研究三阶行列式的结构. 我们知道三阶行列式定义为

$$\begin{vmatrix} a_{11} & a_{12} & a_{13} \\ a_{21} & a_{22} & a_{23} \\ a_{31} & a_{32} & a_{33} \end{vmatrix}=a_{11}a_{22}a_{33}+a_{12}a_{23}a_{31}+a_{13}a_{21}a_{32}-a_{11}a_{23}a_{32}-a_{12}a_{21}a_{33}-a_{13}a_{22}a_{31} \tag{2.3.1}$$

容易看出：

(1) 式(2.3.1)右边的每一项都恰是三个元素的乘积，这三个元素位于不同行、不同列. 因此，式(2.3.1)右端的任意项除正负号外可以写成$a_{1p_1}a_{2p_2}a_{3p_3}$. 这里第一个下标(行标)排成标准排列，而第二个下标(列标)排成$p_1p_2p_3$，它是1,2,3这三个数的某个排列. 这样的排列共有3！种，对应式(2.3.1)右端共含3！项.

(2) 各项的正负号与列标的排列对照：

带正号的三项列标排列是：123，231，312；

带负号的三项列标排列是：132，213，321.

可知前三个排列都是偶排列，而后三个排列都是奇排列. 因此各项所带的正负号可以表示为$(-1)^t$，其中t为列标排列的逆序数.

所以三阶行列式可以写成

$$\begin{vmatrix} a_{11} & a_{12} & a_{13} \\ a_{21} & a_{22} & a_{23} \\ a_{31} & a_{32} & a_{33} \end{vmatrix} = \sum_{(p_1p_2p_3)} (-1)^t a_{1p_1}a_{2p_2}a_{3p_3}$$

其中，t为排列$p_1p_2p_3$的逆序数，$\sum$表示对1,2,3三个数的所有排列$p_1p_2p_3$求和.

类似地，我们可以把行列式推广到n阶行列式的情形.

定义 2.3.1 称 $D=\begin{vmatrix} a_{11} & a_{12} & \cdots & a_{1n} \\ a_{21} & a_{22} & \cdots & a_{2n} \\ \vdots & \vdots & & \vdots \\ a_{n1} & a_{n2} & \cdots & a_{nn} \end{vmatrix} = \sum_{(p_1p_2\cdots p_n)} (-1)^t a_{1p_1}a_{2p_2}\cdots a_{np_n}$ 为n阶行列式

记为$\det(a_{ij})$. 这里$\sum$表示对1，2，…，n这n个数的所有排列$p_1p_2\cdots p_n$求和，t为列标排列$p_1p_2\cdots p_n$的逆序数. 由于这样的排列共有n！个，因而形如$a_{1p_1}a_{2p_2}\cdots a_{np_n}$的项共有$n$！项.

按此定义的二阶、三阶行列式与对角线法则定义的二阶、三阶行列式显然是一致的. 当$n=1$时，$|a|=a$，注意这里$|a|$不是a的绝对值.

对于行列式展开式的任意一项$(-1)^t a_{1p_1}\cdots a_{ip_i}\cdots a_{jp_j}\cdots a_{np_n}$，其中行标排列$1\cdots i\cdots j\cdots n$为自然排列，$t$为列标排列$p_1\cdots p_i\cdots p_j\cdots p_n$的逆序数，交换$a_{ip_i}$与$a_{jp_j}$的位置得$(-1)^t a_{1p_1}\cdots a_{jp_j}\cdots a_{ip_i}\cdots a_{np_n}$，这时，这一项的值不变，而行标排列与列标排列同作了一次相应的对换，行标从$1\cdots i\cdots j\cdots n$变为$1\cdots j\cdots i\cdots n$，列标从$p_1\cdots p_i\cdots p_j\cdots p_n$变为$p_1\cdots p_j\cdots p_i\cdots p_n$，

由于行标排列和列标排列都作了一次对换，因此它们逆序数之和的奇偶性没有改变.

记$t(1\cdots j\cdots i\cdots n)=s_1$，$t(p_1\cdots p_j\cdots p_i\cdots p_n)=t_1$，则$t$和$s_1+t_1$的奇偶性相同，从而

$$(-1)^t a_{1p_1}\cdots a_{jp_j}\cdots a_{ip_i}\cdots a_{np_n} = (-1)^{s_1+t_1} a_{1p_1}\cdots a_{jp_j}\cdots a_{ip_i}\cdots a_{np_n}$$

这表明，行列式的展开式中每一项前的符号由行标排列和列标排列的逆序数之和的奇偶性确定. 当列标排列变为标准排列时，行标排列相应地变为一个新的排列，设为$q_1q_2\cdots q_n$，其逆序数为s，则

$$\begin{aligned}(-1)^t a_{1p_1}\cdots a_{ip_i}\cdots a_{jp_j}\cdots a_{np_n} &= (-1)^{s_1+t_1} a_{1p_1}\cdots a_{jp_j}\cdots a_{ip_i}\cdots a_{np_n} \\ &= (-1)^s a_{q_11}a_{q_22}\cdots a_{q_nn}\end{aligned}$$

由此可得 n 阶行列式的等价定义：

定义 2.3.2 n 阶行列式可定义为 $D=\det(a_{ij})=\sum(-1)^t a_{p_1 1}a_{p_2 2}\cdots a_{p_n n}$，其中 t 为行标排列 $p_1p_2\cdots p_n$ 的逆序数.

定义 2.3.3 n 阶行列式也可定义为 $D=\det(a_{ij})=\sum(-1)^{t_1+t_2}a_{p_1q_1}a_{p_2q_2}\cdots a_{p_nq_n}$，其中 t_1 和 t_2 分别为行标排列 $p_1p_2\cdots p_n$ 和列标排列 $q_1q_2\cdots q_n$ 的逆序数.

例 2.3.1 证明 n 阶行列式(其中未写出的元素都是 0，下同)

(1) $$\begin{vmatrix} \lambda_1 & & & \\ & \lambda_2 & & \\ & & \ddots & \\ & & & \lambda_n \end{vmatrix}=\lambda_1\lambda_2\cdots\lambda_n;$$

(2) $$\begin{vmatrix} & & & \lambda_1 \\ & & \lambda_2 & \\ & ⋰ & & \\ \lambda_n & & & \end{vmatrix}=(-1)^{\frac{n(n-1)}{2}}\lambda_1\lambda_2\cdots\lambda_n.$$

证明 第(1)式左端称为对角行列式，其结果是显然的，下证第(2)式.

若记 $\lambda_i=a_{i,n+1-i}$，则依行列式定义

$$\begin{vmatrix} & & & \lambda_1 \\ & & \lambda_2 & \\ & ⋰ & & \\ \lambda_n & & & \end{vmatrix}=\begin{vmatrix} & & & a_{1n} \\ & & a_{2,n-1} & \\ & ⋰ & & \\ a_{n1} & & & \end{vmatrix}=(-1)^t a_{1n}a_{2,n-1}\cdots a_{n1}=(-1)^t\lambda_1\lambda_2\cdots\lambda_n$$

其中 t 为排列 $n(n-1)\cdots 21$ 的逆序数，故

$$t=0+1+2+\cdots+(n-1)=\frac{n(n-1)}{2}$$

证毕.

主对角线以下(上)的元素都为 0 的行列式叫作上(下)三角形行列式，它的值与对角行列式一样.

例 2.3.2 证明下三角形行列式

$$D=\begin{vmatrix} a_{11} & 0 & \cdots & 0 \\ a_{21} & a_{22} & \cdots & 0 \\ \vdots & \vdots & \ddots & \vdots \\ a_{n1} & a_{n2} & \cdots & a_{nn} \end{vmatrix}=a_{11}a_{22}\cdots a_{nn}$$

证明 由于当 $j>i$ 时，$a_{ij}=0$，故 D 中可能不为 0 的元素 a_{ip_i}，其下标应有 $p_i\leqslant i$，即 $p_1\leqslant 1$，$p_2\leqslant 2$，…，$p_n\leqslant n$.

在所有排列 $p_1p_2\cdots p_n$ 中，能满足上述关系的排列只有一个自然排列 $12\cdots n$，所以 D 中可能不为 0 的项只有一项 $(-1)^t a_{11}a_{22}\cdots a_{nn}$，而 $(-1)^t=(-1)^0=1$，所以

$$D=a_{11}a_{22}\cdots a_{nn}$$

特别地，有

$$\begin{vmatrix} a_{11} & \cdots & \cdots & 0 \\ a_{21} & a_{22} & \cdots & \vdots \\ \vdots & \vdots & \ddots & \vdots \\ a_{n1} & a_{n2} & \cdots & a_{nn} \end{vmatrix} = \begin{vmatrix} a_{11} & a_{12} & \cdots & a_{1n} \\ \vdots & a_{22} & \cdots & a_{2n} \\ \vdots & \vdots & \ddots & \vdots \\ 0 & \cdots & \cdots & a_{nn} \end{vmatrix} = \begin{vmatrix} a_{11} & & & \\ & a_{22} & & \\ & & \ddots & \\ & & & a_{nn} \end{vmatrix} = a_{11}a_{22}\cdots a_{nn}$$

例 2.3.3 计算 $D=\begin{vmatrix} 0 & 3 & 1 & 0 & 0 \\ 1 & 2 & 4 & 1 & 5 \\ 2 & 3 & 6 & 2 & 2 \\ 0 & 1 & 2 & 0 & 0 \\ 0 & 2 & 3 & 0 & 0 \end{vmatrix}$.

解 由 5 阶行列式的定义：$D=\sum (-1)^t a_{1p_1}a_{2p_2}a_{3p_3}a_{4p_4}a_{5p_5}$.

为了使 $a_{1p_1}a_{2p_2}a_{3p_3}a_{4p_4}a_{5p_5}\neq 0$，$p_1$，$p_4$，$p_5$ 均只可取为 2，3，又因为 p_1，p_4，p_5 不能取为相同的值，这是不可能的. 所以 $D=0$.

***例 2.3.4** 设 $f(x)=\begin{vmatrix} 2x & -1 & x & 2 \\ 4 & x & 1 & -1 \\ 3 & 2 & x & 5 \\ 1 & -2 & 3 & x \end{vmatrix}$，求$\dfrac{d^3 f(x)}{dx^3}$.

解 因为行列式的每一项的各个元素须取为不同行、不同列，所以仅有 $a_{11}a_{22}a_{33}a_{44}$ 含 x^4，即 $2x^4$，仅有 $a_{13}a_{22}a_{31}a_{44}$ 含 x^3，这一项为$(-1)^{t(3214)}a_{13}a_{22}a_{31}a_{44}=-3x^3$.

所以$\dfrac{d^3 f(x)}{dx^3}=48x-18$.

2.4 行列式的性质

定义 2.4.1 设行列式 $D=\begin{vmatrix} a_{11} & a_{12} & \cdots & a_{1n} \\ a_{21} & a_{22} & \cdots & a_{2n} \\ \vdots & \vdots & & \vdots \\ a_{n1} & a_{n2} & \cdots & a_{nn} \end{vmatrix}$，称行列式 $D^{\mathrm T}=\begin{vmatrix} a_{11} & a_{21} & \cdots & a_{n1} \\ a_{12} & a_{22} & \cdots & a_{n2} \\ \vdots & \vdots & & \vdots \\ a_{1n} & a_{2n} & \cdots & a_{nn} \end{vmatrix}$ 为行列式 D 的转置行列式.

性质 1 行列式与它的转置行列式相等.

证明 记 $D=\det(a_{ij})$ 的转置行列式

$$D^{\mathrm T}=\begin{vmatrix} b_{11} & b_{12} & \cdots & b_{1n} \\ b_{21} & b_{22} & \cdots & b_{2n} \\ \vdots & \vdots & & \vdots \\ b_{n1} & b_{n2} & \cdots & b_{nn} \end{vmatrix}$$

即 $b_{ij}=a_{ji}(i, j=1, 2, \cdots, n)$，按定义

$$D^{\mathrm{T}}=\sum(-1)^{t}b_{1p_1}b_{2p_2}\cdots b_{np_n}=\sum(-1)^{t}a_{p_1 1}a_{p_2 2}\cdots a_{p_n n}$$

又因为 $D=\sum(-1)^{t}a_{p_1 1}a_{p_2 2}\cdots a_{p_n n}$，故 $D^{\mathrm{T}}=D$.

证毕.

例如，$D=\begin{vmatrix}1&3\\2&4\end{vmatrix}$，则 $D^{\mathrm{T}}=\begin{vmatrix}1&2\\3&4\end{vmatrix}=\begin{vmatrix}1&3\\2&4\end{vmatrix}=D$.

由此性质可知，行列式中的行与列具有同等的地位，行列式的性质凡是对行成立的对列也同样成立，反之亦然.

性质 2　互换行列式的两行(列)，行列式的值改变符号.

证明　设行列式

$$D_1=\begin{vmatrix}b_{11}&b_{12}&\cdots&b_{1n}\\b_{21}&b_{22}&\cdots&b_{2n}\\\vdots&\vdots&&\vdots\\b_{n1}&b_{n2}&\cdots&b_{nn}\end{vmatrix}$$

是由行列式 $D=\det(a_{ij})$ 交换 i，j 两行得到的，即当 $k\neq i$，j 时，$b_{kp}=a_{kp}$；当 $k=i$，j 时，$b_{ip}=a_{jp}$，$b_{jp}=a_{ip}$. 于是

$$\begin{aligned}D_1&=\sum(-1)^{t}b_{1p_1}\cdots b_{ip_i}\cdots b_{jp_j}\cdots b_{np_n}\\&=\sum(-1)^{t}a_{1p_1}\cdots a_{jp_i}\cdots a_{ip_j}\cdots a_{np_n}\\&=\sum(-1)^{t}a_{1p_1}\cdots a_{ip_j}\cdots a_{jp_i}\cdots a_{np_n}\end{aligned}$$

其中，$1\cdots i\cdots j\cdots n$ 为自然排列，t 为排列 $p_1\cdots p_i\cdots p_j\cdots p_n$ 的逆序数. 设排列 $p_1\cdots p_j\cdots p_i\cdots p_n$ 的逆序数为 t_1，则 $(-1)^{t}=-(-1)^{t_1}$，故

$$D_1=-\sum(-1)^{t_1}a_{1p_1}\cdots a_{ip_j}\cdots a_{jp_i}\cdots a_{np_n}=-D$$

证毕.

以 r_i 表示行列式的第 i 行，以 c_i 表示行列式的第 i 列. 交换 i，j 两行记作 $r_i\leftrightarrow r_j$，交换 i，j 两列记作 $c_i\leftrightarrow c_j$.

例如，$\begin{vmatrix}2&4\\1&3\end{vmatrix}\xlongequal{r_1\leftrightarrow r_2}-\begin{vmatrix}1&3\\2&4\end{vmatrix}$；　$\begin{vmatrix}2&4\\1&3\end{vmatrix}\xlongequal{c_1\leftrightarrow c_2}-\begin{vmatrix}4&2\\3&1\end{vmatrix}$.

注　行列式的运算符号是“ = ”.

推论　若行列式有两行(列)完全相同，则此行列式为零.

证明　把完全相同的两行(列)互换，有 $D=-D$，故 $D=0$.

性质 3　行列式的某一行(列)中所有的元素都乘以同一数 k，等于用数 k 乘此行列式. 第 i 行(列)乘以 k，记作 $r_i\times k(c_i\times k)$.

例如，$\begin{vmatrix}1&3a\\2&5a\end{vmatrix}=a\begin{vmatrix}1&3\\2&5\end{vmatrix}$；

又如，$\begin{vmatrix}1&2\\3&12\end{vmatrix}\xlongequal{r_2\div 3}3\begin{vmatrix}1&2\\1&4\end{vmatrix}\xlongequal{c_2\div 2}3\times 2\begin{vmatrix}1&1\\1&2\end{vmatrix}=6\begin{vmatrix}1&1\\1&2\end{vmatrix}$.

推论 行列式中若有两行(列)元素成比例，则此行列式的值等于零.

性质 4 若行列式的某一列(行)的元素都是两数之和，例如

$$D=\begin{vmatrix} a_{11} & a_{12} & \cdots & (a_{1i}+b_{1i}) & \cdots & a_{1n} \\ a_{21} & a_{22} & \cdots & (a_{2i}+b_{2i}) & \cdots & a_{2n} \\ \vdots & \vdots & & \vdots & & \vdots \\ a_{n1} & a_{n2} & \cdots & (a_{ni}+b_{ni}) & \cdots & a_{nn} \end{vmatrix}$$

则 D 等于下列两个行列式之和

$$D=\begin{vmatrix} a_{11} & a_{12} & \cdots & a_{1i} & \cdots & a_{1n} \\ a_{21} & a_{22} & \cdots & a_{2i} & \cdots & a_{2n} \\ \vdots & \vdots & & \vdots & & \vdots \\ a_{n1} & a_{n2} & \cdots & a_{ni} & \cdots & a_{nn} \end{vmatrix}+\begin{vmatrix} a_{11} & a_{12} & \cdots & b_{1i} & \cdots & a_{1n} \\ a_{21} & a_{22} & \cdots & b_{2i} & \cdots & a_{2n} \\ \vdots & \vdots & & \vdots & & \vdots \\ a_{n1} & a_{n2} & \cdots & b_{ni} & \cdots & a_{nn} \end{vmatrix}$$

例如，$\begin{vmatrix} 1 & 3+a \\ 2 & 5+b \end{vmatrix}=\begin{vmatrix} 1 & 3 \\ 2 & 5 \end{vmatrix}+\begin{vmatrix} 1 & a \\ 2 & b \end{vmatrix}$.

请思考$\begin{vmatrix} 1+c & 3+a \\ 2+d & 5+b \end{vmatrix}=\begin{vmatrix} 1 & 3 \\ 2 & 5 \end{vmatrix}+\begin{vmatrix} c & a \\ d & b \end{vmatrix}$成立吗?

性质 5 把行列式的某一列(行)的各元素乘以同一数然后加到另一列(行)上去，行列式的值不变.

以数 k 乘第 j 列加到第 i 列上去(记作 c_i+kc_j)，以数 k 乘第 j 行加到第 i 行上，记作 r_i+kr_j.

例如，$\begin{vmatrix} 1 & 2 \\ 3 & 5 \end{vmatrix}\overset{c_2+ac_1}{=\!=\!=}\begin{vmatrix} 1 & 2+a \\ 3 & 5+3a \end{vmatrix}$；又如，$\begin{vmatrix} 1 & 2 \\ 3 & 5 \end{vmatrix}\overset{r_2-3r_1}{=\!=\!=}\begin{vmatrix} 1 & 2 \\ 0 & -1 \end{vmatrix}$，利用性质 5 可以把行列式中许多元化为零元.

性质 3 至性质 5 的证明，请读者自行完成.

通常把性质 2、性质 3 和性质 5 称为行列式的初等变换，包括初等行变换和初等列变换.

行列式的性质可把行列式化为三角形行列式，从而简化行列式的计算，得出行列式的值.

注 使用行列式的性质进行计算时，要注意运算次序！例如

$\begin{vmatrix} 1 & 2 \\ 3 & 4 \end{vmatrix}\overset{r_1\leftrightarrow r_2}{=\!=\!=}-\begin{vmatrix} 3 & 4 \\ 1 & 2 \end{vmatrix}\overset{r_2+r_1}{=\!=\!=}-\begin{vmatrix} 3 & 4 \\ 4 & 6 \end{vmatrix}$，可记作$\begin{vmatrix} 1 & 2 \\ 3 & 4 \end{vmatrix}\underset{r_2+r_1}{\overset{r_1\leftrightarrow r_2}{=\!=\!=}}-\begin{vmatrix} 3 & 4 \\ 4 & 6 \end{vmatrix}$；

$\begin{vmatrix} 1 & 2 \\ 3 & 4 \end{vmatrix}\overset{r_2+r_1}{=\!=\!=}\begin{vmatrix} 1 & 2 \\ 4 & 6 \end{vmatrix}\overset{r_1\leftrightarrow r_2}{=\!=\!=}-\begin{vmatrix} 4 & 6 \\ 1 & 2 \end{vmatrix}$，可记作$\begin{vmatrix} 1 & 2 \\ 3 & 4 \end{vmatrix}\underset{r_1\leftrightarrow r_2}{\overset{r_2+r_1}{=\!=\!=}}-\begin{vmatrix} 4 & 6 \\ 1 & 2 \end{vmatrix}$.

上述计算过程中，初等变换的类型相同，但运算次序不同，所得结果中的行列式表达式中的元素可能不同，因此要特别注意：对行列式使用初等变换后，行列式中哪些元保持不变，哪些元改变了.

例 2.4.1 计算

$$D=\begin{vmatrix} 4 & 3 & 2 \\ 5 & 5 & 5 \\ 18 & 13 & 9 \end{vmatrix}$$

解 $D=5\begin{vmatrix}4&3&2\\1&1&1\\18&13&9\end{vmatrix}\xlongequal{r_1\leftrightarrow r_2}-5\begin{vmatrix}1&1&1\\4&3&2\\18&13&9\end{vmatrix}\xlongequal{c_1-2c_3}-5\begin{vmatrix}-1&1&1\\0&3&2\\0&13&9\end{vmatrix}$

$\xlongequal{c_2-c_3}-5\begin{vmatrix}-1&0&1\\0&1&2\\0&4&9\end{vmatrix}\xlongequal{r_3-4r_2}-5\begin{vmatrix}-1&0&1\\0&1&2\\0&0&1\end{vmatrix}=5$

注 行列式的计算，既可用初等行变换，又可用初等列变换.

例 2.4.2 计算

$$D=\begin{vmatrix}5&1&1&1\\-2&2&1&4\\-2&-3&2&-5\\0&1&3&11\end{vmatrix}$$

解 $D\xlongequal[*]{c_1\leftrightarrow c_3}-\begin{vmatrix}1&1&5&1\\1&2&-2&4\\2&-3&-2&-5\\3&1&0&11\end{vmatrix}\xlongequal[r_4-3r_1]{\substack{r_2-r_1\\r_3-2r_1}}-\begin{vmatrix}1&1&5&1\\0&1&-7&3\\0&-5&-12&-7\\0&-2&-15&8\end{vmatrix}$

$$\xlongequal[r_4+2r_2]{r_3+5r_2}-\begin{vmatrix}1&1&5&1\\0&1&-7&3\\0&0&-47&8\\0&0&-29&14\end{vmatrix}\xlongequal{r_4-\frac{29}{47}r_3}-\begin{vmatrix}1&1&5&1\\0&1&-7&3\\0&0&-47&8\\0&0&0&\frac{426}{47}\end{vmatrix}=426$$

注意到上面标有 * 的步骤，其目的是避免出现烦琐的分数运算.

例 2.4.3 求 n 阶行列式 $D_n=\begin{vmatrix}2&1&1&\cdots&1\\1&2&1&\cdots&1\\\vdots&\vdots&\vdots&\ddots&\vdots\\1&1&1&\cdots&2\end{vmatrix}$.

解 这个行列式的特点是各列元素之和都是 $n+1$. 可把第 $2,3,\cdots,n$ 行同时加到第 1 行，提出公因子 $n+1$，然后各行减去第 1 行，从而化为三角形行列式.

$$D_n\xlongequal{r_1+r_2+\cdots+r_n}\begin{vmatrix}n+1&n+1&n+1&\cdots&n+1\\1&2&1&\cdots&1\\\vdots&\vdots&\vdots&\ddots&\vdots\\1&1&1&\cdots&2\end{vmatrix}\xlongequal{r_1\div(n+1)}(n+1)\begin{vmatrix}1&1&1&\cdots&1\\1&2&1&\cdots&1\\\vdots&\vdots&\vdots&\ddots&\vdots\\1&1&1&\cdots&2\end{vmatrix}$$

$$\xlongequal[i=2,\cdots,n]{r_i-r_1}(n+1)\begin{vmatrix}1&1&1&\cdots&1\\0&1&0&\cdots&0\\\vdots&\vdots&\vdots&\ddots&\vdots\\0&0&0&\cdots&1\end{vmatrix}=(n+1).$$

例 2.4.4 证明：行列式 $\begin{vmatrix} a_1+kb_1 & a_1k+b_1 & c_1 \\ a_2+kb_2 & a_2k+b_2 & c_2 \\ a_3+kb_3 & a_3k+b_3 & c_3 \end{vmatrix}=(1-k^2)\begin{vmatrix} a_1 & b_1 & c_1 \\ a_2 & b_2 & c_2 \\ a_3 & b_3 & c_3 \end{vmatrix}$.

证明 方法一：将左边的行列式分别按第 1 列、第 2 列进行拆分，即

$$\begin{aligned}
&\begin{vmatrix} a_1+kb_1 & a_1k+b_1 & c_1 \\ a_2+kb_2 & a_2k+b_2 & c_2 \\ a_3+kb_3 & a_3k+b_3 & c_3 \end{vmatrix} \\
&=\begin{vmatrix} a_1 & a_1k+b_1 & c_1 \\ a_2 & a_2k+b_2 & c_2 \\ a_3 & a_3k+b_3 & c_3 \end{vmatrix}+\begin{vmatrix} kb_1 & a_1k+b_1 & c_1 \\ kb_2 & a_2k+b_2 & c_2 \\ kb_3 & a_3k+b_3 & c_3 \end{vmatrix} \\
&=\begin{vmatrix} a_1 & a_1k & c_1 \\ a_2 & a_2k & c_2 \\ a_3 & a_3k & c_3 \end{vmatrix}+\begin{vmatrix} a_1 & b_1 & c_1 \\ a_2 & b_2 & c_2 \\ a_3 & b_3 & c_3 \end{vmatrix}+\begin{vmatrix} kb_1 & a_1k & c_1 \\ kb_2 & a_2k & c_2 \\ kb_3 & a_3k & c_3 \end{vmatrix}+\begin{vmatrix} kb_1 & b_1 & c_1 \\ kb_2 & b_2 & c_2 \\ kb_3 & b_3 & c_3 \end{vmatrix} \\
&=0+\begin{vmatrix} a_1 & b_1 & c_1 \\ a_2 & b_2 & c_2 \\ a_3 & b_3 & c_3 \end{vmatrix}+k^2\begin{vmatrix} b_1 & a_1 & c_1 \\ b_2 & a_2 & c_2 \\ b_3 & a_3 & c_3 \end{vmatrix}+0 \\
&=(1-k^2)\begin{vmatrix} a_1 & b_1 & c_1 \\ a_2 & b_2 & c_2 \\ a_3 & b_3 & c_3 \end{vmatrix}
\end{aligned}$$

方法二：
$$\begin{aligned}
&\begin{vmatrix} a_1+kb_1 & a_1k+b_1 & c_1 \\ a_2+kb_2 & a_2k+b_2 & c_2 \\ a_3+kb_3 & a_3k+b_3 & c_3 \end{vmatrix} \xlongequal{c_2-kc_1} \begin{vmatrix} a_1+kb_1 & (1-k^2)b_1 & c_1 \\ a_2+kb_2 & (1-k^2)b_2 & c_2 \\ a_3+kb_3 & (1-k^2)b_3 & c_3 \end{vmatrix} \\
&=(1-k^2)\begin{vmatrix} a_1+kb_1 & b_1 & c_1 \\ a_2+kb_2 & b_2 & c_2 \\ a_3+kb_3 & b_3 & c_3 \end{vmatrix} \xlongequal{c_1-kc_2} (1-k^2)\begin{vmatrix} a_1 & b_1 & c_1 \\ a_2 & b_2 & c_2 \\ a_3 & b_3 & c_3 \end{vmatrix}
\end{aligned}$$

证毕.

例 2.4.5 设 $D=\begin{vmatrix} a_{11} & \cdots & a_{1k} & 0 & \cdots & 0 \\ \vdots & & \vdots & \vdots & & \vdots \\ a_{k1} & \cdots & a_{kk} & 0 & \cdots & 0 \\ c_{11} & \cdots & c_{1k} & b_{11} & \cdots & b_{1n} \\ \vdots & & \vdots & \vdots & & \vdots \\ c_{n1} & \cdots & c_{nk} & b_{n1} & \cdots & b_{nn} \end{vmatrix}$，$D_1=\det(a_{ij})=\begin{vmatrix} a_{11} & \cdots & a_{1k} \\ \vdots & & \vdots \\ a_{k1} & \cdots & a_{kk} \end{vmatrix}$，

$$D_2=\det(b_{ij})=\begin{vmatrix} b_{11} & \cdots & b_{1n} \\ \vdots & & \vdots \\ b_{n1} & \cdots & b_{nn} \end{vmatrix},$$

证明：$D=D_1D_2$.

证明 对 D_1 作运算 r_i+kr_j，对 D_2 作运算 c_i+kc_j，可分别把 D_1 和 D_2 化为下三角形行列式

$$D_1=\begin{vmatrix} p_{11} & \cdots & 0 \\ \vdots & \ddots & \vdots \\ p_{k1} & \cdots & p_{kk} \end{vmatrix}=p_{11}\cdots p_{kk},\ D_2=\begin{vmatrix} q_{11} & \cdots & 0 \\ \vdots & \ddots & \vdots \\ q_{n1} & \cdots & q_{nn} \end{vmatrix}=q_{11}\cdots q_{nn}$$

对 D 的前 k 行作与对 D_1 相同的运算 r_i+kr_j，再对后 n 列作与对 D_2 相同的运算 c_i+kc_j，即把 D 化为下三角形行列式，且 $D=p_{11}\cdots p_{kk}\cdot q_{11}\cdots q_{nn}=D_1D_2$.

证毕.

推广：(1) $\begin{vmatrix} \boldsymbol{A} & * \\ \boldsymbol{O} & \boldsymbol{B} \end{vmatrix}=|\boldsymbol{A}|\,|\boldsymbol{B}|$；

(2) $\begin{vmatrix} * & \boldsymbol{A} \\ \boldsymbol{B} & \boldsymbol{O} \end{vmatrix}=(-1)^{k\times m}|\boldsymbol{A}|\,|\boldsymbol{B}|$，其中 k,m 分别是方阵 $\boldsymbol{A},\boldsymbol{B}$ 的阶数.

例 2.4.6 计算 $D=\begin{vmatrix} 1 & 0 & 3 & 0 \\ 10 & 8 & 5 & 6 \\ 2 & 0 & 4 & 0 \\ 11 & 7 & 9 & 5 \end{vmatrix}$.

解

$$D=\begin{vmatrix} 1 & 0 & 3 & 0 \\ 10 & 8 & 5 & 6 \\ 2 & 0 & 4 & 0 \\ 11 & 7 & 9 & 5 \end{vmatrix}\xlongequal{r_2\leftrightarrow r_3}-\begin{vmatrix} 1 & 0 & 3 & 0 \\ 2 & 0 & 4 & 0 \\ 10 & 8 & 5 & 6 \\ 11 & 7 & 9 & 5 \end{vmatrix}\xlongequal{c_2\leftrightarrow c_3}\begin{vmatrix} 1 & 3 & 0 & 0 \\ 2 & 4 & 0 & 0 \\ 10 & 5 & 8 & 6 \\ 11 & 9 & 7 & 5 \end{vmatrix}$$

$$=\begin{vmatrix} 1 & 3 \\ 2 & 4 \end{vmatrix}\cdot\begin{vmatrix} 8 & 6 \\ 7 & 5 \end{vmatrix}=4$$

2.5 行列式按行(列)展开

一般说来，低阶行列式的计算比高阶行列式的计算要简便，于是，可考虑利用低阶行列式来表示高阶行列式的问题. 为此，先引进余子式和代数余子式的概念.

定义 2.5.1 在 n 阶行列式中，划去元素 a_{ij} 所在的第 i 行和第 j 列后，留下来的 $n-1$ 阶行列式称为元素 a_{ij} 的余子式，记为 M_{ij}；记 $A_{ij}=(-1)^{i+j}M_{ij}$，A_{ij} 称为元素 a_{ij} 的代数余子式.

例如，四阶行列式

$$D=\begin{vmatrix} a_{11} & a_{12} & a_{13} & a_{14} \\ a_{21} & a_{22} & a_{23} & a_{24} \\ a_{31} & a_{32} & a_{33} & a_{34} \\ a_{41} & a_{42} & a_{43} & a_{44} \end{vmatrix}$$

中元素 a_{23} 的余子式和代数余子式分别为：

$$M_{23}=\begin{vmatrix} a_{11} & a_{12} & a_{14} \\ a_{31} & a_{32} & a_{34} \\ a_{41} & a_{42} & a_{44} \end{vmatrix}$$

$$A_{23}=(-1)^{2+3}M_{23}=-M_{23}$$

引理 若 n 阶行列式 D 的第 i 行除 a_{ij} 外都为零，则 $D=a_{ij}A_{ij}$.

证明 (1) 先证 a_{ij} 位于第 1 行第 1 列的情形，此时

$$D=\begin{vmatrix} a_{11} & 0 & 0 & 0 \\ a_{21} & a_{22} & \cdots & a_{2n} \\ \vdots & \vdots & \ddots & \vdots \\ a_{n1} & a_{n2} & \cdots & a_{nn} \end{vmatrix}$$

这为上一节例 2.4.5 中当 $k=1$ 时的特殊情形，由例 2.4.5 的结论，即有

$$D=a_{11}M_{11}$$

又

$$A_{11}=(-1)^{1+1}M_{11}=M_{11}$$

从而

$$D=a_{11}A_{11}$$

(2) 再证一般情形，此时

$$D=\begin{vmatrix} a_{11} & \cdots & a_{1j} & \cdots & a_{1n} \\ \vdots & & \vdots & & \vdots \\ 0 & \cdots & a_{ij} & \cdots & 0 \\ \vdots & & \vdots & & \vdots \\ a_{n1} & \cdots & a_{nj} & \cdots & a_{nn} \end{vmatrix}$$

将 D 的第 i 行依次与第 $i-1$ 行、第 $i-2$ 行、…、第 1 行对调，则 a_{ij} 调到原来 a_{1j} 的 $(1,j)$ 位置上，调换的次数为 $i-1$. 再把第 j 列依次与第 $j-1$ 列、第 $j-2$ 列、…、第 1 列对调，则 a_{ij} 就调到左上角，调换的次数为 $j-1$. 总之，经过 $i+j-2$ 次对调，把 a_{ij} 调到左上角 $(1,1)$ 位置上，所得的行列式 $D_1=(-1)^{i+j-2}D=(-1)^{i+j}D$，而元素 a_{ij} 在 D_1 中的余子式仍然是 a_{ij} 在 D 中的余子式 M_{ij}.

由(1) 的结果，有 $D_1=a_{ij}M_{ij}$，于是 $D=(-1)^{i+j}D_1=(-1)^{i+j}a_{ij}M_{ij}=a_{ij}A_{ij}$.

定理 2.5.1 行列式等于它的任一行(列) 的各元素与其对应的代数余子式乘积之和，即

$$D \xlongequal{\text{按第 } i \text{ 行展开}} a_{i1}A_{i1}+a_{i2}A_{i2}+\cdots+a_{in}A_{in} \quad (i=1,2,\cdots,n)$$

或

$$D \xlongequal{\text{按第 } j \text{ 列展开}} a_{1j}A_{1j}+a_{2j}A_{2j}+\cdots+a_{nj}A_{nj} \quad (j=1,2,\cdots,n)$$

证明 $$D=\begin{vmatrix} a_{11} & a_{12} & \cdots & a_{1n} \\ \vdots & \vdots & \cdots & \vdots \\ a_{i1}+0+\cdots+0 & 0+a_{i2}+\cdots+0 & \cdots & 0+0+\cdots+a_{in} \\ \vdots & \vdots & & \vdots \\ a_{n1} & a_{n2} & \cdots & a_{nn} \end{vmatrix}$$

$$=\begin{vmatrix} a_{11} & a_{12} & \cdots & a_{1n} \\ \vdots & \vdots & & \vdots \\ a_{i1} & 0 & \cdots & 0 \\ \vdots & \vdots & & \vdots \\ a_{n1} & a_{n2} & \cdots & a_{nn} \end{vmatrix}+\begin{vmatrix} a_{11} & a_{12} & \cdots & a_{1n} \\ \vdots & \vdots & & \vdots \\ 0 & a_{i2} & \cdots & 0 \\ \vdots & \vdots & & \vdots \\ a_{n1} & a_{n2} & \cdots & a_{nn} \end{vmatrix}+\cdots+\begin{vmatrix} a_{11} & a_{12} & \cdots & a_{1n} \\ \vdots & \vdots & & \vdots \\ 0 & 0 & \cdots & a_{in} \\ \vdots & \vdots & & \vdots \\ a_{n1} & a_{n2} & \cdots & a_{nn} \end{vmatrix}$$

根据引理可知

$$D=a_{i1}A_{i1}+a_{i2}A_{i2}+\cdots+a_{in}A_{in} \quad (i=1,2,\cdots,n)$$

类似可得

$$D=a_{1j}A_{1j}+a_{2j}A_{2j}+\cdots+a_{nj}A_{nj} \quad (j=1,2,\cdots,n)$$

证毕.

这个定理叫作行列式按行(列)展开定理. 利用展开定理并结合行列式的性质,可以简化行列式的计算.

例 2.5.1 利用展开定理将下列行列式分别按第 2 列展开和按第 1 行展开来计算

$$\begin{vmatrix} 1 & 0 & 2 \\ 3 & 0 & 4 \\ 5 & -1 & 9 \end{vmatrix}.$$

解 行列式按第 2 列展开得

$$\begin{vmatrix} 1 & 0 & 2 \\ 3 & 0 & 4 \\ 5 & -1 & 9 \end{vmatrix}=a_{12}A_{12}+a_{22}A_{22}+a_{32}A_{32}$$

$$=0+0+(-1)(-1)^{3+2}\begin{vmatrix} 1 & 2 \\ 3 & 4 \end{vmatrix}=-2$$

行列式按第 1 行展开得

$$\begin{vmatrix} 1 & 0 & 2 \\ 3 & 0 & 4 \\ 5 & -1 & 9 \end{vmatrix}=a_{11}A_{11}+a_{12}A_{12}+a_{13}A_{13}$$

$$=1\cdot(-1)^{1+1}\begin{vmatrix} 0 & 4 \\ -1 & 9 \end{vmatrix}+0+2\cdot(-1)^{1+3}\begin{vmatrix} 3 & 0 \\ 5 & -1 \end{vmatrix}=-2$$

注 按零元较多的行或列展开,计算更简便.

例 2.5.2 计算 $\begin{vmatrix} 17 & 34 & 35 \\ 15 & 31 & 48 \\ 28 & 56 & 57 \end{vmatrix}$.

解 先将第 2 列元素尽可能多地化为零,再按该列展开

$$\begin{vmatrix} 17 & 34 & 35 \\ 15 & 31 & 48 \\ 28 & 56 & 57 \end{vmatrix}\xlongequal{c_2-2c_1}\begin{vmatrix} 17 & 0 & 35 \\ 15 & 1 & 48 \\ 28 & 0 & 57 \end{vmatrix}=(-1)^{2+2}\cdot 1\cdot\begin{vmatrix} 17 & 35 \\ 28 & 57 \end{vmatrix}\xlongequal{c_2-2c_1}\begin{vmatrix} 17 & 1 \\ 28 & 1 \end{vmatrix}=-11$$

例 2.5.3 计算四阶行列式 $\begin{vmatrix} 5 & 2 & -6 & -3 \\ -4 & 7 & -2 & 4 \\ -2 & 3 & 4 & 1 \\ 7 & -8 & -10 & -5 \end{vmatrix}$.

解 先将第 3 行元素尽可能多地化为零，再按该行展开

$$\begin{vmatrix} 5 & 2 & -6 & -3 \\ -4 & 7 & -2 & 4 \\ -2 & 3 & 4 & 1 \\ 7 & -8 & -10 & -5 \end{vmatrix} \xlongequal[c_3-4c_4]{\substack{c_1+2c_4 \\ c_2-3c_4}} \begin{vmatrix} -1 & 11 & 6 & -3 \\ 4 & -5 & -18 & 4 \\ 0 & 0 & 0 & 1 \\ -3 & 7 & 10 & -5 \end{vmatrix}$$

$$\xlongequal{\text{按第 3 行展开}} (-1)^{3+4} \times 1 \times \begin{vmatrix} -1 & 11 & 6 \\ 4 & -5 & -18 \\ -3 & 7 & 10 \end{vmatrix}$$

$$\xlongequal[r_3-3r_1]{r_2+4r_1} -\begin{vmatrix} -1 & 11 & 6 \\ 0 & 39 & 6 \\ 0 & -26 & -8 \end{vmatrix}$$

$$\xlongequal{\text{按第 1 列展开}} \begin{vmatrix} 39 & 6 \\ -26 & -8 \end{vmatrix} = -156$$

注 对于数字行列式，常用的计算方法是化为上（下）三角形行列式或者用降阶展开法，这里采用降阶展开法. 注意展开时不要遗漏了代数余子式的符号.

例 2.5.4 已知 204，527，255 都能被 17 整除. 证明：行列式 $D=\begin{vmatrix} 2 & 0 & 4 \\ 5 & 2 & 7 \\ 2 & 5 & 5 \end{vmatrix}$ 也能被 17 整除.

证明

$$D=\begin{vmatrix} 2 & 0 & 4 \\ 5 & 2 & 7 \\ 2 & 5 & 5 \end{vmatrix} \xlongequal{c_3+100c_1+10c_2} \begin{vmatrix} 2 & 0 & 204 \\ 5 & 2 & 527 \\ 2 & 5 & 255 \end{vmatrix} \xlongequal{\text{按第 3 列展开}} 204A_{13}+527A_{23}+255A_{33}$$

由于 A_{13}, A_{23}, A_{33} 都是整数，所以行列式 D 也能被 17 整除.

由定理 2.5.1，还可得下述重要推论：

推论 行列式任一行（列）的元素与另一行（列）的对应元素的代数余子式乘积之和等于零. 即

$$a_{i1}A_{j1}+a_{i2}A_{j2}+\cdots+a_{in}A_{jn}=0,\ i \neq j$$

或

$$a_{1i}A_{1j}+a_{2i}A_{2j}+\cdots+a_{ni}A_{nj}=0,\ i \neq j$$

证明 把行列式 $D=\det(a_{ij})$ 按第 j 行展开，有

$$a_{j1}A_{j1}+a_{j2}A_{j2}+\cdots+a_{jn}A_{jn}=\begin{vmatrix} a_{11} & \cdots & a_{1n} \\ \vdots & & \vdots \\ a_{i1} & \cdots & a_{in} \\ \vdots & & \vdots \\ a_{j1} & \cdots & a_{jn} \\ \vdots & & \vdots \\ a_{n1} & \cdots & a_{nn} \end{vmatrix}$$

在上式中把 a_{jk} 换成 $a_{ik}(k=1,\cdots,n)$，可得

$$a_{i1}A_{j1}+a_{i2}A_{j2}+\cdots+a_{in}A_{jn}=\begin{vmatrix} a_{11} & \cdots & a_{1n} \\ \vdots & & \vdots \\ a_{i1} & \cdots & a_{in} \\ \vdots & & \vdots \\ a_{i1} & \cdots & a_{in} \\ \vdots & & \vdots \\ a_{n1} & \cdots & a_{nn} \end{vmatrix} \begin{matrix} \\ \\ \leftarrow \text{第 } i \text{ 行} \\ \\ \leftarrow \text{第 } j \text{ 行} \\ \\ \\ \end{matrix}$$

当 $i\neq j$ 时，上式右端行列式中有两行对应元素相同，故行列式为零，即得

$$a_{i1}A_{j1}+a_{i2}A_{j2}+\cdots+a_{in}A_{jn}=0 \quad (i\neq j)$$

同理可得

$$a_{1i}A_{1j}+a_{2i}A_{2j}+\cdots+a_{ni}A_{nj}=0 \quad (i\neq j).$$

证毕.

例 2.5.5 设 $D=\begin{vmatrix} 2 & 3 & 1 & 3 \\ 0 & 2 & 1 & -1 \\ 1 & -5 & 3 & -4 \\ -5 & 1 & 3 & -3 \end{vmatrix}$，$D$ 的 (i,j) 元的代数余子式记作 A_{ij}，求 $A_{11}+3A_{12}-A_{13}+2A_{14}$.

解

$$A_{11}+3A_{12}-A_{13}+2A_{14}=\begin{vmatrix} 1 & 3 & -1 & 2 \\ 0 & 2 & 1 & -1 \\ 1 & -5 & 3 & -4 \\ -5 & 1 & 3 & -3 \end{vmatrix} \xlongequal[r_4+5r_1]{r_3-r_1} \begin{vmatrix} 1 & 3 & -1 & 2 \\ 0 & 2 & 1 & -1 \\ 0 & -8 & 4 & -6 \\ 0 & 16 & -2 & 7 \end{vmatrix}$$

$$\xlongequal[r_4-8r_2]{r_3+4r_2} \left|\begin{array}{cc:cc} 1 & 3 & -1 & 2 \\ 0 & 2 & 1 & -1 \\ \hdashline 0 & 0 & 8 & -10 \\ 0 & 0 & -10 & 15 \end{array}\right| = 40$$

例 2.5.6 计算 n 阶爪形行列式 $D_n=\begin{vmatrix}1&2&3&\cdots&n\\1&1&&&\\1&&1&&\\\vdots&&&\ddots&\\1&&&&1\end{vmatrix}$（未写出的元素为 0，下同）.

解 形如$|\diagdown|$的行列式称为爪形行列式，可利用主对角元，通过 r_1+kr_i 或 $c_1+kc_i(i=2,3,\cdots,n)$ 运算，将其化为三角形行列式.

$$D_n\xlongequal[(i=2,3,\cdots,n)]{c_1-c_i}\begin{vmatrix}1-2-3-\cdots-n&2&3&\cdots&n\\&1&&&\\&&1&&\\&&&\ddots&\\&&&&1\end{vmatrix}=2-\frac{n(n+1)}{2}$$

例 2.5.7 计算 n 阶行列式 $D_n=\begin{vmatrix}x&a&a&\cdots&a\\a&x&a&\cdots&a\\a&a&x&\cdots&a\\\vdots&\vdots&\vdots&&\vdots\\a&a&a&\cdots&x\end{vmatrix}$.

解 此行列式的特点是：各行（列）元素之和相等. 可将第 $2,3,\cdots,n$ 列（行）都加到第 1 列（行）上，对第 1 列（行）提取公因子后，再化为三角形行列式. 或者，利用主对角线上下的元素皆为 a 的特点，将第 1 行乘以 (-1) 并加至其他各行，化为爪形行列式计算.

方法一：将第 $2,3,\cdots,n$ 行都加到第 1 行上，并对第 1 行提取公因子

$$D_n\xlongequal{r_1+(r_2+r_3+\cdots+r_n)}[x+(n-1)a]\cdot\begin{vmatrix}1&1&1&\cdots&1\\a&x&a&\cdots&a\\a&a&x&\cdots&a\\\vdots&\vdots&\vdots&&\vdots\\a&a&a&\cdots&x\end{vmatrix}$$

$$\xlongequal[(i=2,3,\cdots,n)]{r_i-ar_1}[x+(n-1)a]\cdot\begin{vmatrix}1&1&1&\cdots&1\\&x-a&&&\\&&x-a&&\\&&&\ddots&\\&&&&x-a\end{vmatrix}$$

$$=[x+(n-1)a]\cdot(x-a)^{n-1}$$

方法二：

$$D_n\xlongequal[(i=2,3,\cdots,n)]{r_i-r_1}\begin{vmatrix}x&a&a&\cdots&a\\a-x&x-a&&&\\a-x&&x-a&&\\a-x&&&\ddots&\\a-x&&&&x-a\end{vmatrix}$$

$$\xlongequal[(i=2,3,\cdots,n)]{c_1+c_i}\begin{vmatrix} x+(n-1)a & a & a & \cdots & a \\ & x-a & & & \\ & & x-a & & \\ & & & \ddots & \\ & & & & x-a \end{vmatrix}$$

$$=[x+(n-1)a]\cdot(x-a)^{n-1}$$

例 2.5.8 计算 $2n$ 阶行列式 $D_{2n}=\underbrace{\begin{vmatrix} a & & & & & b \\ & \ddots & & & \therefore & \\ & & a & b & & \\ & & c & d & & \\ & \therefore & & & \ddots & \\ c & & & & & d \end{vmatrix}}_{2n}$（其中未写出的元素为 0）.

解 把 D_{2n} 中的第 $2n$ 行依次与第 $2n-1$ 行，…，第 2 行对调（作 $2n-2$ 次相邻对换），再把第 $2n$ 列依次与第 $2n-1$ 列，…，第 2 列对调，得

$$D_{2n}=(-1)^{2(2n-2)}\begin{vmatrix} a & b & 0 & \cdots & \cdots & & 0 \\ c & d & 0 & \cdots & \cdots & & 0 \\ 0 & 0 & a & & & & b \\ & & & \ddots & & \therefore & \\ \vdots & \vdots & & & a \quad b & & \\ \vdots & \vdots & & & c \quad d & & \\ & & & \therefore & & \ddots & \\ 0 & 0 & c & & & & d \end{vmatrix}=D_2D_{2(n-1)}=(ad-bc)D_{2(n-1)}$$

以此作递推公式，得

$$D_{2n}=(ad-bc)D_{2(n-1)}=\cdots=(ad-bc)^{n-1}D_2=(ad-bc)^n$$

例 2.5.9 证明范德蒙德行列式

$$D_n=\begin{vmatrix} 1 & 1 & \cdots & 1 \\ x_1 & x_2 & \cdots & x_n \\ x_1^2 & x_2^2 & \cdots & x_n^2 \\ \vdots & \vdots & & \vdots \\ x_1^{n-1} & x_2^{n-1} & \cdots & x_n^{n-1} \end{vmatrix}=\prod_{n\geqslant i>j\geqslant 1}(x_i-x_j) \tag{2.5.1}$$

其中记号“$\prod$”表示全体同类因子的乘积.

证明 用数学归纳法. 因为

$$D_2=\begin{vmatrix} 1 & 1 \\ x_1 & x_2 \end{vmatrix}=x_2-x_1=\prod_{2\geqslant i>j\geqslant 1}(x_i-x_j)$$

所以当 $n=2$ 时式(2.5.1) 成立. 现在假设式(2.5.1) 对于 $n-1$ 阶范德蒙德行列式成立，要证式(2.5.1) 对 n 阶范德蒙德行列式也成立.

为此，设法把 D_n 降阶：从第 n 行开始，后行减去前行的 x_1 倍，有

$$D_n=\begin{vmatrix}1 & 1 & 1 & \cdots & 1\\ 0 & x_2-x_1 & x_3-x_1 & \cdots & x_n-x_1\\ 0 & x_2(x_2-x_1) & x_3(x_3-x_1) & \cdots & x_n(x_n-x_1)\\ \vdots & \vdots & \vdots & & \vdots\\ 0 & x_2^{n-2}(x_2-x_1) & x_3^{n-2}(x_3-x_1) & \cdots & x_n^{n-2}(x_n-x_1)\end{vmatrix}$$

按第 1 列展开，并把每列的公因子 (x_i-x_1) 提出，就有

$$D_n=(x_2-x_1)(x_3-x_1)\cdots(x_n-x_1)\begin{vmatrix}1 & 1 & \cdots & 1\\ x_2 & x_3 & \cdots & x_n\\ \vdots & \vdots & & \vdots\\ x_2^{n-2} & x_3^{n-2} & \cdots & x_n^{n-2}\end{vmatrix}$$

上式右端的行列式是 $n-1$ 阶范德蒙德行列式，按归纳法假设，它等于所有 (x_i-x_j) 因子的乘积，其中 $n\geqslant i>j\geqslant 2$. 故

$$D_n=(x_2-x_1)(x_3-x_1)\cdots(x_n-x_1)\prod_{n\geqslant i>j\geqslant 2}(x_i-x_j)=\prod_{n\geqslant i>j\geqslant 1}(x_i-x_j)$$

证毕.

例 2.5.10 计算 $D=\begin{vmatrix}1 & 1 & 1\\ a & b & c\\ a^2 & b^2 & c^2\end{vmatrix}$.

解 利用范德蒙德行列式，得 $D=\begin{vmatrix}1 & 1 & 1\\ a & b & c\\ a^2 & b^2 & c^2\end{vmatrix}=(b-a)(c-a)(c-b)$

例 2.5.11 计算 $D=\begin{vmatrix}1 & 1 & 1 & 1\\ 2 & 2^2 & 2^3 & 2^4\\ 3 & 3^2 & 3^3 & 3^4\\ 4 & 4^2 & 4^3 & 4^4\end{vmatrix}$.

解 对各行分别提取公因子 1, 2, 3, 4，即可得范德蒙德行列式的转置行列式.

$$D=4!\times\begin{vmatrix}1 & 1 & 1 & 1\\ 1 & 2 & 2^2 & 2^3\\ 1 & 3 & 3^2 & 3^3\\ 1 & 4 & 4^2 & 4^3\end{vmatrix}=4!\times\begin{vmatrix}1 & 1 & 1 & 1\\ 1 & 2 & 3 & 4\\ 1 & 2^2 & 3^2 & 4^2\\ 1 & 2^3 & 3^3 & 4^3\end{vmatrix}$$

$$=4!\times[(2-1)(3-1)(4-1)]\times[(3-2)(4-2)]\times[4-3]=\prod_{i=1}^{4}i!$$

2.6 行列式的应用

2.6.1 克拉默(Cramer)法则

对于 n 元线性方程组

$$\begin{cases} a_{11}x_1+a_{12}x_2+\cdots+a_{1n}x_n=b_1 \\ a_{21}x_1+a_{22}x_2+\cdots+a_{2n}x_n=b_2 \\ \qquad\vdots \\ a_{n1}x_1+a_{n2}x_2+\cdots+a_{nn}x_n=b_n \end{cases} \tag{2.6.1}$$

当它有唯一解时,解可以用 n 阶行列式表示,即有

定理 2.6.1(克拉默法则) 若线性方程组(2.6.1)的系数行列式不等于零,即

$$D=\begin{vmatrix} a_{11} & \cdots & a_{1n} \\ \vdots & & \vdots \\ a_{n1} & \cdots & a_{nn} \end{vmatrix}\neq 0$$

则方程组(2.6.1)有唯一解

$$x_1=\frac{D_1}{D},x_2=\frac{D_2}{D},\cdots,x_n=\frac{D_n}{D} \tag{2.6.2}$$

其中 $D_j(j=1,2,\cdots,n)$ 是把系数行列式 D 中第 j 列的元素用方程组右端的常数项代替后所得到的 n 阶行列式,即

$$D_j=\begin{vmatrix} a_{11} & \cdots & a_{1,j-1} & b_1 & a_{1,j+1} & \cdots & a_{1n} \\ \vdots & & \vdots & \vdots & \vdots & & \vdots \\ a_{n1} & \cdots & a_{n,j-1} & b_n & a_{n,j+1} & \cdots & a_{nn} \end{vmatrix}$$

证明 用 D 中第 j 列元素的代数余子式 $A_{1j},A_{2j},\cdots,A_{nj}$ 依次乘方程组(2.6.1)的 n 个方程,再把它们相加,得

$$\left(\sum_{k=1}^{n}a_{k1}A_{kj}\right)x_1+\cdots+\left(\sum_{k=1}^{n}a_{kj}A_{kj}\right)x_j+\cdots+\left(\sum_{k=1}^{n}a_{kn}A_{kj}\right)x_n=\sum_{k=1}^{n}b_kA_{kj}$$

上式中 x_j 的系数等于 D,而其余 $x_i(i\neq j)$ 的系数均为 0;又等式右端即是 D_j. 于是

$$Dx_j=D_j \quad (j=1,2,\cdots,n) \tag{2.6.3}$$

当 $D\neq 0$ 时,方程组(2.6.3)有唯一的一个解(2.6.2).

由于方程组(2.6.3)是由方程组(2.6.1)经数乘与相加两种运算而得,故方程组(2.6.3)的解一定是方程组(2.6.1)的解. 今方程组(2.6.3)仅有一个解(2.6.2),故方程组(2.6.1)如果有解,就只能是解(2.6.2).

为证明解(2.6.2)是方程组(2.6.1)的唯一解,还需验证解(2.6.2)确是方程组(2.6.1)的解,即证明

$$a_{i1}\frac{D_1}{D}+a_{i2}\frac{D_2}{D}+\cdots+a_{in}\frac{D_n}{D}=b_i \quad (i=1,2,\cdots,n)$$

为此，考虑有两行相同的 $n+1$ 阶行列式

$$\begin{vmatrix} b_i & a_{i1} & \cdots & a_{in} \\ b_1 & a_{11} & \cdots & a_{1n} \\ \vdots & \vdots & & \vdots \\ b_n & a_{n1} & \cdots & a_{nn} \end{vmatrix} \quad (i=1,2,\cdots,n)$$

它的值为 0. 把它按第 1 行展开，由于第 1 行中 a_{ij} 的代数余子式为

$$(-1)^{1+j+1}\begin{vmatrix} b_1 & a_{11} & \cdots & a_{1,j-1} & a_{1,j+1} & \cdots & a_{1n} \\ \vdots & \vdots & & & \vdots & & \vdots \\ b_n & a_{n1} & \cdots & a_{n,j-1} & a_{n,j+1} & \cdots & a_{nn} \end{vmatrix}=(-1)^{j+2}(-1)^{j-1}D_j=-D_j$$

所以有
$$0=b_iD-a_{i1}D_1-\cdots-a_{in}D_n$$

即
$$a_{i1}\frac{D_1}{D}+a_{i2}\frac{D_2}{D}+\cdots+a_{in}\frac{D_n}{D}=b_i \quad (i=1,2,\cdots,n)$$

例 2.6.1 用克拉默法则求解二元线性方程组 $\begin{cases} 2x_1-x_2=1 \\ x_1+2x_2=8 \end{cases}$.

解 由于

$$D=\begin{vmatrix} 2 & -1 \\ 1 & 2 \end{vmatrix}=5\neq 0,\quad D_1=\begin{vmatrix} 1 & -1 \\ 8 & 2 \end{vmatrix}=10,\quad D_2=\begin{vmatrix} 2 & 1 \\ 1 & 8 \end{vmatrix}=15$$

则原方程组有唯一解，且 $x_1=\dfrac{D_1}{D}=2, x_2=\dfrac{D_2}{D}=3$.

例 2.6.2 用克拉默法则求解 $\begin{cases} x_2-3x_3+4x_4=-5 \\ x_1-2x_3+3x_4=-4 \\ 3x_1+2x_2-5x_4=12 \\ 4x_1+3x_2-5x_3=5 \end{cases}$.

解 系数行列式 $D=\begin{vmatrix} 0 & 1 & -3 & 4 \\ 1 & 0 & -2 & 3 \\ 3 & 2 & 0 & -5 \\ 4 & 3 & -5 & 0 \end{vmatrix}=24\neq 0$，则方程组有唯一解.

用常数项分别替换系数行列式的各列，得

$$D_1=\begin{vmatrix} -5 & 1 & -3 & 4 \\ -4 & 0 & -2 & 3 \\ 12 & 2 & 0 & -5 \\ 5 & 3 & -5 & 0 \end{vmatrix}=24,\quad D_2=\begin{vmatrix} 0 & -5 & -3 & 4 \\ 1 & -4 & -2 & 3 \\ 3 & 12 & 0 & -5 \\ 4 & 5 & -5 & 0 \end{vmatrix}=48$$

$$D_3=\begin{vmatrix} 0 & 1 & -5 & 4 \\ 1 & 0 & -4 & 3 \\ 3 & 2 & 12 & -5 \\ 4 & 3 & 5 & 0 \end{vmatrix}=24,\quad D_4=\begin{vmatrix} 0 & 1 & -3 & -5 \\ 1 & 0 & -2 & -4 \\ 3 & 2 & 0 & 12 \\ 4 & 3 & -5 & 5 \end{vmatrix}=-24$$

于是，方程组的解为

$$x_1=\frac{D_1}{D}=1, x_2=\frac{D_2}{D}=2, x_3=\frac{D_3}{D}=1, x_4=\frac{D_4}{D}=-1$$

克拉默法则有重大的理论价值,撇开求解公式(2.6.2),克拉默法则可叙述为下面的重要定理.

定理 2.6.2 若线性方程组(2.6.1)的系数行列式 $D\neq 0$,则方程组(2.6.1)一定有解,且解是唯一的.

定理 2.6.2 的逆否定理如下.

定理 2.6.3 若线性方程组(2.6.1)无解或有两个不同的解,则它的系数行列式必为零.

对于 n 个方程 n 个未知量的齐次线性方程组

$$\begin{cases} a_{11}x_1+a_{12}x_2+\cdots+a_{1n}x_n=0 \\ a_{21}x_1+a_{22}x_2+\cdots+a_{2n}x_n=0 \\ \qquad\vdots \\ a_{n1}x_1+a_{n2}x_2+\cdots+a_{nn}x_n=0 \end{cases} \tag{2.6.4}$$

由 1.1 节知齐次线性方程组(2.6.4)一定有零解$(0\quad 0\quad \cdots\quad 0)^{\mathrm{T}}$,但不一定有非零解. 把定理 2.6.2 应用于齐次线性方程组(2.6.4),可得如下定理.

定理 2.6.4 若齐次线性方程组(2.6.4)的系数行列式 $D\neq 0$,则齐次线性方程组(2.6.4)仅有零解.

定理 2.6.5 若齐次线性方程组(2.6.4)有非零解,则它的系数行列式必为零.

注 1 定理 2.6.2 说明系数行列式 $D\neq 0$ 是线性方程组有唯一解的充分条件.

若利用第一章线性方程组的解的判定定理和第二章行列式的性质,我们还可以证明这个条件也是必要的,即 若 n 个方程 n 个未知量的线性方程组(2.6.1)有唯一解,则该方程组(2.6.1)的系数行列式不等于零.

注 2 齐次方程组(2.6.4)只有零解的充分必要条件是其系数行列式 $D\neq 0$.

注 3 齐次方程组(2.6.4)有非零解的充分必要条件是其系数行列式 $D=0$.

例 2.6.3 当 λ 取何值时,齐次线性方程组$\begin{cases} x_1+x_2-x_3=0 \\ 2x_1+3x_2+\lambda x_3=0 \\ x_1+\lambda x_2+3x_3=0 \end{cases}$有非零解?

解 齐次线性方程组有非零解的充分必要条件是系数行列式 $D=0$.即

$$D=\begin{vmatrix} 1 & 1 & -1 \\ 2 & 3 & \lambda \\ 1 & \lambda & 3 \end{vmatrix}=-(\lambda+3)(\lambda-2)=0$$

故当 $\lambda=-3$ 或 $\lambda=2$,原方程组有非零解.

例 2.6.4 当 λ 取何值时, 线性方程组$\begin{cases} \lambda x_1+x_2+x_3=1 \\ x_1+\lambda x_2+x_3=\lambda \\ x_1+x_2+\lambda x_3=\lambda^2 \end{cases}$有唯一解?

解 非齐次线性方程组(方程个数=未知量个数)有唯一解的充分必要条件是系数行列式 $D\neq 0$,即

$$D=\begin{vmatrix} \lambda & 1 & 1 \\ 1 & \lambda & 1 \\ 1 & 1 & \lambda \end{vmatrix}=(1-\lambda)^2(2+\lambda)\neq 0$$

所以 $\lambda \neq 1, -2$.

思考　当 $\lambda=1$ 或 $\lambda=-2$ 时，线性方程组的解是什么情况？

例 2.6.5　设 $f(x)=a_0+a_1x+a_2x^2+\cdots+a_nx^n$ 有 $n+1$ 个互不相同的根，用克拉默法则证明：$f(x)$ 是零多项式.

证明　设 $x_1,x_2,\cdots,x_{n+1}$ 是 $f(x)$ 的 $n+1$ 个不同的根，带入 $f(x)=0$，得

$$\begin{cases}a_0+a_1x_1+a_2x_1^2+\cdots+a_nx_1^n=0\\a_0+a_1x_2+a_2x_2^2+\cdots+a_nx_2^n=0\\\qquad\vdots\\a_0+a_1x_{n+1}+a_2x_{n+1}^2+\cdots+a_nx_{n+1}^n=0\end{cases}$$

上式可被看作以 $a_0,a_1,a_2,\cdots,a_n$ 为未知量的齐次线性方程组（含 $n+1$ 个方程，$n+1$ 个未知量），其系数行列式为

$$D=\begin{vmatrix}1 & x_1 & x_1^2 & \cdots & x_1^n\\1 & x_2 & x_2^2 & \cdots & x_2^n\\1 & x_3 & x_3^2 & \cdots & x_3^n\\\vdots & \vdots & \vdots & & \vdots\\1 & x_{n+1} & x_{n+1}^2 & \cdots & x_{n+1}^n\end{vmatrix}\xlongequal{\text{转置}}\begin{vmatrix}1 & 1 & 1 & \cdots & 1\\x_1 & x_2 & x_3 & \cdots & x_{n+1}\\x_1^2 & x_2^2 & x_3^2 & \cdots & x_{n+1}^2\\\vdots & \vdots & \vdots & & \vdots\\x_1^n & x_2^n & x_3^n & \cdots & x_{n+1}^n\end{vmatrix}=\prod_{1\leqslant j<i\leqslant n+1}(x_i-x_j)$$

由于 $x_i(i=1,2,\cdots,n+1)$ 互不相同，因此 $D\neq 0$，根据克拉默法则，齐次线性方程组只有零解，即 $a_0=a_1=a_2=\cdots=a_n=0$. 所以 $f(x)$ 是零多项式.

2.6.2　平行四边形或三角形的面积

设空间向量 $\boldsymbol{\alpha}=a_1\boldsymbol{i}+a_2\boldsymbol{j}+a_3\boldsymbol{k}$，$\boldsymbol{\beta}=b_1\boldsymbol{i}+b_2\boldsymbol{j}+b_3\boldsymbol{k}$，其中 $\boldsymbol{i},\boldsymbol{j},\boldsymbol{k}$ 分别是 x 轴、y 轴和 z 轴正向的单位向量，则

(1) 向量 $\boldsymbol{\alpha},\boldsymbol{\beta}$ 的向量积 $\boldsymbol{\alpha}\times\boldsymbol{\beta}$ 可表示为

$$\boldsymbol{\alpha}\times\boldsymbol{\beta}=\begin{vmatrix}\boldsymbol{i} & \boldsymbol{j} & \boldsymbol{k}\\a_1 & a_2 & a_3\\b_1 & b_2 & b_3\end{vmatrix}$$

(2) 以非零向量 $\boldsymbol{\alpha},\boldsymbol{\beta}$ 为邻边的平行四边形的面积为 $\boldsymbol{S}_{\square}=|\boldsymbol{\alpha}\times\boldsymbol{\beta}|$；

(3) 以非零向量 $\boldsymbol{\alpha},\boldsymbol{\beta}$ 为邻边的三角形的面积为 $\boldsymbol{S}_{\triangle}=\dfrac{1}{2}\boldsymbol{S}_{\square}=\dfrac{1}{2}|\boldsymbol{\alpha}\times\boldsymbol{\beta}|$.

特别地，当向量 $\boldsymbol{\alpha}=a_1i+a_2\boldsymbol{j}+0\cdot\boldsymbol{k}$，$\boldsymbol{\beta}=b_1\boldsymbol{i}+b_2\boldsymbol{j}+0\cdot\boldsymbol{k}$，则 $\boldsymbol{\alpha},\boldsymbol{\beta}$ 退化为平面向量，则以非零向量 $\boldsymbol{\alpha},\boldsymbol{\beta}$ 为邻边的平行四边形的面积是 $|\boldsymbol{S}|$，其中

$$\boldsymbol{S}=\begin{vmatrix}a_1 & a_2\\b_1 & b_2\end{vmatrix}=a_1b_2-a_2b_1$$

注　向量 $\boldsymbol{\alpha},\boldsymbol{\beta}$ 共线（平行）当且仅当 $\boldsymbol{S}_{\square}=\boldsymbol{0}(\boldsymbol{S}=\boldsymbol{0})$，此时平行四边形退化为线段.

2.6.3　平行六面体的体积

设向量 $\boldsymbol{\alpha}=a_1\boldsymbol{i}+a_2\boldsymbol{j}+a_3\boldsymbol{k}$，$\boldsymbol{\beta}=b_1\boldsymbol{i}+b_2\boldsymbol{j}+b_3\boldsymbol{k}$，$\boldsymbol{\gamma}=c_1\boldsymbol{i}+c_2\boldsymbol{j}+c_3\boldsymbol{k}$，则

(1) 向量 $\boldsymbol{\alpha},\boldsymbol{\beta},\boldsymbol{\gamma}$ 的混合积为：$[\boldsymbol{\alpha},\boldsymbol{\beta},\boldsymbol{\gamma}]=(\boldsymbol{\alpha}\times\boldsymbol{\beta})\cdot\boldsymbol{\gamma}=\begin{vmatrix} a_1 & a_2 & a_3 \\ b_1 & b_2 & b_3 \\ c_1 & c_2 & c_3 \end{vmatrix}$；

(2) 以非零向量 $\boldsymbol{\alpha},\boldsymbol{\beta},\boldsymbol{\gamma}$ 为棱的平行六面体的体积 $\boldsymbol{V}=|[\boldsymbol{\alpha},\boldsymbol{\beta},\boldsymbol{\gamma}]|$.

注 向量 $\boldsymbol{\alpha},\boldsymbol{\beta},\boldsymbol{\gamma}$ 共面当且仅当混合积$[\boldsymbol{\alpha},\boldsymbol{\beta},\boldsymbol{\gamma}]=0$. 此时平行六面体退化为平面图形.

例 2.6.6 已知空间上 4 个点 $A(1,2,0)$, $B(3,4,0)$, $C(2,4,0)$, $D(2,0,-3)$, (1) 求以 AB, AC 为边的平行四边形的平面面积；(2) 求以 AB, AC, AD 为边的平行六面体的立体体积.

解 $\overrightarrow{AB}=(2,2,0)$, $\overrightarrow{AC}=(1,2,0)$, $\overrightarrow{AD}=(1,-2,-3)$

可计算

$$\overrightarrow{AB}\times\overrightarrow{AC}=\begin{vmatrix} \boldsymbol{i} & \boldsymbol{j} & \boldsymbol{k} \\ 2 & 2 & 0 \\ 1 & 2 & 0 \end{vmatrix}=2\boldsymbol{k}$$

$$(\overrightarrow{AB}\times\overrightarrow{AC})\cdot\overrightarrow{AD}=\begin{vmatrix} 2 & 2 & 0 \\ 1 & 2 & 0 \\ 1 & -2 & -3 \end{vmatrix}=-6$$

则以 AB, AC 为边的平行四边形的平面面积为 $S=|\overrightarrow{AB}\times\overrightarrow{AC}|=|2\boldsymbol{k}|=2$；
以 AB, AC, AD 为边的平行六面体的立体体积 $V=|(\overrightarrow{AB}\times\overrightarrow{AC})\cdot\overrightarrow{AD}|=|-6|=6$.

2.6.4 曲线方程

例 2.6.7 已知三次曲线 $y=f(x)=a_0+a_1x+a_2x^2+a_3x^3$ 在 4 个点 $x=\pm1$, $x=\pm2$ 处的值：$f(1)=f(-1)=f(2)=6$, $f(-2)=-6$，试求其系数 a_0,a_1,a_2,a_3 及曲线方程.

解 将三次曲线在 4 个点处的值代入方程，得到关于 a_0,a_1,a_2,a_3 的非齐次线性方程组

$$\begin{cases} a_0+a_1+a_2+a_3=6 \\ a_0-a_1+a_2-a_3=6 \\ a_0+2a_1+4a_2+8a_3=6 \\ a_0-2a_1+4a_2-8a_3=-6 \end{cases}$$

方程组的系数行列式

$$D=\begin{vmatrix} 1 & 1 & 1 & 1 \\ 1 & -1 & (-1)^2 & (-1)^3 \\ 1 & 2 & 2^2 & 2^3 \\ 1 & -2 & (-2)^2 & (-2)^3 \end{vmatrix}=72\neq0$$

计算

$$D_0=\begin{vmatrix} 6 & 1 & 1 & 1 \\ 6 & -1 & (-1)^2 & (-1)^3 \\ 6 & 2 & 2^2 & 2^3 \\ -6 & -2 & (-2)^2 & (-2)^3 \end{vmatrix}=576,\ D_1=\begin{vmatrix} 1 & 6 & 1 & 1 \\ 1 & 6 & (-1)^2 & (-1)^3 \\ 1 & 6 & 2^2 & 2^3 \\ 1 & -6 & (-2)^2 & (-2)^3 \end{vmatrix}=-72$$

$$D_2=\begin{vmatrix}1&1&6&1\\1&-1&6&(-1)^3\\1&2&6&2^3\\1&-2&-6&(-2)^3\end{vmatrix}=-144,\quad D_3=\begin{vmatrix}1&1&1&6\\1&-1&(-1)^2&6\\1&2&2^2&6\\1&-2&(-2)^2&-6\end{vmatrix}=72$$

则 $a_0=\dfrac{D_0}{D}=8$, $a_1=\dfrac{D_1}{D}=-1$, $a_2=\dfrac{D_2}{D}=-2$, $a_3=\dfrac{D_3}{D}=1$.

所以曲线方程为 $y=f(x)=8-x-2x^2+x^3$.

2.7 本章小结

一、全排列和对换

1. n 级全排列、标准排列、排列的逆序数及其计算、排列的奇偶性.

2. 对换会改变排列的奇偶性.

3. 任何排列都可以通过对换化为标准排列;奇排列通过奇数次对换化为标准排列,偶排列通过偶数次对换化为标准排列;n 级全排列中奇排列和偶排列的个数相等,等于$\dfrac{n!}{2}$.

二、行列式

1. 二阶和三阶行列式.

2. n 阶行列式的定义.

3. 行列式的性质:"两个翻,三个可,三个零"(见表 2.7.1).

表 2.7.1　行列式的相关结论(假设下表中的运算均有意义)

	行列式
表达式	$D=\lvert a_{ij}\rvert=\begin{vmatrix}a_{11}&a_{12}&\cdots&a_{1n}\\a_{21}&a_{22}&\cdots&a_{2n}\\\vdots&\vdots&&\vdots\\a_{n1}&a_{n2}&\cdots&a_{nn}\end{vmatrix}=\sum\limits_{p_1p_2\cdots p_n}(-1)^t a_{1p_1}a_{2p_2}\cdots a_{np_n}$, $t=t(p_1p_2\cdots p_n)$
本质	一个确定的数
项	每个项由 n 个不同行、不同列的元素作乘积,符号由行标的逆序数和列标的逆序数共同决定(当行标固定为标准排列 $12\cdots n$,符号由列标的逆序数决定)
转置运算(性质 1)	$\begin{vmatrix}1&2\\3&4\end{vmatrix}^{\mathrm{T}}=\begin{vmatrix}1&3\\2&4\end{vmatrix}=\begin{vmatrix}1&2\\3&4\end{vmatrix}$, $D^{\mathrm{T}}=D$,转置运算(全翻)保持行列式不变
对调变换(性质 2)	$\begin{vmatrix}1&2\\3&4\end{vmatrix}=-\begin{vmatrix}3&4\\1&2\end{vmatrix}$; $\begin{vmatrix}1&2\\3&4\end{vmatrix}=-\begin{vmatrix}2&1\\4&3\end{vmatrix}$,对调变换(部分翻),行列式变号

（续表）

	行列式
可提性 （性质 3）	$\begin{vmatrix} a & 2ab \\ 3 & 5b \end{vmatrix} = a\begin{vmatrix} 1 & 2b \\ 3 & 5b \end{vmatrix}$（按第一行提公因子，其他行保持不变） $= a \cdot b\begin{vmatrix} 1 & 2 \\ 3 & 5 \end{vmatrix}$（按第二列提公因子，其他列保持不变）
可拆性 （性质 4）	$\begin{vmatrix} 1 & 2 \\ 3+a & 4+b \end{vmatrix} = \begin{vmatrix} 1 & 2 \\ 3 & 4 \end{vmatrix} + \begin{vmatrix} 1 & 2 \\ a & b \end{vmatrix}$（按第二行拆分，其他行保持不变） $\begin{vmatrix} 1 & 2+a \\ 3 & 4+b \end{vmatrix} = \begin{vmatrix} 1 & 2 \\ 3 & 4 \end{vmatrix} + \begin{vmatrix} 1 & a \\ 3 & b \end{vmatrix}$（按第二列拆分，其他列保持不变）
可加性 （性质 5）	$\begin{vmatrix} 1 & 2 \\ 3 & 4 \end{vmatrix} \xlongequal{r_2 + ar_1} \begin{vmatrix} 1 & 2 \\ 3+a & 4+2a \end{vmatrix}$，可加性保持行列式不变
三个零	$\begin{vmatrix} 1 & 2 \\ 0 & 0 \end{vmatrix} = \begin{vmatrix} 3 & 0 \\ 4 & 0 \end{vmatrix} = 0$，若某一行（列）的元全为零，行列式等于零 $\begin{vmatrix} 1 & 2 & 3 \\ 1 & 2 & 3 \\ 4 & 5 & 6 \end{vmatrix} = \begin{vmatrix} 1 & 1 & 3 \\ 4 & 4 & 7 \\ 5 & 5 & 8 \end{vmatrix} = 0$，若两行（列）相同，行列式等于零 $\begin{vmatrix} 1 & 2 & 3 \\ k & 2k & 3k \\ 4 & 5 & 6 \end{vmatrix} = \begin{vmatrix} 1 & h & 3 \\ 4 & 4h & 7 \\ 5 & 5h & 8 \end{vmatrix} = 0$，若两行（列）成比例，行列式等于零
三角行列式 对角行列式	$\begin{vmatrix} a_{11} & 0 & \cdots & 0 \\ a_{21} & a_{22} & \cdots & 0 \\ \vdots & \vdots & \ddots & \vdots \\ a_{n1} & a_{n2} & \cdots & a_{nn} \end{vmatrix} = \begin{vmatrix} a_{11} & a_{12} & \cdots & a_{1n} \\ 0 & a_{22} & \cdots & a_{2n} \\ \vdots & \vdots & \ddots & \vdots \\ 0 & 0 & \cdots & a_{nn} \end{vmatrix} = \begin{vmatrix} a_{11} & & & \\ & a_{22} & & \\ & & \ddots & \\ & & & a_{nn} \end{vmatrix} = a_{11}a_{22}\cdots a_{nn}$
重要结论 1	$\begin{vmatrix} & & & a_{1n} \\ & & a_{2,n-1} & \\ & \cdot^{\cdot^{\cdot}} & & \\ a_{n1} & & & \end{vmatrix} = \begin{vmatrix} a_{11} & \cdots & \cdots & a_{1n} \\ \vdots & & a_{2,n-1} & \\ \vdots & \cdot^{\cdot^{\cdot}} & & \\ a_{n1} & & & \end{vmatrix} = \begin{vmatrix} & & & a_{1n} \\ & & a_{2,n-1} & \vdots \\ & \cdot^{\cdot^{\cdot}} & & \vdots \\ a_{n1} & \cdots & \cdots & a_{nn} \end{vmatrix}$ $= (-1)^{\frac{n(n-1)}{2}} a_{1n}a_{2,n-1}\cdots a_{n1}$
范德蒙德行列式	$D_n = \begin{vmatrix} 1 & 1 & \cdots & 1 \\ x_1 & x_2 & \cdots & x_n \\ x_1^2 & x_2^2 & \cdots & x_n^2 \\ \vdots & \vdots & & \vdots \\ x_1^{n-1} & x_2^{n-1} & \cdots & x_n^{n-1} \end{vmatrix} = \prod_{n \geqslant i > j \geqslant 1} (x_i - x_j).$
重要结论 2	$\begin{vmatrix} \boldsymbol{A} & \boldsymbol{O} \\ \boldsymbol{O} & \boldsymbol{B} \end{vmatrix} = \begin{vmatrix} \boldsymbol{A} & \boldsymbol{O} \\ * & \boldsymbol{B} \end{vmatrix} = \begin{vmatrix} \boldsymbol{A} & * \\ \boldsymbol{O} & \boldsymbol{B} \end{vmatrix} = \lvert\boldsymbol{A}\rvert \cdot \lvert\boldsymbol{B}\rvert$ $\begin{vmatrix} \boldsymbol{O} & \boldsymbol{A} \\ \boldsymbol{B} & \boldsymbol{O} \end{vmatrix} = \begin{vmatrix} * & \boldsymbol{A} \\ \boldsymbol{B} & \boldsymbol{O} \end{vmatrix} = \begin{vmatrix} \boldsymbol{O} & \boldsymbol{A} \\ \boldsymbol{B} & * \end{vmatrix} = (-1)^{mn} \lvert\boldsymbol{A}\rvert \cdot \lvert\boldsymbol{B}\rvert$，其中 $\boldsymbol{A}$，$\boldsymbol{B}$ 分别是 m 阶，n 阶方阵

应用性质时，需注意运算次序；应用性质时是按行或按列进行的；化零元使用性质5（可加性）；运算符号用“=”.

4. 行列式的展开定理及其推论

$$a_{i1}A_{j1}+a_{i2}A_{j2}+\cdots+a_{in}A_{jn}=\begin{cases}D,\ (i=j)\\0,(i\neq j)\end{cases}$$

$$a_{1i}A_{1j}+a_{2i}A_{2j}+\cdots+a_{ni}A_{nj}=\begin{cases}D,\ (i=j)\\0,(i\neq j)\end{cases}$$

5. 行列式的计算方法：

（1）对角线法则：适用于二阶和三阶行列式.

（2）用定义：适用于零元非常多的行列式，或计算行列式中的某些项.

（3）用性质：可化零元，化三角行列式，行列式中零元越多，计算越容易.

（4）用展开定理：可降阶，选择零元较多的某一行或某一列进行展开降阶计算.

（5）综合计算方法：先化零元，再降阶（选择简单的一行（列），化出尽量多的零元，再降阶）；递推法；数学归纳法；升阶法；累加法.

（6）利用已知行列式的结论：化未知为已知，把行列式化成一些已知结果的行列式，比如范德蒙德行列式、上（下）三角行列式、爪形行列式等，再进行计算.

（7）含有余子式或代数余子式的算式，可通过构造新的行列式进行计算.

三、Cramer 法则

1. Cramer 法则的条件：方程个数等于未知量个数；系数行列式 D 不等于零.

Cramer 法则的结论：方程组有唯一解，且唯一解为

$$x_1=\frac{D_1}{D},x_2=\frac{D_2}{D},\cdots,x_n=\frac{D_n}{D}.$$

Cramer 法则可用来求出方程组的唯一解，但当未知量个数较多时，计算量较大.因此，Cramer 法则更多的应用于理论推导.

2. n 元齐次线性方程组

$$\begin{cases}a_{11}x_1+a_{12}x_2+\cdots+a_{1n}x_n=0\\a_{21}x_1+a_{22}x_2+\cdots+a_{2n}x_n=0\\\qquad\cdots\\a_{n1}x_1+a_{n2}x_2+\cdots+a_{nn}x_n=0\end{cases}$$

（1）只有零解的充分必要条件是系数行列式 $D\neq 0$；

（2）有非零解的充分必要条件是系数行列式 $D=0$.

3. n 元非齐次线性方程组

$$\begin{cases}a_{11}x_1+a_{12}x_2+\cdots+a_{1n}x_n=b_1\\a_{21}x_1+a_{22}x_2+\cdots+a_{2n}x_n=b_2\\\qquad\cdots\\a_{n1}x_1+a_{n2}x_2+\cdots+a_{nn}x_n=b_n\end{cases}$$

(1) 有唯一解的充分必要条件是系数行列式 $D \neq 0$；

(2) 无解或有无穷多解的充分必要条件是 $D=0$.

4. 讨论含参数线性方程组(方程个数＝未知量个数)中的参数情形，仍从方程组有唯一解入手.

(1) 用秩：解线性方程组的一般方法是第一章的初等行变换法，进而用秩进行解的判定.

(2) 用行列式：当系数矩阵 $\boldsymbol{A}$ 是方阵时，可用系数行列式 $D=|\boldsymbol{A}|$ 是否为 0，判定方程组唯一解情形.

2.8 习 题 二

一、填空题

1. 设自然数从小到大为标准次序，则排列 135246 的逆序数为 ________ ，排列 $n(n-1)\cdots 21$ 的逆序数为 ________.

2. 若排列 $p_1p_2p_3p_4$ 的逆序数为 2，则排列 $p_4p_3p_2p_1$ 的逆序数为 ________.

3. 在 5 阶行列式中含有因子 $a_{14}a_{25}a_{31}a_{52}$ 的项是 ________.

4. 行列式 $\begin{vmatrix} 0 & a_{12} & a_{13} & 0 & 0 \\ a_{21} & a_{22} & a_{23} & a_{24} & a_{25} \\ a_{31} & a_{32} & a_{33} & a_{34} & a_{35} \\ 0 & a_{42} & a_{43} & 0 & 0 \\ 0 & a_{52} & a_{53} & 0 & 0 \end{vmatrix}=$ ________.

5. 若 $D=\begin{vmatrix} a_{11} & a_{12} \\ a_{21} & a_{22} \end{vmatrix}=m$，则 $D_1=\begin{vmatrix} 2a_{11} & 2a_{12} & 0 \\ 2a_{21} & 2a_{22} & 0 \\ 0 & 0 & 2 \end{vmatrix}=$ ________.

6. 若 $D=\begin{vmatrix} a_{11} & a_{12} & a_{13} \\ a_{21} & a_{22} & a_{23} \\ a_{31} & a_{32} & a_{33} \end{vmatrix}=1$，则 $D_1=\begin{vmatrix} 4a_{11} & 2a_{11}-3a_{12} & a_{13} \\ 4a_{21} & 2a_{21}-3a_{22} & a_{23} \\ 4a_{31} & 2a_{31}-3a_{32} & a_{33} \end{vmatrix}=$ ________.

7. 方程 $f(x)=\begin{vmatrix} 1 & 3 & 9 \\ 1 & 5 & 25 \\ 1 & x & x^2 \end{vmatrix}=0$ 的全部根是 ________.

8. $\begin{vmatrix} 103 & 100 & 204 \\ 199 & 200 & 396 \\ 301 & 300 & 600 \end{vmatrix}=$ ________.

9. 行列式 $\begin{vmatrix} 1 & 2 & 2^2 & 2^3 \\ 1 & 1 & 1 & 1 \\ 1 & 4 & 4^2 & 4^3 \\ 1 & 5 & 5^2 & 5^3 \end{vmatrix}=$ ________.

*10. 设某4阶行列式第1行元素依次为 a,b,a,b，第3行元素的余子式依次为 a,b,a,x，其中 a,b 为非零常数，则 $x=$________.

11. 已知关于未知量 $x_i(i=1,2,3)$ 的线性方程组 $\begin{cases}a_1x_1+a_2x_2+a_3x_3=d_1\\ b_1x_1+b_2x_2+b_3x_3=d_2\\ c_1x_1+c_2x_2+c_3x_3=d_3\end{cases}$，由克拉默法则，当满足____________条件时，方程组有唯一解.

12. 当 a 满足____________时，方程组 $\begin{cases}(5-a)x_1+2x_2+2x_3=0\\ 2x_1+(6-a)x_2=0\\ 2x_1+(4-a)x_3=0\end{cases}$ 有非零解.

二、选择题

1. 由定义计算行列式 $\begin{vmatrix}0 & 0 & \cdots & 0 & 1 & 0\\ 0 & 0 & \cdots & 2 & 0 & 0\\ \vdots & \vdots & & \vdots & \vdots & \vdots\\ n-1 & 0 & \cdots & 0 & 0 & 0\\ 0 & 0 & \cdots & 0 & 0 & n\end{vmatrix}=$( ).

A. $n!$　　B. $(-1)^{\frac{n(n-1)}{2}}n!$　　C. $(-1)^{\frac{(n-1)(n-2)}{2}}n!$　　D. $(-1)^{n(n-1)}n!$

2. 函数 $f(x)=\begin{vmatrix}x & x & 1 & 0\\ 1 & x & 2 & 3\\ 2 & 3 & x & 2\\ 1 & 1 & 2 & x\end{vmatrix}$ 中 x^3 的系数是( ).

A. 1　　B. -1　　C. 2　　D. 3

3. 设 D 是 n 阶行列式，则下列各式中正确的是( )，其中 A_{ij} 是 D 中 a_{ij} 的代数余子式.

A. $\sum\limits_{i=1}^{n}a_{ij}A_{ij}=0,j=1,2,\cdots,n$　　B. $\sum\limits_{i=1}^{n}a_{ij}A_{ij}=D,j=1,2,\cdots,n$

C. $\sum\limits_{j=1}^{n}a_{1j}A_{2j}=D$　　D. $\sum\limits_{j=1}^{n}a_{ij}A_{ij}=0,i=1,2,\cdots,n$

4. $\begin{vmatrix}a_1 & 0 & 0 & b_1\\ 0 & a_2 & b_2 & 0\\ 0 & b_3 & a_3 & 0\\ b_4 & 0 & 0 & a_4\end{vmatrix}=$( ).

A. $a_1a_2a_3a_4-b_1b_2b_3b_4$　　B. $a_1a_2a_3a_4+b_1b_2b_3b_4$

C. $(a_1a_2-b_1b_2)(a_3a_4-b_3b_4)$　　D. $(a_2a_3-b_2b_3)(a_1a_4-b_1b_4)$

5. 线性方程组 I：$\begin{cases}a_{11}x_1+a_{12}x_2+a_{13}x_3=b_1\\ a_{21}x_1+a_{22}x_2+a_{23}x_3=b_2\\ a_{31}x_1+a_{32}x_2+a_{33}x_3=b_3\end{cases}$ 的系数行列式记为 D，以下选项中错误的结论为( ).

A. 当线性方程组 I 无解时,$D=0$

B. 当线性方程组 I 有无穷多解时,$D=0$

C. 当 $D=0$ 时,线性方程组 I 无解

D. 当线性方程组 I 有唯一解时,$D\neq 0$

6. 已知线性方程组$\begin{cases}\lambda x_1+x_2+x_3=-1\\ x_1+\lambda x_2+x_3=0\\ x_1+x_2+\lambda x_3=1\end{cases}$有两个不同的解,则关于参数 λ,以下选项中正确的结论为(　　).

A. $\lambda\neq 1$ 且 $\lambda\neq -2$　　B. $\lambda=1$ 或 $\lambda=-2$

C. $\lambda=1$　　D. $\lambda=-2$

*7. 如果 $n(n\geqslant 2)$ 阶行列式中每个元素取值为 1 或 -1,那么该行列式的值为(　　).

A. 偶数　　B. 奇数　　C. 1　　D. -1

8. n 阶行列式 D_n 为零的充分条件是(　　).

A. 零元素的个数大于 n　　B. D_n 中各行元素的和为零

C. 副对角线上的元素全为零　　D. 主对角线上的元素全为零

9. 方程$\begin{vmatrix}1 & 1 & 1 & 1\\ 1 & -1 & 2 & x\\ 1 & 1 & 4 & x^2\\ 1 & -1 & 8 & x^3\end{vmatrix}=0$的根为(　　).

A.1,2,-2　　B. -1,1,2　　C. 0,1,2　　D. 0,-1,2

三、计算题

1. 求下列排列的逆序数.

(1) 34215;　(2) 25314;　(3)246135;　(4)$13\cdots(2n-1)(2n)(2n-2)\cdots 2$.

2. 计算下列行列式.

(1)$\begin{vmatrix}3 & -2\\ 7 & 6\end{vmatrix}$;　(2)$\begin{vmatrix}1 & 2 & -1\\ 5 & 3 & 4\\ -2 & 0 & 1\end{vmatrix}$;　(3)$\begin{vmatrix}3 & -1 & 2\\ 1 & 2 & -1\\ 2 & 1 & 4\end{vmatrix}$;

(4)$\begin{vmatrix}2 & 5 & 3 & 9\\ 1 & -2 & 8 & -1\\ 0 & 4 & 0 & 5\\ 1 & 0 & 8 & 1\end{vmatrix}$;　(5)$\begin{vmatrix}x & y & 0 & 0\\ 0 & x & y & 0\\ 0 & 0 & x & y\\ y & 0 & 0 & x\end{vmatrix}$;

(6)$\begin{vmatrix}1 & -1 & 2 & -3\\ -3 & 3 & -7 & 9\\ 2 & 0 & 4 & -2\\ 3 & -5 & 7 & -14\end{vmatrix}$.

3. 计算下列行列式.

(1) $D_n=\begin{vmatrix} a & b & \cdots & b \\ b & a & \cdots & b \\ \vdots & \vdots & \ddots & \vdots \\ b & b & \cdots & a \end{vmatrix}$;

(2) $D_n=\begin{vmatrix} a_1-b & a_2 & \cdots & a_n \\ a_1 & a_2-b & \cdots & a_n \\ \vdots & \vdots & \ddots & \vdots \\ a_1 & a_2 & \cdots & a_n-b \end{vmatrix}$;

(3) $D_{n+1}=\begin{vmatrix} 0 & 1 & 2 & \cdots & n \\ 2 & 1 & 0 & \cdots & 0 \\ 4 & 0 & 2 & \cdots & 0 \\ \vdots & \vdots & \vdots & \ddots & \vdots \\ 2n & 0 & 0 & \cdots & n \end{vmatrix}$;

(4) $D_n=\begin{vmatrix} 1+a_1 & 1 & \cdots & 1 \\ 1 & 1+a_2 & \cdots & 1 \\ \vdots & \vdots & \ddots & \vdots \\ 1 & 1 & \cdots & 1+a_n \end{vmatrix}$ $(a_1a_2\cdots a_n\neq 0)$;

(5) $D_{n+1}=\begin{vmatrix} a^n & (a-1)^n & \cdots & (a-n)^n \\ a^{n-1} & (a-1)^{n-1} & \cdots & (a-n)^{n-1} \\ \vdots & \vdots & \ddots & \vdots \\ a & a-1 & \cdots & a-n \\ 1 & 1 & \cdots & 1 \end{vmatrix}$;

(6) $D_n=\begin{vmatrix} x & -1 & 0 & \cdots & 0 & 0 \\ 0 & x & -1 & \cdots & 0 & 0 \\ \vdots & \vdots & \vdots & \ddots & \vdots & \vdots \\ 0 & 0 & 0 & \cdots & x & -1 \\ a_n & a_{n-1} & a_{n-2} & \cdots & a_2 & x+a_1 \end{vmatrix}$.

4. 证明.

(1) $\begin{vmatrix} a+b & b+c & c+a \\ b+c & c+a & a+b \\ c+a & a+b & b+c \end{vmatrix}=2\begin{vmatrix} a & b & c \\ b & c & a \\ c & a & b \end{vmatrix}$;

(2) $D_n=\begin{vmatrix} 2 & 1 & & & \\ 1 & 2 & 1 & & \\ & 1 & 2 & \ddots & \\ & & \ddots & \ddots & 1 \\ & & & 1 & 2 \end{vmatrix}=n+1$;

(3) $D_n=\begin{vmatrix} 1 & 1 & & & \\ 2 & -1 & 2 & & \\ 3 & & -2 & \ddots & \\ \vdots & & & \ddots & n-1 \\ n & & & & -(n-1) \end{vmatrix}=(-1)^{n-1}\dfrac{(n+1)!}{2}$.

5. 设 $D=\begin{vmatrix} 1 & 2 & -1 & -2 \\ 0 & 2 & 1 & -1 \\ 1 & -5 & 3 & -4 \\ -5 & 1 & 3 & -3 \end{vmatrix}$，$D$ 中 (i,j) 元的余子式记作 M_{ij}，代数余子式记作 A_{ij}.

求：(1) $2M_{31}-4M_{32}-2M_{33}+4M_{34}$；(2) $A_{11}+3A_{12}-A_{13}+2A_{14}$.

6. 设 n 阶行列式 $D=\begin{vmatrix} 1 & 2 & 3 & \cdots & n \\ 1 & 2 & 0 & \cdots & 0 \\ 1 & 0 & 3 & \cdots & 0 \\ \vdots & \vdots & \vdots & & \vdots \\ 1 & 0 & 0 & \cdots & n \end{vmatrix}$，$M_{ij}$ 分别表示 D 中 (i,j) 元的余子式.

求：(1) $M_{1n}-M_{2n}+M_{3n}+\cdots+(-1)^{n+1}M_{nn}$；(2) $M_{11}-M_{12}+M_{13}+\cdots+(-1)^{n+1}M_{1n}$.

7. 用克拉默法则求解 $\begin{cases} x_1-x_2+x_3-2x_4=2 \\ 2x_1-x_3+4x_4=4 \\ 3x_1+2x_2+x_3=-1 \\ -x_1+2x_2-x_3+2x_4=-4 \end{cases}$.

8. 当 λ 取何值时，齐次线性方程组 $\begin{cases} (1-\lambda)x_1-2x_2+4x_3=0 \\ 2x_1+(3-\lambda)x_2+x_3=0 \\ x_1+x_2+(1-\lambda)x_3=0 \end{cases}$ 有非零解？

9. 求解线性方程组

$$\begin{cases} x_1+a_1x_2+a_1^2x_3+\cdots+a_1^{n-1}x_n=1 \\ x_1+a_2x_2+a_2^2x_3+\cdots+a_2^{n-1}x_n=1 \\ \qquad\vdots \\ x_1+a_nx_2+a_n^2x_3+\cdots+a_n^{n-1}x_n=1 \end{cases}$$

，其中 $a_i\neq a_j\ (i\neq j;\ i,j=1,2,\cdots,n)$.

第 3 章 矩阵及其应用

矩阵是研究线性方程组和其他相关问题的有力工具，也是线性代数的主要研究对象之一. 它的理论和方法在自然科学、工程技术、经济管理、社会科学等众多领域都具有极其广泛的应用. 本章主要研究矩阵的运算及其性质，并讨论用途很广的矩阵的初等变换与初等矩阵的相关结论.

3.1 矩阵的运算

3.1.1 矩阵的加法与数乘运算

定义 3.1.1 设有两个同型的 $m\times n$ 矩阵 $\boldsymbol{A}=(a_{ij})$ 与 $\boldsymbol{B}=(b_{ij})$，那么矩阵 $\boldsymbol{A}$ 与 $\boldsymbol{B}$ 的和记作 $\boldsymbol{A}+\boldsymbol{B}$，规定为

$$\boldsymbol{A}+\boldsymbol{B}=(a_{ij}+b_{ij})=\begin{pmatrix} a_{11}+b_{11} & a_{12}+b_{12} & \cdots & a_{1n}+b_{1n} \\ a_{21}+b_{21} & a_{22}+b_{22} & \cdots & a_{2n}+b_{2n} \\ \vdots & \vdots & & \vdots \\ a_{m1}+b_{m1} & a_{m2}+b_{m2} & \cdots & a_{mn}+b_{mn} \end{pmatrix}$$

注 只有当两个矩阵是同型矩阵时，才能进行加法运算. 同型矩阵相加归结为它们的对应元相加，且其和仍保持同型.

定义 3.1.2 数 λ 与矩阵 $\boldsymbol{A}$ 的乘积，简称数乘，记作 $\lambda\boldsymbol{A}$，规定为

$$\lambda\boldsymbol{A}=(\lambda a_{ij})=\begin{pmatrix} \lambda a_{11} & \lambda a_{12} & \cdots & \lambda a_{1n} \\ \lambda a_{21} & \lambda a_{22} & \cdots & \lambda a_{2n} \\ \vdots & \vdots & & \vdots \\ \lambda a_{m1} & \lambda a_{m2} & \cdots & \lambda a_{mn} \end{pmatrix}$$

注 数乘运算 $\lambda\boldsymbol{A}=(\lambda a_{ij})$ 归结为它的所有元的数乘运算.

设矩阵 $\boldsymbol{A}=(a_{ij})$，记 $-\boldsymbol{A}=(-a_{ij})$，则 $-\boldsymbol{A}$ 称为矩阵 $\boldsymbol{A}$ 的负矩阵，由此定义矩阵 $\boldsymbol{A}$ 与 $\boldsymbol{B}$ 的减法为

$$\boldsymbol{A}-\boldsymbol{B}=\boldsymbol{A}+(-\boldsymbol{B})$$

即两个同型矩阵相减，归结为它们的对应元相减. 显然 $\boldsymbol{A}=\boldsymbol{B}$ 当且仅当 $\boldsymbol{A}-\boldsymbol{B}=\boldsymbol{O}$.

例 3.1.1 设 $\boldsymbol{A}=\begin{pmatrix} 1 & 0 \\ 2 & -1 \end{pmatrix}$，$\boldsymbol{B}=\begin{pmatrix} 2 & 1 \\ 3 & 4 \end{pmatrix}$，$\boldsymbol{C}=\begin{pmatrix} 2 & -3 & 5 \\ 0 & 1 & 2 \end{pmatrix}$，求 $\boldsymbol{A}+\boldsymbol{B}$，$\boldsymbol{A}+\boldsymbol{C}$，$3\boldsymbol{A}-2\boldsymbol{B}$.

解　$\boldsymbol{A}+\boldsymbol{B}=\begin{pmatrix}3 & 1\\ 5 & 3\end{pmatrix}$.

但 $\boldsymbol{A}+\boldsymbol{C}$ 没有意义，因为 $\boldsymbol{A}$ 与 $\boldsymbol{C}$ 不是同型矩阵.

$3\boldsymbol{A}-2\boldsymbol{B}=3\begin{pmatrix}1 & 0\\ 2 & -1\end{pmatrix}-2\begin{pmatrix}2 & 1\\ 3 & 4\end{pmatrix}=\begin{pmatrix}3 & 0\\ 6 & -3\end{pmatrix}-\begin{pmatrix}4 & 2\\ 6 & 8\end{pmatrix}=\begin{pmatrix}-1 & -2\\ 0 & -11\end{pmatrix}$

矩阵的加法与数乘运算统称为矩阵的线性运算.

矩阵的线性运算满足下列运算性质(设 $\boldsymbol{A}$，$\boldsymbol{B}$，$\boldsymbol{C}$ 都是 $m\times n$ 矩阵，k，l 为数)

(1) $\boldsymbol{A}+\boldsymbol{B}=\boldsymbol{B}+\boldsymbol{A}$；

(2) $(\boldsymbol{A}+\boldsymbol{B})+\boldsymbol{C}=\boldsymbol{A}+(\boldsymbol{B}+\boldsymbol{C})$；

(3) $\boldsymbol{A}+\boldsymbol{O}=\boldsymbol{A}$；

(4) $\boldsymbol{A}+(-\boldsymbol{A})=\boldsymbol{O}$；

(5) $1\cdot\boldsymbol{A}=\boldsymbol{A}$；

(6) $(kl)\boldsymbol{A}=k(l\boldsymbol{A})$；

(7) $(k+l)\boldsymbol{A}=k\boldsymbol{A}+l\boldsymbol{A}$；

(8) $k(\boldsymbol{A}+\boldsymbol{B})=k\boldsymbol{A}+k\boldsymbol{B}$.

注　$k\boldsymbol{A}=\boldsymbol{O}\Leftrightarrow k=0$ 或 $\boldsymbol{A}=\boldsymbol{O}$.

3.1.2　矩阵的乘法

例 3.1.2　某地区有 2 个工厂 Ⅰ、Ⅱ，生产甲、乙、丙三种产品，矩阵 $\boldsymbol{A}$ 表示一年中各工厂生产各种产品的数量，矩阵 $\boldsymbol{B}$ 表示各种产品的单位价格(元) 及单位利润(元)，矩阵 $\boldsymbol{C}$ 表示各工厂的总收入及总利润.

$$\boldsymbol{A}=\begin{pmatrix}a_{11} & a_{12} & a_{13}\\ a_{21} & a_{22} & a_{23}\end{pmatrix}\begin{matrix}\text{Ⅰ}\\ \text{Ⅱ}\end{matrix},\quad \boldsymbol{B}=\begin{pmatrix}b_{11} & b_{12}\\ b_{21} & b_{22}\\ b_{31} & b_{32}\end{pmatrix}\begin{matrix}\text{甲}\\ \text{乙}\\ \text{丙}\end{matrix},\quad \boldsymbol{C}=\begin{pmatrix}c_{11} & c_{12}\\ c_{21} & c_{22}\end{pmatrix}\begin{matrix}\text{Ⅰ}\\ \text{Ⅱ}\end{matrix}$$

甲　乙　丙　　　单位价格　单位利润　　　总收入　总利润

则

$$\boldsymbol{C}=\begin{pmatrix}a_{11}b_{11}+a_{12}b_{21}+a_{13}b_{31} & a_{11}b_{12}+a_{12}b_{22}+a_{13}b_{32}\\ a_{21}b_{11}+a_{22}b_{21}+a_{23}b_{31} & a_{21}b_{12}+a_{22}b_{22}+a_{23}b_{32}\end{pmatrix}$$

容易看出矩阵 $\boldsymbol{A}$，$\boldsymbol{B}$，$\boldsymbol{C}$ 之间的关系：矩阵 $\boldsymbol{C}$ 的第 i 行第 j 列对应元 c_{ij} 等于

$$a_{i1}b_{1j}+a_{i2}b_{2j}+a_{i3}b_{3j}$$

即矩阵 $\boldsymbol{C}$ 的元 c_{ij} 为矩阵 $\boldsymbol{A}$ 的第 i 行元与矩阵 $\boldsymbol{B}$ 的第 j 列对应元乘积的和. 此时 $\boldsymbol{C}$ 称为 $\boldsymbol{A}$ 与 $\boldsymbol{B}$ 的积，通常记 $\boldsymbol{C}=\boldsymbol{AB}$，即

$$\boldsymbol{C}=\boldsymbol{AB}=\begin{pmatrix}a_{11} & a_{12} & a_{13}\\ a_{21} & a_{22} & a_{23}\end{pmatrix}\begin{pmatrix}b_{11} & b_{12}\\ b_{21} & b_{22}\\ b_{31} & b_{32}\end{pmatrix}$$

$$=\begin{pmatrix}a_{11}b_{11}+a_{12}b_{21}+a_{13}b_{31} & a_{11}b_{12}+a_{12}b_{22}+a_{13}b_{32}\\ a_{21}b_{11}+a_{22}b_{21}+a_{23}b_{31} & a_{21}b_{12}+a_{22}b_{22}+a_{23}b_{32}\end{pmatrix}$$

一般地，我们有如下定义.

定义 3.1.3 设$\boldsymbol{A}=(a_{ij})$是一个$m\times s$矩阵，$\boldsymbol{B}=(b_{ij})$是一个$s\times n$矩阵，规定矩阵$\boldsymbol{A}$与$\boldsymbol{B}$的乘积是一个$m\times n$矩阵$\boldsymbol{C}=(c_{ij})$，记作$\boldsymbol{C}=\boldsymbol{AB}$，即

$$\boldsymbol{C}=\boldsymbol{AB}=\begin{pmatrix} a_{11} & a_{12} & \cdots & a_{1s} \\ a_{21} & a_{22} & \cdots & a_{2s} \\ \vdots & \vdots & & \vdots \\ a_{m1} & a_{m2} & \cdots & a_{ms} \end{pmatrix}\begin{pmatrix} b_{11} & b_{12} & \cdots & b_{1n} \\ b_{21} & b_{22} & \cdots & b_{2n} \\ \vdots & \vdots & & \vdots \\ b_{s1} & b_{s2} & \cdots & b_{sn} \end{pmatrix}=\begin{pmatrix} c_{11} & c_{12} & \cdots & c_{1n} \\ c_{21} & c_{22} & \cdots & c_{2n} \\ \vdots & \vdots & & \vdots \\ c_{m1} & c_{m2} & \cdots & c_{mn} \end{pmatrix}$$

其中

$$c_{ij}=(a_{i1}\quad a_{i2}\quad \cdots\quad a_{is})\begin{pmatrix} b_{1j} \\ b_{2j} \\ \vdots \\ b_{sj} \end{pmatrix}=a_{i1}b_{1j}+a_{i2}b_{2j}+\cdots+a_{is}b_{sj}$$

$$=\sum_{k=1}^{s}a_{ik}b_{kj}\text{——一个数.}\quad (i=1,2,\cdots,m;j=1,2,\cdots,n)$$

注 只有当左边矩阵$\boldsymbol{A}$的列数等于右边矩阵$\boldsymbol{B}$的行数时，乘积$\boldsymbol{AB}$才有意义. 矩阵$\boldsymbol{C}=\boldsymbol{AB}$与左边矩阵$\boldsymbol{A}$具有相同的行数，与右边矩阵$\boldsymbol{B}$具有相同的列数.

例 3.1.3 已知矩阵

$$\boldsymbol{A}=(1\quad 2\quad 3),\ \boldsymbol{B}=\begin{pmatrix} a \\ b \\ c \end{pmatrix}$$

求$\boldsymbol{AB}$与$\boldsymbol{BA}$.

解 因为$\boldsymbol{A}$是1×3矩阵，$\boldsymbol{B}$是3×1矩阵，$\boldsymbol{A}$的列数等于$\boldsymbol{B}$的行数，故矩阵$\boldsymbol{A}$与$\boldsymbol{B}$可以相乘，其乘积$\boldsymbol{AB}$是一个1×1矩阵，即一个数. 又$\boldsymbol{B}$的列数等于$\boldsymbol{A}$的行数，故矩阵$\boldsymbol{B}$与$\boldsymbol{A}$可以相乘，其乘积$\boldsymbol{BA}$是一个3×3矩阵. 由矩阵乘法的定义可知

$$\boldsymbol{AB}=(1\quad 2\quad 3)\begin{pmatrix} a \\ b \\ c \end{pmatrix}=a+2b+3c$$

$$\boldsymbol{BA}=\begin{pmatrix} a \\ b \\ c \end{pmatrix}(1\quad 2\quad 3)=\begin{pmatrix} a & 2a & 3a \\ b & 2b & 3b \\ c & 2c & 3c \end{pmatrix}$$

例 3.1.4 已知矩阵

$$\boldsymbol{A}=\begin{pmatrix} 1 & 3 \\ 2 & 4 \end{pmatrix},\ \boldsymbol{B}=\begin{pmatrix} 1 & 0 & -1 \\ -1 & 1 & 3 \end{pmatrix}$$

求$\boldsymbol{AB}$与$\boldsymbol{BA}$.

解 因为$\boldsymbol{A}$是2×2矩阵，$\boldsymbol{B}$是2×3矩阵，$\boldsymbol{A}$的列数等于$\boldsymbol{B}$的行数，故矩阵$\boldsymbol{A}$与$\boldsymbol{B}$可以相乘，其乘积是一个2×3矩阵. 由矩阵乘法定义可知

$$\boldsymbol{AB}=\begin{pmatrix} 1 & 3 \\ 2 & 4 \end{pmatrix}\begin{pmatrix} 1 & 0 & -1 \\ -1 & 1 & 3 \end{pmatrix}$$

$$=\begin{pmatrix}1\times1+3\times(-1) & 1\times0+3\times1 & 1\times(-1)+3\times3\\ 2\times1+4\times(-1) & 2\times0+4\times1 & 2\times(-1)+4\times3\end{pmatrix}$$

$$=\begin{pmatrix}-2 & 3 & 8\\ -2 & 4 & 10\end{pmatrix}$$

但 $\boldsymbol{B}$ 的列数 3 不等于 $\boldsymbol{A}$ 的行数 2，故矩阵 $\boldsymbol{B}$ 与 $\boldsymbol{A}$ 不可以相乘，$\boldsymbol{BA}$ 没有意义.

例 3.1.5 设矩阵

$$\boldsymbol{A}=\begin{pmatrix}1 & 0\\ 0 & 0\end{pmatrix},\ \boldsymbol{B}=\begin{pmatrix}0 & 0\\ 1 & 2\end{pmatrix},\ \boldsymbol{C}=\begin{pmatrix}0 & 0\\ 3 & 4\end{pmatrix}$$

计算 $\boldsymbol{BA}$，$\boldsymbol{AB}$ 与 $\boldsymbol{AC}$.

解 由矩阵乘法定义可知

$$\boldsymbol{BA}=\begin{pmatrix}0 & 0\\ 1 & 2\end{pmatrix}\begin{pmatrix}1 & 0\\ 0 & 0\end{pmatrix}=\begin{pmatrix}0 & 0\\ 1 & 0\end{pmatrix}$$

$$\boldsymbol{AB}=\begin{pmatrix}1 & 0\\ 0 & 0\end{pmatrix}\begin{pmatrix}0 & 0\\ 1 & 2\end{pmatrix}=\begin{pmatrix}0 & 0\\ 0 & 0\end{pmatrix}$$

$$\boldsymbol{AC}=\begin{pmatrix}1 & 0\\ 0 & 0\end{pmatrix}\begin{pmatrix}0 & 0\\ 3 & 4\end{pmatrix}=\begin{pmatrix}0 & 0\\ 0 & 0\end{pmatrix}$$

由例 3.1.3 ～ 例 3.1.5 可以看出，矩阵乘法需要注意以下几点：

(1) 一般情况下，矩阵乘法不满足交换律，即 $\boldsymbol{AB}\neq\boldsymbol{BA}$. 这是因为：

① $\boldsymbol{AB}$ 有意义，但 $\boldsymbol{BA}$ 没有意义，如例 3.1.4.

② $\boldsymbol{AB}$ 与 $\boldsymbol{BA}$ 都有意义，但两个结果不一定有相同的行数和列数，如例 3.1.3.

③ $\boldsymbol{AB}$ 与 $\boldsymbol{BA}$ 都有意义，其结果为同型矩阵，但 $\boldsymbol{AB}\neq\boldsymbol{BA}$，如例 3.1.5.

因此，在矩阵的乘法运算中必须注意矩阵相乘的顺序，不可随意交换两个矩阵的次序. $\boldsymbol{AB}$ 是 $\boldsymbol{A}$ 左乘 $\boldsymbol{B}$ 的乘积，$\boldsymbol{BA}$ 是 $\boldsymbol{A}$ 右乘 $\boldsymbol{B}$ 的乘积.

(2) 若 $\boldsymbol{A}\neq\boldsymbol{O}$，$\boldsymbol{B}\neq\boldsymbol{O}$，但却有 $\boldsymbol{AB}=\boldsymbol{O}$，如例 3.1.5.

因此，一般情况下，若 $\boldsymbol{AB}=\boldsymbol{O}$，不能断定 $\boldsymbol{A}=\boldsymbol{O}$ 或 $\boldsymbol{B}=\boldsymbol{O}$.

(3) 一般情况下，矩阵乘法不满足消去律，即若 $\boldsymbol{AB}=\boldsymbol{AC}$，且 $\boldsymbol{A}\neq\boldsymbol{O}$，不能推出 $\boldsymbol{B}=\boldsymbol{C}$. 如例 3.1.5.

矩阵乘法不满足交换律和消去律是矩阵代数与实数代数的重要差别.

矩阵乘法不满足交换律，并不是说对所有矩阵 $\boldsymbol{A}$，$\boldsymbol{B}$ 都有 $\boldsymbol{AB}\neq\boldsymbol{BA}$.

定义 3.1.4 对 n 阶方阵 $\boldsymbol{A}$，$\boldsymbol{B}$，若 $\boldsymbol{AB}=\boldsymbol{BA}$，则称方阵 $\boldsymbol{A}$ 与 $\boldsymbol{B}$ 是可交换的. 例如，

(1) $\boldsymbol{A}=\begin{bmatrix}1 & 2 & -1\\ 0 & 3 & 1\\ 1 & 5 & 4\end{bmatrix}$，$\boldsymbol{B}=\begin{bmatrix}0 & 0 & 0\\ 0 & 0 & 0\\ 0 & 0 & 0\end{bmatrix}$，有 $\boldsymbol{AB}=\boldsymbol{BA}=\boldsymbol{O}$.

可得任何方阵与同阶零矩阵都是可交换的.

(2) $\boldsymbol{A}=\begin{bmatrix}1 & 2 & -1\\ 0 & 3 & 1\\ 1 & 5 & 4\end{bmatrix}$，$\boldsymbol{E}=\begin{bmatrix}1 & 0 & 0\\ 0 & 1 & 0\\ 0 & 0 & 1\end{bmatrix}$，有 $\boldsymbol{A}(\lambda\boldsymbol{E})=(\lambda\boldsymbol{E})\boldsymbol{A}=\lambda\boldsymbol{A}$.

可得任何方阵与同阶数量矩阵 $\lambda\boldsymbol{E}$ 都是可交换的. 特别地, $\boldsymbol{AE}=\boldsymbol{EA}=\boldsymbol{A}$.

(3) 对角矩阵 $\boldsymbol{A}=\begin{pmatrix}1&0&0\\0&2&0\\0&0&3\end{pmatrix}$, $\boldsymbol{B}=\begin{pmatrix}2&0&0\\0&3&0\\0&0&-1\end{pmatrix}$, 有 $\boldsymbol{AB}=\boldsymbol{BA}=\begin{pmatrix}2&0&0\\0&6&0\\0&0&-3\end{pmatrix}$.

事实上, 两个 n 阶对角矩阵的乘积总是可交换, 即

$$\begin{pmatrix}a_1&&\\&\ddots&\\&&a_n\end{pmatrix}\begin{pmatrix}b_1&&\\&\ddots&\\&&b_n\end{pmatrix}=\begin{pmatrix}b_1&&\\&\ddots&\\&&b_n\end{pmatrix}\begin{pmatrix}a_1&&\\&\ddots&\\&&a_n\end{pmatrix}=\begin{pmatrix}a_1b_1&&\\&\ddots&\\&&a_nb_n\end{pmatrix}$$

矩阵乘法满足下列运算性质(假设运算都是可行的):

(1) $(\boldsymbol{AB})\boldsymbol{C}=\boldsymbol{A}(\boldsymbol{BC})$;

(2) $\lambda(\boldsymbol{AB})=(\lambda\boldsymbol{A})\boldsymbol{B}=\boldsymbol{A}(\lambda\boldsymbol{B})$;

(3) $\boldsymbol{A}(\boldsymbol{B}+\boldsymbol{C})=\boldsymbol{AB}+\boldsymbol{AC}$, $(\boldsymbol{B}+\boldsymbol{C})\boldsymbol{A}=\boldsymbol{BA}+\boldsymbol{CA}$;

(4) $\boldsymbol{E}_m\boldsymbol{A}_{m\times n}=\boldsymbol{A}_{m\times n}$, $\boldsymbol{A}_{m\times n}\boldsymbol{E}_n=\boldsymbol{A}_{m\times n}$.

当 $\boldsymbol{A}$ 为方阵时, 有

$$\boldsymbol{EA}=\boldsymbol{AE}=\boldsymbol{A}$$

可见, 单位矩阵 $\boldsymbol{E}$ 在矩阵乘法中的作用类似于数 1 在数的乘法运算中的作用.

数学中许多关系用矩阵乘积来表达就非常简洁.

1. 线性方程组的矩阵形式

利用矩阵乘法, 1.1 节中的线性方程组

$$\begin{cases}a_{11}x_1+a_{12}x_2+\cdots+a_{1n}x_n=b_1\\a_{21}x_1+a_{22}x_2+\cdots+a_{2n}x_n=b_2\\\qquad\vdots\\a_{m1}x_1+a_{m2}x_2+\cdots+a_{mn}x_n=b_m\end{cases}$$

可表示成矩阵形式 $\boldsymbol{AX}=\boldsymbol{\beta}$, 其中

$$\boldsymbol{A}=\begin{pmatrix}a_{11}&a_{12}&\cdots&a_{1n}\\a_{21}&a_{22}&\cdots&a_{2n}\\\vdots&\vdots&&\vdots\\a_{m1}&a_{m2}&\cdots&a_{mn}\end{pmatrix},\ \boldsymbol{X}=\begin{pmatrix}x_1\\x_2\\\vdots\\x_n\end{pmatrix},\ \boldsymbol{\beta}=\begin{pmatrix}b_1\\b_2\\\vdots\\b_m\end{pmatrix}$$

分别为该线性方程组的系数矩阵、未知量向量和常数列向量.

例如, 线性方程组 $\begin{cases}x_1+3x_2+2x_3=1\\2x_1+x_2-5x_3=6\end{cases}$ 可写成

$$\begin{pmatrix}1&3&2\\2&1&-5\end{pmatrix}\begin{pmatrix}x_1\\x_2\\x_3\end{pmatrix}=\begin{pmatrix}1\\6\end{pmatrix}$$

2. 线性变换的矩阵形式

线性变换

$$\begin{cases} y_1 = a_{11}x_1 + a_{12}x_2 + \cdots + a_{1n}x_n \\ y_2 = a_{21}x_1 + a_{22}x_2 + \cdots + a_{2n}x_n \\ \qquad \vdots \\ y_m = a_{m1}x_1 + a_{m2}x_2 + \cdots + a_{mn}x_n \end{cases}$$

可表示成矩阵形式 $\boldsymbol{Y}=\boldsymbol{AX}$，其中

$$\boldsymbol{A}=\begin{pmatrix} a_{11} & a_{12} & \cdots & a_{1n} \\ a_{21} & a_{22} & \cdots & a_{2n} \\ \vdots & \vdots & & \vdots \\ a_{m1} & a_{m2} & \cdots & a_{mn} \end{pmatrix}, \boldsymbol{X}=\begin{pmatrix} x_1 \\ x_2 \\ \vdots \\ x_n \end{pmatrix}, \boldsymbol{Y}=\begin{pmatrix} y_1 \\ y_2 \\ \vdots \\ y_m \end{pmatrix}.$$

例如，线性变换

$$\begin{cases} y_1 = x_1 + x_2 + x_3 \\ y_2 = -x_1 + 2x_2 + x_3 \end{cases}$$

可写成

$$\begin{pmatrix} y_1 \\ y_2 \end{pmatrix} = \begin{pmatrix} 1 & 1 & 1 \\ -1 & 2 & 1 \end{pmatrix} \begin{pmatrix} x_1 \\ x_2 \\ x_3 \end{pmatrix}$$

例 3.1.6　设有两个线性变换

$$\begin{cases} y_1 = a_{11}x_1 + a_{12}x_2 + a_{13}x_3 \\ y_2 = a_{21}x_1 + a_{22}x_2 + a_{23}x_3 \end{cases} \tag{3.1.1}$$

$$\begin{cases} x_1 = b_{11}t_1 + b_{12}t_2 \\ x_2 = b_{21}t_1 + b_{22}t_2 \\ x_3 = b_{31}t_1 + b_{32}t_2 \end{cases} \tag{3.1.2}$$

求从变量 t_1，t_2 到变量 y_1，y_2 的线性变换.

解　方法一：将线性变换(3.1.2)代入线性变换(3.1.1)整理，得从变量 t_1，t_2 到变量 y_1，y_2 的线性变换

$$\begin{cases} y_1 = (a_{11}b_{11} + a_{12}b_{21} + a_{13}b_{31})t_1 + (a_{11}b_{12} + a_{12}b_{22} + a_{13}b_{32})t_2 \\ y_2 = (a_{21}b_{11} + a_{22}b_{21} + a_{23}b_{31})t_1 + (a_{21}b_{12} + a_{22}b_{22} + a_{23}b_{32})t_2 \end{cases} \tag{3.1.3}$$

若将线性变换(3.1.1)～线性变换(3.1.3)的矩阵分别记为

$$\boldsymbol{A}=\begin{pmatrix} a_{11} & a_{12} & a_{13} \\ a_{21} & a_{22} & a_{23} \end{pmatrix}, \boldsymbol{B}=\begin{pmatrix} b_{11} & b_{12} \\ b_{21} & b_{22} \\ b_{31} & b_{32} \end{pmatrix}$$

$$\boldsymbol{C}=\begin{pmatrix} a_{11}b_{11} + a_{12}b_{21} + a_{13}b_{31} & a_{11}b_{12} + a_{12}b_{22} + a_{13}b_{32} \\ a_{21}b_{11} + a_{22}b_{21} + a_{23}b_{31} & a_{21}b_{12} + a_{22}b_{22} + a_{23}b_{32} \end{pmatrix}$$

则 $\boldsymbol{C}=\boldsymbol{AB}$.

方法二：记 $\boldsymbol{Y}=\begin{pmatrix} y_1 \\ y_2 \end{pmatrix}$，$\boldsymbol{X}=\begin{pmatrix} x_1 \\ x_2 \\ x_3 \end{pmatrix}$，$\boldsymbol{T}=\begin{pmatrix} t_1 \\ t_2 \end{pmatrix}$，

则 $\boldsymbol{Y}=\boldsymbol{AX}$, $\boldsymbol{X}=\boldsymbol{BT}$, 所以 $\boldsymbol{Y}=\boldsymbol{AX}=\boldsymbol{ABT}$.

即为变量 t_1, t_2 到变量 y_1, y_2 的线性变换.

3.1.3 方阵的幂与多项式

有了矩阵的乘法，就可以定义方阵的幂和方阵的多项式.

定义 3.1.5 设 $\boldsymbol{A}$ 是 n 阶方阵，k 为正整数，k 个 $\boldsymbol{A}$ 的连乘积称为 $\boldsymbol{A}$ 的 k 次幂，记作 $\boldsymbol{A}^k$. 即

$$\boldsymbol{A}^k=\overbrace{\boldsymbol{AA}\cdots\boldsymbol{A}}^{k}$$

约定 $\boldsymbol{A}^0=\boldsymbol{E}$. 显然只有方阵的幂才有意义.

方阵的幂满足运算规律

$$\boldsymbol{A}^k\boldsymbol{A}^l=\boldsymbol{A}^{k+l},\ (\boldsymbol{A}^k)^l=\boldsymbol{A}^{kl}$$

其中 $\boldsymbol{A}$ 为方阵，k，l 为非负整数.

定义 3.1.6 若

$$f(x)=a_mx^m+a_{m-1}x^{m-1}+\cdots+a_1x+a_0$$

是 x 的 m 次多项式，$\boldsymbol{A}$ 是 n 阶方阵，$\boldsymbol{E}$ 为 n 阶单位阵，则称

$$f(\boldsymbol{A})=a_m\boldsymbol{A}^m+a_{m-1}\boldsymbol{A}^{m-1}+\cdots+a_1\boldsymbol{A}+a_0\boldsymbol{E}$$

为 n 阶方阵 $\boldsymbol{A}$ 的 m 次多项式(注意常数项应变为 $a_0\boldsymbol{E}$)，记为 $f(\boldsymbol{A})$.

注 因为矩阵 $\boldsymbol{A}$，$\boldsymbol{A}^k$ 和 $\boldsymbol{E}$ 都是可交换的，所以矩阵 $\boldsymbol{A}$ 的两个多项式 $\varphi(\boldsymbol{A})$ 和 $f(\boldsymbol{A})$ 总是可交换的，即总有

$$\varphi(\boldsymbol{A})f(\boldsymbol{A})=f(\boldsymbol{A})\varphi(\boldsymbol{A})$$

从而 $\boldsymbol{A}$ 的几个多项式可以像数 x 的多项式一样相乘或因式分解. 例如

$$(\boldsymbol{E}+\boldsymbol{A})(2\boldsymbol{E}-\boldsymbol{A})=2\boldsymbol{E}+\boldsymbol{A}-\boldsymbol{A}^2,\ (\boldsymbol{A}-2\boldsymbol{E})(\boldsymbol{A}-3\boldsymbol{E})=\boldsymbol{A}^2-5\boldsymbol{A}+6\boldsymbol{E}$$

$$(\boldsymbol{E}-\boldsymbol{A})^3=\boldsymbol{E}-3\boldsymbol{A}+3\boldsymbol{A}^2-\boldsymbol{A}^3,\ \boldsymbol{A}^3+\boldsymbol{E}=(\boldsymbol{A}+\boldsymbol{E})(\boldsymbol{A}^2-\boldsymbol{A}+\boldsymbol{E})$$

例 3.1.7 设 $\boldsymbol{A}=\begin{pmatrix}1&1\\0&1\end{pmatrix}$，$f(x)=x^2-5x+6$，求 $\boldsymbol{A}^n$，$f(\boldsymbol{A})$.

解 $\boldsymbol{A}^2=\begin{pmatrix}1&1\\0&1\end{pmatrix}^2=\begin{pmatrix}1&1\\0&1\end{pmatrix}\begin{pmatrix}1&1\\0&1\end{pmatrix}=\begin{pmatrix}1&2\\0&1\end{pmatrix}$

$$\boldsymbol{A}^3=\boldsymbol{A}^2\boldsymbol{A}=\begin{pmatrix}1&2\\0&1\end{pmatrix}\begin{pmatrix}1&1\\0&1\end{pmatrix}=\begin{pmatrix}1&3\\0&1\end{pmatrix}$$

由数学归纳法可得 $\boldsymbol{A}^n=\boldsymbol{A}^{n-1}\boldsymbol{A}=\begin{pmatrix}1&n-1\\0&1\end{pmatrix}\begin{pmatrix}1&1\\0&1\end{pmatrix}=\begin{pmatrix}1&n\\0&1\end{pmatrix}$.

所以

$$\begin{aligned}f(\boldsymbol{A})&=\boldsymbol{A}^2-5\boldsymbol{A}+6\boldsymbol{E}\\&=\begin{pmatrix}1&1\\0&1\end{pmatrix}^2-5\begin{pmatrix}1&1\\0&1\end{pmatrix}+6\begin{pmatrix}1&0\\0&1\end{pmatrix}\\&=\begin{pmatrix}1&2\\0&1\end{pmatrix}-\begin{pmatrix}5&5\\0&5\end{pmatrix}+\begin{pmatrix}6&0\\0&6\end{pmatrix}=\begin{pmatrix}2&-3\\0&2\end{pmatrix}\end{aligned}$$

例 3.1.8 设 $\boldsymbol{A}=(1\quad 2\quad 3)$，$\boldsymbol{B}=\begin{pmatrix}-1\\0\\1\end{pmatrix}$，$\boldsymbol{C}=\boldsymbol{BA}$，$f(x)=x^3+x-6$，求 $\boldsymbol{C}^n$，$f(\boldsymbol{C})$.

解 注意到 $\boldsymbol{AB}=2$，而 $\boldsymbol{C}=\boldsymbol{BA}=\begin{pmatrix}-1\\0\\1\end{pmatrix}(1\quad 2\quad 3)=\begin{pmatrix}-1&-2&-3\\0&0&0\\1&2&3\end{pmatrix}$，于是

$$\begin{aligned}\boldsymbol{C}^n&=(\boldsymbol{BA})^n=(\boldsymbol{BA})(\boldsymbol{BA})\cdots(\boldsymbol{BA})=\boldsymbol{B}(\boldsymbol{AB})(\boldsymbol{AB})\cdots(\boldsymbol{AB})\boldsymbol{A}\\&=\boldsymbol{B}(\boldsymbol{AB})^{n-1}\boldsymbol{A}=2^{n-1}\boldsymbol{BA}=2^{n-1}\boldsymbol{C}\end{aligned}$$

所以

$$\begin{aligned}f(\boldsymbol{C})&=\boldsymbol{C}^3+\boldsymbol{C}-6\boldsymbol{E}=5\boldsymbol{C}-6\boldsymbol{E}\\&=5\begin{pmatrix}-1&-2&-3\\0&0&0\\1&2&3\end{pmatrix}-6\begin{pmatrix}1&0&0\\0&1&0\\0&0&1\end{pmatrix}=\begin{pmatrix}-11&-10&-15\\0&-6&0\\5&10&9\end{pmatrix}\end{aligned}$$

例 3.1.9 设$\boldsymbol{A}$，$\boldsymbol{B}$均为n阶方阵，证明：$(\boldsymbol{A}+\boldsymbol{B})^2=\boldsymbol{A}^2+2\boldsymbol{AB}+\boldsymbol{B}^2$ 的充分必要条件是$\boldsymbol{AB}=\boldsymbol{BA}$.

证明 由 $(\boldsymbol{A}+\boldsymbol{B})^2=(\boldsymbol{A}+\boldsymbol{B})(\boldsymbol{A}+\boldsymbol{B})=\boldsymbol{A}^2+\boldsymbol{AB}+\boldsymbol{BA}+\boldsymbol{B}^2$，则

$$(\boldsymbol{A}+\boldsymbol{B})^2=\boldsymbol{A}^2+2\boldsymbol{AB}+\boldsymbol{B}^2\Leftrightarrow\boldsymbol{AB}=\boldsymbol{BA}$$

注 由于矩阵乘法不满足交换律，一般地，对 n 阶方阵 $\boldsymbol{A}$ 与 $\boldsymbol{B}$，$(\boldsymbol{AB})^k\neq\boldsymbol{A}^k\boldsymbol{B}^k$. 只有当 $\boldsymbol{A}$ 与 $\boldsymbol{B}$ 可交换时，即 $\boldsymbol{AB}=\boldsymbol{BA}$ 时，可验证：

$(\boldsymbol{AB})^k=\boldsymbol{A}^k\boldsymbol{B}^k$，$(\boldsymbol{A}+\boldsymbol{B})^2=\boldsymbol{A}^2+2\boldsymbol{AB}+\boldsymbol{B}^2$，$(\boldsymbol{A}-\boldsymbol{B})(\boldsymbol{A}+\boldsymbol{B})=\boldsymbol{A}^2-\boldsymbol{B}^2$，$(\boldsymbol{A}+\boldsymbol{B})^n=\boldsymbol{A}^n+\mathrm{C}_n^1\boldsymbol{A}^{n-1}\boldsymbol{B}+\cdots+\mathrm{C}_n^k\boldsymbol{A}^{n-k}\boldsymbol{B}^k+\cdots+\boldsymbol{B}^n$等公式成立.

例 3.1.10 设 $\boldsymbol{A}=\begin{pmatrix}a&1&0\\0&a&1\\0&0&a\end{pmatrix}$，求 $\boldsymbol{A}^3$.

解 记 $\boldsymbol{B}=\begin{pmatrix}0&1&0\\0&0&1\\0&0&0\end{pmatrix}$，则 $\boldsymbol{A}=\begin{pmatrix}a&0&0\\0&a&0\\0&0&a\end{pmatrix}+\begin{pmatrix}0&1&0\\0&0&1\\0&0&0\end{pmatrix}=a\boldsymbol{E}+\boldsymbol{B}$.

因为$(a\boldsymbol{E})\boldsymbol{B}=\boldsymbol{B}(a\boldsymbol{E})$，即 $a\boldsymbol{E}$ 与 $\boldsymbol{B}$ 可交换，则

$$\begin{aligned}\boldsymbol{A}^3&=(a\boldsymbol{E}+\boldsymbol{B})^3=(a\boldsymbol{E})^3+\mathrm{C}_3^1(a\boldsymbol{E})^2\boldsymbol{B}+\mathrm{C}_3^2(a\boldsymbol{E})\boldsymbol{B}^2+\mathrm{C}_3^3\boldsymbol{B}^3\\&=a^3\boldsymbol{E}+3a^2\boldsymbol{B}+3a\boldsymbol{B}^2+\boldsymbol{B}^3\\&=\begin{pmatrix}a^3&0&0\\0&a^3&0\\0&0&a^3\end{pmatrix}+3a^2\begin{pmatrix}0&1&0\\0&0&1\\0&0&0\end{pmatrix}+3a\begin{pmatrix}0&0&1\\0&0&0\\0&0&0\end{pmatrix}+\begin{pmatrix}0&0&0\\0&0&0\\0&0&0\end{pmatrix}\\&=\begin{pmatrix}a^3&3a^2&3a\\0&a^3&3a^2\\0&0&a^3\end{pmatrix}\end{aligned}$$

3.1.4 矩阵的转置

定义 3.1.7 把矩阵$\boldsymbol{A}=(a_{ij})_{m\times n}$ 的行换成同序数的列(即行列互换)，而得到的 $n\times m$ 矩阵

称为 A 的转置矩阵，记作 A^{T}.

一般地，若 $A=\begin{pmatrix} a_{11} & a_{12} & \cdots & a_{1n} \\ a_{21} & a_{22} & \cdots & a_{2n} \\ \vdots & \vdots & & \vdots \\ a_{m1} & a_{m2} & \cdots & a_{mn} \end{pmatrix}$，则 $A^{\mathrm{T}}=\begin{pmatrix} a_{11} & a_{21} & \cdots & a_{m1} \\ a_{12} & a_{22} & \cdots & a_{m2} \\ \vdots & \vdots & & \vdots \\ a_{1n} & a_{2n} & \cdots & a_{mn} \end{pmatrix}$.

即若 $A=(a_{ij})_{m\times n}$，则 $A^{\mathrm{T}}=(a_{ji})_{n\times m}(i=1,2,\cdots,m;\ j=1,2,\cdots,n)$.

例如，矩阵 $A=\begin{pmatrix} 1 & 2 & 0 \\ 3 & -1 & 1 \end{pmatrix}$ 的转置矩阵为 $A^{\mathrm{T}}=\begin{pmatrix} 1 & 3 \\ 2 & -1 \\ 0 & 1 \end{pmatrix}$.

矩阵的转置运算满足下列运算性质(假设运算都是可行的)：

(1) $(A^{\mathrm{T}})^{\mathrm{T}}=A$；

(2) $(A+B)^{\mathrm{T}}=A^{\mathrm{T}}+B^{\mathrm{T}}$；

(3) $(\lambda A)^{\mathrm{T}}=\lambda A^{\mathrm{T}}$，其中 λ 为常数；

(4) $(AB)^{\mathrm{T}}=B^{\mathrm{T}}A^{\mathrm{T}}$.

证明 下面只证明(4).设 $A=(a_{ij})_{m\times s}$，$B=(b_{ij})_{s\times n}$，记 $AB=C=(c_{ij})_{m\times n}$，$B^{\mathrm{T}}A^{\mathrm{T}}=D=(d_{ij})_{n\times m}$. 按矩阵乘法的定义，有

$$c_{ji}=\sum_{k=1}^{s}a_{jk}b_{ki}$$

而 B^{T} 的第 i 行为 $(b_{1i},\cdots,b_{si})$，A^{T} 的第 j 列为 $(a_{j1},\cdots,a_{js})^{\mathrm{T}}$，因此

$$d_{ij}=\sum_{k=1}^{s}b_{ki}a_{jk}=\sum_{k=1}^{s}a_{jk}b_{ki}$$

所以 $$d_{ij}=c_{ji}\quad(i=1,2,\cdots,n;\ j=1,2,\cdots,m)$$

则 $D=C^{\mathrm{T}}$，即 $(AB)^{\mathrm{T}}=B^{\mathrm{T}}A^{\mathrm{T}}$.

注 性质(2)和性质(4)可推广到有限个矩阵的情形

$$(A_1+A_2+\cdots+A_k)^{\mathrm{T}}=A_1^{\mathrm{T}}+A_2^{\mathrm{T}}+\cdots+A_k^{\mathrm{T}}$$
$$(A_1A_2\cdots A_k)^{\mathrm{T}}=A_k^{\mathrm{T}}\cdots A_2^{\mathrm{T}}A_1^{\mathrm{T}}$$

定义 3.1.8 若 n 阶方阵 A 满足 $A^{\mathrm{T}}=A$，则称 A 为对称矩阵；若 $A^{\mathrm{T}}=-A$，则称 A 为反对称矩阵.

易知，对称矩阵的元素关于主对角线对称，即 $a_{ij}=a_{ji}$，例如 $A=\begin{pmatrix} 1 & 2 & 3 \\ 2 & 4 & 5 \\ 3 & 5 & 6 \end{pmatrix}$；

反对称矩阵的元素关于主对角线互为相反数，即 $a_{ij}=-a_{ji}$，则反对称矩阵的主对角线元全部为零，即 $a_{ii}=0(i=1,2,\cdots,n)$，例如 $B=\begin{pmatrix} 0 & -2 & -3 \\ 2 & 0 & -5 \\ 3 & 5 & 0 \end{pmatrix}$.

例 3.1.11 已知 $A=\begin{pmatrix} 2 & 0 & -1 \\ 1 & 3 & 2 \end{pmatrix}$，$B=\begin{pmatrix} 1 & 7 & -1 \\ 4 & 2 & 3 \\ 2 & 0 & 1 \end{pmatrix}$，求 $(AB)^{\mathrm{T}}$，$B^{\mathrm{T}}A^{\mathrm{T}}$，$A^{\mathrm{T}}B^{\mathrm{T}}$.

解　因 $\boldsymbol{AB}=\begin{pmatrix}2 & 0 & -1\\ 1 & 3 & 2\end{pmatrix}\begin{pmatrix}1 & 7 & -1\\ 4 & 2 & 3\\ 2 & 0 & 1\end{pmatrix}=\begin{pmatrix}0 & 14 & -3\\ 17 & 13 & 10\end{pmatrix}$，

所以

$$(\boldsymbol{AB})^{\mathrm{T}}=\begin{pmatrix}0 & 17\\ 14 & 13\\ -3 & 10\end{pmatrix}$$

$$\boldsymbol{B}^{\mathrm{T}}\boldsymbol{A}^{\mathrm{T}}=\begin{pmatrix}1 & 4 & 2\\ 7 & 2 & 0\\ -1 & 3 & 1\end{pmatrix}\begin{pmatrix}2 & 1\\ 0 & 3\\ -1 & 2\end{pmatrix}=\begin{pmatrix}0 & 17\\ 14 & 13\\ -3 & 10\end{pmatrix}，即有(\boldsymbol{AB})^{\mathrm{T}}=\boldsymbol{B}^{\mathrm{T}}\boldsymbol{A}^{\mathrm{T}}.$$

因 $\boldsymbol{A}^{\mathrm{T}}$ 的列数 2 不等于 $\boldsymbol{B}^{\mathrm{T}}$ 的行数 3，所以 $\boldsymbol{A}^{\mathrm{T}}\boldsymbol{B}^{\mathrm{T}}$ 没有意义. 注意到 $(\boldsymbol{AB})^{\mathrm{T}}\neq\boldsymbol{A}^{\mathrm{T}}\boldsymbol{B}^{\mathrm{T}}$.

例 3.1.12　设列矩阵 $\boldsymbol{X}=(x_1, x_2, \cdots, x_n)^{\mathrm{T}}$ 满足 $\boldsymbol{X}^{\mathrm{T}}\boldsymbol{X}=1$，$\boldsymbol{E}$ 为 n 阶单位阵，$\boldsymbol{H}=\boldsymbol{E}-2\boldsymbol{XX}^{\mathrm{T}}$，证明：$\boldsymbol{H}$ 是对称矩阵，且 $\boldsymbol{HH}^{\mathrm{T}}=\boldsymbol{E}$.

证明　由题意可知 $\boldsymbol{X}^{\mathrm{T}}\boldsymbol{X}=x_1^2+x_2^2+\cdots+x_n^2$ 是一个数，而 $\boldsymbol{XX}^{\mathrm{T}}$ 是 n 阶方阵.

$$\boldsymbol{H}^{\mathrm{T}}=(\boldsymbol{E}-2\boldsymbol{XX}^{\mathrm{T}})^{\mathrm{T}}=\boldsymbol{E}^{\mathrm{T}}-2(\boldsymbol{XX}^{\mathrm{T}})^{\mathrm{T}}=\boldsymbol{E}-2\boldsymbol{XX}^{\mathrm{T}}=\boldsymbol{H}$$

所以 $\boldsymbol{H}$ 是对称矩阵.

$$\begin{aligned}\boldsymbol{HH}^{\mathrm{T}}=\boldsymbol{H}^2&=(\boldsymbol{E}-2\boldsymbol{XX}^{\mathrm{T}})^2=\boldsymbol{E}-4\boldsymbol{XX}^{\mathrm{T}}+4(\boldsymbol{XX}^{\mathrm{T}})(\boldsymbol{XX}^{\mathrm{T}})\\&=\boldsymbol{E}-4\boldsymbol{XX}^{\mathrm{T}}+4\boldsymbol{X}(\boldsymbol{X}^{\mathrm{T}}\boldsymbol{X})\boldsymbol{X}^{\mathrm{T}}\\&=\boldsymbol{E}-4\boldsymbol{XX}^{\mathrm{T}}+4\boldsymbol{XX}^{\mathrm{T}}=\boldsymbol{E}\end{aligned}$$

例 3.1.13　设 $\boldsymbol{A}$，$\boldsymbol{B}$ 均为 n 阶对称矩阵，证明：$\boldsymbol{AB}$ 为对称矩阵的充分必要条件是 $\boldsymbol{AB}=\boldsymbol{BA}$.

证明　（必要性）若 $(\boldsymbol{AB})^{\mathrm{T}}=\boldsymbol{AB}$，又 $\boldsymbol{A}^{\mathrm{T}}=\boldsymbol{A}$，$\boldsymbol{B}^{\mathrm{T}}=\boldsymbol{B}$，则

$$\boldsymbol{AB}=(\boldsymbol{AB})^{\mathrm{T}}=\boldsymbol{B}^{\mathrm{T}}\boldsymbol{A}^{\mathrm{T}}=\boldsymbol{BA}$$

（充分性）若 $\boldsymbol{AB}=\boldsymbol{BA}$，则

$$(\boldsymbol{AB})^{\mathrm{T}}=\boldsymbol{B}^{\mathrm{T}}\boldsymbol{A}^{\mathrm{T}}=\boldsymbol{BA}=\boldsymbol{AB}$$

所以 $\boldsymbol{AB}$ 是对称矩阵.

3.2　分块矩阵

3.2.1　分块矩阵的基本概念

在处理阶数比较高的矩阵或结构特殊的矩阵时，常将其“分割”成一些低阶的矩阵，使大矩阵的运算化成小矩阵的运算，往往能够起到化简计算的作用，或者为推理证明提供新的思路.

例如，对矩阵

$$A=\left(\begin{array}{cc:ccc}1&0&0&1&3\\0&1&0&2&4\\ \hdashline 0&0&3&0&0\\0&0&0&1&2\\0&0&0&3&0\end{array}\right)$$

进行如上分块，可表示为

$$\boldsymbol{A}=\begin{pmatrix}\boldsymbol{A}_{11}&\boldsymbol{A}_{12}\\\boldsymbol{A}_{21}&\boldsymbol{A}_{22}\end{pmatrix}$$

记

$$\boldsymbol{A}_{11}=\begin{pmatrix}1&0\\0&1\end{pmatrix},\ \boldsymbol{A}_{12}=\begin{pmatrix}0&1&3\\0&2&4\end{pmatrix},\ \boldsymbol{A}_{21}=\begin{pmatrix}0&0\\0&0\\0&0\end{pmatrix},\ \boldsymbol{A}_{22}=\begin{pmatrix}3&0&0\\0&1&2\\0&3&0\end{pmatrix}$$

定义 3.2.1 用若干条横线和纵线将矩阵 $\boldsymbol{A}$ 分成 $s\times t$ 个小矩阵，记为 $\boldsymbol{A}_{kl}$，每一个小矩阵 $\boldsymbol{A}_{kl}(k=1,2,\cdots,s;\ l=1,2,\cdots,t)$ 称为 $\boldsymbol{A}$ 的子块. 把以子块 $\boldsymbol{A}_{kl}$ 为元素的形式上的矩阵称为分块矩阵，即

$$\begin{pmatrix}\boldsymbol{A}_{11}&\boldsymbol{A}_{12}&\cdots&\boldsymbol{A}_{1t}\\\vdots&\vdots&&\vdots\\\boldsymbol{A}_{s1}&\boldsymbol{A}_{s2}&\cdots&\boldsymbol{A}_{st}\end{pmatrix}$$

为 $\boldsymbol{A}$ 的 $s\times t$ 分块矩阵.

3.2.2 常用的分块矩阵

矩阵的分块方法多种多样，给定一个矩阵，可以根据需要，采用不同的分块法.

常用的分块方法主要有：

1. 按列分块

矩阵 $\boldsymbol{A}=(a_{ij})_{m\times n}$ 有 n 列，把 $\boldsymbol{A}$ 的每一列作为一个子块，依次记为 $\boldsymbol{\alpha}_1,\boldsymbol{\alpha}_2,\cdots,\boldsymbol{\alpha}_n$，称为矩阵 $\boldsymbol{A}$ 的 n 个列矩阵(向量)，则有分块矩阵 $\boldsymbol{A}=(\boldsymbol{\alpha}_1,\boldsymbol{\alpha}_2,\cdots,\boldsymbol{\alpha}_n)$，其中

$$\boldsymbol{\alpha}_j=\begin{pmatrix}a_{1j}\\\vdots\\a_{mj}\end{pmatrix}\ (j=1,2,\cdots,n)$$

2. 按行分块

矩阵 $\boldsymbol{A}=(a_{ij})_{m\times n}$ 有 m 行，把矩阵 $\boldsymbol{A}=(a_{ij})_{m\times n}$ 的每一行作为一个子块，依次记为 $\boldsymbol{\beta}_1^{\mathrm{T}},\boldsymbol{\beta}_2^{\mathrm{T}},\cdots,\boldsymbol{\beta}_m^{\mathrm{T}}$，称为 $\boldsymbol{A}$ 的 m 个行矩阵(向量)，则有分块矩阵

$$\boldsymbol{A}=\begin{pmatrix}\boldsymbol{\beta}_1^{\mathrm{T}}\\\boldsymbol{\beta}_2^{\mathrm{T}}\\\vdots\\\boldsymbol{\beta}_m^{\mathrm{T}}\end{pmatrix}$$

其中 $\boldsymbol{\beta}_i^{\mathrm{T}}=(a_{i1}, a_{i2}, \cdots, a_{in})\ (i=1, 2, \cdots, m)$.

列矩阵(列向量)常用字母 $\boldsymbol{\alpha}$, $\boldsymbol{\beta}$, $\boldsymbol{X}$, $\boldsymbol{Y}$ 等表示，而行矩阵(行向量)则用列矩阵(向量)的转置表示，如 $\boldsymbol{\alpha}^{\mathrm{T}}$, $\boldsymbol{\beta}^{\mathrm{T}}$, $\boldsymbol{X}^{\mathrm{T}}$, $\boldsymbol{Y}^{\mathrm{T}}$ 等.

3. 分块对角矩阵

若分块矩阵 $\boldsymbol{A}=\begin{pmatrix}\boldsymbol{A}_{11} & \cdots & \boldsymbol{O}\\ \vdots & \ddots & \vdots\\ \boldsymbol{O} & \cdots & \boldsymbol{A}_{ss}\end{pmatrix}$ 中 $\boldsymbol{A}_{ii}\ (i=1, 2, \cdots, s)$ 均为方阵，其余子块均为零矩阵，则称该分块矩阵为分块对角矩阵，简记为 $\boldsymbol{A}=\mathrm{diag}(\boldsymbol{A}_{11}, \cdots, \boldsymbol{A}_{ss})$.

分块对角矩阵中主对角线上的各子块 $\boldsymbol{A}_{ii}$ 均为方阵，但阶数可以互不相同.

4. 分块三角矩阵

若分块矩阵 $\begin{pmatrix}\boldsymbol{A}_{11} & \cdots & \boldsymbol{A}_{1s}\\ \vdots & \ddots & \vdots\\ \boldsymbol{O} & \cdots & \boldsymbol{A}_{ss}\end{pmatrix}$ 或 $\begin{pmatrix}\boldsymbol{A}_{11} & \cdots & \boldsymbol{O}\\ \vdots & \ddots & \vdots\\ \boldsymbol{A}_{s1} & \cdots & \boldsymbol{A}_{ss}\end{pmatrix}$ 中 $\boldsymbol{A}_{ii}\ (i=1, 2, \cdots, s)$ 均为方阵，其主对角线下方或上方的子块均为零矩阵，则它们分别称为分块上三角矩阵或分块下三角矩阵，这两种分块矩阵统称为分块三角矩阵.

常用的有 $\begin{pmatrix}\boldsymbol{A} & \boldsymbol{O}\\ \boldsymbol{O} & \boldsymbol{B}\end{pmatrix}$, $\begin{pmatrix}\boldsymbol{A} & \boldsymbol{C}\\ \boldsymbol{O} & \boldsymbol{B}\end{pmatrix}$, $\begin{pmatrix}\boldsymbol{A} & \boldsymbol{O}\\ \boldsymbol{D} & \boldsymbol{B}\end{pmatrix}$，其中 $\boldsymbol{A}$, $\boldsymbol{B}$ 均为方阵.

例如，对矩阵 $\boldsymbol{A}=\begin{pmatrix}1&0&0&0&0\\0&1&0&0&0\\0&0&3&0&0\\0&0&0&1&2\\0&0&0&3&0\end{pmatrix}$，可按下列 4 种方法进行分块：

$$\boldsymbol{A}=\left(\begin{array}{c:c:c:c:c}1&0&0&0&0\\0&1&0&0&0\\0&0&3&0&0\\0&0&0&1&2\\0&0&0&3&0\end{array}\right)\xlongequal{\text{记}}(\boldsymbol{\alpha}_1, \boldsymbol{\alpha}_2, \boldsymbol{\alpha}_3, \boldsymbol{\alpha}_4, \boldsymbol{\alpha}_5),\quad \boldsymbol{A}=\left(\begin{array}{ccccc}1&0&0&0&0\\ \hdashline 0&1&0&0&0\\ \hdashline 0&0&3&0&0\\ \hdashline 0&0&0&1&2\\ \hdashline 0&0&0&3&0\end{array}\right)\xlongequal{\text{记}}\begin{pmatrix}\boldsymbol{\beta}_1^{\mathrm{T}}\\ \boldsymbol{\beta}_2^{\mathrm{T}}\\ \boldsymbol{\beta}_3^{\mathrm{T}}\\ \boldsymbol{\beta}_4^{\mathrm{T}}\\ \boldsymbol{\beta}_5^{\mathrm{T}}\end{pmatrix}$$

$$\boldsymbol{A}=\left(\begin{array}{cc:c:cc}1&0&0&0&0\\0&1&0&0&0\\ \hdashline 0&0&3&0&0\\ \hdashline 0&0&0&1&2\\0&0&0&3&0\end{array}\right)\xlongequal{\text{记}}\begin{pmatrix}\boldsymbol{E}_2&\boldsymbol{O}&\boldsymbol{O}\\ \boldsymbol{O}&\boldsymbol{A}_1&\boldsymbol{O}\\ \boldsymbol{O}&\boldsymbol{O}&\boldsymbol{A}_2\end{pmatrix},\quad \boldsymbol{A}=\left(\begin{array}{cc:ccc}1&0&0&0&0\\0&1&0&0&0\\ \hdashline 0&0&3&0&0\\0&0&0&1&2\\0&0&0&3&0\end{array}\right)\xlongequal{\text{记}}\begin{pmatrix}\boldsymbol{E}_2&\boldsymbol{O}\\ \boldsymbol{O}&\boldsymbol{B}\end{pmatrix}$$

其中，第三种分块法和第四种分块法都可以形成分块对角矩阵，但主对角线上的子块阶数不同.

3.2.3　分块矩阵的运算

分块矩阵的运算规则与普通矩阵的运算规则极其相似，分别说明如下.

1. 分块矩阵的加法

设同型矩阵 $\boldsymbol{A}$ 与 $\boldsymbol{B}$ 采用相同的分块法，有

$$\boldsymbol{A}=\begin{pmatrix}\boldsymbol{A}_{11} & \cdots & \boldsymbol{A}_{1r}\\ \vdots & & \vdots\\ \boldsymbol{A}_{s1} & \cdots & \boldsymbol{A}_{sr}\end{pmatrix},\ \boldsymbol{B}=\begin{pmatrix}\boldsymbol{B}_{11} & \cdots & \boldsymbol{B}_{1r}\\ \vdots & & \vdots\\ \boldsymbol{B}_{s1} & \cdots & \boldsymbol{B}_{sr}\end{pmatrix}$$

其中 $\boldsymbol{A}_{ij}$ 与 $\boldsymbol{B}_{ij}(i=1,\cdots,s;j=1,\cdots,r)$ 也是同型矩阵，则

$$\boldsymbol{A}+\boldsymbol{B}=\begin{pmatrix}\boldsymbol{A}_{11}+\boldsymbol{B}_{11} & \cdots & \boldsymbol{A}_{1r}+\boldsymbol{B}_{1r}\\ \vdots & & \vdots\\ \boldsymbol{A}_{s1}+\boldsymbol{B}_{s1} & \cdots & \boldsymbol{A}_{sr}+\boldsymbol{B}_{sr}\end{pmatrix}$$

2. 分块矩阵的数乘

设分块矩阵 $\boldsymbol{A}=\begin{pmatrix}\boldsymbol{A}_{11} & \cdots & \boldsymbol{A}_{1r}\\ \vdots & & \vdots\\ \boldsymbol{A}_{s1} & \cdots & \boldsymbol{A}_{sr}\end{pmatrix}$，$\lambda$ 为数，则

$$\lambda\boldsymbol{A}=\begin{pmatrix}\lambda\boldsymbol{A}_{11} & \cdots & \lambda\boldsymbol{A}_{1r}\\ \vdots & & \vdots\\ \lambda\boldsymbol{A}_{s1} & \cdots & \lambda\boldsymbol{A}_{sr}\end{pmatrix}$$

3. 分块矩阵的乘法

设 $\boldsymbol{A}$ 为 $m\times l$ 矩阵，$\boldsymbol{B}$ 为 $l\times n$ 矩阵，分块成

$$\boldsymbol{A}=\begin{pmatrix}\boldsymbol{A}_{11} & \cdots & \boldsymbol{A}_{1t}\\ \vdots & & \vdots\\ \boldsymbol{A}_{s1} & \cdots & \boldsymbol{A}_{st}\end{pmatrix},\ \boldsymbol{B}=\begin{pmatrix}\boldsymbol{B}_{11} & \cdots & \boldsymbol{B}_{1r}\\ \vdots & & \vdots\\ \boldsymbol{B}_{t1} & \cdots & \boldsymbol{B}_{tr}\end{pmatrix}$$

其中 $\boldsymbol{A}_{i1}$，$\boldsymbol{A}_{i2}$，…，$\boldsymbol{A}_{it}$ 的列数分别等于 $\boldsymbol{B}_{1j}$，$\boldsymbol{B}_{2j}$，…，$\boldsymbol{B}_{tj}$ 的行数，则

$$\boldsymbol{AB}=\begin{pmatrix}\boldsymbol{C}_{11} & \cdots & \boldsymbol{C}_{1r}\\ \vdots & & \vdots\\ \boldsymbol{C}_{s1} & \cdots & \boldsymbol{C}_{sr}\end{pmatrix}$$

其中

$$\boldsymbol{C}_{ij}=\boldsymbol{A}_{i1}\boldsymbol{B}_{1j}+\boldsymbol{A}_{i2}\boldsymbol{B}_{2j}+\cdots+\boldsymbol{A}_{it}\boldsymbol{B}_{tj}=\sum_{k=1}^{t}\boldsymbol{A}_{ik}\boldsymbol{B}_{kj}\quad(i=1,2,\cdots,s;j=1,2,\cdots,r)$$

4. 分块矩阵的转置

设分块矩阵 $\boldsymbol{A}=\begin{pmatrix}\boldsymbol{A}_{11} & \cdots & \boldsymbol{A}_{1r}\\ \vdots & & \vdots\\ \boldsymbol{A}_{s1} & \cdots & \boldsymbol{A}_{sr}\end{pmatrix}$，则 $\boldsymbol{A}^{\mathrm{T}}=\begin{pmatrix}\boldsymbol{A}_{11}^{\mathrm{T}} & \cdots & \boldsymbol{A}_{s1}^{\mathrm{T}}\\ \vdots & & \vdots\\ \boldsymbol{A}_{1r}^{\mathrm{T}} & \cdots & \boldsymbol{A}_{sr}^{\mathrm{T}}\end{pmatrix}$.

特别地，分块对角矩阵的运算具有以下优势. 设

$$\boldsymbol{A}=\begin{pmatrix}\boldsymbol{A}_{1} & & \\ & \ddots & \\ & & \boldsymbol{A}_{s}\end{pmatrix},\ \boldsymbol{B}=\begin{pmatrix}\boldsymbol{B}_{1} & & \\ & \ddots & \\ & & \boldsymbol{B}_{s}\end{pmatrix}$$

其中 $\boldsymbol{A}_i$ 与 $\boldsymbol{B}_i(i=1, 2, \cdots, s)$ 均为同阶方阵，未写出的子块均为零矩阵，则有

$$\boldsymbol{A}+\boldsymbol{B}=\begin{pmatrix}\boldsymbol{A}_1+\boldsymbol{B}_1 & & \\ & \ddots & \\ & & \boldsymbol{A}_s+\boldsymbol{B}_s\end{pmatrix}=\operatorname{diag}(\boldsymbol{A}_1+\boldsymbol{B}_1, \boldsymbol{A}_2+\boldsymbol{B}_2, \cdots, \boldsymbol{A}_s+\boldsymbol{B}_s)$$

$$\boldsymbol{AB}=\begin{pmatrix}\boldsymbol{A}_1\boldsymbol{B}_1 & & \\ & \ddots & \\ & & \boldsymbol{A}_s\boldsymbol{B}_s\end{pmatrix}=\operatorname{diag}(\boldsymbol{A}_1\boldsymbol{B}_1, \boldsymbol{A}_2\boldsymbol{B}_2, \cdots, \boldsymbol{A}_s\boldsymbol{B}_s)$$

$$\boldsymbol{A}^k=\begin{pmatrix}\boldsymbol{A}_1^k & & \\ & \ddots & \\ & & \boldsymbol{A}_s^k\end{pmatrix}=\operatorname{diag}(\boldsymbol{A}_1^k, \boldsymbol{A}_2^k, \cdots, \boldsymbol{A}_s^k)$$

$$\boldsymbol{A}^{\mathrm{T}}=\begin{pmatrix}\boldsymbol{A}_1^{\mathrm{T}} & & \\ & \ddots & \\ & & \boldsymbol{A}_s^{\mathrm{T}}\end{pmatrix}=\operatorname{diag}(\boldsymbol{A}_1^{\mathrm{T}}, \boldsymbol{A}_2^{\mathrm{T}}, \cdots, \boldsymbol{A}_s^{\mathrm{T}})$$

注 分块对角矩阵的运算可归结为主对角线上子块的运算；当矩阵的阶数比较高，或零元比较多且非常集中，通常可以分块成分块对角矩阵或分块三角矩阵.

例 3.2.1 设

$$\boldsymbol{A}=\begin{pmatrix}1&0&0&0\\0&1&0&0\\-1&1&1&0\\1&1&0&1\end{pmatrix}, \quad \boldsymbol{B}=\begin{pmatrix}1&0&1&0\\1&2&0&1\\0&0&3&1\\0&0&2&0\end{pmatrix}$$

利用分块矩阵法计算 $2\boldsymbol{A}+\boldsymbol{B}$，$\boldsymbol{AB}$.

解 把 $\boldsymbol{A}$，$\boldsymbol{B}$ 分块成

$$\boldsymbol{A}=\left(\begin{array}{cc:cc}1&0&0&0\\0&1&0&0\\ \hdashline -1&1&1&0\\1&1&0&1\end{array}\right)\xlongequal{\text{记}}\begin{pmatrix}\boldsymbol{E}&\boldsymbol{O}\\\boldsymbol{A}_1&\boldsymbol{E}\end{pmatrix}, \quad \boldsymbol{B}=\left(\begin{array}{cc:cc}1&0&1&0\\1&2&0&1\\ \hdashline 0&0&3&1\\0&0&2&0\end{array}\right)\xlongequal{\text{记}}\begin{pmatrix}\boldsymbol{B}_1&\boldsymbol{E}\\\boldsymbol{O}&\boldsymbol{B}_2\end{pmatrix}$$

则

$$2\boldsymbol{A}+\boldsymbol{B}=\begin{pmatrix}2\boldsymbol{E}+\boldsymbol{B}_1&\boldsymbol{E}\\2\boldsymbol{A}_1&2\boldsymbol{E}+\boldsymbol{B}_2\end{pmatrix}=\begin{pmatrix}3&0&1&0\\1&4&0&1\\-2&2&5&1\\2&2&2&2\end{pmatrix}$$

$$\boldsymbol{AB}=\begin{pmatrix}\boldsymbol{E}&\boldsymbol{O}\\\boldsymbol{A}_1&\boldsymbol{E}\end{pmatrix}\begin{pmatrix}\boldsymbol{B}_1&\boldsymbol{E}\\\boldsymbol{O}&\boldsymbol{B}_2\end{pmatrix}=\begin{pmatrix}\boldsymbol{B}_1&\boldsymbol{E}\\\boldsymbol{A}_1\boldsymbol{B}_1&\boldsymbol{A}_1+\boldsymbol{B}_2\end{pmatrix}$$

又

$$\boldsymbol{A}_1\boldsymbol{B}_1=\begin{pmatrix}-1&1\\1&1\end{pmatrix}\begin{pmatrix}1&0\\1&2\end{pmatrix}=\begin{pmatrix}0&2\\2&2\end{pmatrix}$$

$$A_1+B_2=\begin{pmatrix}-1&1\\1&1\end{pmatrix}+\begin{pmatrix}3&1\\2&0\end{pmatrix}=\begin{pmatrix}2&2\\3&1\end{pmatrix}$$

于是

$$AB=\begin{pmatrix}1&0&1&0\\1&2&0&1\\0&2&2&2\\2&2&3&1\end{pmatrix}$$

注 上述例子中矩阵乘积利用分块矩阵算出来的结果与直接根据矩阵乘法的定义算出来的结果是一致的. 但若矩阵阶数较高，且可分块为特殊分块矩阵时，采用分块矩阵的乘法可以使运算更简便些.

例 3.2.2 设

$$A=\begin{pmatrix}1&0&0&0\\0&1&0&0\\0&0&-1&1\\0&0&1&-1\end{pmatrix}$$

求 A^{2018}.

解 把 A 分块成

$$A=\left(\begin{array}{cc:cc}1&0&0&0\\0&1&0&0\\\hdashline 0&0&-1&1\\0&0&1&-1\end{array}\right)\overset{\text{记}}{=}\begin{pmatrix}E&O\\O&B\end{pmatrix}$$

则
$$A^{2018}=\begin{pmatrix}E^{2018}&O\\O&B^{2018}\end{pmatrix}=\begin{pmatrix}1&0&0&0\\0&1&0&0\\0&0&2^{2017}&-2^{2017}\\0&0&-2^{2017}&2^{2017}\end{pmatrix}$$

3.2.4 分块矩阵的应用

利用分块矩阵，可以改写一些表达式，使其形式多样化，或简洁化.

1. 线性方程组的矩阵表示

对线性方程组

$$\begin{cases}a_{11}x_1+a_{12}x_2+\cdots+a_{1n}x_n=b_1\\a_{21}x_1+a_{22}x_2+\cdots+a_{2n}x_n=b_2\\\qquad\vdots\\a_{m1}x_1+a_{m2}x_2+\cdots+a_{mn}x_n=b_m\end{cases}\tag{3.2.1}$$

(1) 按矩阵乘法运算，可记为

$$A_{m\times n}X=\beta\tag{3.2.2}$$

(2) 若系数矩阵 A 按列分块，得 $A=(\alpha_1, \alpha_2, \cdots, \alpha_n)$，则线性方程组 $AX=\beta$ 可记作

$$(\boldsymbol{\alpha}_1, \boldsymbol{\alpha}_2, \cdots, \boldsymbol{\alpha}_n)\begin{pmatrix} x_1 \\ x_2 \\ \vdots \\ x_n \end{pmatrix}=\boldsymbol{\alpha}_1 x_1+\boldsymbol{\alpha}_2 x_2+\cdots+\boldsymbol{\alpha}_n x_n=\boldsymbol{\beta} \tag{3.2.3}$$

于是 $\boldsymbol{AX}=\boldsymbol{\beta}$ 等价于 $\boldsymbol{\alpha}_1 x_1+\boldsymbol{\alpha}_2 x_2+\cdots+\boldsymbol{\alpha}_n \boldsymbol{x}_n=\boldsymbol{\beta}$.

注 该结论将在第 4 章使用，可把向量组的线性表示问题转化为线性方程组的解的问题.

(3) 若系数矩阵 $\boldsymbol{A}$ 按行分块，则线性方程组 $\boldsymbol{AX}=\boldsymbol{\beta}$ 可记作

$$\begin{pmatrix} \boldsymbol{\beta}_1^{\mathrm{T}} \\ \boldsymbol{\beta}_2^{\mathrm{T}} \\ \vdots \\ \boldsymbol{\beta}_m^{\mathrm{T}} \end{pmatrix}\boldsymbol{X}=\begin{pmatrix} b_1 \\ b_2 \\ \vdots \\ b_m \end{pmatrix} \text{或} \begin{cases} \boldsymbol{\beta}_1^{\mathrm{T}}\boldsymbol{X}=b_1 \\ \boldsymbol{\beta}_2^{\mathrm{T}}\boldsymbol{X}=b_2 \\ \quad\vdots \\ \boldsymbol{\beta}_m^{\mathrm{T}}\boldsymbol{X}=b_m \end{cases} \tag{3.2.4}$$

相当于把每个方程

$$a_{i1}x_1+a_{i2}x_2+\cdots+a_{in}x_n=b_i$$

记作

$$\boldsymbol{\beta}_i^{\mathrm{T}}\boldsymbol{X}=b_i \quad (i=1, 2, \cdots, m)$$

式(3.2.2)～式(3.2.4)是线性方程组(3.2.1)的各种变形. 今后，它们与式(3.2.1)都称为线性方程组，使用时不加区分.

2. 矩阵乘法

对矩阵 $\boldsymbol{A}=(a_{ij})_{m\times s}$，$\boldsymbol{B}=(b_{ij})_{s\times n}$，可作乘积 $\boldsymbol{AB}=\boldsymbol{C}=(c_{ij})_{m\times n}$.

(1) 若对矩阵 $\boldsymbol{A}$ 按行分块，对 $\boldsymbol{B}$ 按列分块，有 $\boldsymbol{A}=\begin{pmatrix} \boldsymbol{\alpha}_1^{\mathrm{T}} \\ \boldsymbol{\alpha}_2^{\mathrm{T}} \\ \vdots \\ \boldsymbol{\alpha}_m^{\mathrm{T}} \end{pmatrix}$，$\boldsymbol{B}=(\boldsymbol{\beta}_1, \boldsymbol{\beta}_2, \cdots, \boldsymbol{\beta}_n)$，则

$$\boldsymbol{AB}=\begin{pmatrix} \boldsymbol{\alpha}_1^{\mathrm{T}} \\ \boldsymbol{\alpha}_2^{\mathrm{T}} \\ \vdots \\ \boldsymbol{\alpha}_m^{\mathrm{T}} \end{pmatrix}(\boldsymbol{\beta}_1, \boldsymbol{\beta}_2, \cdots, \boldsymbol{\beta}_n)=\begin{pmatrix} \boldsymbol{\alpha}_1^{\mathrm{T}}\boldsymbol{\beta}_1 & \boldsymbol{\alpha}_1^{\mathrm{T}}\boldsymbol{\beta}_2 & \cdots & \boldsymbol{\alpha}_1^{\mathrm{T}}\boldsymbol{\beta}_n \\ \boldsymbol{\alpha}_2^{\mathrm{T}}\boldsymbol{\beta}_1 & \boldsymbol{\alpha}_2^{\mathrm{T}}\boldsymbol{\beta}_2 & \cdots & \boldsymbol{\alpha}_2^{\mathrm{T}}\boldsymbol{\beta}_n \\ \vdots & \vdots & & \vdots \\ \boldsymbol{\alpha}_m^{\mathrm{T}}\boldsymbol{\beta}_1 & \boldsymbol{\alpha}_m^{\mathrm{T}}\boldsymbol{\beta}_2 & \cdots & \boldsymbol{\alpha}_m^{\mathrm{T}}\boldsymbol{\beta}_n \end{pmatrix}=(c_{ij})_{m\times n}$$

其中

$$c_{ij}=\boldsymbol{\alpha}_i^{\mathrm{T}}\boldsymbol{\beta}_j=(a_{i1}, a_{i2}, \cdots, a_{is})\begin{pmatrix} b_{1j} \\ b_{2j} \\ \vdots \\ b_{sj} \end{pmatrix}=\sum_{k=1}^{s} a_{ik}b_{kj}$$

该结论可以进一步描述矩阵乘法运算的具体计算过程.

(2) 若对 $\boldsymbol{B}$ 按列分块，则

$$\boldsymbol{AB}=\boldsymbol{A}(\boldsymbol{\beta}_1, \boldsymbol{\beta}_2, \cdots, \boldsymbol{\beta}_n)=(\boldsymbol{A\beta}_1, \boldsymbol{A\beta}_2, \cdots, \boldsymbol{A\beta}_n)$$

(3) 若对矩阵 $\boldsymbol{A}$ 按行分块，则

$$AB=\begin{pmatrix}\boldsymbol{\alpha}_1^{\mathrm T}\\ \boldsymbol{\alpha}_2^{\mathrm T}\\ \vdots\\ \boldsymbol{\alpha}_m^{\mathrm T}\end{pmatrix}B=\begin{pmatrix}\boldsymbol{\alpha}_1^{\mathrm T}B\\ \boldsymbol{\alpha}_2^{\mathrm T}B\\ \vdots\\ \boldsymbol{\alpha}_m^{\mathrm T}B\end{pmatrix}$$

以上分块方法在计算或证明的过程中，可以起到简化运算的作用.

例 3.2.3　证明：实矩阵 $A=O$ 的充分必要条件是方阵 $A^{\mathrm T}A=O$.

证明　必要条件显然成立的. 下面证明条件的充分性.

设 $A=(a_{ij})_{m\times n}$，且 $A^{\mathrm T}A=O$. 把 A 按列分块为 $A=(\boldsymbol{\alpha}_1, \boldsymbol{\alpha}_2, \cdots, \boldsymbol{\alpha}_n)$，则

$$A^{\mathrm T}A=\begin{pmatrix}\boldsymbol{\alpha}_1^{\mathrm T}\\ \boldsymbol{\alpha}_2^{\mathrm T}\\ \vdots\\ \boldsymbol{\alpha}_n^{\mathrm T}\end{pmatrix}(\boldsymbol{\alpha}_1, \boldsymbol{\alpha}_2, \cdots, \boldsymbol{\alpha}_n)=\begin{pmatrix}\boldsymbol{\alpha}_1^{\mathrm T}\boldsymbol{\alpha}_1 & \boldsymbol{\alpha}_1^{\mathrm T}\boldsymbol{\alpha}_2 & \cdots & \boldsymbol{\alpha}_1^{\mathrm T}\boldsymbol{\alpha}_n\\ \boldsymbol{\alpha}_2^{\mathrm T}\boldsymbol{\alpha}_1 & \boldsymbol{\alpha}_2^{\mathrm T}\boldsymbol{\alpha}_2 & \cdots & \boldsymbol{\alpha}_2^{\mathrm T}\boldsymbol{\alpha}_n\\ \vdots & \vdots & & \vdots\\ \boldsymbol{\alpha}_n^{\mathrm T}\boldsymbol{\alpha}_1 & \boldsymbol{\alpha}_n^{\mathrm T}\boldsymbol{\alpha}_2 & \cdots & \boldsymbol{\alpha}_n^{\mathrm T}\boldsymbol{\alpha}_n\end{pmatrix}=\begin{pmatrix}0 & 0 & \cdots & 0\\ 0 & 0 & \cdots & 0\\ \vdots & \vdots & & \vdots\\ 0 & 0 & \cdots & 0\end{pmatrix}$$

可得 $A^{\mathrm T}A$ 的所有元 $\boldsymbol{\alpha}_i^{\mathrm T}\boldsymbol{\alpha}_j$ 等于零，即 $\boldsymbol{\alpha}_i^{\mathrm T}\boldsymbol{\alpha}_j=0\ (i, j=1, 2, \cdots, n)$.

特别地，有

$$\boldsymbol{\alpha}_j^{\mathrm T}\boldsymbol{\alpha}_j=0\quad (j=1, 2, \cdots, n)$$

而

$$\boldsymbol{\alpha}_j^{\mathrm T}\boldsymbol{\alpha}_j=(a_{1j}, a_{2j}, \cdots, a_{mj})\begin{pmatrix}a_{1j}\\ a_{2j}\\ \vdots\\ a_{mj}\end{pmatrix}=a_{1j}^2+a_{2j}^2+\cdots+a_{mj}^2$$

则 $a_{1j}^2+a_{2j}^2+\cdots+a_{mj}^2=0$，又 a_{ij} 为实数，得

$$a_{1j}=a_{2j}=\cdots=a_{mj}=0\quad (j=1, 2, \cdots, n)$$

从而 $A=O$.

注　本例阐明了矩阵 A 与方阵 $A^{\mathrm T}A$ 之间的一种关系. 特别的，当 $A=\boldsymbol{\alpha}$ 为列向量时，由于 $\boldsymbol{\alpha}^{\mathrm T}\boldsymbol{\alpha}$ 为 1×1 矩阵，即 $\boldsymbol{\alpha}^{\mathrm T}\boldsymbol{\alpha}$ 是一个数，这时，本例的结论可叙述为：列向量 $\boldsymbol{\alpha}=O$ 的充分必要条件是 $\boldsymbol{\alpha}^{\mathrm T}\boldsymbol{\alpha}=0$.

例 3.2.4　已知 $AB=O$，且 $B=\begin{pmatrix}1 & 0 & 0\\ 2 & 0 & -1\\ 0 & 0 & 1\end{pmatrix}$，证明：$R(A)<3$.

证明　对 B 和零矩阵按列分块，得

$$B=(\boldsymbol{\beta}_1, \boldsymbol{\beta}_2, \boldsymbol{\beta}_3),\ O=(O, O, O)$$

其中

$$\boldsymbol{\beta}_1=\begin{pmatrix}1\\ 2\\ 0\end{pmatrix},\ \boldsymbol{\beta}_2=\begin{pmatrix}0\\ 0\\ 0\end{pmatrix},\ \boldsymbol{\beta}_3=\begin{pmatrix}0\\ -1\\ 1\end{pmatrix}$$

则

$$AB=A(\boldsymbol{\beta}_1, \boldsymbol{\beta}_2, \boldsymbol{\beta}_3)=(A\boldsymbol{\beta}_1, A\boldsymbol{\beta}_2, A\boldsymbol{\beta}_3)=(O, O, O)$$

比较得

$$A\boldsymbol{\beta}_i = O \quad (i=1, 2, 3)$$

从而齐次线性方程组 $AX=O$ 有解 $\boldsymbol{\beta}_1, \boldsymbol{\beta}_2, \boldsymbol{\beta}_3$.

又 $\boldsymbol{\beta}_1 \neq O$，$\boldsymbol{\beta}_3 \neq O$，则 3 元齐次线性方程组 $AX=O$ 有非零解 $\boldsymbol{\beta}_1, \boldsymbol{\beta}_3$.

由解的判定定理 1.4.2 得 $R(A) < 3$.

3. 矩阵方程的解的判定定理

通常，含有未知矩阵的矩阵等式称为矩阵方程. 常见的矩阵方程有三种基本类型

$$AX=B,\ XA=B,\ AXC=B$$

利用分块矩阵法(如例 3.2.4)，可以把矩阵方程与线性方程组联系起来，把线性方程组解的判定定理 1.4.1 推广到矩阵方程，可得到如下定理.

定理 3.2.1　矩阵方程 $A_{m\times n}X_{n\times s}=B_{m\times s}$ 有解的充分必要条件是 $R(A)=R(A, B)$.

证明　对 X 和 B 按列分块为 $X=(X_1, X_2, \cdots, X_s)$ 和 $B=(\boldsymbol{\beta}_1, \boldsymbol{\beta}_2, \cdots, \boldsymbol{\beta}_s)$，

$$AX=A(X_1, X_2, \cdots, X_s)=(AX_1, AX_2, \cdots, AX_s)=(\boldsymbol{\beta}_1, \boldsymbol{\beta}_2, \cdots, \boldsymbol{\beta}_s)$$

则

$$\begin{aligned} AX=B \text{ 有解} &\Leftrightarrow AX_i=\boldsymbol{\beta}_i (i=1, 2, \cdots, s) \text{ 有解} \\ &\Leftrightarrow \text{方程组 } AX=\boldsymbol{\beta}_i \text{ 有解 } X_i \\ &\Leftrightarrow R(A)=R(A, \boldsymbol{\beta}_i) \end{aligned}$$

设 $(A, B)=(A, \boldsymbol{\beta}_1, \boldsymbol{\beta}_2, \cdots, \boldsymbol{\beta}_s) \xrightarrow{r} (\bar{A}, \bar{B})=(\bar{A}, \bar{\boldsymbol{\beta}}_1, \bar{\boldsymbol{\beta}}_2, \cdots, \bar{\boldsymbol{\beta}}_s)$，其中 $(\bar{A}, \bar{B})$ 为行阶梯形矩阵，则

$$R(A)=R(A, \boldsymbol{\beta}_i)=r$$

$$\Leftrightarrow R(\bar{A})=R(\bar{A}, \bar{\boldsymbol{\beta}}_i)=r$$

$\Leftrightarrow (\bar{A}, \bar{\boldsymbol{\beta}}_i)$ 后 $m-r$ 行全为零行

$\Leftrightarrow (\bar{A}, \bar{\boldsymbol{\beta}}_1, \bar{\boldsymbol{\beta}}_2, \cdots, \bar{\boldsymbol{\beta}}_s)$ 后 $m-r$ 行全为零行

$$\Leftrightarrow R(\bar{A})=R(\bar{A}, \bar{\boldsymbol{\beta}}_1, \bar{\boldsymbol{\beta}}_2, \cdots, \bar{\boldsymbol{\beta}}_s)=r$$

$$\Leftrightarrow R(A)=R(\bar{A})=R(\bar{A}, \bar{\boldsymbol{\beta}}_1, \bar{\boldsymbol{\beta}}_2, \cdots, \bar{\boldsymbol{\beta}}_s)=R(A, \boldsymbol{\beta}_1, \boldsymbol{\beta}_2, \cdots, \boldsymbol{\beta}_s)=R(A, B).$$

例 3.2.5　已知 $A=\begin{pmatrix}1 & 2\\ 2 & 5\end{pmatrix}$，$B=\begin{pmatrix}3 & 4\\ 5 & 6\end{pmatrix}$，证明：矩阵方程 $AX=B$ 有解.

证明　只需对 (A, B) 进行初等行变换，化为行阶梯形.

$$(A, B)=\left(\begin{array}{cc:cc}1 & 2 & 3 & 4\\ 2 & 5 & 5 & 6\end{array}\right) \xrightarrow{r_2-2r_1} \left(\begin{array}{cc:cc}1 & 2 & 3 & 4\\ 0 & 1 & -1 & -2\end{array}\right)$$

则 $R(A)=R(A, B)=2$，由定理 3.2.1 得，结论成立.

思考：

1. 矩阵方程 $AX=B$ 可改为一般线性方程组吗？
2. 如何求出未知矩阵 X.

3.3 方阵的行列式

3.3.1 方阵行列式的定义

定义 3.3.1 由 n 阶方阵 $\boldsymbol{A}$ 的元素所组成的行列式(各元素的位置不变)，称为方阵 $\boldsymbol{A}$ 的行列式，记作 $|\boldsymbol{A}|$ 或 $\det\boldsymbol{A}$.

注 只有方阵才有行列式，且方阵与行列式是两个不同的概念，它们的本质不同. n 阶方阵是一张方形的数表 $\boldsymbol{A}$，而 n 阶行列式 $|\boldsymbol{A}|$ 是数表 $\boldsymbol{A}$ 里的元素按一定的运算法则确定的一个数.

例如，$\boldsymbol{A}=\begin{pmatrix}1&3\\2&4\end{pmatrix}$ 为 2 阶方阵，是由 4 个数组成的一张数表；$|\boldsymbol{A}|=\begin{vmatrix}1&3\\2&4\end{vmatrix}=-2$ 是由上述 4 个数按对角线法则确定的一个数 -2. 又如，$\boldsymbol{B}=\begin{pmatrix}1&3&5\\2&4&6\end{pmatrix}$ 为 2×3 矩阵，是由 6 个数组成的一张数表，有意义；由于矩阵 $\boldsymbol{B}$ 的行数和列数不相等，因而 $|\boldsymbol{B}|$ 无意义.

3.3.2 方阵行列式的性质

方阵 $\boldsymbol{A}$ 确定的行列式 $|\boldsymbol{A}|$ 满足下述运算性质(设 $\boldsymbol{A}$，$\boldsymbol{B}$ 为 n 阶方阵，λ 为数)：

(1) $|\boldsymbol{A}^{\mathrm{T}}|=|\boldsymbol{A}|$；

(2) $|\lambda\boldsymbol{A}|=\lambda^n|\boldsymbol{A}|$；

(3) $|\boldsymbol{AB}|=|\boldsymbol{A}||\boldsymbol{B}|$；

(4) 设有分块对角矩阵 $\begin{vmatrix}\boldsymbol{A}_1&\cdots&\boldsymbol{O}\\\vdots&\ddots&\vdots\\\boldsymbol{O}&\cdots&\boldsymbol{A}_s\end{vmatrix}$，分块三角矩阵 $\begin{vmatrix}\boldsymbol{A}_1&\cdots&\boldsymbol{A}_{1s}\\\vdots&\ddots&\vdots\\\boldsymbol{O}&\cdots&\boldsymbol{A}_s\end{vmatrix}$ 或 $\begin{vmatrix}\boldsymbol{A}_1&\cdots&\boldsymbol{O}\\\vdots&\ddots&\vdots\\\boldsymbol{A}_{s1}&\cdots&\boldsymbol{A}_s\end{vmatrix}$，其中 $\boldsymbol{A}_i(i=1,2,\cdots,s)$ 均为方阵，则

$$\begin{vmatrix}\boldsymbol{A}_1&\cdots&\boldsymbol{O}\\\vdots&\ddots&\vdots\\\boldsymbol{O}&\cdots&\boldsymbol{A}_s\end{vmatrix}=\begin{vmatrix}\boldsymbol{A}_1&\cdots&\boldsymbol{A}_{1s}\\\vdots&\ddots&\vdots\\\boldsymbol{O}&\cdots&\boldsymbol{A}_s\end{vmatrix}=\begin{vmatrix}\boldsymbol{A}_1&\cdots&\boldsymbol{O}\\\vdots&\ddots&\vdots\\\boldsymbol{A}_{s1}&\cdots&\boldsymbol{A}_s\end{vmatrix}=|\boldsymbol{A}_1||\boldsymbol{A}_2|\cdots|\boldsymbol{A}_s|.$$

常用的有

$$\begin{vmatrix}\boldsymbol{A}&\boldsymbol{O}\\\boldsymbol{O}&\boldsymbol{B}\end{vmatrix}=\begin{vmatrix}\boldsymbol{A}&\boldsymbol{O}\\\boldsymbol{C}&\boldsymbol{B}\end{vmatrix}=\begin{vmatrix}\boldsymbol{A}&\boldsymbol{D}\\\boldsymbol{O}&\boldsymbol{B}\end{vmatrix}=|\boldsymbol{A}|\cdot|\boldsymbol{B}|.$$

其中 $\boldsymbol{A}$，$\boldsymbol{B}$ 分别为 m 阶，n 阶方阵.

证明 仅证明性质(3). 设 $\boldsymbol{A}=(a_{ij})$，$\boldsymbol{B}=(b_{ij})$，记 $2n$ 阶行列式

$$D=\begin{vmatrix} a_{11} & \cdots & a_{1n} & & & \\ \vdots & & \vdots & & \boldsymbol{O} & \\ a_{n1} & \cdots & a_{nn} & & & \\ -1 & & & b_{11} & \cdots & b_{1n} \\ & \ddots & & \vdots & & \vdots \\ & & -1 & b_{n1} & \cdots & b_{nn} \end{vmatrix}=\begin{vmatrix} \boldsymbol{A} & \boldsymbol{O} \\ -\boldsymbol{E} & \boldsymbol{B} \end{vmatrix}$$

由例 2.4.5 可知 $D=|\boldsymbol{A}||\boldsymbol{B}|$.

而在 D 中作初等列变换：以 b_{1j} 乘第 1 列，b_{2j} 乘第 2 列，…，b_{nj} 乘第 n 列，都加到第 $n+j$ 列上，即作变换 $c_{n+j}+b_{1j}c_1+b_{2j}c_2+\cdots+b_{nj}c_n(j=1,2,\cdots,n)$，使得

$$D=\begin{vmatrix} \boldsymbol{A} & \boldsymbol{C} \\ -\boldsymbol{E} & \boldsymbol{O} \end{vmatrix}$$

其中

$$\boldsymbol{C}=(c_{ij}),\ c_{ij}=a_{i1}b_{1j}+a_{i2}b_{2j}+\cdots+a_{in}b_{nj}$$

故

$$\boldsymbol{C}=\boldsymbol{AB}$$

再对 D 进行初等行变换，作 $r_j\leftrightarrow r_{n+j}(j=1,2,\cdots,n)$，有

$$D=(-1)^n\begin{vmatrix} -\boldsymbol{E} & \boldsymbol{O} \\ \boldsymbol{A} & \boldsymbol{C} \end{vmatrix}$$

从而由例 2.4.5,有

$$D=(-1)^n|-\boldsymbol{E}||\boldsymbol{C}|=(-1)^n(-1)^n|\boldsymbol{C}|=|\boldsymbol{C}|=|\boldsymbol{AB}|$$

于是

$$|\boldsymbol{AB}|=|\boldsymbol{A}||\boldsymbol{B}|$$

证毕.

注　由性质(3)可知，对于 n 阶方阵 $\boldsymbol{A}$，$\boldsymbol{B}$，一般来说 $\boldsymbol{AB}\neq\boldsymbol{BA}$，但总有 $|\boldsymbol{AB}|=|\boldsymbol{BA}|$.

性质(3)可以推广至有限个方阵的情形：

$|\boldsymbol{A}_1\boldsymbol{A}_2\cdots\boldsymbol{A}_k|=|\boldsymbol{A}_1||\boldsymbol{A}_2|\cdots|\boldsymbol{A}_k|$，其中 $\boldsymbol{A}_i(i=1,2,\cdots,k)$ 为同阶方阵.

$$|\boldsymbol{A}^k|=|\boldsymbol{A}|^k$$

例 3.3.1　设 $\boldsymbol{A}$，$\boldsymbol{B}$ 均为 3 阶方阵，且 $|\boldsymbol{A}|=-3$，$|\boldsymbol{B}|=2$，求 $|-2\boldsymbol{A}|$，$|\boldsymbol{A}^{\mathrm{T}}\boldsymbol{B}^2|$.

解

$$|-2\boldsymbol{A}|=(-2)^3|\boldsymbol{A}|=24$$

$$|\boldsymbol{A}^{\mathrm{T}}\boldsymbol{B}^2|=|\boldsymbol{A}^{\mathrm{T}}||\boldsymbol{B}^2|=|\boldsymbol{A}||\boldsymbol{B}|^2=-12$$

例 3.3.2　设 $\boldsymbol{A}=\begin{pmatrix} 2 & 1 \\ -1 & 2 \end{pmatrix}$，$\boldsymbol{E}$ 为二阶单位阵，矩阵 $\boldsymbol{B}$ 满足 $\boldsymbol{AB}=\boldsymbol{B}+\boldsymbol{E}$，求 $|\boldsymbol{B}|$.

解　$\boldsymbol{AB}=\boldsymbol{B}+\boldsymbol{E}\Rightarrow(\boldsymbol{A}-\boldsymbol{E})\boldsymbol{B}=\boldsymbol{E}\Rightarrow|(\boldsymbol{A}-\boldsymbol{E})\boldsymbol{B}|=|\boldsymbol{E}|\Rightarrow|\boldsymbol{A}-\boldsymbol{E}||\boldsymbol{B}|=1$

又 $|\boldsymbol{A}-\boldsymbol{E}|=\begin{vmatrix} 1 & 1 \\ -1 & 1 \end{vmatrix}=2$，所以 $|\boldsymbol{B}|=\dfrac{1}{2}$.

例 3.3.3 设 $\boldsymbol{A}=\begin{pmatrix}1&2&15&13\\3&8&17&19\\0&0&2&3\\0&0&3&4\end{pmatrix}$，求 $|\boldsymbol{A}|$，$|\boldsymbol{A}^5|$.

解 矩阵 $\boldsymbol{A}$ 按下列方式进行分块

$$\boldsymbol{A}=\left(\begin{array}{cc:cc}1&2&15&13\\3&8&17&19\\\hdashline 0&0&2&3\\0&0&3&4\end{array}\right)=\begin{pmatrix}\boldsymbol{A}_1&\boldsymbol{A}_2\\\boldsymbol{O}&\boldsymbol{A}_3\end{pmatrix}$$

其中

$$\boldsymbol{A}_1=\begin{pmatrix}1&2\\3&8\end{pmatrix},\ \boldsymbol{A}_2=\begin{pmatrix}15&13\\17&19\end{pmatrix},\ \boldsymbol{A}_3=\begin{pmatrix}2&3\\3&4\end{pmatrix},\ \boldsymbol{O}=\begin{pmatrix}0&0\\0&0\end{pmatrix}$$

则

$$|\boldsymbol{A}|=|\boldsymbol{A}_1||\boldsymbol{A}_3|=2\times(-1)=-2,\ |\boldsymbol{A}^5|=|\boldsymbol{A}|^5=(-2)^5=-32$$

例 3.3.4 设 $\boldsymbol{A}$ 为三阶方阵，若 $|\boldsymbol{A}|=|\boldsymbol{\alpha},\boldsymbol{\beta},\boldsymbol{\gamma}|=a$，求 $|\boldsymbol{\alpha}+\boldsymbol{\beta},2\boldsymbol{\beta},-\boldsymbol{\gamma}|$.

解 $|\boldsymbol{\alpha}+\boldsymbol{\beta},2\boldsymbol{\beta},-\boldsymbol{\gamma}|=2\times(-1)|\boldsymbol{\alpha}+\boldsymbol{\beta},\boldsymbol{\beta},\boldsymbol{\gamma}|=-2|\boldsymbol{\alpha},\boldsymbol{\beta},\boldsymbol{\gamma}|=-2a$

例 3.3.5 设 $\boldsymbol{A}$，$\boldsymbol{B}$ 为三阶方阵，若 $|\boldsymbol{A}|=|\boldsymbol{\alpha}_1,\boldsymbol{\beta},\boldsymbol{\gamma}|=a$，$|\boldsymbol{B}|=|\boldsymbol{\alpha}_2,\boldsymbol{\beta},\boldsymbol{\gamma}|=b$，求 $|\boldsymbol{A}+2\boldsymbol{B}|$.

解

$$\begin{aligned}|\boldsymbol{A}+2\boldsymbol{B}|&=|\boldsymbol{\alpha}_1+2\boldsymbol{\alpha}_2,3\boldsymbol{\beta},3\boldsymbol{\gamma}|=3\times3|\boldsymbol{\alpha}_1+2\boldsymbol{\alpha}_2,\boldsymbol{\beta},\boldsymbol{\gamma}|\\&=9(|\boldsymbol{\alpha}_1,\boldsymbol{\beta},\boldsymbol{\gamma}|+|2\boldsymbol{\alpha}_2,\boldsymbol{\beta},\boldsymbol{\gamma}|)\\&=9(|\boldsymbol{\alpha}_1,\boldsymbol{\beta},\boldsymbol{\gamma}|+2|\boldsymbol{\alpha}_2,\boldsymbol{\beta},\boldsymbol{\gamma}|)\\&=9(a+2b)\end{aligned}$$

3.3.3 伴随矩阵及其性质

下面我们还要介绍一个重要矩阵——伴随矩阵.

定义 3.3.2 行列式 $|\boldsymbol{A}|$ 的各个元素的代数余子式 A_{ij} 所构成的如下矩阵

$$\boldsymbol{A}^*=\begin{pmatrix}A_{11}&A_{21}&\cdots&A_{n1}\\A_{12}&A_{22}&\cdots&A_{n2}\\\vdots&\vdots&&\vdots\\A_{1n}&A_{2n}&\cdots&A_{nn}\end{pmatrix}$$

称为矩阵 $\boldsymbol{A}$ 的伴随矩阵.

矩阵 $\boldsymbol{A}$ 与它的伴随矩阵有如下重要定理.

定理 3.3.1 $\boldsymbol{A}\boldsymbol{A}^*=\boldsymbol{A}^*\boldsymbol{A}=|\boldsymbol{A}|\boldsymbol{E}$.

证明 设 $\boldsymbol{A}=(a_{ij})$，利用行列式的展开定理 2.5.1 及其推论，则

$$\boldsymbol{A}\boldsymbol{A}^*=\begin{pmatrix}a_{11}&a_{12}&\cdots&a_{1n}\\a_{21}&a_{22}&\cdots&a_{2n}\\\vdots&\vdots&&\vdots\\a_{n1}&a_{n2}&\cdots&a_{nn}\end{pmatrix}\begin{pmatrix}A_{11}&A_{21}&\cdots&A_{n1}\\A_{12}&A_{22}&\cdots&A_{n2}\\\vdots&\vdots&&\vdots\\A_{1n}&A_{2n}&\cdots&A_{nn}\end{pmatrix}$$

$$=\begin{pmatrix}|A| & 0 & \cdots & 0\\ 0 & |A| & \cdots & 0\\ \vdots & \vdots & & \vdots\\ 0 & 0 & \cdots & |A|\end{pmatrix}=|A|\begin{pmatrix}1 & 0 & \cdots & 0\\ 0 & 1 & \cdots & 0\\ \vdots & \vdots & & \vdots\\ 0 & 0 & \cdots & 1\end{pmatrix}=|A|E$$

类似有 $A^*A=|A|E$.

综上有 $AA^*=A^*A=|A|E$.

例 3.3.6　设 $A=\begin{pmatrix}a & b\\ c & d\end{pmatrix}$，求 A^*.

解　$M_{11}=d$，$M_{12}=c$，$M_{21}=b$，$M_{22}=a$，

又 $A_{ij}=(-1)^{i+j}M_{ij}$，则

$$A_{11}=d,\ A_{12}=-c,\ A_{21}=-b,\ A_{22}=a$$

所以

$$A^*=\begin{pmatrix}A_{11} & A_{21}\\ A_{12} & A_{22}\end{pmatrix}=\begin{pmatrix}d & -b\\ -c & a\end{pmatrix}$$

例 3.3.7　设 $A=\begin{pmatrix}1 & 2 & 0\\ 1 & 0 & 3\\ 0 & 1 & 0\end{pmatrix}$，求 A^*，AA^*.

解　计算$M_{11}=\begin{vmatrix}0 & 3\\ 1 & 0\end{vmatrix}=-3$，$M_{12}=\begin{vmatrix}1 & 3\\ 0 & 0\end{vmatrix}=0$，$M_{13}=\begin{vmatrix}1 & 0\\ 0 & 1\end{vmatrix}=1$

$$M_{21}=\begin{vmatrix}2 & 0\\ 1 & 0\end{vmatrix}=0,\ M_{22}=\begin{vmatrix}1 & 0\\ 0 & 0\end{vmatrix}=0,\ M_{23}=\begin{vmatrix}1 & 2\\ 0 & 1\end{vmatrix}=1$$

$$M_{31}=\begin{vmatrix}2 & 0\\ 0 & 3\end{vmatrix}=6,\ M_{32}=\begin{vmatrix}1 & 0\\ 1 & 3\end{vmatrix}=3,\ M_{33}=\begin{vmatrix}1 & 2\\ 1 & 0\end{vmatrix}=-2$$

由 $A_{ij}=(-1)^{i+j}M_{ij}$，得

$$A_{11}=-3,\ A_{12}=0,\ A_{13}=1,\ A_{21}=0,\ A_{22}=0$$
$$A_{23}=-1,\ A_{31}=6,\ A_{32}=-3,\ A_{33}=-2$$

则

$$A^*=\begin{pmatrix}A_{11} & A_{21} & A_{31}\\ A_{12} & A_{22} & A_{32}\\ A_{13} & A_{23} & A_{33}\end{pmatrix}=\begin{pmatrix}-3 & 0 & 6\\ 0 & 0 & -3\\ 1 & -1 & -2\end{pmatrix}$$

又 $|A|=-3$，则

$$AA^*=|A|E=\begin{pmatrix}-3 & 0 & 0\\ 0 & -3 & 0\\ 0 & 0 & -3\end{pmatrix}$$

3.4 方阵的逆矩阵

3.4.1 逆矩阵的定义

在数的运算中，若数$a\neq 0$，则有一个数a^{-1}，使得$aa^{-1}=a^{-1}a=1$，称数a^{-1}为a的逆(或a的倒数). 对于数的除法运算$b\div a$可以用乘法运算表示为ba^{-1}或$a^{-1}b$. 那么对于矩阵$\boldsymbol{A}$，是否存在一个矩阵$\boldsymbol{B}$，使得$\boldsymbol{AB}=\boldsymbol{BA}=\boldsymbol{E}$成立?

由此我们引入逆矩阵的定义.

定义 3.4.1 对于n阶方阵$\boldsymbol{A}$，如果有一个n阶方阵$\boldsymbol{B}$，使

$$\boldsymbol{AB}=\boldsymbol{BA}=\boldsymbol{E}$$

则称矩阵$\boldsymbol{A}$是可逆矩阵，并称$\boldsymbol{B}$为$\boldsymbol{A}$的逆矩阵；否则，称矩阵$\boldsymbol{A}$是不可逆的.

注 只有方阵才有逆矩阵.

接下来讨论逆矩阵的唯一性和存在性.

1. 逆矩阵的唯一性

若矩阵$\boldsymbol{A}$是可逆矩阵，设$\boldsymbol{B}$与$\boldsymbol{C}$都是$\boldsymbol{A}$的逆矩阵，则有

$$\boldsymbol{B}=\boldsymbol{BE}=\boldsymbol{B}(\boldsymbol{AC})=(\boldsymbol{BA})\boldsymbol{C}=\boldsymbol{EC}=\boldsymbol{C}$$

所以$\boldsymbol{A}$的逆矩阵是唯一的，记作$\boldsymbol{A}^{-1}$.

由定义知，若$\boldsymbol{AB}=\boldsymbol{BA}=\boldsymbol{E}$，则矩阵$\boldsymbol{A}$与$\boldsymbol{B}$都可逆，且$\boldsymbol{B}=\boldsymbol{A}^{-1}$或$\boldsymbol{A}=\boldsymbol{B}^{-1}$.

例如，单位阵$\boldsymbol{EE}=\boldsymbol{EE}=\boldsymbol{E}$，则$\boldsymbol{E}^{-1}=\boldsymbol{E}$.

又如，设对角矩阵$\boldsymbol{A}=\begin{pmatrix}1&0&0\\0&2&0\\0&0&3\end{pmatrix}$，$\boldsymbol{B}=\begin{pmatrix}1&0&0\\0&\frac{1}{2}&0\\0&0&\frac{1}{3}\end{pmatrix}$，则有$\boldsymbol{AB}=\boldsymbol{BA}=\boldsymbol{E}$. 所以$\boldsymbol{A}$可逆，且

$$\boldsymbol{A}^{-1}=\begin{pmatrix}1&0&0\\0&2&0\\0&0&3\end{pmatrix}^{-1}=\begin{pmatrix}1&0&0\\0&\frac{1}{2}&0\\0&0&\frac{1}{3}\end{pmatrix}=\begin{pmatrix}1^{-1}&0&0\\0&2^{-1}&0\\0&0&3^{-1}\end{pmatrix}$$

可以验证，对于n阶对角矩阵$\boldsymbol{\Lambda}=\mathrm{diag}(a_1, a_2, \cdots, a_n)$，其中$a_1a_2\cdots a_n\neq 0$，有对角矩阵$\boldsymbol{\Lambda}$可逆，且$\boldsymbol{\Lambda}^{-1}=\mathrm{diag}(a_1^{-1}, a_2^{-1}, \cdots, a_n^{-1})$.

2. 逆矩阵的存在性

例 3.4.1 讨论矩阵$\boldsymbol{A}=\begin{pmatrix}1&1\\0&0\end{pmatrix}$是否可逆.

解 设矩阵$\boldsymbol{A}$是可逆矩阵，且$\boldsymbol{A}^{-1}=\begin{pmatrix}a&c\\b&d\end{pmatrix}$，则有

$$AA^{-1}=A^{-1}A=E$$

而

$$AA^{-1}=\begin{pmatrix}1&1\\0&0\end{pmatrix}\begin{pmatrix}a&c\\b&d\end{pmatrix}=\begin{pmatrix}a+b&c+d\\0&0\end{pmatrix}\neq\begin{pmatrix}1&0\\0&1\end{pmatrix}$$

则假设不成立，因此矩阵 A 不可逆.

注　① 并非所有非零方阵都是可逆的.

② 如果一个矩阵中有零行(或零列)，那么这个矩阵一定不可逆，如例 3.4.1.

3.4.2　逆矩阵的性质

由定义可以得到方阵的逆矩阵满足以下性质.

定理 3.4.1　设 A 与 B 均为 n 阶可逆矩阵，且数 $\lambda\neq 0$，则 A^{-1}，λA，A^{T}，AB 都是可逆矩阵，且有：

(1) $(A^{-1})^{-1}=A$；

(2) $(\lambda A)^{-1}=\lambda^{-1}A^{-1}$；

(3) $(A^{\mathrm{T}})^{-1}=(A^{-1})^{\mathrm{T}}$；

(4) $(AB)^{-1}=B^{-1}A^{-1}$；

(5) 若分块对角矩阵 $A=\begin{pmatrix}A_1&\cdots&O\\\vdots&\ddots&\vdots\\O&\cdots&A_s\end{pmatrix}$ 中 $A_i(i=1, 2, \cdots, s)$ 均为可逆方阵，则 A 可逆，且

$$A^{-1}=\begin{pmatrix}A_1^{-1}&\cdots&O\\\vdots&\ddots&\vdots\\O&\cdots&A_s^{-1}\end{pmatrix}$$

(6) 若方阵 A 可逆，则 $|A^{-1}|=|A|^{-1}$.

证明　这里证明性质(3) ~ 性质 (6).

(3) 因为

$$A^{\mathrm{T}}(A^{-1})^{\mathrm{T}}=(A^{-1}A)^{\mathrm{T}}=E^{\mathrm{T}}=E$$
$$(A^{-1})^{\mathrm{T}}A^{\mathrm{T}}=(AA^{-1})^{\mathrm{T}}=E^{\mathrm{T}}=E$$

所以

$$(A^{\mathrm{T}})^{-1}=(A^{-1})^{\mathrm{T}}$$

(4) 因为

$$(AB)(B^{-1}A^{-1})=A(BB^{-1})A^{-1}=AEA^{-1}=E$$
$$(B^{-1}A^{-1})(AB)=B^{-1}(A^{-1}A)B=B^{-1}EB=E$$

所以

$$(AB)^{-1}=B^{-1}A^{-1}$$

注　性质(4) 可以推广为

$$(A_1A_2\cdots A_k)^{-1}=A_k^{-1}A_{k-1}^{-1}\cdots A_2^{-1}A_1^{-1}$$

其中 $A_i(i=1, 2, \cdots, k)$ 都是 n 阶可逆矩阵.

(5) 由于 $A_i(i=1, 2, \cdots, s)$ 都是可逆方阵，又

$$\begin{pmatrix} A_1 & & & \\ & A_2 & & \\ & & \ddots & \\ & & & A_s \end{pmatrix} \begin{pmatrix} A_1^{-1} & & & \\ & A_2^{-1} & & \\ & & \ddots & \\ & & & A_s^{-1} \end{pmatrix} = E$$

$$\begin{pmatrix} A_1^{-1} & & & \\ & A_2^{-1} & & \\ & & \ddots & \\ & & & A_s^{-1} \end{pmatrix} \begin{pmatrix} A_1 & & & \\ & A_2 & & \\ & & \ddots & \\ & & & A_s \end{pmatrix} = E$$

则

$$A^{-1} = \begin{pmatrix} A_1 & & & \\ & A_2 & & \\ & & \ddots & \\ & & & A_s \end{pmatrix}^{-1} = \begin{pmatrix} A_1^{-1} & & & \\ & A_2^{-1} & & \\ & & \ddots & \\ & & & A_s^{-1} \end{pmatrix}$$

(6) 若方阵 A 可逆，则 $AA^{-1}=E$，所以

$$|A||A^{-1}|=|E|=1\neq 0$$

从而

$$|A|\neq 0 \text{ 且 } |A^{-1}|=|A|^{-1}=\frac{1}{|A|}$$

3.4.3 方阵可逆的充要条件

定理 3.4.2 方阵 A 可逆的充分必要条件是 $|A|\neq 0$.

当 A 可逆时，$A^{-1}=\frac{1}{|A|}A^*$，其中 A^* 为矩阵 A 的伴随矩阵.

证明 (必要性) 若 A 可逆，则 A^{-1} 存在，且 $AA^{-1}=E$. 故

$$|A|\cdot|A^{-1}|=|E|=1\neq 0$$

所以 $|A|\neq 0$.

(充分性) 若 $|A|\neq 0$，由定理 3.3.1 知

$$AA^*=A^*A=|A|E$$

则有

$$A\frac{1}{|A|}A^*=\frac{1}{|A|}A^*A=E$$

所以，按逆矩阵的定义，知 A 可逆，且有

$$A^{-1}=\frac{1}{|A|}A^*$$

当 $|A|\neq 0$ 时，方阵 A 称为非奇异矩阵，否则称为奇异矩阵.

由上面的定理可知：

方阵 A 可逆的充分必要条件是 $|A|\neq 0$，即可逆矩阵就是非奇异矩阵.

由定理 3.4.2，可得下述推论.

推论 1　若 $\boldsymbol{AB}=\boldsymbol{E}$(或 $\boldsymbol{BA}=\boldsymbol{E}$)，则 $\boldsymbol{B}=\boldsymbol{A}^{-1}$.

证明　若 $\boldsymbol{AB}=\boldsymbol{E}$，则 $|\boldsymbol{A}|\cdot|\boldsymbol{B}|=|\boldsymbol{E}|=1\neq 0$，故 $|\boldsymbol{A}|\neq 0$，因而 $\boldsymbol{A}$ 可逆，$\boldsymbol{A}^{-1}$ 存在，于是

$$\boldsymbol{B}=\boldsymbol{EB}=(\boldsymbol{A}^{-1}\boldsymbol{A})\boldsymbol{B}=\boldsymbol{A}^{-1}(\boldsymbol{AB})=\boldsymbol{A}^{-1}\boldsymbol{E}=\boldsymbol{A}^{-1}$$

注　该推论弱化了定义的条件，只需 $\boldsymbol{AB}=\boldsymbol{E}$ 或 $\boldsymbol{BA}=\boldsymbol{E}$，即可证明方阵 $\boldsymbol{A}$ 可逆.

推论 2　若 $\boldsymbol{A}$ 可逆，且 $\boldsymbol{AB}=\boldsymbol{AC}$，则 $\boldsymbol{B}=\boldsymbol{C}$.

证明　在 $\boldsymbol{AB}=\boldsymbol{AC}$ 两边同时左乘以 $\boldsymbol{A}^{-1}$，即得 $\boldsymbol{B}=\boldsymbol{C}$.

3.4.4　逆矩阵的计算

综上所述，逆矩阵的计算，有以下几种方法.

(1) 因式分解法：利用定义 $\boldsymbol{AB}=\boldsymbol{BA}=\boldsymbol{E}$ 或 $\boldsymbol{AB}=\boldsymbol{E}$ 或 $\boldsymbol{BA}=\boldsymbol{E}$，都可得出 $\boldsymbol{A}^{-1}=\boldsymbol{B}$.

(2) 伴随矩阵法：利用伴随矩阵 $\boldsymbol{A}^*$，若 $\boldsymbol{A}$ 可逆，则 $\boldsymbol{A}^{-1}=\dfrac{1}{|\boldsymbol{A}|}\boldsymbol{A}^*$(定理 3.4.2).

(3) 分块矩阵法：利用分块对角矩阵的结论(定理 3.4.1 逆矩阵的性质(5))，

若分块对角矩阵 $\boldsymbol{A}$ 可逆，则

$$\boldsymbol{A}^{-1}=\begin{pmatrix}\boldsymbol{A}_1 & \cdots & \boldsymbol{O}\\ \vdots & \ddots & \vdots\\ \boldsymbol{O} & \cdots & \boldsymbol{A}_s\end{pmatrix}^{-1}=\begin{pmatrix}\boldsymbol{A}_1^{-1} & \cdots & \boldsymbol{O}\\ \vdots & \ddots & \vdots\\ \boldsymbol{O} & \cdots & \boldsymbol{A}_s^{-1}\end{pmatrix},$$

其中 $\boldsymbol{A}_i(i=1,\cdots,s)$ 均为可逆方阵. 该方法可以把大矩阵的运算化为小矩阵的运算，简化运算过程. 常用的有

$$\begin{pmatrix}\boldsymbol{A} & \boldsymbol{O}\\ \boldsymbol{O} & \boldsymbol{B}\end{pmatrix}^{-1}=\begin{pmatrix}\boldsymbol{A}^{-1} & \boldsymbol{O}\\ \boldsymbol{O} & \boldsymbol{B}^{-1}\end{pmatrix}$$

例 3.4.2　设 n 阶方阵 $\boldsymbol{A}$，$\boldsymbol{B}$ 满足 $\boldsymbol{AB}=\boldsymbol{A}+\boldsymbol{B}$，证明：$\boldsymbol{A}-\boldsymbol{E}$ 可逆，并求 $(\boldsymbol{A}-\boldsymbol{E})^{-1}$.

解　由 $\boldsymbol{AB}=\boldsymbol{A}+\boldsymbol{B}$，可得 $(\boldsymbol{A}-\boldsymbol{E})(\boldsymbol{B}-\boldsymbol{E})=\boldsymbol{E}$.

因此 $\boldsymbol{A}-\boldsymbol{E}$ 可逆，且 $(\boldsymbol{A}-\boldsymbol{E})^{-1}=\boldsymbol{B}-\boldsymbol{E}$.

例 3.4.3　设方阵 $\boldsymbol{A}$ 满足 $\boldsymbol{A}^2-2\boldsymbol{A}+3\boldsymbol{E}=\boldsymbol{O}$，证明：$\boldsymbol{A}-2\boldsymbol{E}$，$\boldsymbol{A}-4\boldsymbol{E}$ 都可逆，并求出它们的逆矩阵.

解　由 $\boldsymbol{A}^2-2\boldsymbol{A}+3\boldsymbol{E}=\boldsymbol{O}$，得 $\boldsymbol{A}(\boldsymbol{A}-2\boldsymbol{E})=-3\boldsymbol{E}$，从而 $\dfrac{\boldsymbol{A}}{-3}(\boldsymbol{A}-2\boldsymbol{E})=\boldsymbol{E}$，则

$\boldsymbol{A}-2\boldsymbol{E}$ 可逆，且 $(\boldsymbol{A}-2\boldsymbol{E})^{-1}=-\dfrac{\boldsymbol{A}}{3}$.

由 $\boldsymbol{A}^2-2\boldsymbol{A}+3\boldsymbol{E}=\boldsymbol{O}$，可得 $(\boldsymbol{A}-4\boldsymbol{E})(\boldsymbol{A}+2\boldsymbol{E})+8\boldsymbol{E}+3\boldsymbol{E}=\boldsymbol{O}$，即

$(\boldsymbol{A}-4\boldsymbol{E})\dfrac{\boldsymbol{A}+2\boldsymbol{E}}{-11}=\boldsymbol{E}$，则 $\boldsymbol{A}-4\boldsymbol{E}$ 可逆，且 $(\boldsymbol{A}-4\boldsymbol{E})^{-1}=-\dfrac{\boldsymbol{A}+2\boldsymbol{E}}{11}$.

例 3.4.4　求二阶矩阵 $\boldsymbol{A}=\begin{pmatrix}a & b\\ c & d\end{pmatrix}(ad-bc\neq 0)$ 的逆矩阵.

解　因 $|\boldsymbol{A}|=ad-bc\neq 0$，所以 $\boldsymbol{A}$ 可逆，又 $\boldsymbol{A}^*=\begin{pmatrix}d & -b\\ -c & a\end{pmatrix}$，由定理 3.4.2 得，当 $|\boldsymbol{A}|\neq 0$

时，有

$$A^{-1}=\frac{1}{|A|}A^*=\frac{1}{ad-bc}\begin{pmatrix}d&-b\\-c&a\end{pmatrix}$$

例 3.4.5 判别下列矩阵是否可逆，若可逆，求出对应的逆矩阵.

(1) $A=\begin{pmatrix}1&2\\3&-1\end{pmatrix}$； (2) $A=\begin{pmatrix}1&2\\2&4\end{pmatrix}$； (3) $A=\begin{pmatrix}1&2&3\\2&2&1\\3&4&3\end{pmatrix}$

解 (1) 因 $|A|=-7\neq 0$，所以矩阵 A 可逆，且

$$A^{-1}=\frac{1}{|A|}A^*=\frac{1}{-7}\begin{pmatrix}-1&-2\\-3&1\end{pmatrix}=\begin{pmatrix}\frac{1}{7}&\frac{2}{7}\\\frac{3}{7}&-\frac{1}{7}\end{pmatrix}$$

(2) 因 $|A|=0$，所以矩阵 A 不可逆.

(3) 计算得 $|A|=2\neq 0$，所以矩阵 A 可逆，即 A^{-1} 存在. 再计算 $|A|$ 的余子式

$$M_{11}=2,\ M_{12}=3,\ M_{13}=2$$
$$M_{21}=-6,\ M_{22}=-6,\ M_{23}=-2$$
$$M_{31}=-4,\ M_{32}=-5,\ M_{33}=-2$$

又

$$A_{ij}=(-1)^{i+j}M_{ij}$$

得

$$A^*=\begin{pmatrix}A_{11}&A_{21}&A_{31}\\A_{12}&A_{22}&A_{32}\\A_{13}&A_{23}&A_{33}\end{pmatrix}=\begin{pmatrix}M_{11}&-M_{21}&M_{31}\\-M_{12}&M_{22}&-M_{32}\\M_{13}&-M_{23}&M_{33}\end{pmatrix}=\begin{pmatrix}2&6&-4\\-3&-6&5\\2&2&-2\end{pmatrix}$$

所以

$$A^{-1}=\frac{1}{|A|}A^*=\begin{pmatrix}1&3&-2\\-\frac{3}{2}&-3&\frac{5}{2}\\1&1&-1\end{pmatrix}$$

例 3.4.6 设 $A=\begin{pmatrix}2&3&0&0\\3&4&0&0\\0&0&3&1\\0&0&2&1\end{pmatrix}$，用分块矩阵法求 A^{-1}.

解 对矩阵 A 进行如下分块

$$A=\left(\begin{array}{cc:cc}2&3&0&0\\3&4&0&0\\\hdashline 0&0&3&1\\0&0&2&1\end{array}\right)=\begin{pmatrix}A_1&O\\O&A_2\end{pmatrix}$$

其中 $A_1=\begin{pmatrix}2&3\\3&4\end{pmatrix}$，$A_2=\begin{pmatrix}3&1\\2&1\end{pmatrix}$.

又 $\boldsymbol{A}_1$，$\boldsymbol{A}_2$ 都可逆，且 $\boldsymbol{A}_1^{-1}=\begin{pmatrix}-4&3\\3&-2\end{pmatrix}$，$\boldsymbol{A}_2^{-1}=\begin{pmatrix}1&-1\\-2&3\end{pmatrix}$，所以

$$\boldsymbol{A}^{-1}=\begin{pmatrix}\boldsymbol{A}_1^{-1}&\boldsymbol{O}\\\boldsymbol{O}&\boldsymbol{A}_2^{-1}\end{pmatrix}=\begin{pmatrix}-4&3&0&0\\3&-2&0&0\\0&0&1&-1\\0&0&-2&3\end{pmatrix}$$

例 3.4.7　(1) 设 $\boldsymbol{A}=\begin{pmatrix}&&&\boldsymbol{A}_1\\&&\boldsymbol{A}_2&\\&\iddots&&\\\boldsymbol{A}_s&&&\end{pmatrix}$，其中 $\boldsymbol{A}_i(i=1,2,\cdots,s)$ 是可逆矩阵(阶数可不同)，未写出的子块为零矩阵，证明：$\boldsymbol{A}^{-1}=\begin{pmatrix}&&&\boldsymbol{A}_1\\&&\boldsymbol{A}_2&\\&\iddots&&\\\boldsymbol{A}_s&&&\end{pmatrix}^{-1}=\begin{pmatrix}&&&\boldsymbol{A}_s^{-1}\\&&\iddots&\\&\boldsymbol{A}_2^{-1}&&\\\boldsymbol{A}_1^{-1}&&&\end{pmatrix}$.

(2) 设 $\boldsymbol{A}=\begin{pmatrix}0&0&1&3\\0&0&2&5\\1&2&0&0\\3&3&0&0\end{pmatrix}$，求 $\boldsymbol{A}^{-1}$.

解　(1) 因 $\begin{pmatrix}&&&\boldsymbol{A}_1\\&&\boldsymbol{A}_2&\\&\iddots&&\\\boldsymbol{A}_s&&&\end{pmatrix}\begin{pmatrix}&&&\boldsymbol{A}_s^{-1}\\&&\iddots&\\&\boldsymbol{A}_2^{-1}&&\\\boldsymbol{A}_1^{-1}&&&\end{pmatrix}=\begin{pmatrix}\boldsymbol{E}_1&&&\\&\boldsymbol{E}_2&&\\&&\ddots&\\&&&\boldsymbol{E}_s\end{pmatrix}=\boldsymbol{E}$

则 $\boldsymbol{A}$ 可逆，且 $\boldsymbol{A}^{-1}=\begin{pmatrix}&&&\boldsymbol{A}_1\\&&\boldsymbol{A}_2&\\&\iddots&&\\\boldsymbol{A}_s&&&\end{pmatrix}^{-1}=\begin{pmatrix}&&&\boldsymbol{A}_s^{-1}\\&&\iddots&\\&\boldsymbol{A}_2^{-1}&&\\\boldsymbol{A}_1^{-1}&&&\end{pmatrix}$.

(2) 利用结论(1)，对矩阵 $\boldsymbol{A}$ 进行如下分块

$$\boldsymbol{A}=\left(\begin{array}{cc:cc}0&0&1&3\\0&0&2&5\\\hdashline1&2&0&0\\3&3&0&0\end{array}\right)=\begin{pmatrix}\boldsymbol{O}&\boldsymbol{A}_1\\\boldsymbol{A}_2&\boldsymbol{O}\end{pmatrix}$$

其中 $\boldsymbol{A}_1=\begin{pmatrix}1&3\\2&5\end{pmatrix}$，$\boldsymbol{A}_2=\begin{pmatrix}1&2\\3&3\end{pmatrix}$.

又

$$\boldsymbol{A}_1^{-1}=\begin{pmatrix}-5&3\\2&-1\end{pmatrix},\ \boldsymbol{A}_2^{-1}=\begin{pmatrix}-1&\frac{2}{3}\\1&-\frac{1}{3}\end{pmatrix}$$

所以

$$A^{-1}=\begin{pmatrix} O & A_2^{-1} \\ A_1^{-1} & O \end{pmatrix}=\begin{pmatrix} 0 & 0 & -1 & \frac{2}{3} \\ 0 & 0 & 1 & -\frac{1}{3} \\ -5 & 3 & 0 & 0 \\ 2 & -1 & 0 & 0 \end{pmatrix}$$

例 3.4.8 设 $A=\begin{pmatrix} 1 & 2 & 1 & 0 \\ 1 & 3 & 0 & 1 \\ 0 & 0 & 1 & 2 \\ 0 & 0 & 2 & 3 \end{pmatrix}$，求 A^{-1}.

解 对矩阵 A 进行如下分块

$$A=\left(\begin{array}{cc:cc} 1 & 2 & 1 & 0 \\ 1 & 3 & 0 & 1 \\ \hdashline 0 & 0 & 1 & 2 \\ 0 & 0 & 2 & 3 \end{array}\right)=\begin{pmatrix} A_1 & E_2 \\ O & A_2 \end{pmatrix}$$

因 $|A|=|A_1||A_2|=-1\neq 0$，所以 A^{-1}，A_1^{-1}，A_2^{-1} 都存在.

设 $A^{-1}=\begin{pmatrix} X & Y \\ Z & W \end{pmatrix}$，则 $AA^{-1}=E_4$，于是

$$\begin{pmatrix} A_1 & E_2 \\ O & A_2 \end{pmatrix}\begin{pmatrix} X & Y \\ Z & W \end{pmatrix}=\begin{pmatrix} E_2 & O \\ O & E_2 \end{pmatrix}$$

所以

$$\begin{cases} A_1X+Z=E_2 \\ A_1Y+W=O \\ A_2Z=O \\ A_2W=E_2 \end{cases}$$

可解得

$$\begin{cases} X=A_1^{-1} \\ Y=-A_1^{-1}A_2^{-1} \\ Z=O \\ W=A_2^{-1} \end{cases}$$

其中

$$X=A_1^{-1}=\begin{pmatrix} 3 & -2 \\ -1 & 1 \end{pmatrix},\ W=A_2^{-1}=\begin{pmatrix} -3 & 2 \\ 2 & -1 \end{pmatrix},\ Y=-A_1^{-1}A_2^{-1}=\begin{pmatrix} 13 & -8 \\ -5 & 3 \end{pmatrix}$$

所以

$$A^{-1}=\begin{pmatrix}X & Y\\ Z & W\end{pmatrix}=\begin{pmatrix}3 & -2 & 13 & -8\\ -1 & 1 & -5 & 3\\ 0 & 0 & -3 & 2\\ 0 & 0 & 2 & -1\end{pmatrix}$$

3.4.5 逆矩阵的应用

1. 与伴随矩阵相关的计算

例 3.4.9 设 $\boldsymbol{A}$ 是 $n(n\geqslant 2)$ 阶方阵，证明：$|\boldsymbol{A}^*|=|\boldsymbol{A}|^{n-1}$.

证明 由 $\boldsymbol{AA}^*=|\boldsymbol{A}|\boldsymbol{E}$，两边取行列式得 $|\boldsymbol{A}||\boldsymbol{A}^*|=||\boldsymbol{A}|\boldsymbol{E}|=|\boldsymbol{A}|^n$.

若 $|\boldsymbol{A}|\neq 0$，则有 $|\boldsymbol{A}^*|=|\boldsymbol{A}|^{n-1}$.

下面证明若 $|\boldsymbol{A}|=0$，则有 $|\boldsymbol{A}^*|=0$；否则，若 $|\boldsymbol{A}^*|\neq 0$，即 $\boldsymbol{A}^*$ 可逆，因此

$$\boldsymbol{A}=\boldsymbol{AE}=\boldsymbol{AA}^*(\boldsymbol{A}^*)^{-1}=|\boldsymbol{A}|(\boldsymbol{A}^*)^{-1}=\boldsymbol{O}$$

于是可得 $\boldsymbol{A}$ 的所有代数余子式 A_{ij} 都等于 0，因此伴随矩阵 $\boldsymbol{A}^*=\boldsymbol{O}$，从而与 $|\boldsymbol{A}^*|\neq 0$ 矛盾. 所以综上所述，有 $|\boldsymbol{A}^*|=|\boldsymbol{A}|^{n-1}$.

例 3.4.10 设 $\boldsymbol{A}$ 是三阶方阵，且 $|\boldsymbol{A}|=\dfrac{1}{27}$，计算 $|(3\boldsymbol{A})^{-1}-18\boldsymbol{A}^*|$.

解 由 $\boldsymbol{AA}^*=|\boldsymbol{A}|\boldsymbol{E}$，可得 $\boldsymbol{A}^*=\dfrac{1}{27}\boldsymbol{A}^{-1}$. 则

$$|(3\boldsymbol{A})^{-1}-18\boldsymbol{A}^*|=\left|\frac{1}{3}\boldsymbol{A}^{-1}-18\cdot\frac{1}{27}\boldsymbol{A}^{-1}\right|=\left|\frac{1}{3}\boldsymbol{A}^{-1}-\frac{2}{3}\boldsymbol{A}^{-1}\right|=\left|-\frac{1}{3}\boldsymbol{A}^{-1}\right|$$

$$=\left(-\frac{1}{3}\right)^3|\boldsymbol{A}|^{-1}=-\frac{1}{27}\cdot 27=-1$$

例 3.4.11 设 $\boldsymbol{A},\boldsymbol{B}$ 均为 n 阶可逆方阵，证明：

(1) $(\boldsymbol{AB})^*=\boldsymbol{B}^*\boldsymbol{A}^*$；

(2) $(\boldsymbol{A}^*)^*=|\boldsymbol{A}|^{n-2}\boldsymbol{A}$.

证明 (1) 由 $|\boldsymbol{AB}|=|\boldsymbol{A}||\boldsymbol{B}|\neq 0$，可知 $\boldsymbol{AB}$ 为可逆矩阵，又 $(\boldsymbol{AB})(\boldsymbol{AB})^*=|\boldsymbol{AB}|\boldsymbol{E}$，

所以 $(\boldsymbol{AB})^*=|\boldsymbol{AB}|(\boldsymbol{AB})^{-1}=|\boldsymbol{A}||\boldsymbol{B}|\boldsymbol{B}^{-1}\boldsymbol{A}^{-1}=|\boldsymbol{B}|\boldsymbol{B}^{-1}|\boldsymbol{A}|\boldsymbol{A}^{-1}=\boldsymbol{B}^*\boldsymbol{A}^*$.

(2) 由 $(\boldsymbol{A}^*)^*(\boldsymbol{A}^*)=|\boldsymbol{A}^*|\boldsymbol{E}$，得 $(\boldsymbol{A}^*)^*(|\boldsymbol{A}|\boldsymbol{A}^{-1})=|\boldsymbol{A}|^{n-1}\boldsymbol{E}$，从而 $(\boldsymbol{A}^*)^*=|\boldsymbol{A}|^{n-2}\boldsymbol{A}$.

2. 方阵的幂和多项式

当 $\boldsymbol{A}$ 可逆时，还可定义

$$\boldsymbol{A}^{-k}=(\boldsymbol{A}^{-1})^k$$

其中 k 为正整数. 这样，当 $\boldsymbol{A}$ 可逆，λ，μ 为整数时，有

$$\boldsymbol{A}^{\lambda}\boldsymbol{A}^{\mu}=\boldsymbol{A}^{\lambda+\mu},\ (\boldsymbol{A}^{\lambda})^{\mu}=\boldsymbol{A}^{\lambda\mu}$$

设

$$\varphi(x)=a_0+a_1x+\cdots+a_mx^m$$

为 x 的 m 次多项式，若 $\boldsymbol{A}$ 为 n 阶方阵，则

$$\varphi(\boldsymbol{A})=a_0\boldsymbol{E}+a_1\boldsymbol{A}+\cdots+a_m\boldsymbol{A}^m$$

为矩阵 $\boldsymbol{A}$ 的 m 次多项式.

若 $\boldsymbol{A}=\boldsymbol{P}\boldsymbol{\Lambda}\boldsymbol{P}^{-1}$，其中方阵 $\boldsymbol{P}$ 可逆，则可以按下列方法来计算 $\boldsymbol{A}^k$ 及多项式 $\varphi(\boldsymbol{A})$.

(1) 若 $\boldsymbol{A}=\boldsymbol{P}\boldsymbol{\Lambda}\boldsymbol{P}^{-1}$，则 $\boldsymbol{A}^k=\boldsymbol{P}\boldsymbol{\Lambda}^k\boldsymbol{P}^{-1}$，从而

$$\begin{aligned}\varphi(\boldsymbol{A})&=a_0\boldsymbol{E}+a_1\boldsymbol{A}+\cdots+a_m\boldsymbol{A}^m\\&=\boldsymbol{P}a_0\boldsymbol{E}\boldsymbol{P}^{-1}+\boldsymbol{P}a_1\boldsymbol{\Lambda}\boldsymbol{P}^{-1}+\cdots+\boldsymbol{P}a_m\boldsymbol{\Lambda}^m\boldsymbol{P}^{-1}\\&=\boldsymbol{P}(a_0\boldsymbol{E}+a_1\boldsymbol{\Lambda}+\cdots+a_m\boldsymbol{\Lambda}^m)\boldsymbol{P}^{-1}\\&=\boldsymbol{P}\varphi(\boldsymbol{\Lambda})\boldsymbol{P}^{-1}\end{aligned}$$

(2) 若 $\boldsymbol{\Lambda}=\mathrm{diag}(\lambda_1,\lambda_2,\cdots,\lambda_n)$ 为对角矩阵，则 $\boldsymbol{\Lambda}^k=\mathrm{diag}(\lambda_1^k,\lambda_2^k,\cdots,\lambda_n^k)$，从而

$$\begin{aligned}\varphi(\boldsymbol{\Lambda})&=a_0\boldsymbol{E}+a_1\boldsymbol{\Lambda}+\cdots+a_m\boldsymbol{\Lambda}^m\\&=a_0\begin{pmatrix}1&&&\\&1&&\\&&\ddots&\\&&&1\end{pmatrix}+a_1\begin{pmatrix}\lambda_1&&&\\&\lambda_2&&\\&&\ddots&\\&&&\lambda_n\end{pmatrix}+\cdots+a_m\begin{pmatrix}\lambda_1^m&&&\\&\lambda_2^m&&\\&&\ddots&\\&&&\lambda_n^m\end{pmatrix}\\&=\begin{pmatrix}a_0+a_1\lambda_1+\cdots+a_m\lambda_1^m&&&\\&a_0+a_1\lambda_2+\cdots+a_m\lambda_2^m&&\\&&\ddots&\\&&&a_0+a_1\lambda_n+\cdots+a_m\lambda_n^m\end{pmatrix}\\&=\begin{pmatrix}\varphi(\lambda_1)&&&\\&\varphi(\lambda_2)&&\\&&\ddots&\\&&&\varphi(\lambda_n)\end{pmatrix}\quad\text{(未写出的元素为 0)}\end{aligned}$$

注 若 $\boldsymbol{A}=\boldsymbol{P}\boldsymbol{\Lambda}\boldsymbol{P}^{-1}$，则 $\boldsymbol{A}^k=\boldsymbol{P}\boldsymbol{\Lambda}^k\boldsymbol{P}^{-1}$，$\varphi(\boldsymbol{A})=\boldsymbol{P}\varphi(\boldsymbol{\Lambda})\boldsymbol{P}^{-1}$，即 $\boldsymbol{A}^k$，$\varphi(\boldsymbol{A})$ 的计算问题可以转化为 $\boldsymbol{\Lambda}^k$，$\varphi(\boldsymbol{\Lambda})$ 的计算；若 $\boldsymbol{\Lambda}$ 为对角矩阵，则可简化运算过程.

例 3.4.12 设 $\boldsymbol{P}=\begin{pmatrix}1&2\\1&3\end{pmatrix}$，$\boldsymbol{\Lambda}=\begin{pmatrix}1&0\\0&3\end{pmatrix}$，$\boldsymbol{AP}=\boldsymbol{P\Lambda}$，求 $\boldsymbol{A}^n$.

解 $|\boldsymbol{P}|=1$，$\boldsymbol{P}^{-1}=\begin{pmatrix}3&-2\\-1&1\end{pmatrix}$，又 $\boldsymbol{AP}=\boldsymbol{P\Lambda}$，则

$$\boldsymbol{A}=\boldsymbol{P}\boldsymbol{\Lambda}\boldsymbol{P}^{-1},\ \boldsymbol{A}^2=\boldsymbol{P}\boldsymbol{\Lambda}\boldsymbol{P}^{-1}\boldsymbol{P}\boldsymbol{\Lambda}\boldsymbol{P}^{-1}=\boldsymbol{P}\boldsymbol{\Lambda}^2\boldsymbol{P}^{-1},\ \cdots,\ \boldsymbol{A}^n=\boldsymbol{P}\boldsymbol{\Lambda}^n\boldsymbol{P}^{-1}$$

而 $\boldsymbol{\Lambda}^n=\begin{pmatrix}1^n&0\\0&3^n\end{pmatrix}$，则

$$\boldsymbol{A}^n=\begin{pmatrix}1&2\\1&3\end{pmatrix}\begin{pmatrix}1&0\\0&3^n\end{pmatrix}\begin{pmatrix}3&-2\\-1&1\end{pmatrix}=\begin{pmatrix}1&2\cdot3^n\\1&3^{n+1}\end{pmatrix}\begin{pmatrix}3&-2\\-1&1\end{pmatrix}=\begin{pmatrix}3-2\cdot3^n&-2+2\cdot3^n\\3-3^{n+1}&-2+3^{n+1}\end{pmatrix}$$

例 3.4.13 设 $\boldsymbol{P}=\begin{pmatrix}1&2&2\\2&1&1\\1&1&-1\end{pmatrix}$，$\boldsymbol{\Lambda}=\begin{pmatrix}1&0&0\\0&1&0\\0&0&2\end{pmatrix}$，$\boldsymbol{AP}=\boldsymbol{P\Lambda}$，求 $\varphi(\boldsymbol{A})=\boldsymbol{A}^3-3\boldsymbol{A}^2+2\boldsymbol{A}$.

解 计算得 $|\boldsymbol{P}|=6\neq0$，知 $\boldsymbol{P}$ 可逆，从而

$$\boldsymbol{A}=\boldsymbol{P}\boldsymbol{\Lambda}\boldsymbol{P}^{-1},\ \varphi(\boldsymbol{A})=\boldsymbol{P}\varphi(\boldsymbol{\Lambda})\boldsymbol{P}^{-1}$$

而 $\varphi(x)=x^3-3x^2+2x$，则 $\varphi(1)=0$，$\varphi(2)=0$. 故

$$\varphi(\boldsymbol{\Lambda})=\begin{pmatrix}\varphi(1) & 0 & 0\\ 0 & \varphi(1) & 0\\ 0 & 0 & \varphi(2)\end{pmatrix}=\begin{pmatrix}0&0&0\\0&0&0\\0&0&0\end{pmatrix}=\boldsymbol{O}$$

于是 $\varphi(\boldsymbol{A})=\boldsymbol{P}\varphi(\boldsymbol{\Lambda})\boldsymbol{P}^{-1}=\boldsymbol{O}$.

3. 解矩阵方程

对以下三种矩阵方程

$$\boldsymbol{AX}=\boldsymbol{B},\ \boldsymbol{XA}=\boldsymbol{B},\ \boldsymbol{AXC}=\boldsymbol{B}$$

若矩阵 $\boldsymbol{A}$,$\boldsymbol{C}$ 都是可逆矩阵，则它们都有唯一解，且唯一解分别为

$$\boldsymbol{X}=\boldsymbol{A}^{-1}\boldsymbol{B},\ \boldsymbol{X}=\boldsymbol{BA}^{-1},\ \boldsymbol{X}=\boldsymbol{A}^{-1}\boldsymbol{BC}^{-1}$$

因此，可以利用逆矩阵解矩阵方程.

例 3.4.14　解矩阵方程 $\boldsymbol{AX}=\boldsymbol{B}$，其中

$$\boldsymbol{A}=\begin{pmatrix}1 & -5\\ -1 & 4\end{pmatrix},\ \boldsymbol{B}=\begin{pmatrix}3 & 2\\ 1 & 4\end{pmatrix}$$

解　因 $|\boldsymbol{A}|=-1\neq 0$，故知 $\boldsymbol{A}$ 可逆，且 $\boldsymbol{A}^{-1}=\begin{pmatrix}-4 & -5\\ -1 & -1\end{pmatrix}$，则

$$\boldsymbol{X}=\boldsymbol{A}^{-1}\boldsymbol{B}=\begin{pmatrix}-4 & -5\\ -1 & -1\end{pmatrix}\begin{pmatrix}3 & 2\\ 1 & 4\end{pmatrix}=\begin{pmatrix}-17 & -28\\ -4 & -6\end{pmatrix}$$

例 3.4.15　解矩阵方程 $\boldsymbol{XA}=\boldsymbol{B}-2\boldsymbol{X}$，其中

$$\boldsymbol{A}=\begin{pmatrix}1 & 2\\ 4 & 1\end{pmatrix},\ \boldsymbol{B}=\begin{pmatrix}1 & -2\\ 0 & 3\end{pmatrix}$$

解　由 $\boldsymbol{XA}=\boldsymbol{B}-2\boldsymbol{X}$，可得 $\boldsymbol{X}(\boldsymbol{A}+2\boldsymbol{E})=\boldsymbol{B}$.

因 $|\boldsymbol{A}+2\boldsymbol{E}|=\begin{vmatrix}3 & 2\\ 4 & 3\end{vmatrix}=1\neq 0$，故知 $\boldsymbol{A}+2\boldsymbol{E}$ 可逆，且 $(\boldsymbol{A}+2\boldsymbol{E})^{-1}=\begin{pmatrix}3 & -2\\ -4 & 3\end{pmatrix}$，

则

$$\boldsymbol{X}=\boldsymbol{B}\ (\boldsymbol{A}+2\boldsymbol{E})^{-1}=\begin{pmatrix}1 & -2\\ 0 & 3\end{pmatrix}\begin{pmatrix}3 & -2\\ -4 & 3\end{pmatrix}=\begin{pmatrix}11 & -8\\ -12 & 9\end{pmatrix}$$

例 3.4.16　已知 $\boldsymbol{A}=\begin{pmatrix}1 & 2 & 3\\ 2 & 2 & 1\\ 3 & 4 & 3\end{pmatrix}$，$\boldsymbol{B}=\begin{pmatrix}2 & 1\\ 5 & 3\end{pmatrix}$，$\boldsymbol{C}=\begin{pmatrix}1 & 3\\ 2 & 0\\ 3 & 1\end{pmatrix}$，$\boldsymbol{AXB}=\boldsymbol{C}$，求 $\boldsymbol{X}$.

解　若 $\boldsymbol{A}^{-1}$，$\boldsymbol{B}^{-1}$ 存在，则用 $\boldsymbol{A}^{-1}$ 左乘上式，$\boldsymbol{B}^{-1}$ 右乘上式，有

$$\boldsymbol{A}^{-1}\boldsymbol{AXBB}^{-1}=\boldsymbol{A}^{-1}\boldsymbol{CB}^{-1}$$

即 $\boldsymbol{X}=\boldsymbol{A}^{-1}\boldsymbol{CB}^{-1}$.

因 $|\boldsymbol{A}|=2\neq 0$，$|\boldsymbol{B}|=1\neq 0$，故 $\boldsymbol{A}$，$\boldsymbol{B}$ 都可逆，且

$$\boldsymbol{A}^{-1}=\begin{pmatrix}1 & 3 & -2\\ -\dfrac{3}{2} & -3 & \dfrac{5}{2}\\ 1 & 1 & -1\end{pmatrix},\ \boldsymbol{B}^{-1}=\begin{pmatrix}3 & -1\\ -5 & 2\end{pmatrix}$$

于是

$$X=A^{-1}CB^{-1}=\begin{pmatrix}1 & 3 & -2\\ -\frac{3}{2} & -3 & \frac{5}{2}\\ 1 & 1 & -1\end{pmatrix}\begin{pmatrix}1 & 3\\ 2 & 0\\ 3 & 1\end{pmatrix}\begin{pmatrix}3 & -1\\ -5 & 2\end{pmatrix}$$

$$=\begin{pmatrix}1 & 1\\ 0 & -2\\ 0 & 2\end{pmatrix}\begin{pmatrix}3 & -1\\ -5 & 2\end{pmatrix}=\begin{pmatrix}-2 & 1\\ 10 & -4\\ -10 & 4\end{pmatrix}$$

例 3.4.17 已知 $A^*=\begin{pmatrix}1 & 0 & 0 & 0\\ 0 & 1 & 0 & 0\\ 0 & 0 & 1 & 0\\ 0 & -3 & 0 & 8\end{pmatrix}$，$ABA^{-1}=BA^{-1}+3E$，求矩阵 B.

解 在 $ABA^{-1}=BA^{-1}+3E$ 两边右乘 A，并化简得 $(A-E)B=3A$.

在上式两边左乘 A^*，得 $(A^*A-A^*)B=3A^*A$，由例 3.4.9 得

$$|A^*|=|A|^{n-1}=|A|^3$$

由题设可得 $|A^*|=8$，所以 $|A|=2$，从而 $A^*A=|A|E=2E$.

综上得 $(2E-A^*)B=3\times 2E=6E$，则

$$B=6\,(2E-A^*)^{-1}=\begin{pmatrix}6 & 0 & 0 & 0\\ 0 & 6 & 0 & 0\\ 0 & 0 & 6 & 0\\ 0 & 3 & 0 & -1\end{pmatrix}$$

4. 克拉默法则的证明

克拉默法则 对于 n 个方程 n 个未知量的线性方程组

$$\begin{cases}a_{11}x_1+a_{12}x_2+\cdots+a_{1n}x_n=b_1\\ a_{21}x_1+a_{22}x_2+\cdots+a_{2n}x_n=b_2\\ \qquad\vdots\\ a_{n1}x_1+a_{n2}x_2+\cdots+a_{nn}x_n=b_n\end{cases}\tag{3.4.1}$$

若它的系数行列式 $D=|A|\neq 0$，则它有唯一解

$$x_j=\frac{1}{D}D_j=\frac{1}{D}(b_1A_{1j}+b_2A_{2j}+\cdots+b_nA_{nj})\quad (j=1,2,\cdots,n)$$

证明 把方程组(3.4.1)写成矩阵方程 $AX=\beta$.

这里 $A=(a_{ij})_{n\times n}$ 为 n 阶方阵，因 $|A|=D\neq 0$，故 A^{-1} 存在.

由 $AX=\beta$，有 $A^{-1}AX=A^{-1}\beta$，即 $X=A^{-1}\beta$，根据逆矩阵的唯一性，知 $X=A^{-1}\beta$ 是方程组(3.4.1)的唯一解向量.

由逆矩阵的计算公式 $A^{-1}=\frac{1}{|A|}A^*$，有 $X=A^{-1}\beta=\frac{1}{D}A^*\beta$，即

$$\begin{pmatrix} x_1 \\ x_2 \\ \vdots \\ x_n \end{pmatrix} = \frac{1}{D}\begin{pmatrix} A_{11} & A_{21} & \cdots & A_{n1} \\ A_{12} & A_{22} & \cdots & A_{n2} \\ \vdots & \vdots & & \vdots \\ A_{1n} & A_{2n} & \cdots & A_{nn} \end{pmatrix}\begin{pmatrix} b_1 \\ b_2 \\ \vdots \\ b_n \end{pmatrix} = \frac{1}{D}\begin{pmatrix} b_1A_{11}+b_2A_{21}+\cdots+b_nA_{n1} \\ b_1A_{12}+b_2A_{22}+\cdots+b_nA_{n2} \\ \vdots \\ b_1A_{1n}+b_2A_{2n}+\cdots+b_nA_{nn} \end{pmatrix}$$

即

$$\begin{aligned} x_j &= \frac{1}{D}(b_1A_{1j}+b_2A_{2j}+\cdots+b_nA_{nj}) \\ &= \frac{1}{D}D_j\ (j=1,\ 2,\ \cdots,\ n). \end{aligned}$$

3.5　初等矩阵与初等变换

3.5.1　初等矩阵

矩阵的初等变换是矩阵的一种最基本和最重要的运算，它在求逆矩阵、解线性方程组、判断向量组的线性相关性以及求向量组的最大无关组等都起到重要的作用. 为研究它的性质，研究初等变换与逆矩阵之间的关系，探讨它的应用，引入初等矩阵. 这样矩阵的初等变换不仅可以用语言描述，而且可以用矩阵乘法来表示.

定义 3.5.1　由单位阵 $\boldsymbol{E}$ 经过一次初等变换得到的矩阵称为初等矩阵.

三种初等变换对应有三种初等矩阵.

(1) 对调矩阵：对调单位矩阵 $\boldsymbol{E}$ 的第 i，j 两行(列) 所得到的矩阵，记为 $\boldsymbol{E}(i,\ j)$. 例如

$$\boldsymbol{E}(i,\ j)=\begin{pmatrix} 1 &&&&&&&&&& \\ & \ddots &&&&&&&&& \\ && 1 &&&&&&&& \\ &&& 0 &&&& 1 &&& \\ &&&& 1 &&&&&& \\ &&&&& \ddots &&&&& \\ &&&&&& 1 &&&& \\ &&& 1 &&&& 0 &&& \\ &&&&&&&& 1 && \\ &&&&&&&&& \ddots & \\ &&&&&&&&&& 1 \end{pmatrix}\begin{matrix} \\ \\ \\ \leftarrow 第\ i\ 行 \\ \\ \\ \\ \leftarrow 第\ j\ 行 \\ \\ \\ \\ \end{matrix}$$

(2) 倍乘矩阵：以数 $k\neq 0$ 乘单位阵 $\boldsymbol{E}$ 的第 i 行(列) 所得到的矩阵，记 $\boldsymbol{E}(i(k))$. 例如

$$\boldsymbol{E}(i(k))=\begin{pmatrix}1&&&&&&\\&\ddots&&&&&\\&&1&&&&\\&&&k&&&\\&&&&1&&\\&&&&&\ddots&\\&&&&&&1\end{pmatrix}\begin{matrix}\\\\\\\leftarrow 第\,i\,行\\\\\\\\\end{matrix}$$

(3) 倍加矩阵：以 k 乘单位阵 $\boldsymbol{E}$ 的第 j 行加到第 i 行上 或 以 k 乘 $\boldsymbol{E}$ 的第 i 列加到第 j 列上所得到的矩阵，记为 $\boldsymbol{E}(i,j(k))$. 例如

$$\boldsymbol{E}(i,j(k))=\begin{pmatrix}1&&&&&\\&\ddots&&&&\\&&1&\cdots&k&\\&&&\ddots&\vdots&\\&&&&1&\\&&&&&\ddots&\\&&&&&&1\end{pmatrix}\begin{matrix}\\\\\leftarrow 第\,i\,行\\\\\leftarrow 第\,j\,行\\\\\\\end{matrix}$$

注　对调矩阵 $\boldsymbol{E}(i,j)$ 和倍乘矩阵 $\boldsymbol{E}(i(k))$ 的记号对初等行变换或初等列变换都是一致的. 即有

$$\boldsymbol{E}\xrightarrow{r_i\leftrightarrow r_j}\boldsymbol{E}(i,j)\ 或\ \boldsymbol{E}\xrightarrow{c_i\leftrightarrow c_j}\boldsymbol{E}(i,j)$$

$$\boldsymbol{E}\xrightarrow{r_i\times k}\boldsymbol{E}(i(k))\ 或\ \boldsymbol{E}\xrightarrow{c_i\times k}\boldsymbol{E}(i(k))$$

但倍加矩阵 $\boldsymbol{E}(i,j(k))$ 的记号对应两种变换有不同理解，两种变换下标的顺序不同，初等行变换为 r_i+kr_j，初等列变换为 c_j+kc_i，即

$$\boldsymbol{E}\xrightarrow{r_i+kr_j}\boldsymbol{E}(i,j(k))\ 或\ \boldsymbol{E}\xrightarrow{c_j+kc_i}\boldsymbol{E}(i,j(k))$$

注　由下述推导过程可知，初等矩阵都是可逆的，且其逆阵是同一类型的初等矩阵.

$$\boldsymbol{E}(i,j)\boldsymbol{E}(i,j)=\boldsymbol{E}\Leftrightarrow\boldsymbol{E}\,(i,j)^{-1}=\boldsymbol{E}(i,j)$$

$$\boldsymbol{E}(i(k))\boldsymbol{E}\left(i\left(\frac{1}{k}\right)\right)=\boldsymbol{E}\Leftrightarrow\boldsymbol{E}\,(i(k))^{-1}=\boldsymbol{E}\left(i\left(\frac{1}{k}\right)\right)$$

$$\boldsymbol{E}(i,j(k))\boldsymbol{E}(i,j(-k))=\boldsymbol{E}\Leftrightarrow\boldsymbol{E}\,(i,j(k))^{-1}=\boldsymbol{E}(i,j(-k))$$

例如

$$\boldsymbol{E}=\begin{pmatrix}1&0\\0&1\end{pmatrix}\xrightarrow{r_1\leftrightarrow r_2}\begin{pmatrix}0&1\\1&0\end{pmatrix}=\boldsymbol{E}(1,2),\ [\boldsymbol{E}(1,2)]^{-1}=\boldsymbol{E}(1,2)=\begin{pmatrix}0&1\\1&0\end{pmatrix}$$

$$\boldsymbol{E}=\begin{pmatrix}1&0\\0&1\end{pmatrix}\xrightarrow{r_1\times k}\begin{pmatrix}k&0\\0&1\end{pmatrix}=\boldsymbol{E}(1(k)),\ [\boldsymbol{E}(1(k))]^{-1}=\boldsymbol{E}\left(1\left(\frac{1}{k}\right)\right)=\begin{pmatrix}\frac{1}{k}&0\\0&1\end{pmatrix}$$

$$\boldsymbol{E}=\begin{pmatrix}1&0\\0&1\end{pmatrix}\xrightarrow{r_1+kr_2}\begin{pmatrix}1&k\\0&1\end{pmatrix}=\boldsymbol{E}(1,2(k)),\ [\boldsymbol{E}(1,2(k))]^{-1}=\boldsymbol{E}(1,2(-k))=\begin{pmatrix}1&-k\\0&1\end{pmatrix}$$

3.5.2　初等变换与初等矩阵的关系

有了初等矩阵，初等变换与初等矩阵就可以建立对应关系. 即初等变换可以用初等矩阵与矩阵的乘积来表示.

首先来看看初等矩阵左乘矩阵的作用.

例如，对矩阵 $\boldsymbol{A}=\begin{pmatrix}a & b & c\\ e & f & g\end{pmatrix}$，有：

(1) $\boldsymbol{E}(1,2)\boldsymbol{A}=\begin{pmatrix}0 & 1\\ 1 & 0\end{pmatrix}\begin{pmatrix}a & b & c\\ e & f & g\end{pmatrix}=\begin{pmatrix}e & f & g\\ a & b & c\end{pmatrix}$，对调矩阵 $\boldsymbol{E}(1,2)$ 左乘 $\boldsymbol{A}$ 的结果相当于对 $\boldsymbol{A}$ 作了初等行变换 $r_1\leftrightarrow r_2$，即对调 $\boldsymbol{A}$ 的第 1 行与第 2 行；

(2) $\boldsymbol{E}(1(k))\boldsymbol{A}=\begin{pmatrix}k & 0\\ 0 & 1\end{pmatrix}\begin{pmatrix}a & b & c\\ e & f & g\end{pmatrix}=\begin{pmatrix}ka & kb & kc\\ e & f & g\end{pmatrix}$，倍乘矩阵 $\boldsymbol{E}(1(k))$ 左乘 $\boldsymbol{A}$ 的结果相当于对 $\boldsymbol{A}$ 作了初等行变换 $r_1\times k$，即用数 $k\neq 0$ 乘以 $\boldsymbol{A}$ 的第 1 行；

(3) $\boldsymbol{E}(1,2(k))\boldsymbol{A}=\begin{pmatrix}1 & k\\ 0 & 1\end{pmatrix}\begin{pmatrix}a & b & c\\ e & f & g\end{pmatrix}=\begin{pmatrix}a+ke & b+kf & c+kg\\ e & f & g\end{pmatrix}$，倍加矩阵 $\boldsymbol{E}(1,2(k))$ 左乘 $\boldsymbol{A}$ 的结果相当于对 $\boldsymbol{A}$ 作了初等行变换 r_1+kr_2，即用数 k 乘以 $\boldsymbol{A}$ 的第 2 行加到第 1 行.

因此，对 $\boldsymbol{A}$ 进行初等行变换相当于用对应的初等矩阵左乘 $\boldsymbol{A}$，反之亦然.

再来看看初等矩阵右乘矩阵的结果.

例如，把 $\boldsymbol{A}=\begin{pmatrix}a_{11} & a_{12} & a_{13}\\ a_{21} & a_{22} & a_{23}\\ a_{31} & a_{32} & a_{33}\end{pmatrix}$ 按列分块得 $\boldsymbol{A}=(\boldsymbol{\alpha}_1,\boldsymbol{\alpha}_2,\boldsymbol{\alpha}_3)$，则有

(1) $\boldsymbol{AE}(1,2)=(\boldsymbol{\alpha}_1,\boldsymbol{\alpha}_2,\boldsymbol{\alpha}_3)\begin{pmatrix}0 & 1 & 0\\ 1 & 0 & 0\\ 0 & 0 & 1\end{pmatrix}=(\boldsymbol{\alpha}_2,\boldsymbol{\alpha}_1,\boldsymbol{\alpha}_3)$

对调矩阵 $\boldsymbol{E}(1,2)$ 右乘 $\boldsymbol{A}$ 的结果相当于对 $\boldsymbol{A}$ 进行初等列变换 $c_1\leftrightarrow c_2$；

(2) $\boldsymbol{AE}(3(-2))=(\boldsymbol{\alpha}_1,\boldsymbol{\alpha}_2,\boldsymbol{\alpha}_3)\begin{pmatrix}1 & 0 & 0\\ 0 & 1 & 0\\ 0 & 0 & -2\end{pmatrix}=(\boldsymbol{\alpha}_1,\boldsymbol{\alpha}_2,-2\boldsymbol{\alpha}_3)$，倍乘矩阵 $\boldsymbol{E}(3(-2))$ 右乘 $\boldsymbol{A}$ 的结果相当于对 $\boldsymbol{A}$ 进行初等列变换 $c_3\times(-2)$；

(3) $\boldsymbol{AE}(1,2(-3))=(\boldsymbol{\alpha}_1,\boldsymbol{\alpha}_2,\boldsymbol{\alpha}_3)\begin{pmatrix}1 & -3 & 0\\ 0 & 1 & 0\\ 0 & 0 & 1\end{pmatrix}=(\boldsymbol{\alpha}_1,\boldsymbol{\alpha}_2-3\boldsymbol{\alpha}_1,\boldsymbol{\alpha}_3)$，倍加矩阵 $\boldsymbol{E}(1,2(-3))$ 右乘 $\boldsymbol{A}$ 的结果相当于对 $\boldsymbol{A}$ 进行初等列变换 c_2-3c_1.

因此，对 $\boldsymbol{A}$ 进行初等列变换相当于用对应的初等矩阵右乘 $\boldsymbol{A}$，反之亦然.

综上可得表 3.5.1.

表 3.5.1 初等变换与初等矩阵的关系

初等行变换等价于初等矩阵左乘 $\boldsymbol{A}$	初等列变换等价于初等矩阵右乘 $\boldsymbol{A}$
$\boldsymbol{A}\xrightarrow{r_i\leftrightarrow r_j}\boldsymbol{E}(i,j)\boldsymbol{A}$	$\boldsymbol{A}\xrightarrow{c_i\leftrightarrow c_j}\boldsymbol{AE}(i,j)$
$\boldsymbol{A}\xrightarrow{r_i\times k}\boldsymbol{E}(i(k))\boldsymbol{A}$	$\boldsymbol{A}\xrightarrow{c_i\times k}\boldsymbol{AE}(i(k))$
$\boldsymbol{A}\xrightarrow{r_i+kr_j}\boldsymbol{E}(i,j(k))\boldsymbol{A}$	$\boldsymbol{A}\xrightarrow{c_j+kc_i}\boldsymbol{AE}(i,j(k))$

一般地，有下述定理.

定理 3.5.1 设 $\boldsymbol{A}$ 是一个 $m\times n$ 矩阵，

对 $\boldsymbol{A}$ 施行一次初等行变换，其结果等于在 $\boldsymbol{A}$ 的左边乘以相应的 m 阶初等矩阵；

对 $\boldsymbol{A}$ 施行一次初等列变换，其结果等于在 $\boldsymbol{A}$ 的右边乘以相应的 n 阶初等矩阵.

定理 3.5.1 把矩阵的初等变换与矩阵的乘法联系起来，从而可以依据矩阵乘法的运算规律得到初等变换的运算规律，也可以利用矩阵的初等变换去研究矩阵的乘法.

定理 3.5.2 方阵 $\boldsymbol{A}$ 可逆的充分必要条件是存在有限个初等矩阵 $\boldsymbol{P}_1$，$\boldsymbol{P}_2$，…，$\boldsymbol{P}_l$，使$\boldsymbol{A}=\boldsymbol{P}_1\boldsymbol{P}_2\cdots\boldsymbol{P}_l$.

证明 （充分性）若存在初等矩阵 $\boldsymbol{P}_1$，$\boldsymbol{P}_2$，…，$\boldsymbol{P}_l$，使 $\boldsymbol{A}=\boldsymbol{P}_1\boldsymbol{P}_2\cdots\boldsymbol{P}_l$，则由初等矩阵可逆及有限个可逆矩阵的乘积仍可逆，可得 $\boldsymbol{A}$ 可逆.

（必要性）设 n 阶方阵 $\boldsymbol{A}$ 可逆，且 $\boldsymbol{A}$ 的标准形为 $\boldsymbol{F}=\begin{pmatrix}\boldsymbol{E}_r & \boldsymbol{O}\\ \boldsymbol{O} & \boldsymbol{O}\end{pmatrix}_{n\times n}$.

由于 $\boldsymbol{F}\sim\boldsymbol{A}$，知 $\boldsymbol{F}$ 经有限次初等变换可化为 $\boldsymbol{A}$，则有初等矩阵 $\boldsymbol{P}_1$，$\boldsymbol{P}_2$，…，$\boldsymbol{P}_l$，使

$$\boldsymbol{A}=\boldsymbol{P}_1\cdots\boldsymbol{P}_s\boldsymbol{F}\boldsymbol{P}_{s+1}\cdots\boldsymbol{P}_l$$

因为 $\boldsymbol{A}$ 可逆，初等矩阵 $\boldsymbol{P}_1$，$\boldsymbol{P}_2$，…，$\boldsymbol{P}_l$ 均可逆，故标准形 $\boldsymbol{F}$ 可逆，则 $r=n$.

否则，若 $\boldsymbol{F}$ 中的 $r<n$，则 $|\boldsymbol{F}|=0$，与 $\boldsymbol{F}$ 可逆矛盾，因此必有 $r=n$，则 $\boldsymbol{F}=\boldsymbol{E}$.

从而

$$\boldsymbol{A}=\boldsymbol{P}_1\cdots\boldsymbol{P}_s\boldsymbol{E}\boldsymbol{P}_{s+1}\cdots\boldsymbol{P}_l=\boldsymbol{P}_1\boldsymbol{P}_2\cdots\boldsymbol{P}_l$$

推论 1 方阵 $\boldsymbol{A}$ 可逆的充分必要条件是 $\boldsymbol{A}\overset{r}{\sim}\boldsymbol{E}$.

证明 $\boldsymbol{A}$ 可逆$\Leftrightarrow$存在可逆矩阵 $\boldsymbol{P}$，使 $\boldsymbol{PA}=\boldsymbol{E}$.

$$\Leftrightarrow\boldsymbol{A}\overset{r}{\sim}\boldsymbol{E}.$$

证毕.

注 可逆矩阵的行最简形和标准形都是单位矩阵 $\boldsymbol{E}$.

定理 3.5.3 设 $\boldsymbol{A}$ 与 $\boldsymbol{B}$ 均为 $m\times n$ 矩阵，那么：

(1) $\boldsymbol{A}\overset{r}{\sim}\boldsymbol{B}$ 的充分必要条件是存在 m 阶可逆矩阵 $\boldsymbol{P}$，使 $\boldsymbol{PA}=\boldsymbol{B}$；

(2) $\boldsymbol{A}\overset{c}{\sim}\boldsymbol{B}$ 的充分必要条件是存在 n 阶可逆矩阵 $\boldsymbol{Q}$，使 $\boldsymbol{AQ}=\boldsymbol{B}$；

(3) $\boldsymbol{A}\sim\boldsymbol{B}$ 的充分必要条件是存在 m 阶可逆矩阵 $\boldsymbol{P}$ 及 n 阶可逆矩阵 $\boldsymbol{Q}$，使 $\boldsymbol{PAQ}=\boldsymbol{B}$.

证明 (1) 依据 $\boldsymbol{A}\overset{r}{\sim}\boldsymbol{B}$ 的定义和初等矩阵的相关结论定理 3.5.1，有

$\boldsymbol{A}\overset{r}{\sim}\boldsymbol{B}\Leftrightarrow\boldsymbol{A}$ 经有限次初等行变换变成 $\boldsymbol{B}$

$\Leftrightarrow$ 存在有限个 m 阶初等矩阵 $\boldsymbol{P}_1$，$\boldsymbol{P}_2$，…，$\boldsymbol{P}_l$，使 $\boldsymbol{P}_l\cdots\boldsymbol{P}_2\boldsymbol{P}_1\boldsymbol{A}=\boldsymbol{B}$

$\Leftrightarrow$ 存在 m 阶可逆矩阵 $\boldsymbol{P}$，使 $\boldsymbol{PA}=\boldsymbol{B}$，取 $\boldsymbol{P}=\boldsymbol{P}_l\cdots\boldsymbol{P}_1$.

类似可证明(2) 和(3).

定理 3.5.4　对于任意 $m\times n$ 矩阵 $\boldsymbol{A}$，必存在行最简形矩阵 U 和 m 阶初等矩阵 $\boldsymbol{P}_1$，$\boldsymbol{P}_2$，…，$\boldsymbol{P}_l$，使得 $\boldsymbol{P}_l\cdots\boldsymbol{P}_2\boldsymbol{P}_1\boldsymbol{A}=\boldsymbol{U}$.

定理 3.5.5　对于任意 $m\times n$ 矩阵 $\boldsymbol{A}$，必存在 m 阶初等矩阵 $\boldsymbol{P}_1$，$\boldsymbol{P}_2$，…，$\boldsymbol{P}_l$ 和 n 阶初等矩阵 $\boldsymbol{Q}_1$，$\boldsymbol{Q}_2$，…，$\boldsymbol{Q}_t$，以及标准形 $\boldsymbol{F}$，使得

$$\boldsymbol{P}_l\cdots\boldsymbol{P}_2\boldsymbol{P}_1\boldsymbol{A}\boldsymbol{Q}_1\boldsymbol{Q}_2\cdots\boldsymbol{Q}_t=\boldsymbol{F}=\begin{pmatrix}\boldsymbol{E}_{r\times r} & \boldsymbol{O}\\ \boldsymbol{O} & \boldsymbol{O}\end{pmatrix}$$

其中 $0\leqslant r\leqslant \min(m,n)$.

3.5.3　初等变换与初等矩阵的应用

1. 初等变换、初等矩阵与矩阵乘法的关系

若 $\boldsymbol{A}\overset{r}{\sim}\boldsymbol{B}$，即 $\boldsymbol{A}$ 经一系列初等行变换变为 $\boldsymbol{B}$，则存在可逆矩阵 $\boldsymbol{P}$，使得 $\boldsymbol{PA}=\boldsymbol{B}$，那么，如何去求出这个可逆矩阵 $\boldsymbol{P}$？

方法一：利用定理 3.5.1，把初等变换的问题转化为相应的初等矩阵与矩阵的乘积.

方法二：利用定理 3.5.3，由

$$\boldsymbol{PA}=\boldsymbol{B}\Leftrightarrow\begin{cases}\boldsymbol{PA}=\boldsymbol{B}\\ \boldsymbol{PE}=\boldsymbol{P}\end{cases}\Leftrightarrow\boldsymbol{P}(\boldsymbol{A},\boldsymbol{E})=(\boldsymbol{B},\boldsymbol{P})\Leftrightarrow(\boldsymbol{A},\boldsymbol{E})\xrightarrow{r}(\boldsymbol{B},\boldsymbol{P})$$

可得，如果对矩阵$(\boldsymbol{A},\boldsymbol{E})$作初等行变换，那么，当把 $\boldsymbol{A}$ 变为 $\boldsymbol{B}$ 时，$\boldsymbol{E}$ 就变为 $\boldsymbol{P}$，于是就得到所求的可逆矩阵 $\boldsymbol{P}$.

例 3.5.1　设 $\boldsymbol{A}=\begin{pmatrix}a_{11} & a_{12}\\ a_{21} & a_{22}\end{pmatrix}$，$\boldsymbol{B}=\begin{pmatrix}a_{21}-3a_{11} & a_{22}-3a_{12}\\ a_{11} & a_{12}\end{pmatrix}$，问:$\boldsymbol{A}$ 经过何种初等变换化为 $\boldsymbol{B}$？写出相应的初等矩阵并将 $\boldsymbol{B}$ 表示成这些初等矩阵与 $\boldsymbol{A}$ 的乘积.

解　$\boldsymbol{A}\xrightarrow{r_2-3r_1}\begin{pmatrix}a_{11} & a_{12}\\ a_{21}-3a_{11} & a_{22}-3a_{12}\end{pmatrix}\xrightarrow{r_1\leftrightarrow r_2}\begin{pmatrix}a_{21}-3a_{11} & a_{22}-3a_{12}\\ a_{11} & a_{12}\end{pmatrix}=\boldsymbol{B}$

而初等行变换 r_2-3r_1，$r_1\leftrightarrow r_2$ 对应的初等矩阵分别为

$$\boldsymbol{P}_1=\begin{pmatrix}1 & 0\\ -3 & 1\end{pmatrix}\text{ 和 }\boldsymbol{P}_2=\begin{pmatrix}0 & 1\\ 1 & 0\end{pmatrix}$$

则由定理 3.5.1 得，$\boldsymbol{B}=\boldsymbol{P}_2\boldsymbol{P}_1\boldsymbol{A}$.

例 3.5.2　设 $\boldsymbol{A}=\begin{pmatrix}1 & -1 & 3\\ 0 & 1 & 1\\ 2 & -2 & 6\end{pmatrix}$，用初等行变换将 $\boldsymbol{A}$ 化为行最简形矩阵 $\boldsymbol{U}$，并将 $\boldsymbol{U}$ 表示成可逆矩阵 $\boldsymbol{P}$ 与 $\boldsymbol{A}$ 的乘积.

解　方法一：$\boldsymbol{A}\xrightarrow{r_3-2r_1}\begin{pmatrix}1 & -1 & 3\\ 0 & 1 & 1\\ 0 & 0 & 0\end{pmatrix}\xrightarrow{r_1+r_2}\begin{pmatrix}1 & 0 & 4\\ 0 & 1 & 1\\ 0 & 0 & 0\end{pmatrix}=\boldsymbol{U}$

而初等行变换 r_3-2r_1，r_1+r_2 对应的初等矩阵为

$$\boldsymbol{P}_1=\begin{pmatrix}1&0&0\\0&1&0\\-2&0&1\end{pmatrix},\ \boldsymbol{P}_2=\begin{pmatrix}1&1&0\\0&1&0\\0&0&1\end{pmatrix}$$

则由定理 3.5.1 得 $\boldsymbol{U}=\boldsymbol{P}_2\boldsymbol{P}_1\boldsymbol{A}=\boldsymbol{P}\boldsymbol{A}$，其中 $\boldsymbol{P}=\boldsymbol{P}_2\boldsymbol{P}_1=\begin{pmatrix}1&1&0\\0&1&0\\-2&0&1\end{pmatrix}$ 为可逆矩阵.

方法二：$(\boldsymbol{A}\ \vdots\ \boldsymbol{E})=\left(\begin{array}{ccc:ccc}1&-1&3&1&0&0\\0&1&1&0&1&0\\2&-2&6&0&0&1\end{array}\right)\xrightarrow{r_3-2r_1}\left(\begin{array}{ccc:ccc}1&-1&3&1&0&0\\0&1&1&0&1&0\\0&0&0&-2&0&1\end{array}\right)$

$$\xrightarrow{r_1+r_2}\left(\begin{array}{ccc:ccc}1&0&4&1&1&0\\0&1&1&0&1&0\\0&0&0&-2&0&1\end{array}\right)=(\boldsymbol{U}\ \vdots\ \boldsymbol{P})$$

故 $\boldsymbol{U}=\begin{pmatrix}1&0&4\\0&1&1\\0&0&0\end{pmatrix}$ 为 $\boldsymbol{A}$ 的行最简形，$\boldsymbol{P}=\begin{pmatrix}1&1&0\\0&1&0\\-2&0&1\end{pmatrix}$ 为可逆矩阵，由定理 3.5.2 得 $\boldsymbol{U}=\boldsymbol{P}\boldsymbol{A}$.

例 3.5.3 将 $\boldsymbol{A}=\begin{pmatrix}1&0&3\\0&2&4\\1&0&4\end{pmatrix}$ 分解为若干初等矩阵的乘积.

解 由 $|\boldsymbol{A}|=2\neq 0$，知 $\boldsymbol{A}$ 可逆. 利用初等行变换把 $\boldsymbol{A}$ 化为单位阵，并记录每次所作的变换，再用初等矩阵的乘积表示出来.

$$\boldsymbol{A}\xrightarrow{r_3-r_1}\begin{pmatrix}1&0&3\\0&2&4\\0&0&1\end{pmatrix}\xrightarrow{\frac{1}{2}r_2}\begin{pmatrix}1&0&3\\0&1&2\\0&0&1\end{pmatrix}$$

$$\xrightarrow{r_2-2r_3}\begin{pmatrix}1&0&3\\0&1&0\\0&0&1\end{pmatrix}\xrightarrow{r_1-3r_3}\begin{pmatrix}1&0&0\\0&1&0\\0&0&1\end{pmatrix}=\boldsymbol{E}$$

以上过程表示为

$$\boldsymbol{E}(1,3(-3))\boldsymbol{E}(2,3(-2))\boldsymbol{E}(2(\frac{1}{2}))\boldsymbol{E}(3,1(-1))\boldsymbol{A}=\boldsymbol{E}$$

于是

$$\begin{aligned}\boldsymbol{A}&=[\boldsymbol{E}(1,3(-3))\boldsymbol{E}(2,3(-2))\boldsymbol{E}(2(\frac{1}{2}))\boldsymbol{E}(3,1(-1))]^{-1}\\&=[\boldsymbol{E}(3,1(-1))]^{-1}\left[\boldsymbol{E}\left(2\left(\frac{1}{2}\right)\right)\right]^{-1}[\boldsymbol{E}(2,3(-2))]^{-1}[\boldsymbol{E}(1,3(-3))]^{-1}\\&=\boldsymbol{E}(3,1(1))\boldsymbol{E}(2(2))\boldsymbol{E}(2,3(2))\boldsymbol{E}(1,3(3))\\&=\begin{pmatrix}1&0&0\\0&1&0\\1&0&1\end{pmatrix}\begin{pmatrix}1&0&0\\0&2&0\\0&0&1\end{pmatrix}\begin{pmatrix}1&0&0\\0&1&2\\0&0&1\end{pmatrix}\begin{pmatrix}1&0&3\\0&1&0\\0&0&1\end{pmatrix}\end{aligned}$$

注 逆矩阵的初等矩阵的分解式是不唯一的. 此外，在分解过程中，可以使用初等行变换或初等列变换.

例 3.5.4 设 $\boldsymbol{E}(1,2)=\begin{pmatrix}0&1&0\\1&0&0\\0&0&1\end{pmatrix}$，$\boldsymbol{E}(2,3(-1))=\begin{pmatrix}1&0&0\\0&1&-1\\0&0&1\end{pmatrix}$，$\boldsymbol{A}=\begin{pmatrix}1&2&3\\4&5&6\\7&8&9\end{pmatrix}$，用初等变换法计算 $\boldsymbol{E}(1,2)\boldsymbol{A}\boldsymbol{E}(2,3(-1))$.

解 初等矩阵 $\boldsymbol{E}(1,2)$ 左乘 $\boldsymbol{A}$，相当于对 $\boldsymbol{A}$ 进行初等行变换 $r_1 \leftrightarrow r_2$；初等矩阵 $\boldsymbol{E}(2,3(-1))$ 右乘 $\boldsymbol{E}(1,2)\boldsymbol{A}$，相当于对矩阵进行初等列变换 c_3-c_2，于是

$$\boldsymbol{A}\xrightarrow{r_1\leftrightarrow r_2}\begin{pmatrix}4&5&6\\1&2&3\\7&8&9\end{pmatrix}\xrightarrow{c_3-c_2}\begin{pmatrix}4&5&1\\1&2&1\\7&8&1\end{pmatrix}$$

则

$$\boldsymbol{E}(1,2)\boldsymbol{A}\boldsymbol{E}(2,3(-1))=\begin{pmatrix}4&5&1\\1&2&1\\7&8&1\end{pmatrix}$$

2. 求逆矩阵——初等变换法

由定理 3.5.1 和定理 3.5.2 就可以利用初等变换法求逆矩阵.

若 $\boldsymbol{A}$ 为 n 阶可逆矩阵，则存在一系列初等矩阵 $\boldsymbol{P}_1, \boldsymbol{P}_2, \cdots, \boldsymbol{P}_l$，使 $\boldsymbol{P}_l\cdots\boldsymbol{P}_2\boldsymbol{P}_1\boldsymbol{A}=\boldsymbol{E}$，则 $\begin{cases}\boldsymbol{P}_l\cdots\boldsymbol{P}_2\boldsymbol{P}_1\boldsymbol{A}=\boldsymbol{E}\\\boldsymbol{P}_l\cdots\boldsymbol{P}_2\boldsymbol{P}_1\boldsymbol{E}=\boldsymbol{A}^{-1}\end{cases}$ 同时成立，即有

$$\boldsymbol{P}_l\cdots\boldsymbol{P}_2\boldsymbol{P}_1(\boldsymbol{A}\,\vdots\,\boldsymbol{E})=(\boldsymbol{E}\,\vdots\,\boldsymbol{A}^{-1})$$

由定理 3.5.1 可得

$$(\boldsymbol{A}\,\vdots\,\boldsymbol{E})\xrightarrow{\text{初等行变换}}(\boldsymbol{E}\,\vdots\,\boldsymbol{A}^{-1})$$

即对 $n\times 2n$ 矩阵$(\boldsymbol{A}\,\vdots\,\boldsymbol{E})$施行初等行变换，把 $\boldsymbol{A}$ 化为 $\boldsymbol{E}$，同时把 $\boldsymbol{E}$ 化为 $\boldsymbol{A}^{-1}$.

类似地，可得

$$\begin{pmatrix}\boldsymbol{A}\\\cdots\\\boldsymbol{E}\end{pmatrix}\xrightarrow{\text{初等列变换}}\begin{pmatrix}\boldsymbol{E}\\\cdots\\\boldsymbol{A}^{-1}\end{pmatrix}$$

例 3.5.5 设矩阵 $\boldsymbol{A}=\begin{pmatrix}1&-1&0\\1&0&-2\\-2&1&3\end{pmatrix}$，$\boldsymbol{B}=\begin{pmatrix}1&-1&0\\0&1&-2\\2&-1&-2\end{pmatrix}$，利用初等行变换判断矩阵 $\boldsymbol{A}$，$\boldsymbol{B}$ 是否可逆？如果可逆，求其逆矩阵.

解 构造矩阵$(\boldsymbol{A}\,\vdots\,\boldsymbol{E})$，并施以初等行变换化为行最简形

$$(\boldsymbol{A}\,\vdots\,\boldsymbol{E})=\left(\begin{array}{ccc:ccc}1&-1&0&1&0&0\\1&0&-2&0&1&0\\-2&1&3&0&0&1\end{array}\right)\xrightarrow[r_3+2r_1]{r_2-r_1}\left(\begin{array}{ccc:ccc}1&-1&0&1&0&0\\0&1&-2&-1&1&0\\0&-1&3&2&0&1\end{array}\right)$$

$$\xrightarrow[r_1+r_2]{r_3+r_2}\left(\begin{array}{ccc:ccc}1&0&-2&0&1&0\\0&1&-2&-1&1&0\\0&0&1&1&1&1\end{array}\right)\xrightarrow[r_1+2r_3]{r_2+2r_3}\left(\begin{array}{ccc:ccc}1&0&0&2&3&2\\0&1&0&1&3&2\\0&0&1&1&1&1\end{array}\right)=(\boldsymbol{E}\,\vdots\,\boldsymbol{A}^{-1})$$

所以

$$\boldsymbol{A}^{-1}=\begin{pmatrix}2&3&2\\1&3&2\\1&1&1\end{pmatrix}$$

构造矩阵$(\boldsymbol{B}\,\vdots\,\boldsymbol{E})$，并施以初等行变换

$$(\boldsymbol{B}\,\vdots\,\boldsymbol{E})=\left(\begin{array}{ccc:ccc}1&-1&0&1&0&0\\0&1&-2&0&1&0\\2&-1&-2&0&0&1\end{array}\right)\xrightarrow{r_3-2r_1}\left(\begin{array}{ccc:ccc}1&-1&0&1&0&0\\0&1&-2&0&1&0\\0&1&-2&-2&0&1\end{array}\right)$$

$$\xrightarrow{r_3-r_2}\left(\begin{array}{ccc:ccc}1&-1&0&1&0&0\\0&1&-2&0&1&0\\0&0&0&-2&-1&1\end{array}\right)$$

显然矩阵$\boldsymbol{B}$不可逆.

例 3.5.6 设$\boldsymbol{A}=\begin{pmatrix}1&2&3&4\\0&2&3&4\\0&0&3&4\\0&0&0&4\end{pmatrix}$，求$\boldsymbol{A}^{-1}$.

解

$$(\boldsymbol{A}\,\vdots\,\boldsymbol{E})=\left(\begin{array}{cccc:cccc}1&2&3&4&1&0&0&0\\0&2&3&4&0&1&0&0\\0&0&3&4&0&0&1&0\\0&0&0&4&0&0&0&1\end{array}\right)$$

$$\xrightarrow[r_3-r_4]{\substack{r_1-r_2\\r_2-r_3}}\left(\begin{array}{cccc:cccc}1&0&0&0&1&-1&0&0\\0&2&0&0&0&1&-1&0\\0&0&3&0&0&0&1&-1\\0&0&0&4&0&0&0&1\end{array}\right)$$

$$\xrightarrow[r_4\div 4]{\substack{r_2\div 2\\r_3\div 3}}\left(\begin{array}{cccc:cccc}1&0&0&0&1&-1&0&0\\0&1&0&0&0&\frac{1}{2}&-\frac{1}{2}&0\\0&0&1&0&0&0&\frac{1}{3}&-\frac{1}{3}\\0&0&0&1&0&0&0&\frac{1}{4}\end{array}\right)$$

所以

$$A^{-1}=\begin{pmatrix}1 & -1 & 0 & 0\\ 0 & \frac{1}{2} & -\frac{1}{2} & 0\\ 0 & 0 & \frac{1}{3} & -\frac{1}{3}\\ 0 & 0 & 0 & \frac{1}{4}\end{pmatrix}$$

3. 解矩阵方程 —— 初等变换法

用初等变换法求逆矩阵的方法，可以推广到矩阵方程的求解上.

对以下三种矩阵方程

$$AX=B,\ XA=B,\ AXC=B$$

若矩阵 A,C 都是可逆矩阵,则它们都有唯一解，且唯一解分别为

$$X=A^{-1}B,\ X=BA^{-1},\ X=A^{-1}BC^{-1}$$

当 A 是可逆矩阵时，则 A^{-1} 也是可逆矩阵，且 $A^{-1}A=E$，则由

$$A^{-1}(A\ \vdots\ B)=(E\ \vdots\ A^{-1}B)$$

可知，对矩阵$(A\ \vdots\ B)$施行若干次初等行变换，把 A 化为 E，同时 B 就化为 $A^{-1}B$,即

$$(A\ \vdots\ B)\xrightarrow{\text{初等行变换}}(E\ \vdots\ A^{-1}B)$$

同理，由

$$\begin{pmatrix}A\\ \cdots\\ B\end{pmatrix}A^{-1}=\begin{pmatrix}E\\ \cdots\\ BA^{-1}\end{pmatrix}$$

可得，对矩阵$\begin{pmatrix}A\\ \cdots\\ B\end{pmatrix}$施行若干次初等列变换，把 A 化为 E，同时 B 就化为 BA^{-1}，即

$$\begin{pmatrix}A\\ \cdots\\ B\end{pmatrix}\xrightarrow{\text{初等列变换}}\begin{pmatrix}E\\ \cdots\\ BA^{-1}\end{pmatrix}$$

例 3.5.7　求矩阵 X，使 $AX=B$,其中

$$A=\begin{pmatrix}1 & 2 & -3\\ 0 & 1 & 2\\ 1 & 2 & -2\end{pmatrix},\ B=\begin{pmatrix}1 & 1\\ -1 & 0\\ 0 & 2\end{pmatrix}$$

解　因 $|A|=1\neq 0$,则 A 可逆，则 $X=A^{-1}B$. 构造矩阵$(A\ \vdots\ B)$，并施以初等行变换,化为行最简形

$$(A\ \vdots\ B)=\left(\begin{array}{ccc:cc}1 & 2 & -3 & 1 & 1\\ 0 & 1 & 2 & -1 & 0\\ 1 & 2 & -2 & 0 & 2\end{array}\right)\xrightarrow{r_3-r_1}\left(\begin{array}{ccc:cc}1 & 2 & -3 & 1 & 1\\ 0 & 1 & 2 & -1 & 0\\ 0 & 0 & 1 & -1 & 1\end{array}\right)$$

$$\xrightarrow[r_1+3r_3]{r_2-2r_3}\left(\begin{array}{ccc:cc}1 & 2 & 0 & -2 & 4\\ 0 & 1 & 0 & 1 & -2\\ 0 & 0 & 1 & -1 & 1\end{array}\right)\xrightarrow{r_1-2r_2}\left(\begin{array}{ccc:cc}1 & 0 & 0 & -4 & 8\\ 0 & 1 & 0 & 1 & -2\\ 0 & 0 & 1 & -1 & 1\end{array}\right)=(E\ \vdots\ A^{-1}B)$$

所以

$$X=A^{-1}B=\begin{pmatrix}-4 & 8\\ 1 & -2\\ -1 & 1\end{pmatrix}$$

例 3.5.8 求矩阵 X，使 $XA=B$，其中

$$A=\begin{pmatrix}1 & 0 & 0\\ 0 & 1 & 2\\ 0 & 3 & 5\end{pmatrix},\ B=\begin{pmatrix}1 & 1 & -1\\ 0 & 2 & 1\end{pmatrix}$$

解 若 A 可逆，则 $X=BA^{-1}$. 构造矩阵 $\begin{pmatrix}A\\ \cdots\\ B\end{pmatrix}$，并施以初等列变换

$$\begin{pmatrix}A\\ \cdots\\ B\end{pmatrix}=\begin{pmatrix}1 & 0 & 0\\ 0 & 1 & 2\\ 0 & 3 & 5\\ \hline 1 & 1 & -1\\ 0 & 2 & 1\end{pmatrix}\xrightarrow{c_3-2c_2}\begin{pmatrix}1 & 0 & 0\\ 0 & 1 & 0\\ 0 & 3 & -1\\ \hline 1 & 1 & -3\\ 0 & 2 & -3\end{pmatrix}\xrightarrow{c_2+3c_3}\begin{pmatrix}1 & 0 & 0\\ 0 & 1 & 0\\ 0 & 0 & -1\\ \hline 1 & -8 & -3\\ 0 & -7 & -3\end{pmatrix}$$

$$\xrightarrow{c_3\times(-1)}\begin{pmatrix}1 & 0 & 0\\ 0 & 1 & 0\\ 0 & 0 & 1\\ \hline 1 & -8 & 3\\ 0 & -7 & 3\end{pmatrix}=\begin{pmatrix}E\\ \cdots\\ BA^{-1}\end{pmatrix}$$

所以

$$X=BA^{-1}=\begin{pmatrix}1 & -8 & 3\\ 0 & -7 & 3\end{pmatrix}$$

例 3.5.9 解矩阵方程 $AX=2X+A$，其中 $A=\begin{pmatrix}3 & 0 & 1\\ 1 & 1 & 0\\ 0 & 1 & 4\end{pmatrix}$.

解 由 $AX=2X+A$，有 $(A-2E)X=A$，而

$$A-2E=\begin{pmatrix}1 & 0 & 1\\ 1 & -1 & 0\\ 0 & 1 & 2\end{pmatrix}$$

由 $|A-2E|=-1\neq 0$，得 $A-2E$ 可逆，则 $X=(A-2E)^{-1}A$.
构造分块矩阵 $(A-2E\ \vdots\ A)$，并对它施以初等行变换化为行最简形

$$(A-2E\ \vdots\ A)=\left(\begin{array}{ccc:ccc}1 & 0 & 1 & 3 & 0 & 1\\ 1 & -1 & 0 & 1 & 1 & 0\\ 0 & 1 & 2 & 0 & 1 & 4\end{array}\right)\xrightarrow{r_2-r_1}\left(\begin{array}{ccc:ccc}1 & 0 & 1 & 3 & 0 & 1\\ 0 & -1 & -1 & -2 & 1 & -1\\ 0 & 1 & 2 & 0 & 1 & 4\end{array}\right)$$

$$\xrightarrow{r_3+r_2}\left(\begin{array}{ccc:ccc}1 & 0 & 1 & 3 & 0 & 1\\ 0 & -1 & -1 & -2 & 1 & -1\\ 0 & 0 & 1 & -2 & 2 & 3\end{array}\right)\xrightarrow[r_2\times(-1)]{\substack{r_2+r_3\\ r_1-r_3}}\left(\begin{array}{ccc:ccc}1 & 0 & 0 & 5 & -2 & -2\\ 0 & 1 & 0 & 4 & -3 & -2\\ 0 & 0 & 1 & -2 & 2 & 3\end{array}\right)$$

所以

$$X=\begin{pmatrix}5 & -2 & -2\\4 & -3 & -2\\-2 & 2 & 3\end{pmatrix}$$

注　因为矩阵乘法不满足交换律，所以要区分$(\boldsymbol{A}-2\boldsymbol{E})^{-1}$左乘$\boldsymbol{A}$，或$(\boldsymbol{A}-2\boldsymbol{E})^{-1}$右乘$\boldsymbol{A}$，需注意$(\boldsymbol{A}-2\boldsymbol{E})^{-1}$的位置.

例 3.5.10　已知 n 阶方阵 $\boldsymbol{A}=\begin{pmatrix}2 & 2 & 2 & \cdots & 2\\0 & 1 & 1 & \cdots & 1\\0 & 0 & 1 & \cdots & 1\\\vdots & \vdots & \vdots & & \vdots\\0 & 0 & 0 & \cdots & 1\end{pmatrix}$，求 $\boldsymbol{A}$ 中所有元素的代数余子式之和 $\sum\limits_{i,j=1}^{n}A_{ij}$.

解　$|\boldsymbol{A}|=2\neq 0$，所以 $\boldsymbol{A}$ 可逆，则利用初等行变换法可求得

$$\boldsymbol{A}^{-1}=\begin{pmatrix}1/2 & -1 & 0 & \cdots & 0\\0 & 1 & -1 & \cdots & 0\\\vdots & \vdots & \vdots & & \vdots\\0 & 0 & 0 & 1 & -1\\0 & 0 & 0 & 0 & 1\end{pmatrix}$$

于是 $\boldsymbol{A}^*=2\boldsymbol{A}^{-1}$，从而 $\sum\limits_{i,j=1}^{n}A_{ij}=2\left[\dfrac{1}{2}+(n-1)-(n-1)\right]=1$.

3.6　矩阵秩的等价刻画

3.6.1　矩阵秩的等价定义

矩阵的秩是矩阵的一个重要的数值特征，是反映矩阵本质属性的一个不变量. 在 1.3 节中我们给出一个 $m\times n$ 矩阵 $\boldsymbol{A}$ 及其标准形

$$\boldsymbol{F}=\begin{pmatrix}\boldsymbol{E}_r & \boldsymbol{O}\\\boldsymbol{O} & \boldsymbol{O}\end{pmatrix}_{m\times n}$$

数 r 是 $\boldsymbol{A}$ 的标准形 $\boldsymbol{F}$ 中非零行的行数，也是 $\boldsymbol{A}$ 的行阶梯形中非零行的行数，这个数 r 完全确定且唯一，我们把这个数称为矩阵 $\boldsymbol{A}$ 的秩. 这节我们将用另一种说法给出矩阵秩的等价定义.

定义 3.6.1　在 $m\times n$ 矩阵 $\boldsymbol{A}$ 中，任取 k 行 k 列($k\leqslant m$，$k\leqslant n$)，位于这些行列交叉处的 k^2 个元素，不改变它们在 $\boldsymbol{A}$ 中所处的位置次序而得的 k 阶行列式，称为矩阵 $\boldsymbol{A}$ 的 k 阶子式.

$m\times n$ 矩阵 $\boldsymbol{A}$ 共有 $\mathrm{C}_m^k\mathrm{C}_n^k$ 个 k 阶子式. 我们把不等于零的子式称为非零子式，否则称它为零子式.

例如，在矩阵 $\boldsymbol{A}=\begin{pmatrix}1 & 1 & 1 & 1\\ 2 & 2 & 3 & 4\\ 3 & 3 & 4 & 5\\ -1 & -1 & 0 & 1\end{pmatrix}$ 中，选取第1、2行和第1、2列，它们交叉点上的元素组成的2阶行列式 $\begin{vmatrix}1 & 1\\ 2 & 2\end{vmatrix}=0$ 就是一个2阶零子式；选取第1、2行和第1、3列，它们交叉点上的元素组成的2阶行列式 $\begin{vmatrix}1 & 1\\ 2 & 3\end{vmatrix}=1\neq 0$ 就是一个2阶非零子式；又如，选取第1、2、3行和第1、2、3列，它们交叉点上的元素组成的3阶行列式 $\begin{vmatrix}1 & 1 & 1\\ 2 & 2 & 3\\ 3 & 3 & 4\end{vmatrix}=0$ 为3阶零子式，而 $|\boldsymbol{A}|=\begin{vmatrix}1 & 1 & 1 & 1\\ 2 & 2 & 3 & 4\\ 3 & 3 & 4 & 5\\ -1 & -1 & 0 & 1\end{vmatrix}=0$ 为4阶零子式.

定义 3.6.2 设矩阵 $\boldsymbol{A}$ 中有一个不等于0的 r 阶子式 D，且所有 $r+1$ 阶子式(如果存在的话)全等于0，那么 D 称为矩阵 $\boldsymbol{A}$ 的最高阶非零子式，数 r 称为最高阶非零子式 D 的阶数.

注 由行列式的展开定理可知，当 $\boldsymbol{A}$ 中所有 $r+1$ 阶子式全等于0时，所有高于 $r+1$ 阶的子式也全等于0，因此 r 阶非零子式 D 为最高阶非零子式.

注 标准形 $\boldsymbol{F}=\begin{pmatrix}\boldsymbol{E}_r & \boldsymbol{O}\\ \boldsymbol{O} & \boldsymbol{O}\end{pmatrix}$ 中有一个 r 阶子式 $|\boldsymbol{E}_r|\neq 0$，且 $\boldsymbol{F}$ 中任意 $r+1$ 阶子式(如果存在的话)都等于零，因此标准形 $\boldsymbol{F}$ 的最高阶非零子式的阶为 r，恰好是 $\boldsymbol{F}$ 中非零行的行数 r. 类似地可得，行阶梯形矩阵(或行最简形矩阵)的最高阶非零子式的阶也是其矩阵中非零行的行数.

通过比较研究最高阶非零子式的阶与初等变换、矩阵的秩(定义1.3.6)之间的关系，可以得到以下相关结论.

定理 3.6.1 初等变换不改变矩阵的最高阶非零子式的阶数.

即 $\boldsymbol{A}\sim\boldsymbol{B}$，且 $\boldsymbol{A}$ 与 $\boldsymbol{B}$ 中的最高阶非零子式的阶数分别为 r_A 和 r_B，则 $r_A=r_B$.

证明 先证明：若 $\boldsymbol{A}$ 经一次初等行变换化为 $\boldsymbol{B}$，有 $r_A\leqslant r_B$.

设 $\boldsymbol{A}$ 的某个 r_A 阶非零子式 $D_A\neq 0$.

(1) 当 $\boldsymbol{A}\xrightarrow{r_i\leftrightarrow r_j}\boldsymbol{B}$ 时，在 $\boldsymbol{B}$ 中总能找到与 D_A 相对应的 r_A 阶子式 D_B，由于 $D_B=D_A$ 或 $D_B=-D_A$，因此，$D_B\neq 0$，从而 $r_B\geqslant r_A$.

(2) 当 $\boldsymbol{A}\xrightarrow{r_i\times k}\boldsymbol{B}$ 时，在 $\boldsymbol{B}$ 中总能找到与 D_A 相对应的 r_A 阶子式 D_B，由于 $D_B=D_A$ 或 $D_B=kD_A$，因此，$D_B\neq 0$，从而 $r_B\geqslant r_A$.

(3) 当 $\boldsymbol{A}\xrightarrow{r_i+kr_j}\boldsymbol{B}$ 时，需要讨论下列三种情形：

① D_A 不包含 $\boldsymbol{A}$ 的第 i 行，这时 D_A 也是 $\boldsymbol{B}$ 的 r_A 阶非零子式，故 $r_B\geqslant r_A$；

② D_A 包含 $\boldsymbol{A}$ 的第 i，j 两行，对 $\boldsymbol{B}$ 中与 D_A 对应的 r_A 阶子式 D_B，有 $D_B=D_A\neq 0$，则

$r_B \geqslant r_A$；

③ D_A 包含 $\boldsymbol{A}$ 的第 i 行，但不包含 j 行，这时把 $\boldsymbol{B}$ 中与 D_A 对应的 r_A 阶子式 D_B，记作

$$D_B = \begin{vmatrix} \vdots \\ r_i + kr_j \\ \vdots \end{vmatrix} = \begin{vmatrix} \vdots \\ r_i \\ \vdots \end{vmatrix} + k \begin{vmatrix} \vdots \\ r_j \\ \vdots \end{vmatrix} = D_A + kD$$

若 $D=0$，则 $D_B = D_A \neq 0$，则 $r_B \geqslant r_A$；

若 $D \neq 0$，则它为 $\boldsymbol{A}$ 中不含第 i 行的一个 r_A 阶非零子式，那么 D 也是 $\boldsymbol{B}$ 的 r_A 阶非零子式，故 $r_B \geqslant r_A$；

综上所述，若 $\boldsymbol{A}$ 经一次初等行变换化为 $\boldsymbol{B}$，则 $r_B \geqslant r_A$；

由于 $\boldsymbol{B}$ 亦可经一次初等行变换化为 $\boldsymbol{A}$，故也有 $r_B \leqslant r_A$，因此 $r_B = r_A$.

经一次初等行变换，矩阵的最高阶非零子式的阶数不变，即可知经有限次初等行变换，矩阵的最高阶非零子式的阶数仍不变.

同理可证，当 $\boldsymbol{A}$ 经初等列变换化为 $\boldsymbol{B}$ 时，也有 $r_B = r_A$.

证毕.

推论 1　任意矩阵 $\boldsymbol{A}_{m\times n}$ 的标准形是唯一的.

证明　设 $\boldsymbol{F}_1 = \begin{pmatrix} \boldsymbol{E}_{r_1} & \boldsymbol{O} \\ \boldsymbol{O} & \boldsymbol{O} \end{pmatrix}_{m\times n}$ 和 $\boldsymbol{F}_2 = \begin{pmatrix} \boldsymbol{E}_{r_2} & \boldsymbol{O} \\ \boldsymbol{O} & \boldsymbol{O} \end{pmatrix}_{m\times n}$ 是矩阵 $\boldsymbol{A}$ 的两个标准形，则 $\boldsymbol{A} \sim \boldsymbol{F}_1$，$\boldsymbol{A} \sim \boldsymbol{F}_2$. 由等价关系的性质，有 $\boldsymbol{F}_1 \sim \boldsymbol{F}_2$. 由定理 3.6.1 可得，$\boldsymbol{F}_1$ 与 $\boldsymbol{F}_2$ 具有相同的最高阶非零子式的阶数，则 $r_1 = r_2$，从而 $\boldsymbol{F}_1 = \boldsymbol{F}_2$，故矩阵 $\boldsymbol{A}$ 的标准形是唯一的.

定理 3.6.2　矩阵 $\boldsymbol{A}$ 的秩为 r 当且仅当 $\boldsymbol{A}$ 中的最高阶非零子式的阶数为 r.

证明　设 $R(\boldsymbol{A}) = r$

$\Leftrightarrow \boldsymbol{A} \sim \boldsymbol{F} = \begin{pmatrix} \boldsymbol{E}_r & \boldsymbol{O} \\ \boldsymbol{O} & \boldsymbol{O} \end{pmatrix}$，即矩阵 $\boldsymbol{A}$ 可经有限次初等变换化为标准形 $\boldsymbol{F}$

$\Leftrightarrow \boldsymbol{A}$ 与 $\boldsymbol{F} = \begin{pmatrix} \boldsymbol{E}_r & \boldsymbol{O} \\ \boldsymbol{O} & \boldsymbol{O} \end{pmatrix}$ 的最高阶非零子式的阶数相等(由定理 3.6.1 可得).

而 $\boldsymbol{F} = \begin{pmatrix} \boldsymbol{E}_r & \boldsymbol{O} \\ \boldsymbol{O} & \boldsymbol{O} \end{pmatrix}$ 中的最高阶非零子式为 $|\boldsymbol{E}_r| = 1 \neq 0$，其阶数为 r.

因此，$\boldsymbol{A}$ 中的最高阶非零子式的阶数为 r.

证毕.

由定理 3.6.2 及定义 1.3.6，可以得到矩阵秩的等价刻画.

定义 3.6.3　矩阵 $\boldsymbol{A}$ 中的最高阶非零子式的阶数 r 称为矩阵 $\boldsymbol{A}$ 的秩，记作 $R(\boldsymbol{A})$.

规定零矩阵的秩等于 0.

例 3.6.1　利用最高阶非零子式的阶数，计算矩阵 $\boldsymbol{A} = \begin{pmatrix} 1 & 2 & 1 & -1 \\ 0 & -1 & 3 & 1 \\ 2 & 3 & 5 & -1 \end{pmatrix}$ 的秩.

解　取矩阵 $\boldsymbol{A}$ 中第 1、2 行和第 1、2 列，可得 2 阶子式 $\begin{vmatrix} 1 & 2 \\ 0 & -1 \end{vmatrix} = -1 \neq 0$，而矩阵 $\boldsymbol{A}$ 的所有

3 阶子式都等于零，即

$$\begin{vmatrix}1&2&1\\0&-1&3\\2&3&5\end{vmatrix}=0,\quad\begin{vmatrix}1&2&-1\\0&-1&1\\2&3&-1\end{vmatrix}=0,\quad\begin{vmatrix}1&1&-1\\0&3&1\\2&5&-1\end{vmatrix}=0,\quad\begin{vmatrix}2&1&-1\\-1&3&1\\3&5&-1\end{vmatrix}=0$$

所以矩阵 $\boldsymbol{A}$ 的最高阶非零子式的阶数为 2，故 $R(\boldsymbol{A})=2$.

由于 $R(\boldsymbol{A})$ 是 $\boldsymbol{A}$ 的非零子式的最高阶数，则有以下相关结论：

(1) 若矩阵 $\boldsymbol{A}$ 中有某个 s 阶子式不为 0，则 $R(\boldsymbol{A})\geqslant s$；

(2) 若矩阵 $\boldsymbol{A}$ 中所有 t 阶子式全为 0，则 $R(\boldsymbol{A})<t$；

(3) 若矩阵 $\boldsymbol{A}$ 为 $m\times n$ 矩阵，那么矩阵的秩不会超过它的行数，也不会超过它的列数，则 $0\leqslant R(\boldsymbol{A})\leqslant\min\{m,n\}$；

(4) 由于行列式与其转置行列式相等，因此 $\boldsymbol{A}^{\mathrm{T}}$ 的子式与 $\boldsymbol{A}$ 的子式对应相等，从而 $R(\boldsymbol{A}^{\mathrm{T}})=R(\boldsymbol{A})$.

当 $R(\boldsymbol{A}_{m\times n})=m$ 时，称 $\boldsymbol{A}$ 为行满秩矩阵；当 $R(\boldsymbol{A}_{m\times n})=n$ 时，称 $\boldsymbol{A}$ 为列满秩矩阵；

特别地，对于 n 阶方阵 $\boldsymbol{A}$，由于 $\boldsymbol{A}$ 的 n 阶子式只有一个 $|\boldsymbol{A}|$，故当 $|\boldsymbol{A}|\neq 0$ 时，$R(\boldsymbol{A})=n$，称 $\boldsymbol{A}$ 为满秩矩阵；当 $|\boldsymbol{A}|=0$ 时，$R(\boldsymbol{A})<n$，称 $\boldsymbol{A}$ 为降秩矩阵. 因此，可逆矩阵的秩等于矩阵的阶数，则可逆矩阵(非奇异矩阵)又是满秩矩阵；不可逆矩阵的秩小于矩阵的阶数，则不可逆矩阵(奇异矩阵)也是降秩矩阵.

由定理 3.6.1 和定理 3.6.2 及矩阵秩的定义 3.6.3，可以得到下面的重要结论.

定理 3.6.3 初等变换不改变矩阵的秩.

定理 3.6.4 若 $\boldsymbol{A}\sim\boldsymbol{B}$，则 $R(\boldsymbol{A})=R(\boldsymbol{B})$.

由 $\boldsymbol{A}\sim\boldsymbol{B}$，知 $\boldsymbol{A}$ 可经过初等变换化为 $\boldsymbol{B}$，由定理 3.6.3 即可得 $R(\boldsymbol{A})=R(\boldsymbol{B})$.

3.6.2 矩阵秩的计算

根据矩阵秩的定义 1.3.6、等价定义 3.6.3 和定理 3.6.3，求矩阵的秩有两种方法：

(1) 初等变换法：对矩阵施以初等变换化为阶梯形矩阵，则阶梯形矩阵中非零行的行数即为该矩阵的秩；

(2) 最高阶非零子式的阶：找出矩阵中的一个最高阶非零子式，其阶数就是该矩阵的秩.

例 3.6.2 求下列矩阵的秩，并求出一个最高阶非零子式.

(1) $\boldsymbol{A}=\begin{pmatrix}1&2&0\\2&0&3\\0&1&-1\end{pmatrix}$；　　(2) $\boldsymbol{B}=\begin{pmatrix}1&2&0\\1&3&-1\\0&-1&1\end{pmatrix}$；

(3) $\boldsymbol{C}=\begin{pmatrix}1&0&1&0&1\\0&2&-1&4&0\\0&0&0&5&2\\0&0&0&0&0\end{pmatrix}$；　　(4) $\boldsymbol{D}=\begin{pmatrix}1&1&1&1\\2&2&3&4\\3&3&4&5\\-1&-1&0&1\end{pmatrix}$.

解 (1) 因 $|\boldsymbol{A}|=\begin{vmatrix}1&2&0\\2&0&3\\0&1&-1\end{vmatrix}=1\neq 0$，即 $|\boldsymbol{A}|$ 是矩阵 $\boldsymbol{A}$ 中最高阶非零子式，故 $R(\boldsymbol{A})=3$.

(2) 因 $|\boldsymbol{B}|=\begin{vmatrix}1 & 2 & 0\\1 & 3 & -1\\0 & -1 & 1\end{vmatrix}=0$，而 $\begin{vmatrix}1 & 2\\1 & 3\end{vmatrix}=1\neq 0$，则 $\begin{vmatrix}1 & 2\\1 & 3\end{vmatrix}$ 为矩阵 $\boldsymbol{B}$ 的一个最高阶非零子式，故 $R(\boldsymbol{B})=2$.

(3) 矩阵 $\boldsymbol{C}$ 是一个行阶梯形矩阵，其非零行只有 3 行，第 4 行全为零，故 $\boldsymbol{C}$ 的所有 4 阶子式都等于零，而以 3 个非零行的主元所在的行与列决定 $\boldsymbol{C}$ 中有一个 3 阶非零子式

$$\begin{vmatrix}1 & 0 & 0\\0 & 2 & 4\\0 & 0 & 5\end{vmatrix}=10\neq 0$$

因此 $R(\boldsymbol{C})=3$.

(4) 方法一：矩阵 $\boldsymbol{D}$ 有一个 2 阶子式 $\begin{vmatrix}1 & 1\\2 & 3\end{vmatrix}=1\neq 0$，而 $\boldsymbol{D}$ 的 3 阶子式有 16 个，4 阶子式有 1 个，可以验证所有 3 阶子式和 4 阶子式都等于零(留作自行验证). 则 $\begin{vmatrix}1 & 1\\2 & 3\end{vmatrix}=1\neq 0$ 为 $\boldsymbol{D}$ 的一个最高阶非零子式，从而 $R(\boldsymbol{D})=2$.

方法二：对 $\boldsymbol{D}$ 进行初等行变换化为行阶梯形矩阵

$$\boldsymbol{D}=\begin{pmatrix}1 & 1 & 1 & 1\\2 & 2 & 3 & 4\\3 & 3 & 4 & 5\\-1 & -1 & 0 & 1\end{pmatrix}\xrightarrow[r_4+r_1]{\substack{r_2-2r_1\\r_3-3r_1}}\begin{pmatrix}1 & 1 & 1 & 1\\0 & 0 & 1 & 2\\0 & 0 & 1 & 2\\0 & 0 & 1 & 2\end{pmatrix}\xrightarrow[r_4-r_2]{r_3-r_2}\begin{pmatrix}1 & 1 & 1 & 1\\0 & 0 & 1 & 2\\0 & 0 & 0 & 0\\0 & 0 & 0 & 0\end{pmatrix}$$

可得 $R(\boldsymbol{D})=2$，且由行阶梯形矩阵中两个主元可找出 $\boldsymbol{D}$ 中的一个最高阶非零子式

$$\begin{vmatrix}1 & 1\\2 & 3\end{vmatrix}=1\neq 0$$

注　由例 3.6.2 可见，当矩阵的行数和列数较高时，通过寻找最高阶非零子式的阶数来确定矩阵的秩，运算量比较大. 因此，一般使用初等变换法求矩阵的秩.

例 3.6.3　讨论矩阵 $\boldsymbol{A}=\begin{pmatrix}a & 1 & 1\\1 & a & 1\\1 & 1 & a\end{pmatrix}$ 的秩.

解　$|\boldsymbol{A}|=\begin{vmatrix}a & 1 & 1\\1 & a & 1\\1 & 1 & a\end{vmatrix}=(a+2)(a-1)^2$

当 $a\neq 1$ 且 $a\neq -2$ 时，有 $|\boldsymbol{A}|\neq 0$，则 $|\boldsymbol{A}|$ 就是 $\boldsymbol{A}$ 的最高阶非零子式，则 $R(\boldsymbol{A})=3$；

当 $a=1$ 时，$\boldsymbol{A}=\begin{pmatrix}1 & 1 & 1\\1 & 1 & 1\\1 & 1 & 1\end{pmatrix}\xrightarrow[r_3-r_1]{r_2-r_1}\begin{pmatrix}1 & 1 & 1\\0 & 0 & 0\\0 & 0 & 0\end{pmatrix}$，有 $R(\boldsymbol{A})=1$；

当 $a=-2$ 时，

$$A=\begin{pmatrix}-2&1&1\\1&-2&1\\1&1&-2\end{pmatrix}\xrightarrow{r_1\leftrightarrow r_3}\begin{pmatrix}1&1&-2\\1&-2&1\\-2&1&1\end{pmatrix}\xrightarrow[r_2-r_1]{r_3+r_1+r_2}\begin{pmatrix}1&1&-2\\0&-3&3\\0&0&0\end{pmatrix}$$

有 $R(\boldsymbol{A})=2$.

例 3.6.4 已知矩阵 $\boldsymbol{A}=\begin{pmatrix}1&0&-1&1&1\\0&1&1&2&1\\1&1&0&a&2\\2&2&a&6&4\end{pmatrix}$，求 a 使得矩阵的秩最小.

解 对 $\boldsymbol{A}$ 进行初等行变换，化为行阶梯形

$$\boldsymbol{A}=\begin{pmatrix}1&0&-1&1&1\\0&1&1&2&1\\1&1&0&a&2\\2&2&a&6&4\end{pmatrix}\xrightarrow[r_4-2r_1]{r_3-r_1}\begin{pmatrix}1&0&-1&1&1\\0&1&1&2&1\\0&1&1&a-1&1\\0&2&a+2&4&2\end{pmatrix}$$

$$\xrightarrow[r_4-2r_2]{r_3-r_2}\begin{pmatrix}1&0&-1&1&1\\0&1&1&2&1\\0&0&0&a-3&0\\0&0&a&0&0\end{pmatrix}\xrightarrow{r_3\leftrightarrow r_4}\begin{pmatrix}1&0&-1&1&1\\0&1&1&2&1\\0&0&a&0&0\\0&0&0&a-3&0\end{pmatrix}$$

当 $a\neq 0$ 且 $a\neq 3$ 时，$R(\boldsymbol{A})=4$；当 $a=0$ 或 $a=3$ 时，$R(\boldsymbol{A})=3$.

因此，当 $a=0$ 或 $a=3$ 时，$\boldsymbol{A}$ 的秩最小.

3.6.3 矩阵秩的性质

由矩阵秩的定义 1.3.6、定义 3.6.3 及定理 3.6.1 ～ 定理 3.6.3，可归纳得出矩阵秩的一些最基本的和常用的性质.

定理 3.6.5 矩阵的秩具有下列性质：

(1) $0\leqslant R(\boldsymbol{A}_{m\times n})\leqslant\min\{m,n\}$，即矩阵的秩不会超过它的行数或列数.

(2) $R(\boldsymbol{A}^{\mathrm{T}})=R(\boldsymbol{A})$，即转置运算不改变矩阵的秩.

(3) $R(k\boldsymbol{A})=R(\boldsymbol{A})$，其中 k 为非零常数. 即数乘运算(数 $k\neq 0$) 不改变矩阵的秩.

(4) 若 $\boldsymbol{A}\sim\boldsymbol{B}$，则 $R(\boldsymbol{A})=R(\boldsymbol{B})$，即等价矩阵不改变矩阵的秩.

(5) 若 $\boldsymbol{P}$，$\boldsymbol{Q}$ 为可逆矩阵，则 $R(\boldsymbol{PA})=R(\boldsymbol{AQ})=R(\boldsymbol{PAQ})=R(\boldsymbol{A})$.即 $\boldsymbol{A}$ 乘以可逆矩阵不改变矩阵的秩.

(6) $\max\{R(\boldsymbol{A}),R(\boldsymbol{B})\}\leqslant R(\boldsymbol{A},\boldsymbol{B})\leqslant R(\boldsymbol{A})+R(\boldsymbol{B})$，其中 $\boldsymbol{A}$ 是 $s\times m$ 矩阵，$\boldsymbol{B}$ 是 $s\times n$ 矩阵.

特别地，当 $\boldsymbol{B}=\boldsymbol{\beta}$ 为非零列向量时，有

$$R(\boldsymbol{A})\leqslant R(\boldsymbol{A},\boldsymbol{\beta})\leqslant R(\boldsymbol{A})+1$$

(7) $R(\boldsymbol{A}+\boldsymbol{B})\leqslant R(\boldsymbol{A})+R(\boldsymbol{B})$，其中 $\boldsymbol{A}$，$\boldsymbol{B}$ 为同型矩阵.

(8) $R(\boldsymbol{A}_{m\times n}\boldsymbol{B}_{n\times s})\leqslant min\{R(\boldsymbol{A}),R(\boldsymbol{B})\}$.

(9) $R(\boldsymbol{A}_{m\times n}\boldsymbol{B}_{n\times s})\geqslant R(\boldsymbol{A})+R(\boldsymbol{B})-n$.

特别地，若 $\boldsymbol{A}_{m\times n}\boldsymbol{B}_{n\times s}=\boldsymbol{O}$，则 $R(\boldsymbol{A})+R(\boldsymbol{B})\leqslant n$.

证明　性质(1)～(5)由本节前面的内容即可得出. 下面证明性质(6)～(9).

性质(6)　$\max\{R(\boldsymbol{A}),R(\boldsymbol{B})\}\leqslant R(\boldsymbol{A},\boldsymbol{B})\leqslant R(\boldsymbol{A})+R(\boldsymbol{B})$.

因为 $\boldsymbol{A}$ 或 $\boldsymbol{B}$ 的最高阶非零子式，总是 $(\boldsymbol{A},\boldsymbol{B})$ 的非零子式，所以

$$\max\{R(\boldsymbol{A}),R(\boldsymbol{B})\}\leqslant R(\boldsymbol{A},\boldsymbol{B})$$

另一方面，设 $R(\boldsymbol{A})=r$，$R(\boldsymbol{B})=s$，由定理 3.5.3 知，存在可逆矩阵 $\boldsymbol{P}_1$，$\boldsymbol{P}_2$，使得 $\boldsymbol{P}_1\boldsymbol{A}^{\mathrm{T}}=\boldsymbol{U}_1$，$\boldsymbol{P}_2\boldsymbol{B}^{\mathrm{T}}=\boldsymbol{U}_2$，其中 $\boldsymbol{U}_1$，$\boldsymbol{U}_2$ 分别是矩阵 $\boldsymbol{A}^{\mathrm{T}}$，$\boldsymbol{B}^{\mathrm{T}}$ 的行最简形，则

$R(\boldsymbol{A})=R(\boldsymbol{A}^{\mathrm{T}})=R(\boldsymbol{P}_1\boldsymbol{A}^{\mathrm{T}})=R(\boldsymbol{U}_1)=r$——$\boldsymbol{U}_1$ 中的非零行的行数，

$R(\boldsymbol{B})=R(\boldsymbol{B}^{\mathrm{T}})=R(\boldsymbol{P}_2\boldsymbol{B}^{\mathrm{T}})=R(\boldsymbol{U}_2)=s$——$\boldsymbol{U}_2$ 中的非零行的行数，

所以

$$\begin{aligned}R(\boldsymbol{A},\boldsymbol{B})&=R[(\boldsymbol{A},\boldsymbol{B})^{\mathrm{T}}]=R\begin{pmatrix}\boldsymbol{A}^{\mathrm{T}}\\\boldsymbol{B}^{\mathrm{T}}\end{pmatrix}=R\left[\begin{pmatrix}\boldsymbol{P}_1&\boldsymbol{O}\\\boldsymbol{O}&\boldsymbol{P}_2\end{pmatrix}\begin{pmatrix}\boldsymbol{A}^{\mathrm{T}}\\\boldsymbol{B}^{\mathrm{T}}\end{pmatrix}\right]\\&=R\begin{pmatrix}\boldsymbol{U}_1\\\boldsymbol{U}_2\end{pmatrix}\leqslant r+s=R(\boldsymbol{A})+R(\boldsymbol{B})\end{aligned}$$

性质(7)　$R(\boldsymbol{A}+\boldsymbol{B})\leqslant R(\boldsymbol{A})+R(\boldsymbol{B})$，其中 $\boldsymbol{A}$，$\boldsymbol{B}$ 为同型矩阵.

将矩阵 $\boldsymbol{A}$，$\boldsymbol{B}$ 按列分块为 $\boldsymbol{A}=(\boldsymbol{\alpha}_1,\boldsymbol{\alpha}_2,\cdots,\boldsymbol{\alpha}_n)$，$\boldsymbol{B}=(\boldsymbol{\beta}_1,\boldsymbol{\beta}_2,\cdots,\boldsymbol{\beta}_n)$，从而

$$\begin{aligned}(\boldsymbol{A}+\boldsymbol{B},\boldsymbol{B})&=(\boldsymbol{\alpha}_1+\boldsymbol{\beta}_1,\boldsymbol{\alpha}_2+\boldsymbol{\beta}_2,\cdots,\boldsymbol{\alpha}_n+\boldsymbol{\beta}_n,\boldsymbol{\beta}_1,\boldsymbol{\beta}_2,\cdots,\boldsymbol{\beta}_n)\\&\xrightarrow[j=1,2,\cdots,n]{c_j-c_{n+j}}(\boldsymbol{\alpha}_1,\boldsymbol{\alpha}_2,\cdots,\boldsymbol{\alpha}_n,\boldsymbol{\beta}_1,\boldsymbol{\beta}_2,\cdots,\boldsymbol{\beta}_n)=(\boldsymbol{A},\boldsymbol{B})\end{aligned}$$

即 $(\boldsymbol{A}+\boldsymbol{B},\boldsymbol{B})\sim(\boldsymbol{A},\boldsymbol{B})$，则 $R(\boldsymbol{A}+\boldsymbol{B},\boldsymbol{B})=R(\boldsymbol{A},\boldsymbol{B})$.

所以

$$R(\boldsymbol{A}+\boldsymbol{B})\leqslant R(\boldsymbol{A}+\boldsymbol{B},\boldsymbol{B})=R(\boldsymbol{A},\boldsymbol{B})\leqslant R(\boldsymbol{A})+R(\boldsymbol{B})$$

性质(8)　$R(\boldsymbol{A}_{m\times n}\boldsymbol{B}_{n\times s})\leqslant\min\{R(\boldsymbol{A}),R(\boldsymbol{B})\}$.

因为 $(\boldsymbol{A},\boldsymbol{O})\begin{pmatrix}\boldsymbol{E}_n&\boldsymbol{B}\\\boldsymbol{O}&\boldsymbol{E}_s\end{pmatrix}=(\boldsymbol{A},\boldsymbol{AB})$，且 $\begin{pmatrix}\boldsymbol{E}_n&\boldsymbol{B}\\\boldsymbol{O}&\boldsymbol{E}_s\end{pmatrix}$ 是可逆矩阵，由定理 3.6.5(5) 知，$\boldsymbol{R}(\boldsymbol{A},\boldsymbol{O})=\boldsymbol{R}(\boldsymbol{A},\boldsymbol{AB})$，所以

$$R(\boldsymbol{AB})\leqslant R(\boldsymbol{A},\boldsymbol{AB})=R(\boldsymbol{A},\boldsymbol{O})=R(\boldsymbol{A})$$

由上式及性质(2)可得

$$R(\boldsymbol{AB})=R((\boldsymbol{AB})^{\mathrm{T}})=R(\boldsymbol{B}^{\mathrm{T}}\boldsymbol{A}^{\mathrm{T}})\leqslant R(\boldsymbol{B}^{\mathrm{T}})=R(\boldsymbol{B})$$

故 $R(\boldsymbol{AB})\leqslant\min\{R(\boldsymbol{A}),R(\boldsymbol{B})\}$.

性质(9)　$R(\boldsymbol{A}_{m\times n}\boldsymbol{B}_{n\times s})\geqslant R(\boldsymbol{A})+R(\boldsymbol{B})-n$.

设 $R(\boldsymbol{B})=r$，由定理 3.5.4 知，存在 n 阶可逆矩阵 $\boldsymbol{P}$ 和 s 阶可逆矩阵 $\boldsymbol{Q}$，使得

$$\boldsymbol{B}=\boldsymbol{P}\begin{pmatrix}\boldsymbol{E}_r&\boldsymbol{O}\\\boldsymbol{O}&\boldsymbol{O}\end{pmatrix}\boldsymbol{Q}$$

记 $\boldsymbol{AP}=(\boldsymbol{P}_1,\boldsymbol{P}_2)$，其中 $\boldsymbol{P}_1$ 为 $m\times r$ 矩阵，它是矩阵 $(\boldsymbol{AP})$ 的前 r 列，$\boldsymbol{P}_2$ 为 $m\times(n-r)$ 矩阵，它是矩阵 $(\boldsymbol{AP})$ 的后 $n-r$ 列，则

$$\boldsymbol{AB}=\boldsymbol{AP}\begin{pmatrix}\boldsymbol{E}_r&\boldsymbol{O}\\\boldsymbol{O}&\boldsymbol{O}\end{pmatrix}\boldsymbol{Q}=(\boldsymbol{P}_1\quad\boldsymbol{P}_2)\begin{pmatrix}\boldsymbol{E}_r&\boldsymbol{O}\\\boldsymbol{O}&\boldsymbol{O}\end{pmatrix}\boldsymbol{Q}=(\boldsymbol{P}_1\quad\boldsymbol{O})\boldsymbol{Q}$$

因此

$$R(\boldsymbol{AB})=R((\boldsymbol{P}_1\quad \boldsymbol{O})\boldsymbol{Q})=R(\boldsymbol{P}_1\quad \boldsymbol{O})=R(\boldsymbol{P}_1)$$

由性质(1) (5) 和(6) 有

$$R(\boldsymbol{A})=R(\boldsymbol{AP})=R(\boldsymbol{P}_1,\boldsymbol{P}_2)\leqslant R(\boldsymbol{P}_1)+R(\boldsymbol{P}_2)\leqslant R(\boldsymbol{P}_1)+(n-r)$$

即

$$R(\boldsymbol{P}_1)\geqslant R(\boldsymbol{A})+r-n$$

所以

$$R(\boldsymbol{AB})\geqslant R(\boldsymbol{A})+R(\boldsymbol{B})-n$$

这个不等式称为西尔维斯特(Sylvester) 不等式. 它在矩阵理论中有着重要的应用.

特别地，当 $\boldsymbol{AB}=\boldsymbol{O}$ 时，有 $R(\boldsymbol{A})+R(\boldsymbol{B})\leqslant n$.

3.6.4 矩阵秩的应用

例 3.6.5 若 n 阶矩阵 $\boldsymbol{A}$ 满足 $\boldsymbol{A}^2=\boldsymbol{E}$，证明：$R(\boldsymbol{A}+\boldsymbol{E})+R(\boldsymbol{A}-\boldsymbol{E})=n$.

证明 因为 $\boldsymbol{A}^2=\boldsymbol{E}$，所以 $\boldsymbol{A}^2-\boldsymbol{E}=\boldsymbol{O}$，即 $(\boldsymbol{A}+\boldsymbol{E})(\boldsymbol{A}-\boldsymbol{E})=\boldsymbol{O}$.

由性质(9) 知

$$R(\boldsymbol{A}+\boldsymbol{E})+R(\boldsymbol{A}-\boldsymbol{E})\leqslant n$$

又因为 $(\boldsymbol{A}+\boldsymbol{E})+(\boldsymbol{E}-\boldsymbol{A})=2\boldsymbol{E}$，$R(\boldsymbol{A}-\boldsymbol{E})=R(\boldsymbol{E}-\boldsymbol{A})$ 及性质(7) 知

$$R(\boldsymbol{A}+\boldsymbol{E})+R(\boldsymbol{A}-\boldsymbol{E})=R(\boldsymbol{A}+\boldsymbol{E})+R(\boldsymbol{E}-\boldsymbol{A})\geqslant R(2\boldsymbol{E})=n$$

所以

$$R(\boldsymbol{A}+\boldsymbol{E})+R(\boldsymbol{A}-\boldsymbol{E})=n$$

例 3.6.6 若 $\boldsymbol{C}_{m\times s}=\boldsymbol{A}_{m\times n}\boldsymbol{B}_{n\times s}$，且 $R(\boldsymbol{A})=n$，证明：$R(\boldsymbol{B})=R(\boldsymbol{C})$.

证明 因 $R(\boldsymbol{A})=n$，知 $\boldsymbol{A}$ 的行最简形矩阵为 $\begin{pmatrix}\boldsymbol{E}_n\\ \boldsymbol{O}\end{pmatrix}_{m\times n}$，则由定理3.5.3知，存在 m 阶可逆矩阵 $\boldsymbol{P}$，使得 $\boldsymbol{PA}=\begin{pmatrix}\boldsymbol{E}_n\\ \boldsymbol{O}\end{pmatrix}$. 于是

$$\boldsymbol{PC}=\boldsymbol{PAB}=\begin{pmatrix}\boldsymbol{E}_n\\ \boldsymbol{O}\end{pmatrix}\boldsymbol{B}=\begin{pmatrix}\boldsymbol{B}\\ \boldsymbol{O}\end{pmatrix}$$

由矩阵秩的性质(5)，知 $R(\boldsymbol{C})=R(\boldsymbol{PC})$，而 $R\begin{pmatrix}\boldsymbol{B}\\ \boldsymbol{O}\end{pmatrix}=R(\boldsymbol{B})$，故

$$R(\boldsymbol{C})=R(\boldsymbol{B})$$

注 本例中的矩阵 $\boldsymbol{A}$ 是列满秩矩阵. 当 $\boldsymbol{A}$ 为方阵时，列满秩矩阵就成为满秩矩阵，也就是可逆矩阵. 因此，当 $\boldsymbol{A}$ 为方阵这一特殊情形时，本例的结论就是矩阵秩的性质(5).

注 本例的另一种重要的特殊情形是 $\boldsymbol{C}=\boldsymbol{O}$，这时结论为：

设 $\boldsymbol{AB}=\boldsymbol{O}$，若 $\boldsymbol{A}$ 为列满秩矩阵，则 $\boldsymbol{B}=\boldsymbol{O}$. 这是因为按本例的结论，这时有 $R(\boldsymbol{B})=0$，故 $\boldsymbol{B}=\boldsymbol{O}$. 这一结论通常称为矩阵乘法的消去律.

3.7 应用举例

例 3.7.1 情报检索模型 —— 利用矩阵乘法和线性变换.

因特网上数字图书馆的发展对情报的存储和检索提出了更高的要求. 现代情报检索技术构筑在矩阵理论基础上. 通常，数据库中收集了大量的文件(书籍)，人们希望从中搜索那些能与特定关键词相匹配的文件. 假设数据库中包括 n 个文件，而搜索所用的关键词有 m 个，那么将关键词按字母排序，我们就可以把数据库表示为 $m\times n$ 矩阵 $\boldsymbol{A}$. 例如数据库包含的书名和搜索的关键词(由拼音字母排序) 可用表 3.7.1 表示.

表 3.7.1　数据库中包含的书名和搜索的关键词

关键词	线性代数	线性代数与空间解析几何	线性代数及应用	线性代数与 MATLAB 入门
线性	1	1	1	1
代数	1	1	1	1
几何	0	1	0	0
应用	0	0	1	0
MATLAB	0	0	0	1

若读者输入关键词“代数”“MATLAB”，则数据库搜索矩阵 $\boldsymbol{A}$ 和关键词搜索矩阵 $\boldsymbol{X}$ 分别为

$$\boldsymbol{A}=\begin{pmatrix}1&1&1&1\\1&1&1&1\\0&1&0&0\\0&0&1&0\\0&0&0&1\end{pmatrix},\ \boldsymbol{X}=\begin{pmatrix}0\\1\\0\\0\\1\end{pmatrix}$$

搜索结果可以表示为 $\boldsymbol{Y}=\boldsymbol{A}^{\mathrm{T}}\boldsymbol{X}=\begin{pmatrix}1\\1\\1\\2\end{pmatrix}$. 这里 $\boldsymbol{Y}$ 的各个分量表示各书与搜索矩阵匹配的程度. 因 $\boldsymbol{Y}$ 的第 4 个分量为 2，所以第四本书目包含所有关键词，故在搜索结果中排在最前面.

例 3.7.2 信息加密问题 —— 利用矩阵乘法和逆矩阵.

在保密通信中，经常需要对信息进行加密，先在 26 个英文字母与数字之间建立一个一一对应关系，然后通过传送一组数据来传送信息，这就是利用整数进行编码的基本想法. 例如：

A	*B*	*C*	*D*	*E*	…	*W*	*X*	*Y*	*Z*
1	2	3	4	5	…	23	24	25	26

若要使用上述代码传输信息“ I got it”，则此信息编码是 9，7，15，20，9，20，如果直接发出以上编码，这是没有加密的信息，它容易被别人破译，无论在军事上还是在商业上都是不可取的，在一个较长的信息编码中人们会根据那个出现频率最高的数值而猜出它代表哪个字母，

因此就需要对“明文”——I got it 进行加密，把它变成“密文”后再进行传送，以增加非法用户破译的难度，而让合法用户轻松解密. 为此，如果选取一个元均为整数、且其逆矩阵的元也为整数的3阶矩阵$\boldsymbol{A}$作为秘钥矩阵，那么利用这样的矩阵$\boldsymbol{A}$对明文进行加密，将使加密后的密文很难破译. 例如，取

$$\boldsymbol{A}=\begin{pmatrix}1&1&2\\0&1&2\\0&0&1\end{pmatrix}$$

则

$$\boldsymbol{A}^{-1}=\begin{pmatrix}1&-1&0\\0&1&-2\\0&0&1\end{pmatrix}$$

把要发送信息的编码 9，7，15，20，9，20 依次按 2 列排成矩阵

$$\boldsymbol{B}=\begin{pmatrix}9&20\\7&9\\15&20\end{pmatrix}$$

作矩阵乘积

$$\boldsymbol{AB}=\begin{pmatrix}1&1&2\\0&1&2\\0&0&1\end{pmatrix}\begin{pmatrix}9&20\\7&9\\15&20\end{pmatrix}=\begin{pmatrix}46&69\\37&49\\15&20\end{pmatrix}$$

对应着将发出的密文编码为 46，37，15，69，49，20.

合法用户用$\boldsymbol{A}^{-1}$左乘上述矩阵，即可解密得到明文

$$\boldsymbol{A}^{-1}(\boldsymbol{AB})=\begin{pmatrix}1&-1&0\\0&1&-2\\0&0&1\end{pmatrix}\begin{pmatrix}46&69\\37&49\\15&20\end{pmatrix}=\begin{pmatrix}9&20\\7&9\\15&20\end{pmatrix}=\boldsymbol{B}$$

进而得到信息“I got it”.

经过这样的变换，对方就将难以利用数字出现的频率进行解码破译.

例 3.7.3 人口流动问题——利用矩阵乘法和递推法.

由人口普查获知，某地区现有农村人口 300 万，城市人口 100 万，每年有 30% 的农村居民移居城市，有 20% 的城市居民移居农村，假设该地区人口总数不变，且上述人口迁移规律也不变. 试预测一、二年后该地区农村人口和城市人口的数量，以及若干年后该地区的人口状况.

解 设n年后该地区农村人口和城市人口分别为x_n万和y_n万.由题意得

$$\begin{cases}x_1=0.7x_0+0.2y_0=0.7\times300+0.2\times100=230\\y_1=0.3x_0+0.8y_0=0.3\times300+0.8\times100=170\end{cases}$$

即一年后农村人口为 230 万,城市人口为 170 万.

若记$\boldsymbol{A}=\begin{pmatrix}0.7&0.2\\0.3&0.8\end{pmatrix}$,则$\begin{pmatrix}x_1\\y_1\end{pmatrix}=\boldsymbol{A}\begin{pmatrix}x_0\\y_0\end{pmatrix}$,从而

$$\begin{pmatrix}x_2\\y_2\end{pmatrix}=\boldsymbol{A}\begin{pmatrix}x_1\\y_1\end{pmatrix}=\boldsymbol{A}^2\begin{pmatrix}x_0\\y_0\end{pmatrix}=\begin{pmatrix}0.7&0.2\\0.3&0.8\end{pmatrix}^2\begin{pmatrix}300\\100\end{pmatrix}=\begin{pmatrix}0.55&0.3\\0.45&0.7\end{pmatrix}\begin{pmatrix}300\\100\end{pmatrix}=\begin{pmatrix}195\\205\end{pmatrix}$$

即二年后农村人口为 195 万，城市人口为 205 万.

设 $\boldsymbol{\alpha}_n=\begin{pmatrix}x_n\\y_n\end{pmatrix}$，则通过递推的方式，可得

$$\boldsymbol{\alpha}_n=\begin{pmatrix}x_n\\y_n\end{pmatrix}=\boldsymbol{A}^n\begin{pmatrix}x_0\\y_0\end{pmatrix}=\boldsymbol{A}^n\boldsymbol{\alpha}_0$$

计算 $\boldsymbol{A}^n$，可求出 n 年后该地区农村人口和城市人口的数量.

关于物种的迁移、变化、生物繁殖、各行各业中从业人员数量的变动等都属于此类问题，可按类似方法进行研究.

3.8　本章小结

一、矩阵的运算

1.矩阵的加减法运算要求是同型矩阵；矩阵数乘运算要求每一个元素都乘以同一个数.

2.矩阵乘法运算要求左边矩阵的列数等于右边矩阵的行数，且矩阵乘法运算不满足交换律和消去律.

3.矩阵幂运算和矩阵多项式要求矩阵是方阵.

当方阵 $\boldsymbol{A},\boldsymbol{B}$ 满足可交换时，即 $\boldsymbol{AB}=\boldsymbol{BA}$ 时，矩阵多项式 $f(\boldsymbol{A}),g(\boldsymbol{A}),\varphi(\boldsymbol{B})$ 满足 $f(\boldsymbol{A})g(\boldsymbol{A})=g(\boldsymbol{A})f(\boldsymbol{A}),f(\boldsymbol{A})\varphi(\boldsymbol{B})=\varphi(\boldsymbol{B})f(\boldsymbol{A})$，此时矩阵多项式 $f(\boldsymbol{A}),g(\boldsymbol{A}),\varphi(\boldsymbol{B})$ 可以像数 x 的多项式一样相乘或因式分解.

二、矩阵的分块法

针对不同问题，选择特定的分块矩阵法，可简化运算或证明.

1. 分块对角阵在运算方面具有很好的优势.

2. 矩阵按列(行) 划分可把矩阵乘法、矩阵方程与线性方程组联系起来，应灵活使用.

3. 矩阵分块法可应用于行列式计算.

三、方阵的行列式的相关结论(设 $\boldsymbol{A},\boldsymbol{B}$ 为 n 阶方阵，k 为常数)

1.“两个翻，三个可，三个零” 和一些特殊结论(参见第 2 章小结 2.7).

2.$|k\boldsymbol{A}|=k^n|\boldsymbol{A}|$.

3.$|\boldsymbol{AB}|=|\boldsymbol{A}|\cdot|\boldsymbol{B}|=|\boldsymbol{BA}|$，$|\boldsymbol{A}^k|=|\boldsymbol{A}|^k$.

4. 当 $\boldsymbol{A}$ 可逆时，$|\boldsymbol{A}^{-1}|=|\boldsymbol{A}|^{-1}$.

5. $\begin{vmatrix}\boldsymbol{A}_1&\cdots&\boldsymbol{O}\\\vdots&\ddots&\vdots\\\boldsymbol{O}&\cdots&\boldsymbol{A}_s\end{vmatrix}=\begin{vmatrix}\boldsymbol{A}_1&\cdots&\boldsymbol{O}\\\vdots&\ddots&\vdots\\\boldsymbol{A}_{s1}&\cdots&\boldsymbol{A}_s\end{vmatrix}=\begin{vmatrix}\boldsymbol{A}_1&\cdots&\boldsymbol{A}_{1s}\\\vdots&\ddots&\vdots\\\boldsymbol{O}&\cdots&\boldsymbol{A}_s\end{vmatrix}=|\boldsymbol{A}_1|\cdots|\boldsymbol{A}_s|$，其中 $\boldsymbol{A}_1,\cdots,\boldsymbol{A}_s$ 为方阵.

6. $\boldsymbol{AA}^*=\boldsymbol{A}^*\boldsymbol{A}=|\boldsymbol{A}|\boldsymbol{E}$.

7. 一般情况下，$|\boldsymbol{A}+\boldsymbol{B}| \neq |\boldsymbol{A}|+|\boldsymbol{B}|$.

四、逆矩阵

1. 关于 n 阶可逆方阵 $\boldsymbol{A}$ 的一些常见的等价表述，其中(1) ～ (9) 我们已经学习过，(10) ～ (14) 将在后续章节学习.

(1) 方阵 $\boldsymbol{A}$ 可逆.

(2) $\boldsymbol{AB}=\boldsymbol{BA}=\boldsymbol{E}$，或 $\boldsymbol{AB}=\boldsymbol{E}$，或 $\boldsymbol{BA}=\boldsymbol{E}$.

(3) $|\boldsymbol{A}| \neq 0$.

(4) $\boldsymbol{A}$ 为非奇异矩阵(非退化矩阵).

(5) $\boldsymbol{A} \sim \boldsymbol{E}$，即 $\boldsymbol{A}$ 与单位阵 $\boldsymbol{E}$ 等价.

(6) $\boldsymbol{A}=\boldsymbol{P}_1\boldsymbol{P}_2\cdots\boldsymbol{P}_l$，$\boldsymbol{P}_i(i=1,\cdots,l)$ 为初等阵.

(7) $\boldsymbol{R}(\boldsymbol{A})=n$，即 $\boldsymbol{A}$ 满秩.

(8) 线性方程组 $\boldsymbol{AX}=\boldsymbol{O}$ 只有零解.

(9) 线性方程组 $\boldsymbol{AX}=\boldsymbol{\beta}$ 有唯一解 $\boldsymbol{X}=\boldsymbol{A}^{-1}\boldsymbol{\beta}$.

(10) $\boldsymbol{A}$ 的列(行) 向量组线性无关.

(11) $\boldsymbol{A}$ 的列(行) 向量构成 n 维向量空间的一组基.

(12) 任意 n 维向量都可以由 $\boldsymbol{A}$ 的列(行) 向量线性表示.

(13) $\boldsymbol{A}$ 的特征值全不为 0.

(14) 矩阵 $\boldsymbol{AA}^{\mathrm{T}}$ 正定.

2. 在初等代数中，$ab=ba$；$ab=ac$ 且 $a \neq 0$，则 $b=c$；$ab=c$ 且 $a \neq 0$，则 $b=\dfrac{c}{a}$. 这些法则对矩阵都不成立，在学习中需特别重视. 矩阵乘法不满足交换律和消去律，矩阵“除法” 要求“除数” 为可逆矩阵. 例如，$\boldsymbol{AB}=\boldsymbol{C}$ 且 $\boldsymbol{A}$ 可逆，才有 $\boldsymbol{B}=\boldsymbol{A}^{-1}\boldsymbol{C}$. 这与数的乘除法运算有本质区别.

3. 逆矩阵的计算.

(1) 因式分解法：利用 $\boldsymbol{AB}=\boldsymbol{BA}=\boldsymbol{E}$，$\boldsymbol{AB}=\boldsymbol{E}$ 或 $\boldsymbol{BA}=\boldsymbol{E}$，都可得 $\boldsymbol{A}^{-1}=\boldsymbol{B}$.

(2) 伴随矩阵法：利用 $\boldsymbol{AA}^*=|\boldsymbol{A}|\boldsymbol{E}$，若 $\boldsymbol{A}$ 可逆，可得 $\boldsymbol{A}^{-1}=\dfrac{1}{|\boldsymbol{A}|}\boldsymbol{A}^*$.

(3) 分块矩阵法：若分块对角阵 $\boldsymbol{A}$ 可逆，则

$$\boldsymbol{A}^{-1}=\begin{pmatrix}\boldsymbol{A}_1 & & \boldsymbol{O}\\ & \ddots & \\ \boldsymbol{O} & & \boldsymbol{A}_s\end{pmatrix}^{-1}=\begin{pmatrix}\boldsymbol{A}_1^{-1} & & \boldsymbol{O}\\ & \ddots & \\ \boldsymbol{O} & & \boldsymbol{A}_s^{-1}\end{pmatrix}$$

其中 $\boldsymbol{A}_i(i=1,\cdots,s)$ 均为可逆方阵.

(4) 初等变换法：

$$(\boldsymbol{A} \vdots \boldsymbol{E}) \xrightarrow{\text{初等行变换}} (\boldsymbol{E} \vdots \boldsymbol{A}^{-1})$$

$$\begin{pmatrix}\boldsymbol{A}\\ \cdots\\ \boldsymbol{E}\end{pmatrix} \xrightarrow{\text{初等列变换}} \begin{pmatrix}\boldsymbol{E}\\ \cdots\\ \boldsymbol{A}^{-1}\end{pmatrix}$$

可根据不同类型的方阵 $\boldsymbol{A}$，选用适当的方法进行求解.

4. 解矩阵方程.

(1) 先求出逆矩阵，再代入计算；

(2) 初等变换法

$$(\boldsymbol{A} \vdots \boldsymbol{B}) \xrightarrow{\text{初等行变换}} (\boldsymbol{E} \vdots \boldsymbol{A}^{-1}\boldsymbol{B})$$

$$\begin{pmatrix} \boldsymbol{A} \\ \cdots \\ \boldsymbol{B} \end{pmatrix} \xrightarrow{\text{初等列变换}} \begin{pmatrix} \boldsymbol{E} \\ \cdots \\ \boldsymbol{BA}^{-1} \end{pmatrix}$$

用初等变换法求逆矩阵或解矩阵方程，不同模型使用的初等变换类型不同！

五、初等变换与初等矩阵

重要结论“左行右列”，可把矩阵的初等变换、初等矩阵、可逆矩阵与矩阵乘法联系起来(见表 3.8.1).

表 3.8.1　“左行右列”的相关结论

对 $\boldsymbol{A}$ 进行初等行变换相当于可逆矩阵左乘 $\boldsymbol{A}$	对 $\boldsymbol{A}$ 进行初等列变换相当于可逆矩阵右乘 $\boldsymbol{A}$
$\boldsymbol{A} \xrightarrow{r_i \leftrightarrow r_j} \boldsymbol{E}(i,j)\boldsymbol{A}$	$\boldsymbol{A} \xrightarrow{c_i \leftrightarrow c_j} \boldsymbol{AE}(i,j)$
$\boldsymbol{A} \xrightarrow{r_i \times k} \boldsymbol{E}(i(k))\boldsymbol{A}$	$\boldsymbol{A} \xrightarrow{c_i \times k} \boldsymbol{AE}(i(k))$
$\boldsymbol{A} \xrightarrow{r_i + kr_j} \boldsymbol{E}(i,j(k))\boldsymbol{A}$	$\boldsymbol{A} \xrightarrow{c_j + kc_i} \boldsymbol{AE}(i,j(k))$
$\boldsymbol{A} \xrightarrow{r} \boldsymbol{PA}$，$\boldsymbol{P}$ 为可逆阵	$\boldsymbol{A} \xrightarrow{c} \boldsymbol{AQ}$，$\boldsymbol{Q}$ 为可逆阵

六、矩阵与行列式的联系与区别(假设表 3.8.2 中的运算均有意义)

表 3.8.2　矩阵与行列式的联系与区别

	矩阵	行列式
表达式	$\boldsymbol{A} = (a_{ij}) = \begin{pmatrix} a_{11} & a_{12} & \cdots & a_{1n} \\ a_{21} & a_{22} & \cdots & a_{2n} \\ \vdots & \vdots & & \vdots \\ a_{m1} & a_{m2} & \cdots & a_{mn} \end{pmatrix}$	$\lvert\boldsymbol{A}\rvert = \lvert a_{ij}\rvert = \begin{vmatrix} a_{11} & a_{12} & \cdots & a_{1n} \\ a_{21} & a_{22} & \cdots & a_{2n} \\ \vdots & \vdots & & \vdots \\ a_{n1} & a_{n2} & \cdots & a_{nn} \end{vmatrix}$
行数与列数	行数不一定等于列数($m = n$ 或 $m \neq n$)	行数等于列数($m = n$)
本质	一张数表	一个确定的数
加法	$\begin{pmatrix} 1 & 2 \\ 3 & 4 \end{pmatrix} + \begin{pmatrix} 1 & 2 \\ a & b \end{pmatrix} = \begin{pmatrix} 1+1 & 2+2 \\ 3+a & 4+b \end{pmatrix}$ (要求同型矩阵，所有元素对应相加)	$\begin{vmatrix} 1 & 2 \\ 3 & 4 \end{vmatrix} + \begin{vmatrix} 1 & 2 \\ a & b \end{vmatrix} = \begin{vmatrix} 1 & 2 \\ 3+a & 4+b \end{vmatrix}$(按第二行相加) $\begin{vmatrix} 1 & 2 \\ 3 & 4 \end{vmatrix} + \begin{vmatrix} 1 & a \\ 3 & b \end{vmatrix} = \begin{vmatrix} 1 & 2+a \\ 3 & 4+b \end{vmatrix}$(按第二列相加)
数乘	$\begin{pmatrix} a & 2a \\ 3a & 4a \end{pmatrix} = a\begin{pmatrix} 1 & 2 \\ 3 & 4 \end{pmatrix}$ (所有元素都进行数乘，或提公因子)	$\begin{vmatrix} a & 2a \\ 3a & 5a \end{vmatrix} = a\begin{vmatrix} 1 & 2 \\ 3a & 5a \end{vmatrix}$(按第一行提公因子) $= a \cdot a\begin{vmatrix} 1 & 2 \\ 3 & 5 \end{vmatrix}$(按第二行提公因子)

（续表）

	矩阵	行列式
乘法	$\begin{pmatrix}1&2\\3&4\end{pmatrix}\begin{pmatrix}\mathbf{a}&\mathbf{b}&\mathbf{c}\\\mathbf{d}&\mathbf{e}&\mathbf{f}\end{pmatrix}$ 有意义 （矩阵乘法条件：左列数 = 右行数） $\begin{pmatrix}1&2\\3&4\end{pmatrix}\begin{vmatrix}\mathbf{a}&\mathbf{b}&\mathbf{c}\\\mathbf{d}&\mathbf{e}&\mathbf{f}\\\mathbf{g}&\mathbf{h}&\mathbf{i}\end{vmatrix}$ 无意义	$\begin{vmatrix}1&2\\3&4\end{vmatrix}\cdot\begin{vmatrix}\mathbf{a}&\mathbf{b}&\mathbf{c}\\\mathbf{d}&\mathbf{e}&\mathbf{f}\end{vmatrix}$ 无意义 $\begin{vmatrix}1&2\\3&4\end{vmatrix}\cdot\begin{vmatrix}\mathbf{a}&\mathbf{b}&\mathbf{c}\\\mathbf{d}&\mathbf{e}&\mathbf{f}\\\mathbf{g}&\mathbf{h}&\mathbf{i}\end{vmatrix}$ 有意义
方阵的幂	$\begin{pmatrix}1&1\\0&1\end{pmatrix}^{k}$，$\boldsymbol{A}^k$（利用幂运算的方法进行运算）	$\left\|\begin{pmatrix}1&1\\0&1\end{pmatrix}^k\right\| = \begin{vmatrix}1&1\\0&1\end{vmatrix}^k$，$\|\boldsymbol{A}^k\| = \|\boldsymbol{A}\|^k$
转置	$\begin{pmatrix}1&2\\3&4\end{pmatrix}^{\mathrm{T}} = \begin{pmatrix}1&3\\2&4\end{pmatrix}$	$\begin{vmatrix}1&2\\3&4\end{vmatrix}^{\mathrm{T}} = \begin{vmatrix}1&3\\2&4\end{vmatrix} = \begin{vmatrix}1&2\\3&4\end{vmatrix}$，$\boldsymbol{D}^{\mathrm{T}} = \boldsymbol{D}$
方阵的初等变换	$\boldsymbol{A} = \begin{pmatrix}a&b\\c&d\end{pmatrix}\xrightarrow{r_1\leftrightarrow r_2}\begin{pmatrix}c&d\\a&b\end{pmatrix} = \boldsymbol{B}$	$\|\boldsymbol{B}\| = -\|\boldsymbol{A}\|$
	$\boldsymbol{A} = \begin{pmatrix}a&b\\c&d\end{pmatrix}\xrightarrow{r_1\times k}\begin{pmatrix}ka&kb\\c&d\end{pmatrix} = \boldsymbol{B}$	$\|\boldsymbol{B}\| = k\|\boldsymbol{A}\|$
	$\boldsymbol{A} = \begin{pmatrix}a&b\\c&d\end{pmatrix}\xrightarrow{r_1-r_2}\begin{pmatrix}a-c&b-d\\c&d\end{pmatrix} = \boldsymbol{B}$	$\|\boldsymbol{B}\| = \|\boldsymbol{A}\|$

七、对角矩阵与分块对角矩阵的比较（假设表 3.8.3 中的运算均有意义）

表 3.8.3　对角矩阵与分块对角矩阵的比较

对角矩阵	分块对角矩阵
$\begin{pmatrix}a_1&&\\&\ddots&\\&&a_n\end{pmatrix}\pm\begin{pmatrix}b_1&&\\&\ddots&\\&&b_n\end{pmatrix}=\begin{pmatrix}a_1\pm b_1&&\\&\ddots&\\&&a_n\pm b_n\end{pmatrix}$	$\begin{pmatrix}\boldsymbol{A}_1&&\\&\ddots&\\&&\boldsymbol{A}_s\end{pmatrix}\pm\begin{pmatrix}\boldsymbol{B}_1&&\\&\ddots&\\&&\boldsymbol{B}_s\end{pmatrix}=\begin{pmatrix}\boldsymbol{A}_1\pm\boldsymbol{B}_1&&\\&\ddots&\\&&\boldsymbol{A}_s\pm\boldsymbol{B}_s\end{pmatrix}$
$\begin{pmatrix}a_1&&\\&\ddots&\\&&a_n\end{pmatrix}\begin{pmatrix}b_1&&\\&\ddots&\\&&b_n\end{pmatrix}=\begin{pmatrix}a_1b_1&&\\&\ddots&\\&&a_nb_n\end{pmatrix}$	$\begin{pmatrix}\boldsymbol{A}_1&&\\&\ddots&\\&&\boldsymbol{A}_s\end{pmatrix}\begin{pmatrix}\boldsymbol{B}_1&&\\&\ddots&\\&&\boldsymbol{B}_s\end{pmatrix}=\begin{pmatrix}\boldsymbol{A}_1\boldsymbol{B}_1&&\\&\ddots&\\&&\boldsymbol{A}_s\boldsymbol{B}_s\end{pmatrix}$
$\begin{pmatrix}a_1&&\\&\ddots&\\&&a_n\end{pmatrix}^k=\begin{pmatrix}a_1^k&&\\&\ddots&\\&&a_n^k\end{pmatrix}$	$\begin{pmatrix}\boldsymbol{A}_1&&\\&\ddots&\\&&\boldsymbol{A}_s\end{pmatrix}^k=\begin{pmatrix}\boldsymbol{A}_1^k&&\\&\ddots&\\&&\boldsymbol{A}_s^k\end{pmatrix}$
$\begin{pmatrix}a_1&&\\&\ddots&\\&&a_n\end{pmatrix}^{\mathrm{T}}=\begin{pmatrix}a_1&&\\&\ddots&\\&&a_n\end{pmatrix}$	$\begin{pmatrix}\boldsymbol{A}_1&&\\&\ddots&\\&&\boldsymbol{A}_s\end{pmatrix}^{\mathrm{T}}=\begin{pmatrix}\boldsymbol{A}_1^{\mathrm{T}}&&\\&\ddots&\\&&\boldsymbol{A}_s^{\mathrm{T}}\end{pmatrix}$

（续表）

对角矩阵	分块对角矩阵
$\begin{pmatrix} a_1 & & \\ & \ddots & \\ & & a_n \end{pmatrix}^{-1}=\begin{pmatrix} a_1^{-1} & & \\ & \ddots & \\ & & a_n^{-1} \end{pmatrix}$ $(a_1\cdots a_n\neq 0)$	$\begin{pmatrix} \boldsymbol{A}_1 & & \\ & \ddots & \\ & & \boldsymbol{A}_s \end{pmatrix}^{-1}=\begin{pmatrix} \boldsymbol{A}_1^{-1} & & \\ & \ddots & \\ & & \boldsymbol{A}_s^{-1} \end{pmatrix}$ $(\boldsymbol{A}_1,\cdots,\boldsymbol{A}_s$ 都可逆$)$
$\begin{vmatrix} a_1 & & \\ & \ddots & \\ & & a_n \end{vmatrix}=a_1\cdots a_n$	$\begin{vmatrix} \boldsymbol{A}_1 & & \\ & \ddots & \\ & & \boldsymbol{A}_s \end{vmatrix}=\lvert\boldsymbol{A}_1\rvert\cdots\lvert\boldsymbol{A}_s\rvert$

八、关于转置矩阵、可逆矩阵、伴随矩阵的性质比较（假设表 3.8.4 中的运算均有意义）

表 3.8.4　关于转置矩阵、可逆矩阵、伴随矩阵的性质比较

转置矩阵	可逆矩阵	伴随矩阵
$(\boldsymbol{A}^{\mathrm{T}})^{\mathrm{T}}=\boldsymbol{A}$	$(\boldsymbol{A}^{-1})^{-1}=\boldsymbol{A}$	$(\boldsymbol{A}^*)^*=\lvert\boldsymbol{A}\rvert^{n-2}\boldsymbol{A}$
$(\boldsymbol{AB})^{\mathrm{T}}=\boldsymbol{B}^{\mathrm{T}}\boldsymbol{A}^{\mathrm{T}}$	$(\boldsymbol{AB})^{-1}=\boldsymbol{B}^{-1}\boldsymbol{A}^{-1}$	$(\boldsymbol{AB})^*=\boldsymbol{B}^*\boldsymbol{A}^*$
$(k\boldsymbol{A})^{\mathrm{T}}=k\boldsymbol{A}^{\mathrm{T}}$	$(k\boldsymbol{A})^{-1}=k^{-1}\boldsymbol{A}^{-1}$	$(k\boldsymbol{A})^*=k^{n-1}\boldsymbol{A}^*$
$R(\boldsymbol{A})=R(\boldsymbol{A}^{\mathrm{T}})$	$R(\boldsymbol{A})=R(\boldsymbol{A}^{-1})$	$R(\boldsymbol{A}^*)=\begin{cases} n, & R(\boldsymbol{A})=n \\ 1, & R(\boldsymbol{A})=n-1 \\ 0, & R(\boldsymbol{A})<n-1 \end{cases}$
$\lvert\boldsymbol{A}^{\mathrm{T}}\rvert=\lvert\boldsymbol{A}\rvert$	$\lvert\boldsymbol{A}^{-1}\rvert=\lvert\boldsymbol{A}\rvert^{-1}=\dfrac{1}{\lvert\boldsymbol{A}\rvert}$	$\lvert\boldsymbol{A}^*\rvert=\lvert\boldsymbol{A}\rvert^{n-1}$
$(\boldsymbol{A}+\boldsymbol{B})^{\mathrm{T}}=\boldsymbol{A}^{\mathrm{T}}+\boldsymbol{B}^{\mathrm{T}}$	$(\boldsymbol{A}+\boldsymbol{B})^{-1}\neq\boldsymbol{A}^{-1}+\boldsymbol{B}^{-1}$	$(\boldsymbol{A}+\boldsymbol{B})^*\neq\boldsymbol{A}^*+\boldsymbol{B}^*$
$\boldsymbol{E}^{\mathrm{T}}=\boldsymbol{E}$	$\boldsymbol{E}^{-1}=\boldsymbol{E}$	$\boldsymbol{E}^*=\boldsymbol{E}$

九、矩阵秩的等价刻画

1. 最高阶非零子式及其阶数.

2.矩阵秩的定义（定义 1.3.6）

$$\text{矩阵 }\boldsymbol{A}\xrightarrow{r}\text{行阶梯形 }\boldsymbol{U}\xrightarrow{r}\text{行最简形 }\bar{\boldsymbol{U}}\xrightarrow{c}\text{标准形 }\boldsymbol{F}=\begin{pmatrix}\boldsymbol{E}_r & \boldsymbol{O}\\ \boldsymbol{O} & \boldsymbol{O}\end{pmatrix}\text{，则}$$

$$R(\boldsymbol{A})=R(\boldsymbol{U})=R(\bar{\boldsymbol{U}})=R(\boldsymbol{F})=r\text{——行阶梯形中非零行的行数}$$

3. 矩阵秩的等价刻画.

矩阵 $\boldsymbol{A}$ 中的最高阶非零子式的阶数 r 称为矩阵 $\boldsymbol{A}$ 的秩，记作 $R(\boldsymbol{A})$.

4.矩阵秩的计算.

(1) 初等变换法.

(2) 找矩阵的一个最高阶非零子式.

5.矩阵秩的性质：

(1) $0\leqslant R(\boldsymbol{A}_{m\times n})\leqslant\min\{m,n\}$.

(2) $R(\boldsymbol{A}^{\mathrm{T}})=R(\boldsymbol{A})$.

(3) $R(k\boldsymbol{A})=R(\boldsymbol{A})(k\neq 0)$.

(4) 若 $\boldsymbol{A}\sim\boldsymbol{B}$,则 $R(\boldsymbol{A})=R(\boldsymbol{B})$.

(5) 若 $\boldsymbol{P},\boldsymbol{Q}$ 为可逆矩阵,则 $R(\boldsymbol{PA})=R(\boldsymbol{AQ})=R(\boldsymbol{PAQ})=R(\boldsymbol{A})$.

(6) $\max\{R(\boldsymbol{A}),R(\boldsymbol{B})\}\leqslant R(\boldsymbol{A},\boldsymbol{B})\leqslant R(\boldsymbol{A})+R(\boldsymbol{B})$.

(7) $R(\boldsymbol{A}+\boldsymbol{B})\leqslant R(\boldsymbol{A})+R(\boldsymbol{B})$.

(8) $R(\boldsymbol{A}_{m\times n}\boldsymbol{B}_{n\times s})\leqslant\min\{R(\boldsymbol{A}),R(\boldsymbol{B})\}$.

(9) $R(\boldsymbol{A}_{m\times n}\boldsymbol{B}_{n\times s})\geqslant R(\boldsymbol{A})+R(\boldsymbol{B})-n$.

(10) 若 $\boldsymbol{A}_{m\times n}\boldsymbol{B}_{n\times s}=\boldsymbol{O}$,则 $R(\boldsymbol{A})+R(\boldsymbol{B})\leqslant n$.

6. 矩阵的秩、行最简形、标准形、可逆矩阵和初等变换之间的联系.

设 $R(\boldsymbol{A})=r$,则矩阵 $\boldsymbol{A}\xrightarrow{r}$ 行最简形 $\bar{\boldsymbol{U}}\xrightarrow{c}$ 标准形 $\boldsymbol{F}=\begin{pmatrix}\boldsymbol{E}_r & \boldsymbol{O}\\ \boldsymbol{O} & \boldsymbol{O}\end{pmatrix}$,

从而存在可逆矩阵 $\boldsymbol{P}$ 和可逆矩阵 $\boldsymbol{Q}$,使得 $\boldsymbol{PA}=\bar{\boldsymbol{U}}$, $\boldsymbol{PAQ}=\boldsymbol{F}=\begin{pmatrix}\boldsymbol{E}_r & \boldsymbol{O}\\ \boldsymbol{O} & \boldsymbol{O}\end{pmatrix}$.

3.9 习题三

一、填空题

1. 已知 $2\boldsymbol{A}+3\boldsymbol{X}=\boldsymbol{B}$, 其中 $\boldsymbol{A}=\begin{pmatrix}-2 & 1\\ 1 & 0\\ -1 & 3\end{pmatrix}$, $\boldsymbol{B}=\begin{pmatrix}2 & 2\\ -1 & 3\\ 4 & 0\end{pmatrix}$, 则 $\boldsymbol{X}=$______.

2. 若对任意的 3 维列向量 $\boldsymbol{X}=(x_1, x_2, x_3)^{\mathrm{T}}$, $\boldsymbol{AX}=\begin{pmatrix}x_1+2x_2\\ x_1+x_2-x_3\end{pmatrix}$, 则 $\boldsymbol{A}=$______.

3. 已知 $\boldsymbol{\alpha}=(1, 1, 1)^{\mathrm{T}}$, $\boldsymbol{\beta}=(-2, 0, 1)^{\mathrm{T}}$, $\boldsymbol{A}=\boldsymbol{\alpha}\boldsymbol{\beta}^{\mathrm{T}}$, 则 $\boldsymbol{A}^n=$______.

4. 设 $\boldsymbol{A}=\begin{pmatrix}1 & 0 & 1\\ 0 & 2 & 0\\ 1 & 0 & 1\end{pmatrix}$, $n\geqslant 2$ 为正整数, 则 $\boldsymbol{A}^n-2\boldsymbol{A}^{n-1}=$______.

5. 设 3 阶矩阵 $\boldsymbol{A}=(\boldsymbol{\alpha}, \boldsymbol{\gamma}_2, \boldsymbol{\gamma}_3)$, $\boldsymbol{B}=(\boldsymbol{\beta}, \boldsymbol{\gamma}_2, \boldsymbol{\gamma}_3)$, 其中 $\boldsymbol{\alpha}, \boldsymbol{\beta}, \boldsymbol{\gamma}_2, \boldsymbol{\gamma}_3$ 为 3×1 矩阵, 且已知 $|\boldsymbol{A}|=2$, $|\boldsymbol{B}|=3$, 则 $|\boldsymbol{A}+\boldsymbol{B}|=$______, $|3\boldsymbol{\gamma}_3, -\boldsymbol{\gamma}_2, 2\boldsymbol{\alpha}-\boldsymbol{\beta}|=$______.

6. 设 $\boldsymbol{A}=\begin{pmatrix}1 & 3 & 0\\ 0 & 5 & 1\\ 1 & 4 & 0\end{pmatrix}$, $\boldsymbol{B}=\begin{pmatrix}2 & 7 & 4\\ 0 & 1 & 6\\ 0 & 0 & 3\end{pmatrix}$, 则 $|\boldsymbol{A}^3\boldsymbol{B}^{-1}|=$______.

7. $\begin{pmatrix}0 & 0 & 0 & 1\\ 0 & 0 & 2 & 0\\ 0 & 3 & 0 & 0\\ 4 & 0 & 0 & 0\end{pmatrix}^{-1}=$______.

8. 设矩阵 $\boldsymbol{A}=\begin{pmatrix}5&2&0&0\\2&1&0&0\\0&0&1&-2\\0&0&1&1\end{pmatrix}$，则 $\boldsymbol{A}^{-1}=$______________.

9. 设 $n\times 1$ 列矩阵 $\boldsymbol{\alpha}=(a, 0, \cdots, 0, a)^{\mathrm{T}}$，$a<0$，$\boldsymbol{A}=\boldsymbol{E}-\boldsymbol{\alpha}\boldsymbol{\alpha}^{\mathrm{T}}$，$\boldsymbol{B}=\boldsymbol{E}+\frac{1}{a}\boldsymbol{\alpha}\boldsymbol{\alpha}^{\mathrm{T}}$，其中 $\boldsymbol{A}$ 的逆矩阵为 $\boldsymbol{B}$，则 $a=$______________.

10. 已知矩阵 $\boldsymbol{A}$ 满足 $\boldsymbol{A}^2+\boldsymbol{A}-3\boldsymbol{E}=\boldsymbol{O}$，则 $\boldsymbol{A}^{-1}=$______________.

11. 已知 $\boldsymbol{A}=\begin{pmatrix}1&-3&7\\2&4&-3\\-3&7&2\end{pmatrix}$，则其伴随矩阵 $\boldsymbol{A}^*=$______________.

12. 设 $\boldsymbol{A}=\begin{pmatrix}1&0&0\\0&-2&0\\2&0&1\end{pmatrix}$，则 $(\boldsymbol{A}^*)^{-1}=$______________.

13. 已知 $\boldsymbol{AB}-\boldsymbol{B}=\boldsymbol{A}$，其中 $\boldsymbol{B}=\begin{pmatrix}1&-2&0\\2&1&0\\0&0&2\end{pmatrix}$，则 $\boldsymbol{A}=$______________.

14. 设 4 阶矩阵 $\boldsymbol{A}$ 的秩为 2，则 $R(\boldsymbol{A}^*)=$______________.

15. 设 $\boldsymbol{A}$ 为 4×3 矩阵，且 $R(\boldsymbol{A})=2$，而 $\boldsymbol{B}=\begin{pmatrix}-1&0&3\\0&4&0\\1&0&2\end{pmatrix}$，则 $R(\boldsymbol{AB})=$______________.

二、选择题

1. 设 $\boldsymbol{A}$ 是 $p\times s$ 矩阵，$\boldsymbol{B}$ 是 $m\times n$ 矩阵，如果 $\boldsymbol{AC}^{\mathrm{T}}\boldsymbol{B}$ 有意义，则 $\boldsymbol{C}$ 是(　　)矩阵.

　A. $p\times n$　　B. $p\times m$　　C. $s\times m$　　D. $m\times s$

2. 设 $\boldsymbol{A}=\begin{pmatrix}1&2\\4&3\end{pmatrix}$，$\boldsymbol{B}=\begin{pmatrix}x&1\\2&y\end{pmatrix}$，则 $\boldsymbol{A}$ 与 $\boldsymbol{B}$ 乘法可交换的充分必要条件是(　　).

　A. $x=y+1$　　B. $x=y-1$　　C. $x=y$　　D. $x=2y$

*3. 设 $\boldsymbol{A}, \boldsymbol{B}, \boldsymbol{C}$ 均为 n 阶矩阵，若 $\boldsymbol{B}=\boldsymbol{E}+\boldsymbol{AB}$，$\boldsymbol{C}=\boldsymbol{A}+\boldsymbol{CA}$，则 $\boldsymbol{B}-\boldsymbol{C}=$(　　).

　A. $\boldsymbol{E}$　　B. $-\boldsymbol{E}$　　C. $\boldsymbol{A}$　　D. $-\boldsymbol{A}$

4. 下列矩阵中不是初等矩阵的是(　　).

　A. $\begin{pmatrix}1&0&0\\0&0&1\\0&1&0\end{pmatrix}$　　B. $\begin{pmatrix}1&3&0\\0&0&1\\0&1&0\end{pmatrix}$　　C. $\begin{pmatrix}1&0&0\\0&-3&0\\0&0&1\end{pmatrix}$　　D. $\begin{pmatrix}1&0&3\\0&1&0\\0&0&1\end{pmatrix}$

5. 设 $\boldsymbol{A}=\begin{pmatrix}a_{11}&a_{12}&a_{13}\\a_{21}&a_{22}&a_{23}\\a_{31}&a_{32}&a_{33}\end{pmatrix}$，$\boldsymbol{B}=\begin{pmatrix}a_{21}&a_{22}&a_{23}\\a_{11}&a_{12}&a_{13}\\a_{31}+a_{11}&a_{32}+a_{12}&a_{33}+a_{13}\end{pmatrix}$，$\boldsymbol{P}_1=\begin{pmatrix}0&1&0\\1&0&0\\0&0&1\end{pmatrix}$，

$P_2=\begin{pmatrix}1&0&0\\0&1&0\\1&0&1\end{pmatrix}$，则(　　).

A. $AP_1P_2=B$　　B. $AP_2P_1=B$　　C. $P_1P_2A=B$　　D. $P_2P_1A=B$

6. 设A为3阶矩阵，将A的第1列与第2列交换得B，再把B的第2列加到第3列得C，则满足$AQ=C$的可逆矩阵Q为(　　).

A. $\begin{pmatrix}0&1&0\\1&0&0\\1&0&1\end{pmatrix}$　　B. $\begin{pmatrix}0&1&0\\1&0&1\\0&0&1\end{pmatrix}$　　C. $\begin{pmatrix}0&1&0\\1&0&0\\0&1&1\end{pmatrix}$　　D. $\begin{pmatrix}0&1&1\\1&0&0\\0&0&1\end{pmatrix}$

*7. 设A，B均为可逆矩阵，$AB=BA$，则以下选项中错误的是(　　).

A. $A^{-1}B=B^{-1}A$　　B. $A^{-1}B=BA^{-1}$

C. $AB^{-1}=B^{-1}A$　　D. $A^{-1}B^{-1}=B^{-1}A^{-1}$

8. 设α_1，α_2，α_3，β_1，β_2均为4×1矩阵，且4阶行列式$|\alpha_1,\alpha_2,\alpha_3,\beta_1|=m$，$|\alpha_1,\alpha_2,\beta_2,\alpha_3|=n$，则4阶行列式$|\alpha_3,\alpha_2,\alpha_1,\beta_1+\beta_2|=$(　　).

A. $m+n$　　B. $-(m+n)$　　C. $n-m$　　D. $m-n$

9. 设n阶矩阵A与B的分块矩阵为$A=(\alpha_1,\alpha_2,\cdots,\alpha_n)$，$B=\begin{pmatrix}\beta_1\\\beta_2\\\vdots\\\beta_n\end{pmatrix}$，则关于分块矩阵乘积不能成立的等式是(　　).

A. $B(\alpha_1,\alpha_2,\cdots,\alpha_n)=(B\alpha_1,B\alpha_2,\cdots,B\alpha_n)$

B. $(\alpha_1,\alpha_2,\cdots,\alpha_n)B=(\alpha_1B,\alpha_2B,\cdots,\alpha_nB)$

C. $(\alpha_1,\alpha_2,\cdots,\alpha_n)\begin{pmatrix}\beta_1\\\beta_2\\\vdots\\\beta_n\end{pmatrix}=\sum_{k=1}^{n}\alpha_k\beta_k$

D. $\begin{pmatrix}\beta_1\\\beta_2\\\vdots\\\beta_n\end{pmatrix}(\alpha_1,\alpha_2,\cdots,\alpha_n)=\begin{pmatrix}\beta_1\alpha_1&\cdots&\beta_1\alpha_n\\\vdots&&\vdots\\\beta_n\alpha_1&\cdots&\beta_n\alpha_n\end{pmatrix}$

10. 设$A=\begin{pmatrix}1&2&a&1\\2&-3&1&0\\4&1&a&b\end{pmatrix}$的秩$R(A)=2$，则(　　).

A. $a=-1,b=-2$　　B. $a=1,b=-2$

C. $a=1,b=2$　　D. $a=-1,b=2$

11. 设3阶方阵A，B满足关系式$A^{-1}BA=6A+BA$，且$A=\begin{pmatrix}1/3&0&0\\0&1/4&0\\0&0&1/7\end{pmatrix}$，

则$\boldsymbol{B}=$(　　).

A. $\begin{pmatrix}3&0&0\\0&2&0\\0&0&1\end{pmatrix}$　　B. $\begin{pmatrix}2&0&0\\0&3&0\\0&0&1\end{pmatrix}$　　C. $\begin{pmatrix}3&0&0\\0&1&0\\0&0&2\end{pmatrix}$　　D. $\begin{pmatrix}1&0&0\\0&2&0\\0&0&3\end{pmatrix}$

*12. 设$\boldsymbol{A}$为$m\times n$阶矩阵，$\boldsymbol{B}$为$n\times m$阶矩阵，则(　　).

A. 当$m>n$时，$|\boldsymbol{AB}|\neq 0$　　B. 当$m>n$时，$|\boldsymbol{AB}|=0$

C. 当$n>m$时，$|\boldsymbol{AB}|\neq 0$　　D. 当$n>m$时，$|\boldsymbol{AB}|=0$

*13. 设$\boldsymbol{A}$为$m\times n$矩阵，$\boldsymbol{B}$为$n\times m$矩阵，若$\boldsymbol{AB}=\boldsymbol{E}$，则(　　).

A. $R(\boldsymbol{A})=m$，$R(\boldsymbol{B})=m$　　B. $R(\boldsymbol{A})=m$，$R(\boldsymbol{B})=n$

C. $R(\boldsymbol{A})=n$，$R(\boldsymbol{B})=m$　　D. $R(\boldsymbol{A})=n$，$R(\boldsymbol{B})=n$

14. 设$\boldsymbol{A}=\begin{pmatrix}1&2&3\\4&5&6\\7&8&9\end{pmatrix}$，$\boldsymbol{P}=\begin{pmatrix}0&0&1\\0&1&0\\1&0&0\end{pmatrix}$，$\boldsymbol{Q}=\begin{pmatrix}1&0&0\\0&0&1\\0&1&0\end{pmatrix}$，则$\boldsymbol{PAQ}^2=$(　　).

A. $\begin{pmatrix}1&2&3\\4&5&6\\7&8&9\end{pmatrix}$　　B. $\begin{pmatrix}7&8&9\\4&5&6\\1&2&3\end{pmatrix}$　　C. $\begin{pmatrix}7&9&8\\4&6&5\\1&3&2\end{pmatrix}$　　D. $\begin{pmatrix}3&2&1\\9&8&7\\6&5&4\end{pmatrix}$

三、计算题

1. 设$\boldsymbol{A}=\begin{pmatrix}4&-2&1\\1&0&2\end{pmatrix}$，$\boldsymbol{B}=\begin{pmatrix}1&0&-1\\2&1&1\end{pmatrix}$，求$2\boldsymbol{A}-\boldsymbol{B}$.

2. 设$\boldsymbol{A}=\begin{pmatrix}1&1&1\\1&1&-1\\1&-1&1\end{pmatrix}$，$\boldsymbol{B}=\begin{pmatrix}1&2&3\\-1&-2&4\\0&5&1\end{pmatrix}$，求$3\boldsymbol{AB}-2\boldsymbol{A}$，$\boldsymbol{A}^{\mathrm{T}}\boldsymbol{B}$.

3. 计算下列矩阵的乘积.

(1) $\begin{pmatrix}3&2&1\\1&-2&-1\\0&1&0\end{pmatrix}\begin{pmatrix}1\\2\\1\end{pmatrix}$；　　(2) $(1,1,1)\begin{pmatrix}1&1&4\\-1&2&-1\\0&3&5\end{pmatrix}$；

(3) $\begin{pmatrix}4&1\\-1&1\\2&6\end{pmatrix}\begin{pmatrix}1&0&3\\2&1&0\end{pmatrix}$；　　(4) $\begin{pmatrix}1&0&3\\2&1&0\end{pmatrix}\begin{pmatrix}4&1\\-1&1\\2&6\end{pmatrix}$；

(5) $(x_1,x_2,x_3)\begin{pmatrix}a_{11}&a_{12}&a_{13}\\a_{12}&a_{22}&a_{23}\\a_{13}&a_{23}&a_{33}\end{pmatrix}\begin{pmatrix}x_1\\x_2\\x_3\end{pmatrix}$；　　(6) $\begin{pmatrix}1&1&1&1\\1&1&-1&-1\\1&-1&1&-1\\1&-1&-1&1\end{pmatrix}^2$.

4. 设$\boldsymbol{\alpha}=(1,-1)$，$\boldsymbol{\beta}=(3,2)$求$\boldsymbol{\alpha\beta}^{\mathrm{T}}$，$\boldsymbol{\alpha}^{\mathrm{T}}\boldsymbol{\beta}$，$(\boldsymbol{\alpha}^{\mathrm{T}}\boldsymbol{\beta})^{100}$.

5. 设$\boldsymbol{A}=\begin{pmatrix}0&1&0&0\\0&0&1&0\\0&0&0&1\\0&0&0&0\end{pmatrix}$，求$\boldsymbol{A}^n$.

6. 设矩阵 $\boldsymbol{A}=\begin{pmatrix}0 & 1 & 0\\ 2 & 2 & 2\end{pmatrix}$，$\boldsymbol{B}=\begin{pmatrix}0 & 1 & 0\\ 0 & 0 & 1\\ 0 & 0 & 0\end{pmatrix}$，求 $(\boldsymbol{AB})^{\mathrm{T}}$.

7. 举反例说明下列命题是错误的.

(1) 若 $\boldsymbol{A}^2=\boldsymbol{O}$，则 $\boldsymbol{A}=\boldsymbol{O}$；

(2) 若 $\boldsymbol{A}^2=\boldsymbol{A}$，则 $\boldsymbol{A}=\boldsymbol{O}$ 或 $\boldsymbol{A}=\boldsymbol{E}$；

(3) 若 $\boldsymbol{AX}=\boldsymbol{AY}$，且 $\boldsymbol{A}\neq\boldsymbol{O}$，则 $\boldsymbol{X}=\boldsymbol{Y}$；

(4) 若 $\boldsymbol{AA}^{\mathrm{T}}=\boldsymbol{E}$，则 $\boldsymbol{A}=\boldsymbol{E}$.

8. 证明：当 $\boldsymbol{A}$ 与 $\boldsymbol{B}$ 可交换时，有：

(1) $(\boldsymbol{AB})^k=\boldsymbol{A}^k\boldsymbol{B}^k$；

(2) $(\boldsymbol{A}-\boldsymbol{B})(\boldsymbol{A}+\boldsymbol{B})=\boldsymbol{A}^2-\boldsymbol{B}^2$.

9. 设 $f(x)=x^2-5x+3$，$\boldsymbol{A}=\begin{pmatrix}1 & -1\\ 2 & 4\end{pmatrix}$，求 $f(\boldsymbol{A})$.

10. 证明：任意 n 阶方阵 $\boldsymbol{A}$ 都可写成对称矩阵和反对称矩阵的和.

11. 设 $\boldsymbol{A}$ 是 n 阶对称矩阵，$\boldsymbol{B}$ 是 n 阶反对称矩阵，则 $\boldsymbol{A}^2$，$\boldsymbol{B}^2$，$\boldsymbol{AB}-\boldsymbol{BA}$ 是对称矩阵，$\boldsymbol{AB}+\boldsymbol{BA}$ 是反对称矩阵.

12. 设 $\boldsymbol{A}$ 为可逆的对称矩阵，证明：$\boldsymbol{A}$ 的逆矩阵 $\boldsymbol{A}^{-1}$ 也是对称矩阵.

13. 设 $\boldsymbol{A}=\begin{pmatrix}-1 & 2 & 1 & 0 & 0\\ 4 & 1 & 0 & 1 & 0\\ 0 & 5 & 0 & 0 & 1\\ 3 & 0 & 0 & 0 & 0\\ 0 & 3 & 0 & 0 & 0\end{pmatrix}$，$\boldsymbol{B}=\begin{pmatrix}0 & 0 & 0 & 2\\ 0 & 0 & 0 & 3\\ 2 & 1 & -3 & 0\\ 1 & -2 & 1 & 0\\ 0 & 1 & 4 & 0\end{pmatrix}$，利用分块矩阵计算 $\boldsymbol{AB}$.

14. 已知 $\boldsymbol{A}=\begin{pmatrix}1 & 2 & 1\\ 1 & 0 & 2\\ -1 & 3 & 0\end{pmatrix}$，求其伴随矩阵 $\boldsymbol{A}^*$.

15. 求下列矩阵的逆矩阵.

(1) $\begin{pmatrix}1 & 2\\ 2 & 3\end{pmatrix}$；

(2) $\begin{pmatrix}1 & 1 & 1\\ 1 & 0 & -1\\ 3 & 2 & 3\end{pmatrix}$；

(3) $\begin{pmatrix}1 & 2 & 1\\ 1 & 0 & 2\\ -1 & 3 & 0\end{pmatrix}$；

(4) $\begin{pmatrix}1 & 2 & 2\\ 1 & 0 & 3\\ 2 & 3 & 4\end{pmatrix}$；

(5) $\begin{pmatrix}1 & 2 & 3 & 4\\ 0 & 1 & 2 & 3\\ 0 & 0 & 1 & 2\\ 0 & 0 & 0 & 1\end{pmatrix}$；

(6) $\begin{pmatrix}0 & 1 & 0 & 0\\ 0 & 0 & 2 & 0\\ 0 & 0 & 0 & 3\\ 4 & 0 & 0 & 0\end{pmatrix}$.

16. 解下列矩阵方程.

(1) $\begin{pmatrix}1 & 3\\ 2 & 5\end{pmatrix}\boldsymbol{X}=\begin{pmatrix}4 & 1\\ 5 & 2\end{pmatrix}$；

(2) $\begin{pmatrix}2 & 1 & -1\\ 0 & 4 & 1\\ 3 & -1 & -2\end{pmatrix}\boldsymbol{X}=\begin{pmatrix}5 & 3\\ 1 & -6\\ 8 & 8\end{pmatrix}$；

(3) $X\begin{pmatrix}1&1&1\\0&1&1\\0&0&2\end{pmatrix}=\begin{pmatrix}1&-2&1\\0&1&-1\end{pmatrix}$；　(4) $\begin{pmatrix}0&1&0\\1&0&0\\0&0&1\end{pmatrix}X\begin{pmatrix}1&0&0\\0&0&1\\0&1&0\end{pmatrix}=\begin{pmatrix}1&-4&3\\2&0&-1\\1&-2&0\end{pmatrix}$.

17. 设 $AB=A+2B$,其中 $A=\begin{pmatrix}0&3&3\\1&1&0\\-1&2&3\end{pmatrix}$，求 B.

18. 设 $A=\begin{pmatrix}1&-1&-1\\0&1&1\\0&0&1\end{pmatrix}$，$B=\begin{pmatrix}2&1&1\\0&1&2\end{pmatrix}$，且满足 $XA-B=2X$，求 X.

19. 设 3 阶矩阵 $A=(\alpha_1,\beta_1,\beta_2)$，$B=(\alpha_2,\beta_1,\beta_2)$，且 $|A|=1$，$|B|=3$，求 $|2A|$，$|A+2B|$，$|A-B|$，$|2\alpha_1+\alpha_2,\beta_1+\beta_2,-\beta_1|$.

20. 已知 3 阶方阵 A 满足 $|A|=\dfrac{1}{27}$，求 $|(3A)^{-1}-27A^*|$.

21. 设 A，B 均为 n 阶方阵，$|A|=2$，$|B|=3$，求 $|A^{-1}B^*-A^*B^{-1}|$.

22. 设方阵 A 满足 $A^3=2E$，求 $(A+E)^{-1}$.

23. 设方阵 A 满足 $A^2-5A+4E=O$，证明：A，$A-3E$ 均可逆，并求出它们的逆矩阵.

24. 设 A 是 n 阶可逆方阵，且每一行元之和都等于非零常数 a，证明：A 的逆矩阵的每一行元之和为 a^{-1}.

25. 设 A 与 B 都是 n 阶可逆矩阵，且 $A+B$ 也是可逆矩阵，证明：

(1) $A^{-1}+B^{-1}$ 可逆，并求其逆；　(2) $A(A+B)^{-1}B=B(A+B)^{-1}A$.

26. 设 $A=PBP^{-1}$，$f(x)$ 是一个多项式，证明 $f(A)=Pf(B)P^{-1}$.

27. 设 $P^{-1}AP=\Lambda$，$P=\begin{pmatrix}1&1\\-1&1\end{pmatrix}$，$\Lambda=\begin{pmatrix}2&0\\0&3\end{pmatrix}$，求 A^5.

28. 求下列矩阵的秩及其一个最高阶非零子式.

(1) $\begin{pmatrix}1&1&0&2\\-1&-1&2&-1\\2&2&-2&3\end{pmatrix}$；　(2) $\begin{pmatrix}1&-1&0&-1&-2\\-1&2&1&3&6\\1&0&1&1&2\\1&-2&-1&0&0\end{pmatrix}$.

*29. 用初等变换将矩阵 $A=\begin{pmatrix}1&-2&3\\0&0&1\\0&0&1\end{pmatrix}$ 化成标准形，并用初等矩阵乘积表示变换过程.

30. 设 n 阶矩阵 A 满足 $A^2=A$，证明：$R(A)+R(E-A)=n$.

31. 设 $n\geqslant 2$，A 为 n 阶矩阵，A^* 是 A 的伴随矩阵，证明

$$R(A^*)=\begin{cases}n, & R(A)=n;\\1, & R(A)=n-1;\\0, & R(A)<n-1.\end{cases}$$

32. 设 A，B 为 n 阶方阵，$AB=A+2B$，试证：$AB=BA$.

33. 设 $\boldsymbol{A}$ 是 n 阶方阵，$\boldsymbol{A}=\boldsymbol{E}-\boldsymbol{\alpha}\boldsymbol{\alpha}^{\mathrm{T}}$，其中 $\boldsymbol{\alpha}$ 是 n 维非零列向量，证明：

(1) $\boldsymbol{A}^2=\boldsymbol{A}$ 的充分必要条件是 $\boldsymbol{\alpha}^{\mathrm{T}}\boldsymbol{\alpha}=1$；

(2) 若 $\boldsymbol{\alpha}^{\mathrm{T}}\boldsymbol{\alpha}=1$，则 $\boldsymbol{A}$ 不可逆.

34. 设 $\boldsymbol{A}$ 为 n 阶可逆矩阵，将 $\boldsymbol{A}$ 的第 i 行和第 j 行交换后得到的矩阵记为 $\boldsymbol{B}$.

(1) 证明：$\boldsymbol{B}$ 可逆；　　(2) 求 $\boldsymbol{A}\boldsymbol{B}^{-1}$.

35. 已知 $\boldsymbol{A}=\begin{pmatrix}1&0&0\\1&1&0\\1&1&1\end{pmatrix}$，$\boldsymbol{B}=\begin{pmatrix}0&1&1\\1&0&1\\1&1&0\end{pmatrix}$，且 $\boldsymbol{AXA}+\boldsymbol{BXB}=\boldsymbol{AXB}+\boldsymbol{BXA}+\boldsymbol{E}$，求矩阵 $\boldsymbol{X}$.

36. 矩阵 $\boldsymbol{A}_{m\times n}$，$\boldsymbol{B}_{n\times p}$，$\boldsymbol{C}_{p\times s}$ 满足 $R(\boldsymbol{A})=n$，$R(\boldsymbol{C})=p$，$\boldsymbol{ABC}=\boldsymbol{O}$，证明：$\boldsymbol{B}=\boldsymbol{O}$.

第 4 章 向量组的线性相关性和向量空间

向量组的线性相关性和向量空间是线性代数中最重要的研究内容之一. 由向量组的线性相关性可以判别向量之间的互相独立关系，由向量空间可以从理论上认识向量组的结构特征. 本章将介绍 n 维向量的线性运算，讨论向量组的线性相关性、向量组的最大无关组和秩，考察线性方程组的解之间的关系，进而讨论线性方程组解的结构，以及如何表示线性方程组的通解；引入向量空间的概念，并讨论与之相关的一些结论.

4.1 n 维 向 量

向量是代数学中最基本的概念，也是线性代数中最重要的研究对象之一. 在实际中，大量问题需要更多的量才能描述. 例如，空间球体的球心位置和半径 R 可以用 4 个有序数 (x, y, z, R) 来表示；一个 n 元线性方程组 $a_1x_1+a_2x_2+\cdots+a_nx_n=b$ 可由 $n+1$ 个有序数 $(a_1, a_2, \cdots, a_n, b)$ 唯一确定；某件商品同一天在 5 个不同的分销店销售，需要用 5 个有序数 $(x_1, x_2, x_3, x_4, x_5)$ 表示该天的销售量；导弹在空中的飞行状态，需要知道导弹在空中的位置 (x, y, z)，它的速度 v_x, v_y, v_z，及导弹的质量 m，即飞行状态需要 7 个参数 $(x, y, z, v_x, v_y, v_z, m)$ 来描述，我们称它为 7 维向量，它是解析几何中的平面 2 维向量和空间 3 维向量的推广. 这样的向量不再有直观的几何意义，但仍然具有明确的现实意义. 在这一节中我们将给出 n 维向量的基本概念、向量的线性运算及其性质.

4.1.1 n 维向量的基本概念

在第 1 章中我们将只有一行的矩阵称为行向量，将只有一列的矩阵称为列向量，行向量和列向量均是矩阵的特殊情形. 对 n 维向量，现叙述如下.

定义 4.1.1 由 n 个数 $a_1, a_2, \cdots, a_n$ 组成有序数组称为 n 维向量，这 n 个数称为该向量的 n 个分量，第 i 个数 a_i 称为第 i 个分量.

n 维向量可写成一行，记为 $\boldsymbol{\alpha}^{\mathrm{T}}=(a_1, a_2, \cdots, a_n)$，也就是 $1\times n$ 行矩阵，也称为 n 维行向量. n 维向量也可写成一列，记为 $\boldsymbol{\alpha}=\begin{pmatrix}a_1\\a_2\\\vdots\\a_n\end{pmatrix}$，也就是 $n\times 1$ 列矩阵，也称为 n 维列向量.

列向量通常用字母 $\boldsymbol{\alpha}, \boldsymbol{\beta}, \boldsymbol{\gamma}$ 等表示，行向量则用 $\boldsymbol{\alpha}^{\mathrm{T}}, \boldsymbol{\beta}^{\mathrm{T}}, \boldsymbol{\gamma}^{\mathrm{T}}$ 表示. 由向量的定义知，向量

的本质是有序数组，所以行向量与列向量的区别只是写法不同而已. 因而，所讨论的向量在没有指明是行向量还是列向量时，都默认为列向量. 分量全为实数的向量称为实向量，分量中有复数的向量称为复向量.本书一般只讨论实向量.

每个分量都为零的向量称为零向量，记作 $\boldsymbol{O}$；全体 n 维向量构成的集合，记作 $\boldsymbol{R}^n$.

向量概念是解析几何中向量(矢量) 概念的推广. 当 $n \leqslant 3$ 时，n 维向量可以与有向线段对应，几何形象直观. 例如，$\boldsymbol{\alpha}=(a, b)^{\mathrm{T}}$ 为 2 维列向量. 设平面上点 P 的坐标是(a, b)，那么我们可以将向量$\overrightarrow{OP}$ 与 2 维向量 $\boldsymbol{\alpha}=(a, b)^{\mathrm{T}}$ 对应(图 4. 1)，因此向量、点与点的坐标可以相互唯一确定，即

$$\text{向量 } \overrightarrow{OP} \leftrightarrow \text{点 } P \leftrightarrow \text{坐标}(a, b)$$

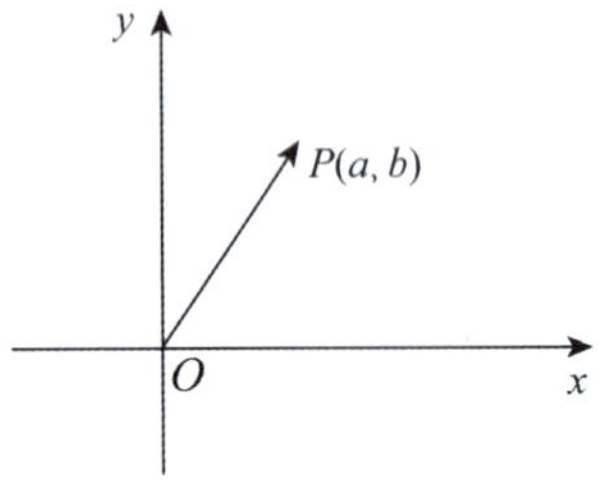

图 4.1.1　点与向量之间的对应关系

当 $n>3$ 时，n 维向量就不再有这种几何形象，但仍沿用一些几何术语.

4.1.2　向量的线性运算

行向量和列向量是特殊的矩阵，因此矩阵的运算规则都适合于 n 维向量的运算.

设两个 n 维向量

$$\boldsymbol{\alpha}=(a_1, a_2, \cdots, a_n)^{\mathrm{T}}, \boldsymbol{\beta}=(b_1, b_2, \cdots, b_n)^{\mathrm{T}}$$

则两个向量的加法为

$$\boldsymbol{\alpha}+\boldsymbol{\beta}=(a_1+b_1, a_2+b_2, \cdots, a_n+b_n)^{\mathrm{T}}$$

数与向量的数乘为

$$k\boldsymbol{\alpha}=(ka_1, ka_2, \cdots, ka_n)^{\mathrm{T}} \quad (k \text{ 为数})$$

上述的加法和数乘运算统称为 n 维向量的线性运算.

n 维向量$(-a_1, -a_2, \cdots, -a_n)^{\mathrm{T}}$ 称为 n 维向量 $\boldsymbol{\alpha}=(a_1, a_2, \cdots, a_n)^{\mathrm{T}}$ 的负向量，记作 $-\boldsymbol{\alpha}$. 利用任一向量均有唯一确定的负向量，可定义两个向量的减法

$$\boldsymbol{\alpha}-\boldsymbol{\beta}=(a_1-b_1, a_2-b_2, \cdots, a_n-b_n)^{\mathrm{T}}$$

两个向量 $\boldsymbol{\alpha}=(a_1, a_2, \cdots, a_n)^{\mathrm{T}}$ 与 $\boldsymbol{\beta}=(b_1, b_2, \cdots, b_n)^{\mathrm{T}}$ 相等，是指$a_i=b_i(i=1, \cdots, n)$，即 $\boldsymbol{\alpha}$ 与 $\boldsymbol{\beta}$ 维数相同且对应分量相等，记为 $\boldsymbol{\alpha}=\boldsymbol{\beta}$.

n 维向量的线性运算满足下面的运算规律.

定理 4.1.1　设 $\boldsymbol{\alpha}$，$\boldsymbol{\beta}$，$\boldsymbol{\gamma}$ 为 n 维向量，k，l 为常数，则

(1) $\boldsymbol{\alpha}+\boldsymbol{\beta}=\boldsymbol{\beta}+\boldsymbol{\alpha}$；　(2) $(\boldsymbol{\alpha}+\boldsymbol{\beta})+\boldsymbol{\gamma}=\boldsymbol{\alpha}+(\boldsymbol{\beta}+\boldsymbol{\gamma})$；

(3) $\boldsymbol{\alpha}+\boldsymbol{O}=\boldsymbol{O}+\boldsymbol{\alpha}$；　(4) $\boldsymbol{\alpha}+(-\boldsymbol{\alpha})=\boldsymbol{O}$；

(5) $1 \cdot \boldsymbol{\alpha}=\boldsymbol{\alpha}$；　　(6) $(kl)\boldsymbol{\alpha}=k(l\boldsymbol{\alpha})$；

(7) $(k+l)\boldsymbol{\alpha}=k\boldsymbol{\alpha}+l\boldsymbol{\alpha}$；　　(8) $k(\boldsymbol{\alpha}+\boldsymbol{\beta})=k\boldsymbol{\alpha}+k\boldsymbol{\beta}$.

例 4.1.1 设 $\boldsymbol{\alpha}=(1,0,-1,2)^{\mathrm{T}}$，$\boldsymbol{\beta}=(-1,2,1,0)^{\mathrm{T}}$，且 $\boldsymbol{\alpha}-\boldsymbol{\gamma}=\boldsymbol{\gamma}-3\boldsymbol{\beta}$，求向量 $\boldsymbol{\gamma}$.

解
$$\begin{aligned}\boldsymbol{\gamma}&=\frac{1}{2}(\boldsymbol{\alpha}+3\boldsymbol{\beta})=\frac{1}{2}[(1,0,-1,2)^{\mathrm{T}}+3(-1,2,1,0)^{\mathrm{T}}]\\&=\frac{1}{2}[(1,0,-1,2)^{\mathrm{T}}+(-3,6,3,0)^{\mathrm{T}}]\\&=\frac{1}{2}(-2,6,2,2)^{\mathrm{T}}=(-1,3,1,1)^{\mathrm{T}}\end{aligned}$$

例 4.1.2 某工厂两个月生产的产量(单位：吨) 按产品顺序用向量表示，第一个月为 $\boldsymbol{\alpha}_1=(15,20,17,8)^{\mathrm{T}}$，第二个月为 $\boldsymbol{\alpha}_2=(19,22,21,10)^{\mathrm{T}}$，则这两个月各产品的产量和为

$$\boldsymbol{\alpha}_1+\boldsymbol{\alpha}_2=(15,20,17,8)^{\mathrm{T}}+(19,22,21,10)^{\mathrm{T}}=(34,42,38,18)^{\mathrm{T}}$$

各产品的平均月产量为

$$\frac{\boldsymbol{\alpha}_1+\boldsymbol{\alpha}_2}{2}=\frac{1}{2}(34,42,38,18)^{\mathrm{T}}=(17,21,19,9)^{\mathrm{T}}$$

4.1.3 向量组与矩阵、线性方程组的关系

若干个同维数的列向量(或行向量) 所组成的集合叫作向量组.

例如，$\boldsymbol{\varepsilon}_1=(1,0,\cdots,0)^{\mathrm{T}}$，$\boldsymbol{\varepsilon}_2=(0,1,\cdots,0)^{\mathrm{T}}$，$\cdots$，$\boldsymbol{\varepsilon}_n=(0,0,\cdots,1)^{\mathrm{T}}$ 是 n 个 n 维的向量组，称为 $\boldsymbol{R}^n$ 的基本单位向量组. $\boldsymbol{\alpha}_1=(1,1)^{\mathrm{T}}$，$\boldsymbol{\alpha}_2=(1,-1)^{\mathrm{T}}$，$\boldsymbol{\alpha}_3=(2,3)^{\mathrm{T}}$，$\boldsymbol{\alpha}_4=(-1,5)^{\mathrm{T}}$ 为 4 个 2 维的向量组.

1. 向量组与矩阵的关系

对于 $m\times n$ 矩阵 $\boldsymbol{A}$ 按列分块，得

$$\boldsymbol{A}=\begin{pmatrix}a_{11}&a_{12}&\cdots&a_{1n}\\a_{21}&a_{22}&\cdots&a_{2n}\\\vdots&\vdots&&\vdots\\a_{m1}&a_{m2}&\cdots&a_{mn}\end{pmatrix}=(\boldsymbol{\alpha}_1,\boldsymbol{\alpha}_2,\cdots,\boldsymbol{\alpha}_n)$$

$\boldsymbol{A}$ 的每一列 $\boldsymbol{\alpha}_j=(a_{1j},a_{2j},\cdots,a_{mj})^{\mathrm{T}}(j=1,\cdots,n)$ 是一个 m 维列向量，由 $\boldsymbol{A}$ 的 n 个 m 维列向量组成的向量组 $\boldsymbol{\alpha}_1,\boldsymbol{\alpha}_2,\cdots,\boldsymbol{\alpha}_n$ 称为矩阵 $\boldsymbol{A}$ 的列向量组.

对于 $m\times n$ 矩阵 $\boldsymbol{A}$ 按行分块，得

$$\boldsymbol{A}=\begin{pmatrix}a_{11}&a_{12}&\cdots&a_{1n}\\a_{21}&a_{22}&\cdots&a_{2n}\\\vdots&\vdots&&\vdots\\a_{m1}&a_{m2}&\cdots&a_{mn}\end{pmatrix}=\begin{pmatrix}\boldsymbol{\beta}_1^{\mathrm{T}}\\\boldsymbol{\beta}_2^{\mathrm{T}}\\\vdots\\\boldsymbol{\beta}_m^{\mathrm{T}}\end{pmatrix}$$

$\boldsymbol{A}$ 的每一行 $\boldsymbol{\beta}_i^{\mathrm{T}}=(a_{i1},a_{i2},\cdots,a_{in})(i=1,\cdots,m)$ 是一个 n 维行向量，由 $\boldsymbol{A}$ 的 m 个 n 维行向量组成的向量组 $\boldsymbol{\beta}_1^{\mathrm{T}},\boldsymbol{\beta}_2^{\mathrm{T}},\cdots,\boldsymbol{\beta}_m^{\mathrm{T}}$ 称为矩阵 $\boldsymbol{A}$ 的行向量组.

反之，n 个 m 维列向量组 $\boldsymbol{A}$：$\boldsymbol{\alpha}_1,\boldsymbol{\alpha}_2,\cdots,\boldsymbol{\alpha}_n$，它可构成一个 $m\times n$ 矩阵

$$A=(\boldsymbol{\alpha}_1,\boldsymbol{\alpha}_2,\cdots,\boldsymbol{\alpha}_n)$$

m 个 n 维行向量组 $\boldsymbol{B}$：$\boldsymbol{\beta}_1^{\mathrm{T}},\boldsymbol{\beta}_2^{\mathrm{T}},\cdots,\boldsymbol{\beta}_m^{\mathrm{T}}$，也可构成一个 $m\times n$ 矩阵

$$\boldsymbol{B}=\begin{pmatrix}\boldsymbol{\beta}_1^{\mathrm{T}}\\\boldsymbol{\beta}_2^{\mathrm{T}}\\\vdots\\\boldsymbol{\beta}_m^{\mathrm{T}}\end{pmatrix}$$

总之，由矩阵可构造出一个列向量组或行向量组，而含有有限个向量的向量组可组成一个矩阵，因此，含有限个向量的有序向量组可以与矩阵一一对应.

例如，设矩阵 $\boldsymbol{A}=\begin{pmatrix}1&4&0&0\\2&5&1&1\\3&6&3&0\end{pmatrix}$，则矩阵 $\boldsymbol{A}$ 与 4 个 3 维列向量组 $\boldsymbol{\alpha}_1=\begin{pmatrix}1\\2\\3\end{pmatrix}$，$\boldsymbol{\alpha}_2=\begin{pmatrix}4\\5\\6\end{pmatrix}$，$\boldsymbol{\alpha}_3=\begin{pmatrix}0\\1\\3\end{pmatrix}$，$\boldsymbol{\alpha}_4=\begin{pmatrix}0\\1\\0\end{pmatrix}$ 一一对应，矩阵 $\boldsymbol{A}$ 与 3 个 4 维行向量组 $\boldsymbol{\beta}_1^{\mathrm{T}}=(1,4,0,0)$，$\boldsymbol{\beta}_2^{\mathrm{T}}=(2,5,1,1)$，$\boldsymbol{\beta}_3^{\mathrm{T}}=(3,6,3,0)$ 一一对应.

2. 向量组与线性方程组的关系

m 个方程 n 个未知量的线性方程组

$$\begin{cases}a_{11}x_1+a_{12}x_2+\cdots+a_{1n}x_n=b_1\\a_{21}x_1+a_{22}x_2+\cdots+a_{2n}x_n=b_2\\\quad\vdots\\a_{m1}x_1+a_{m2}x_2+\cdots+a_{mn}x_n=b_m\end{cases}\tag{4.1.1}$$

若对系数矩阵 $\boldsymbol{A}$ 按列分块 $\boldsymbol{A}=(\boldsymbol{\alpha}_1,\boldsymbol{\alpha}_2,\cdots,\boldsymbol{\alpha}_n)$，它的列向量组为 $\boldsymbol{\alpha}_1,\boldsymbol{\alpha}_2,\cdots,\boldsymbol{\alpha}_n$，常数项构成的列向量记为 $\boldsymbol{\beta}=(b_1,b_2,\cdots,b_m)^{\mathrm{T}}$，未知量列向量 $\boldsymbol{X}=(x_1,x_2,\cdots,x_n)^{\mathrm{T}}$，则线性方程组(4.1.1) 可记为 $\boldsymbol{A}_{m\times n}\boldsymbol{X}=\boldsymbol{\beta}$，或表示成

$$x_1\boldsymbol{\alpha}_1+x_2\boldsymbol{\alpha}_2+\cdots+x_n\boldsymbol{\alpha}_n=\boldsymbol{\beta}\tag{4.1.2}$$

式(4.1.2) 称为线性方程组(4.1.1) 的向量形式. 因此线性方程组(4.1.1) 与向量组 $\boldsymbol{\alpha}_1,\boldsymbol{\alpha}_2,\cdots,\boldsymbol{\alpha}_n,\boldsymbol{\beta}$ 之间是一一对应的，从而可用向量组来研究线性方程组，也可以用线性方程组来研究向量组.

类似地，齐次线性方程组 $\boldsymbol{A}_{m\times n}\boldsymbol{X}=\boldsymbol{O}$ 的向量形式为

$$x_1\boldsymbol{\alpha}_1+x_2\boldsymbol{\alpha}_2+\cdots+x_n\boldsymbol{\alpha}_n=\boldsymbol{O}\tag{4.1.3}$$

与系数矩阵 $\boldsymbol{A}_{m\times n}$ 的列向量组 $\boldsymbol{\alpha}_1,\boldsymbol{\alpha}_2,\cdots,\boldsymbol{\alpha}_n$ 一一对应. 接下来我们会经常利用式(4.1.2) 和式(4.1.3) 这些向量形式来讨论问题.

4.2 向量组之间的线性表示

下面我们先讨论只含有限个向量的向量组，以后再把讨论的结果推广到含无限多个向量

的向量组.

定义 4.2.1 设有 n 维向量组 $\boldsymbol{\alpha}_1, \boldsymbol{\alpha}_2, \cdots, \boldsymbol{\alpha}_m$，对于任何一组实数 $k_1, k_2, \cdots, k_m$，表达式

$$k_1\boldsymbol{\alpha}_1+k_2\boldsymbol{\alpha}_2+\cdots+k_m\boldsymbol{\alpha}_m$$

称为向量组 $\boldsymbol{\alpha}_1, \boldsymbol{\alpha}_2, \cdots, \boldsymbol{\alpha}_m$ 的一个**线性组合**，$k_1, k_2, \cdots, k_m$ 称为这个线性组合的**系数**.

定义 4.2.2 设有 n 维向量组 $\boldsymbol{\alpha}_1, \boldsymbol{\alpha}_2, \cdots, \boldsymbol{\alpha}_m$ 和向量 $\boldsymbol{\beta}$，如果存在一组数 $k_1, k_2, \cdots, k_m$，使

$$\boldsymbol{\beta}=k_1\boldsymbol{\alpha}_1+k_2\boldsymbol{\alpha}_2+\cdots+k_m\boldsymbol{\alpha}_m$$

则称向量 $\boldsymbol{\beta}$ 能由向量组 $\boldsymbol{\alpha}_1, \boldsymbol{\alpha}_2, \cdots, \boldsymbol{\alpha}_m$ **线性表示**，或向量 $\boldsymbol{\beta}$ 是向量组 $\boldsymbol{\alpha}_1, \boldsymbol{\alpha}_2, \cdots, \boldsymbol{\alpha}_m$ 的一个**线性组合**.

例 4.2.1 对于任意向量组 $\boldsymbol{\alpha}_1, \boldsymbol{\alpha}_2, \cdots, \boldsymbol{\alpha}_m$，必有零向量 $\boldsymbol{O}=0\cdot\boldsymbol{\alpha}_1+0\cdot\boldsymbol{\alpha}_2+\cdots+0\cdot\boldsymbol{\alpha}_m$，即零向量可由任意向量组线性表示.

例 4.2.2 对于任意向量组 $\boldsymbol{\alpha}_1, \boldsymbol{\alpha}_2, \cdots, \boldsymbol{\alpha}_m$，必有

$$\boldsymbol{\alpha}_i=0\cdot\boldsymbol{\alpha}_1+\cdots+0\cdot\boldsymbol{\alpha}_{i-1}+1\cdot\boldsymbol{\alpha}_i+0\cdot\boldsymbol{\alpha}_{i+1}+\cdots+0\cdot\boldsymbol{\alpha}_m$$

即任意向量都可由其所在的向量组线性表示.

例 4.2.3 设 n 维基本单位向量组 $\boldsymbol{\varepsilon}_1=\begin{pmatrix}1\\0\\\vdots\\0\end{pmatrix}, \boldsymbol{\varepsilon}_2=\begin{pmatrix}0\\1\\\vdots\\0\end{pmatrix}, \cdots, \boldsymbol{\varepsilon}_n=\begin{pmatrix}0\\0\\\vdots\\1\end{pmatrix}$ 及任一 n 维向量

$\boldsymbol{\alpha}=\begin{pmatrix}a_1\\a_2\\\vdots\\a_n\end{pmatrix}$，总有 $\boldsymbol{\alpha}=\begin{pmatrix}a_1\\a_2\\\vdots\\a_n\end{pmatrix}=a_1\begin{pmatrix}1\\0\\\vdots\\0\end{pmatrix}+a_2\begin{pmatrix}0\\1\\\vdots\\0\end{pmatrix}+\cdots+a_n\begin{pmatrix}0\\0\\\vdots\\1\end{pmatrix}=a_1\boldsymbol{\varepsilon}_1+a_2\boldsymbol{\varepsilon}_2+\cdots+a_n\boldsymbol{\varepsilon}_n$，

于是任意 n 维向量 $\boldsymbol{\alpha}$ 可由 $\boldsymbol{\varepsilon}_1, \boldsymbol{\varepsilon}_2, \cdots, \boldsymbol{\varepsilon}_n$ 线性表示.

由定义 4.2.2 知，向量 $\boldsymbol{\beta}$ 是否能由向量组 $\boldsymbol{\alpha}_1, \boldsymbol{\alpha}_2, \cdots, \boldsymbol{\alpha}_m$ 线性表示，等价于线性方程组

$$\boldsymbol{x}_1\boldsymbol{\alpha}_1+\boldsymbol{x}_2\boldsymbol{\alpha}_2+\cdots+\boldsymbol{x}_m\boldsymbol{\alpha}_m=\boldsymbol{\beta}$$

是否有解，由解的判定定理 1.4.1，可得下述定理.

定理 4.2.1 向量 $\boldsymbol{\beta}$ 能由向量组 $\boldsymbol{\alpha}_1, \boldsymbol{\alpha}_2, \cdots, \boldsymbol{\alpha}_m$ 线性表示的充分必要条件是 $R(\boldsymbol{A})=R(\boldsymbol{A},\boldsymbol{\beta})$，其中矩阵 $\boldsymbol{A}=(\boldsymbol{\alpha}_1,\boldsymbol{\alpha}_2,\cdots,\boldsymbol{\alpha}_m)$.

证明 向量 $\boldsymbol{\beta}$ 能由向量组 $\boldsymbol{\alpha}_1,\boldsymbol{\alpha}_2,\cdots,\boldsymbol{\alpha}_m$ 线性表示

$\Leftrightarrow$ 线性方程组 $x_1\boldsymbol{\alpha}_1+x_2\boldsymbol{\alpha}_2+\cdots+x_m\boldsymbol{\alpha}_m=\boldsymbol{\beta}$ 有解(由定义 4.2.2)

$\Leftrightarrow$ 线性方程组 $\boldsymbol{AX}=\boldsymbol{\beta}$ 有解

$\Leftrightarrow R(\boldsymbol{A})=R(\boldsymbol{A},\boldsymbol{\beta})$(由定理 1.4.1)

由线性方程组的解的情况，我们还可以得到下面的推论.

推论 1 向量 $\boldsymbol{\beta}$ 能由向量组 $\boldsymbol{\alpha}_1, \boldsymbol{\alpha}_2, \cdots, \boldsymbol{\alpha}_m$ 线性表示，且表示式是唯一的

$\Leftrightarrow$ 线性方程组 $x_1\boldsymbol{\alpha}_1+x_2\boldsymbol{\alpha}_2+\cdots+x_m\boldsymbol{\alpha}_m=\boldsymbol{\beta}$ 有唯一解

$\Leftrightarrow$ 线性方程组 $\boldsymbol{AX}=\boldsymbol{\beta}$ 有唯一解

$\Leftrightarrow R(\boldsymbol{A})=R(\boldsymbol{A},\boldsymbol{\beta})=m$(向量组所含向量的个数).

推论 2 向量 $\boldsymbol{\beta}$ 能由向量组 $\boldsymbol{\alpha}_1, \boldsymbol{\alpha}_2, \cdots, \boldsymbol{\alpha}_m$ 线性表示，且表示式不唯一

$\Leftrightarrow$ 线性方程组 $x_1\boldsymbol{\alpha}_1 + x_2\boldsymbol{\alpha}_2 + \cdots + x_m\boldsymbol{\alpha}_m = \boldsymbol{\beta}$ 有无穷多解

$\Leftrightarrow$ 线性方程组 $\boldsymbol{AX} = \boldsymbol{\beta}$ 有无穷多解

$\Leftrightarrow R(\boldsymbol{A}) = R(\boldsymbol{A}, \boldsymbol{\beta}) < m$（向量组所含向量的个数）.

推论 3 向量 $\boldsymbol{\beta}$ 不能由向量组 $\boldsymbol{\alpha}_1, \boldsymbol{\alpha}_2, \cdots, \boldsymbol{\alpha}_m$ 线性表示

$\Leftrightarrow$ 线性方程组 $x_1\boldsymbol{\alpha}_1 + x_2\boldsymbol{\alpha}_2 + \cdots + x_m\boldsymbol{\alpha}_m = \boldsymbol{\beta}$ 无解

$\Leftrightarrow$ 线性方程组 $\boldsymbol{AX} = \boldsymbol{\beta}$ 无解

$\Leftrightarrow R(\boldsymbol{A}) \neq R(\boldsymbol{A}, \boldsymbol{\beta})$.

综上，向量 $\boldsymbol{\beta}$ 是否能由向量组 $\boldsymbol{\alpha}_1, \boldsymbol{\alpha}_2, \cdots, \boldsymbol{\alpha}_m$ 线性表示，就归结为线性方程组

$$x_1\boldsymbol{\alpha}_1 + x_2\boldsymbol{\alpha}_2 + \cdots + x_m\boldsymbol{\alpha}_m = \boldsymbol{\beta}$$

的解的问题，归结为线性方程组系数矩阵的秩与增广矩阵的秩的关系，可简化运算过程.

例 4.2.4 设 $\boldsymbol{\alpha}_1 = (1, 2, -3, 1)^{\mathrm{T}}$，$\boldsymbol{\alpha}_2 = (1, -3, 6, 3)^{\mathrm{T}}$，$\boldsymbol{\alpha}_3 = (2, -1, 3, 4)^{\mathrm{T}}$，$\boldsymbol{\beta} = (6, 7, -9, 8)^{\mathrm{T}}$. 试问：$\boldsymbol{\beta}$ 是否可由 $\boldsymbol{\alpha}_1, \boldsymbol{\alpha}_2, \boldsymbol{\alpha}_3$ 线性表示？如果可以，表示式是否唯一？并写出线性表示式.

解（用定义法）设 $\boldsymbol{\beta} = k_1\boldsymbol{\alpha}_1 + k_2\boldsymbol{\alpha}_2 + k_3\boldsymbol{\alpha}_3$，即

$$\begin{pmatrix} 6 \\ 7 \\ -9 \\ 8 \end{pmatrix} = k_1 \begin{pmatrix} 1 \\ 2 \\ -3 \\ 1 \end{pmatrix} + k_2 \begin{pmatrix} 1 \\ -3 \\ 6 \\ 3 \end{pmatrix} + k_3 \begin{pmatrix} 2 \\ -1 \\ 3 \\ 4 \end{pmatrix}$$

于是有线性方程组

$$\begin{cases} k_1 + k_2 + 2k_3 = 6 \\ 2k_1 - 3k_2 - k_3 = 7 \\ -3k_1 + 6k_2 + 3k_3 = -9 \\ k_1 + 3k_2 + 4k_3 = 8 \end{cases}$$

用初等行变换将方程组的增广矩阵 $\boldsymbol{B} = (\boldsymbol{\alpha}_1, \boldsymbol{\alpha}_2, \boldsymbol{\alpha}_3, \boldsymbol{\beta}) = (\boldsymbol{A}, \boldsymbol{\beta})$ 化为行最简形，有

$$\boldsymbol{B} = \left(\begin{array}{ccc:c} 1 & 1 & 2 & 6 \\ 2 & -3 & -1 & 7 \\ -3 & 6 & 3 & -9 \\ 1 & 3 & 4 & 8 \end{array}\right) \xrightarrow{r} \left(\begin{array}{ccc:c} 1 & 0 & 1 & 5 \\ 0 & 1 & 1 & 1 \\ 0 & 0 & 0 & 0 \\ 0 & 0 & 0 & 0 \end{array}\right)$$

所以 $R(\boldsymbol{A}) = R(\boldsymbol{B}) = 2 < 3$，即系数矩阵 $\boldsymbol{A}$ 的秩与增广矩阵 $\boldsymbol{B}$ 的秩都等于 2，且小于未知量的个数 3，因而方程组有无穷多解

$$\begin{cases} k_1 = 5 - c \\ k_2 = 1 - c \\ k_3 = c \end{cases}$$

所以 $\boldsymbol{\beta}$ 可由 $\boldsymbol{\alpha}_1, \boldsymbol{\alpha}_2, \boldsymbol{\alpha}_3$ 线性表示，且表示式不唯一，线性表示式为

$$\boldsymbol{\beta} = (5 - c)\boldsymbol{\alpha}_1 + (1 - c)\boldsymbol{\alpha}_2 + c\boldsymbol{\alpha}_3 \quad (c \text{ 为任意常数})$$

例 4.2.5　设向量$\boldsymbol{\alpha}_1=\begin{pmatrix}1\\0\\1\\1\end{pmatrix}$，$\boldsymbol{\alpha}_2=\begin{pmatrix}2\\1\\3\\1\end{pmatrix}$，$\boldsymbol{\alpha}_3=\begin{pmatrix}1\\1\\0\\0\end{pmatrix}$，$\boldsymbol{\beta}=\begin{pmatrix}0\\-2\\2\\2\end{pmatrix}$，证明：向量$\boldsymbol{\beta}$能由向量组$\boldsymbol{\alpha}_1$，$\boldsymbol{\alpha}_2$，$\boldsymbol{\alpha}_3$ 线性表示，并求出线性表示式.

解　(用秩) 构造矩阵$\boldsymbol{A}=(\boldsymbol{\alpha}_1,\boldsymbol{\alpha}_2,\boldsymbol{\alpha}_3)$，$\boldsymbol{B}=(\boldsymbol{\alpha}_1,\boldsymbol{\alpha}_2,\boldsymbol{\alpha}_3,\boldsymbol{\beta})$，对$\boldsymbol{B}$进行初等行变换化为行最简形

$$\boldsymbol{B}=(\boldsymbol{\alpha}_1,\boldsymbol{\alpha}_2,\boldsymbol{\alpha}_3,\boldsymbol{\beta})=\left(\begin{array}{ccc:c}1&2&1&0\\0&1&1&-2\\1&3&0&2\\1&1&0&2\end{array}\right)\xrightarrow{r}\left(\begin{array}{ccc:c}1&0&0&2\\0&1&0&0\\0&0&1&-2\\0&0&0&0\end{array}\right)$$

所以 $R(\boldsymbol{A})=R(\boldsymbol{B})=3$(向量组所含向量的个数)，则方程组 $\boldsymbol{AX}=\boldsymbol{\beta}$ 有唯一解为

$$\boldsymbol{X}=\begin{pmatrix}x_1\\x_2\\x_3\end{pmatrix}=\begin{pmatrix}2\\0\\-2\end{pmatrix}$$

所以向量 $\boldsymbol{\beta}$ 能由向量组 $\boldsymbol{\alpha}_1$，$\boldsymbol{\alpha}_2$，$\boldsymbol{\alpha}_3$ 线性表示，且线性表达式唯一，表示式为

$$\boldsymbol{\beta}=2\boldsymbol{\alpha}_1+0\cdot\boldsymbol{\alpha}_2-2\boldsymbol{\alpha}_3$$

定义 4.2.3　设有两个向量组$\boldsymbol{A}$：$\boldsymbol{\alpha}_1$，$\boldsymbol{\alpha}_2$，…，$\boldsymbol{\alpha}_m$ 和$\boldsymbol{B}$：$\boldsymbol{\beta}_1$，$\boldsymbol{\beta}_2$，…，$\boldsymbol{\beta}_l$，若向量组B中的每个向量都能由向量组 $\boldsymbol{A}$ 线性表示，则称向量组 $\boldsymbol{B}$ 能由向量组$\boldsymbol{A}$ 线性表示.

定义 4.2.4　若向量组 $\boldsymbol{A}$ 与向量组 $\boldsymbol{B}$ 能相互线性表示，则称这两个向量组等价.

例如，向量组 $\boldsymbol{\varepsilon}_1=\begin{pmatrix}1\\0\end{pmatrix}$，$\boldsymbol{\varepsilon}_2=\begin{pmatrix}0\\1\end{pmatrix}$ 与向量组 $\boldsymbol{\alpha}_1=\begin{pmatrix}1\\1\end{pmatrix}$，$\boldsymbol{\alpha}_2=\begin{pmatrix}1\\-1\end{pmatrix}$，有

$$\begin{cases}\boldsymbol{\alpha}_1=\boldsymbol{\varepsilon}_1+\boldsymbol{\varepsilon}_2\\\boldsymbol{\alpha}_2=\boldsymbol{\varepsilon}_1-\boldsymbol{\varepsilon}_2\end{cases}\text{和}\begin{cases}\boldsymbol{\varepsilon}_1=\dfrac{1}{2}(\boldsymbol{\alpha}_1+\boldsymbol{\alpha}_2)\\\boldsymbol{\varepsilon}_2=\dfrac{1}{2}(\boldsymbol{\alpha}_1-\boldsymbol{\alpha}_2)\end{cases}$$

都成立，即向量组$\boldsymbol{\alpha}_1$，$\boldsymbol{\alpha}_2$ 可由向量组$\boldsymbol{\varepsilon}_1$，$\boldsymbol{\varepsilon}_2$ 线性表示，而向量组$\boldsymbol{\varepsilon}_1$，$\boldsymbol{\varepsilon}_2$ 也可由向量组$\boldsymbol{\alpha}_1$，$\boldsymbol{\alpha}_2$ 线性表示，从而向量组 $\boldsymbol{\varepsilon}_1$，$\boldsymbol{\varepsilon}_2$ 与向量组 $\boldsymbol{\alpha}_1$，$\boldsymbol{\alpha}_2$ 可相互线性表示，所以这两个向量组等价.

设向量组 $\boldsymbol{B}$ 能由向量组$\boldsymbol{A}$ 线性表示，则对每个向量 $\boldsymbol{\beta}_j$($j=1,2,\cdots,l$) 存在一组数 k_{1j}，k_{2j}，…，k_{mj}，使

$$\boldsymbol{\beta}_j=k_{1j}\boldsymbol{\alpha}_1+k_{2j}\boldsymbol{\alpha}_2+\cdots+k_{mj}\boldsymbol{\alpha}_m=(\boldsymbol{\alpha}_1,\boldsymbol{\alpha}_2,\cdots,\boldsymbol{\alpha}_m)\begin{pmatrix}k_{1j}\\k_{2j}\\\vdots\\k_{mj}\end{pmatrix}$$

从而

$$(\boldsymbol{\beta}_1, \boldsymbol{\beta}_2, \cdots, \boldsymbol{\beta}_l)=(\boldsymbol{\alpha}_1, \boldsymbol{\alpha}_2, \cdots, \boldsymbol{\alpha}_m)\begin{pmatrix} k_{11} & k_{12} & \cdots & k_{1l} \\ k_{21} & k_{22} & \cdots & k_{2l} \\ \vdots & \vdots & & \vdots \\ k_{m1} & k_{m2} & \cdots & k_{ml} \end{pmatrix}_{m\times l} \tag{4.2.1}$$

记矩阵

$$\boldsymbol{A}=(\boldsymbol{\alpha}_1, \boldsymbol{\alpha}_2, \cdots, \boldsymbol{\alpha}_m),\ \boldsymbol{B}=(\boldsymbol{\beta}_1, \boldsymbol{\beta}_2, \cdots, \boldsymbol{\beta}_l),\ \boldsymbol{K}=(k_{ij})_{m\times l},$$

则式(4.2.1)可写成矩阵方程

$$\boldsymbol{B}=\boldsymbol{AK} \tag{4.2.2}$$

其中矩阵 $\boldsymbol{K}$ 称为这一线性表示的系数矩阵.

可见，向量组之间的线性表示可表示成矩阵方程(4.2.2)的关系.

事实上，若有矩阵 $\boldsymbol{K}$，使 $\boldsymbol{B}=\boldsymbol{AK}$，从而根据矩阵秩的性质(8)，有 $R(\boldsymbol{B})=R(\boldsymbol{AK})\leqslant R(\boldsymbol{A})$，或由矩阵方程的解的判定定理 3.2.1 及秩的性质(6)也可得 $R(\boldsymbol{B})\leqslant R(\boldsymbol{A})$. 因此，由向量组与矩阵的对应关系、秩的性质或矩阵方程有解的判定，有下述定理成立.

定理 4.2.2 向量组 $\boldsymbol{B}$：$\boldsymbol{\beta}_1, \boldsymbol{\beta}_2, \cdots, \boldsymbol{\beta}_l$ 能由向量组 $\boldsymbol{A}$：$\boldsymbol{\alpha}_1, \boldsymbol{\alpha}_2, \cdots, \boldsymbol{\alpha}_m$ 线性表示的充分必要条件是 $R(\boldsymbol{A})=R(\boldsymbol{A}, \boldsymbol{B})$，其中，矩阵 $\boldsymbol{A}=(\boldsymbol{\alpha}_1, \boldsymbol{\alpha}_2, \cdots, \boldsymbol{\alpha}_m)$，$\boldsymbol{B}=(\boldsymbol{\beta}_1, \boldsymbol{\beta}_2, \cdots, \boldsymbol{\beta}_l)$.

证明 向量组 $\boldsymbol{B}$：$\boldsymbol{\beta}_1, \boldsymbol{\beta}_2, \cdots, \boldsymbol{\beta}_l$ 能由向量组 $\boldsymbol{A}$：$\boldsymbol{\alpha}_1, \boldsymbol{\alpha}_2, \cdots, \boldsymbol{\alpha}_m$ 线性表示

$\Leftrightarrow$ 存在矩阵 $\boldsymbol{K}$，使 $\boldsymbol{B}=\boldsymbol{AK}$

$\Leftrightarrow$ 矩阵方程 $\boldsymbol{AX}=\boldsymbol{B}$ 有解

$\Leftrightarrow R(\boldsymbol{A})=R(\boldsymbol{A}, \boldsymbol{B})$.

推论 4 向量组 $\boldsymbol{B}$：$\boldsymbol{\beta}_1, \boldsymbol{\beta}_2, \cdots, \boldsymbol{\beta}_l$ 能由向量组 $\boldsymbol{A}$：$\boldsymbol{\alpha}_1, \boldsymbol{\alpha}_2, \cdots, \boldsymbol{\alpha}_m$ 线性表示，则 $R(\boldsymbol{B})\leqslant R(\boldsymbol{A})$.

定理 4.2.3 向量组 $\boldsymbol{B}$：$\boldsymbol{\beta}_1, \boldsymbol{\beta}_2, \cdots, \boldsymbol{\beta}_l$ 与向量组 $\boldsymbol{A}$：$\boldsymbol{\alpha}_1, \boldsymbol{\alpha}_2, \cdots, \boldsymbol{\alpha}_m$ 等价的充分必要条件是 $R(\boldsymbol{A})=R(\boldsymbol{B})=R(\boldsymbol{A}, \boldsymbol{B})$.

证明 因向量组 $\boldsymbol{A}$ 与向量组 $\boldsymbol{B}$ 能相互线性表示，由定理 4.2.2，知它们等价的充分必要条件是

$$R(\boldsymbol{A})=R(\boldsymbol{A}, \boldsymbol{B}) \text{ 且 } R(\boldsymbol{B})=R(\boldsymbol{B}, \boldsymbol{A})$$

而 $R(\boldsymbol{A}, \boldsymbol{B})=R(\boldsymbol{B}, \boldsymbol{A})$，即可得

$$R(\boldsymbol{A})=R(\boldsymbol{B})=R(\boldsymbol{A}, \boldsymbol{B})$$

向量组之间的等价具有以下性质：

(1) 反身性：向量组 $\boldsymbol{A}$ 与向量组 $\boldsymbol{A}$ 等价；

(2) 对称性：若向量组 $\boldsymbol{A}$ 与向量组 $\boldsymbol{B}$ 等价，则向量组 $\boldsymbol{B}$ 与向量组 $\boldsymbol{A}$ 等价；

(3) 传递性：若向量组 $\boldsymbol{A}$ 与向量组 $\boldsymbol{B}$ 等价，向量组 $\boldsymbol{B}$ 与向量组 $\boldsymbol{C}$ 等价，则向量组 $\boldsymbol{A}$ 与向量组 $\boldsymbol{C}$ 等价.

例 4.2.6 设 $\boldsymbol{\alpha}_1=\begin{pmatrix}1\\0\\2\end{pmatrix}$，$\boldsymbol{\alpha}_2=\begin{pmatrix}0\\1\\1\end{pmatrix}$，$\boldsymbol{\beta}_1=\begin{pmatrix}1\\-1\\1\end{pmatrix}$，$\boldsymbol{\beta}_2=\begin{pmatrix}1\\1\\3\end{pmatrix}$，$\boldsymbol{\beta}_3=\begin{pmatrix}1\\-1\\1\end{pmatrix}$，证明：向量组 $\boldsymbol{\alpha}_1, \boldsymbol{\alpha}_2$ 与向量组 $\boldsymbol{\beta}_1, \boldsymbol{\beta}_2, \boldsymbol{\beta}_3$ 等价.

证明 构造矩阵 $\boldsymbol{A}=(\boldsymbol{\alpha}_1,\boldsymbol{\alpha}_2)$，$\boldsymbol{B}=(\boldsymbol{\beta}_1,\boldsymbol{\beta}_2,\boldsymbol{\beta}_3)$，由定理 4.2.3 知，只需证明

$$R(\boldsymbol{A})=R(\boldsymbol{B})=R(\boldsymbol{A},\boldsymbol{B})$$

为此对矩阵$(\boldsymbol{A},\boldsymbol{B})$作初等行变换，化为行阶梯形

$$(\boldsymbol{A},\boldsymbol{B})=\left(\begin{array}{cc:ccc}1&0&1&1&1\\0&1&-1&1&-1\\2&1&1&3&1\end{array}\right)\xrightarrow{r_3-2r_1}\left(\begin{array}{cc:ccc}1&0&1&1&1\\0&1&-1&1&-1\\0&1&-1&1&-1\end{array}\right)$$

$$\xrightarrow{r_3-r_2}\left(\begin{array}{cc:ccc}1&0&1&1&1\\0&1&-1&1&-1\\0&0&0&0&0\end{array}\right)=(\widetilde{\boldsymbol{A}},\widetilde{\boldsymbol{B}})$$

可得 $R(\boldsymbol{A})=2$，$R(\boldsymbol{A},\boldsymbol{B})=2$.

容易看出矩阵 $\boldsymbol{B}$ 中有不等于 0 的 2 阶子式，如取 $\boldsymbol{B}$ 中第 1、2 行，第 1、2 列得到的 2 阶子式 $\begin{vmatrix}1&1\\-1&1\end{vmatrix}=2\neq0$，则 $R(\boldsymbol{B})\geqslant2$.

又 $R(\boldsymbol{B})\leqslant R(\boldsymbol{A},\boldsymbol{B})=2$，于是 $R(\boldsymbol{B})=2$. 因此

$$R(\boldsymbol{A})=R(\boldsymbol{B})=R(\boldsymbol{A},\boldsymbol{B})=2$$

从而向量组 $\boldsymbol{\alpha}_1,\boldsymbol{\alpha}_2$ 与向量组 $\boldsymbol{\beta}_1,\boldsymbol{\beta}_2,\boldsymbol{\beta}_3$ 等价.

注 求矩阵 $\boldsymbol{B}$ 的秩，还可以通过对矩阵 $\boldsymbol{B}$ 进行初等行变换化为行阶梯形，或由矩阵 $\widetilde{\boldsymbol{B}}$ 的秩得到.

线性方程组可写成矩阵形式，然后通过矩阵的运算，得出矩阵的秩，判别线性方程组解的情况，求出线性方程组的解；向量组的问题也可以表述成矩阵形式，通过矩阵的运算得出相应的结果. 这种用矩阵来表述问题，并通过矩阵的运算解决问题的方法，通常叫作矩阵方法.这是线性代数的基本方法，读者应有意识地去加强这一方法的练习.

关于向量组的线性表示，还有以下一些结论.

1. 矩阵乘法与向量组之间线性表示的关系

若 $\boldsymbol{C}_{m\times n}=\boldsymbol{A}_{m\times l}\boldsymbol{B}_{l\times n}$，则矩阵 $\boldsymbol{C}$ 的列向量组能由矩阵 $\boldsymbol{A}$ 的列向量组线性表示，$\boldsymbol{B}$ 为线性表示的系数矩阵，即

$$(\boldsymbol{c}_1,\boldsymbol{c}_2,\cdots,\boldsymbol{c}_n)=(\boldsymbol{\alpha}_1,\boldsymbol{\alpha}_2,\cdots,\boldsymbol{\alpha}_l)\begin{pmatrix}b_{11}&b_{12}&\cdots&b_{1n}\\b_{21}&b_{22}&\cdots&b_{2n}\\\vdots&\vdots&&\vdots\\b_{l1}&b_{l2}&\cdots&b_{ln}\end{pmatrix}$$

其中，向量组 $\boldsymbol{c}_1,\boldsymbol{c}_2,\cdots,\boldsymbol{c}_n$ 和 $\boldsymbol{\alpha}_1,\boldsymbol{\alpha}_2,\cdots,\boldsymbol{\alpha}_l$ 分别为矩阵 $\boldsymbol{C}$ 与矩阵 $\boldsymbol{A}$ 的列向量组.

而 $\boldsymbol{C}^{\mathrm{T}}=\boldsymbol{B}^{\mathrm{T}}\boldsymbol{A}^{\mathrm{T}}$，则 $\boldsymbol{C}$ 的行向量组能由 $\boldsymbol{B}$ 的行向量组线性表示，$\boldsymbol{A}$ 为线性表示的系数矩阵，即

$$\begin{pmatrix}\boldsymbol{r}_1^{\mathrm{T}}\\\boldsymbol{r}_2^{\mathrm{T}}\\\vdots\\\boldsymbol{r}_m^{\mathrm{T}}\end{pmatrix}=\begin{pmatrix}a_{11}&a_{12}&\cdots&a_{1l}\\a_{21}&a_{22}&\cdots&a_{2l}\\\vdots&\vdots&&\vdots\\a_{m1}&a_{m2}&\cdots&a_{ml}\end{pmatrix}\begin{pmatrix}\boldsymbol{\beta}_1^{\mathrm{T}}\\\boldsymbol{\beta}_2^{\mathrm{T}}\\\vdots\\\boldsymbol{\beta}_l^{\mathrm{T}}\end{pmatrix}$$

其中，向量组 $\boldsymbol{r}_1^{\mathrm{T}},\boldsymbol{r}_2^{\mathrm{T}},\cdots,\boldsymbol{r}_m^{\mathrm{T}}$ 和 $\boldsymbol{\beta}_1^{\mathrm{T}},\boldsymbol{\beta}_2^{\mathrm{T}},\cdots,\boldsymbol{\beta}_l^{\mathrm{T}}$ 分别为矩阵 $\boldsymbol{C}$ 与矩阵 $\boldsymbol{B}$ 的行向量组.

2. 矩阵等价与向量组等价的关系

设矩阵$\boldsymbol{A}$和$\boldsymbol{B}$行等价，即矩阵$\boldsymbol{A}$经初等行变换变成矩阵$\boldsymbol{B}$，则$\boldsymbol{B}$的每个行向量都是$\boldsymbol{A}$的行向量组的线性组合，所以$\boldsymbol{B}$的行向量组能由$\boldsymbol{A}$的行向量组线性表示. 由于初等变换可逆，知矩阵$\boldsymbol{B}$亦可经初等行变换变为$\boldsymbol{A}$，从而$\boldsymbol{A}$的行向量组也能由$\boldsymbol{B}$的行向量组线性表示，于是$\boldsymbol{A}$的行向量组与$\boldsymbol{B}$的行向量组等价.

类似地，若矩阵$\boldsymbol{A}$和$\boldsymbol{B}$列等价，则$\boldsymbol{A}$的列向量组与$\boldsymbol{B}$的列向量组等价.

3. 线性方程组的线性表示

由于线性方程组$\boldsymbol{A}_{m\times n}\boldsymbol{X}=\boldsymbol{\beta}$可表示成$x_1\boldsymbol{\alpha}_1+x_2\boldsymbol{\alpha}_2+\cdots+x_n\boldsymbol{\alpha}_n=\boldsymbol{\beta}$，与向量组$\boldsymbol{\alpha}_1,\boldsymbol{\alpha}_2,\cdots,\boldsymbol{\alpha}_n,\boldsymbol{\beta}$一一对应，从而向量组的线性表示和向量组等价等概念，也可移用于线性方程组. 对方程组Ⅰ的各个方程作线性运算所得到的一个方程就称为方程组Ⅰ的一个线性组合；若方程组Ⅱ的每个方程都是方程组Ⅰ的线性组合，就称方程组Ⅱ能由方程组Ⅰ线性表示，这时方程组Ⅰ的解一定是方程组Ⅱ的解；若方程组Ⅰ与方程组Ⅱ能相互性表示，就称这两个方程组可互推，可互推的线性方程组一定同解.

4.3 向量组的线性相关性

4.3.1 向量组线性相关性的定义

定义 4.3.1 设有n维向量组$\boldsymbol{\alpha}_1,\boldsymbol{\alpha}_2,\cdots,\boldsymbol{\alpha}_m$，若存在不全为零的数$k_1,k_2,\cdots,k_m$，使

$$k_1\boldsymbol{\alpha}_1+k_2\boldsymbol{\alpha}_2+\cdots+k_m\boldsymbol{\alpha}_m=\boldsymbol{O}$$

则称向量组$\boldsymbol{\alpha}_1,\boldsymbol{\alpha}_2,\cdots,\boldsymbol{\alpha}_m$线性相关，否则称它线性无关. 即若向量组$\boldsymbol{\alpha}_1,\boldsymbol{\alpha}_2,\cdots,\boldsymbol{\alpha}_m$线性无关，则上式当且仅当$k_1=k_2=\cdots=k_m=0$时才成立.

例如，零向量$\boldsymbol{O}=\begin{pmatrix}0\\0\end{pmatrix}$可由$\boldsymbol{\alpha}_1=\begin{pmatrix}1\\-1\end{pmatrix}$，$\boldsymbol{\alpha}_2=\begin{pmatrix}-2\\2\end{pmatrix}$线性表示为$2\boldsymbol{\alpha}_1+\boldsymbol{\alpha}_2=\boldsymbol{O}$或$0\cdot\boldsymbol{\alpha}_1+0\cdot\boldsymbol{\alpha}_2=\boldsymbol{O}$，即零向量$\boldsymbol{O}$可用$\boldsymbol{\alpha}_1,\boldsymbol{\alpha}_2$线性表示，表示法不唯一，并且存在不全为零的数$k_1=2$，$k_2=1$使$k_1\boldsymbol{\alpha}_1+k_2\boldsymbol{\alpha}_2=\boldsymbol{O}$，因此由定义知$\boldsymbol{\alpha}_1,\boldsymbol{\alpha}_2$线性相关；

而零向量$\boldsymbol{O}=\begin{pmatrix}0\\0\end{pmatrix}$可由$\boldsymbol{\varepsilon}_1=\begin{pmatrix}1\\0\end{pmatrix}$，$\boldsymbol{\varepsilon}_2=\begin{pmatrix}0\\1\end{pmatrix}$线性表示为$0\cdot\boldsymbol{\varepsilon}_1+0\cdot\boldsymbol{\varepsilon}_2=\boldsymbol{O}$，且表示式唯一，因为$k_1\boldsymbol{\varepsilon}_1+k_2\boldsymbol{\varepsilon}_2=\boldsymbol{O}\Leftrightarrow k_1=k_2=0$，所以由定义知$\boldsymbol{\varepsilon}_1,\boldsymbol{\varepsilon}_2$线性无关.

线性相关性是向量组的一种重要特性. 根据定义 4.3.1，有如下简单性质.

(1) 向量组$\boldsymbol{\alpha}_1,\boldsymbol{\alpha}_2,\cdots,\boldsymbol{\alpha}_m$要么线性相关，要么线性无关，两者居其一.

(2) 单个向量$\boldsymbol{\alpha}$线性相关$\Leftrightarrow\boldsymbol{\alpha}=\boldsymbol{O}$；单个向量$\boldsymbol{\alpha}$线性无关$\Leftrightarrow\boldsymbol{\alpha}\neq\boldsymbol{O}$.

即零向量必线性相关，而非零向量是线性无关的. 事实上，当$\boldsymbol{\alpha}$线性相关时，存在$k\neq0$使得$k\boldsymbol{\alpha}=\boldsymbol{O}$，则$\boldsymbol{\alpha}=\boldsymbol{O}$；而当$\boldsymbol{\alpha}=\boldsymbol{O}$时，取$k=1\neq0$，有$k\boldsymbol{\alpha}=\boldsymbol{O}$，则$\boldsymbol{\alpha}$线性相关.

(3) 两个向量$\boldsymbol{\alpha}_1,\boldsymbol{\alpha}_2$线性相关$\Leftrightarrow\boldsymbol{\alpha}_1$与$\boldsymbol{\alpha}_2$的分量对应成比例. 即平面上两向量线性相关的

几何意义是两向量共线(平行).

(4) 三个向量 $\boldsymbol{\alpha}_1$, $\boldsymbol{\alpha}_2$, $\boldsymbol{\alpha}_3$ 线性相关 $\Leftrightarrow \boldsymbol{\alpha}_1$, $\boldsymbol{\alpha}_2$, $\boldsymbol{\alpha}_3$ 三个向量共面.

(5) 含有零向量的向量组一定线性相关. 因为零向量可以由任一个向量组线性表示.

4.3.2 向量组线性相关性的判定定理

由定义 4.3.1 知，向量组 $\boldsymbol{\alpha}_1$, $\boldsymbol{\alpha}_2$, $\cdots$, $\boldsymbol{\alpha}_m$ 是否线性相关的问题，可转化为齐次线性方程组

$$x_1\boldsymbol{\alpha}_1+x_2\boldsymbol{\alpha}_2+\cdots+x_m\boldsymbol{\alpha}_m=\boldsymbol{O}$$

是否有非零解的问题. 由线性方程组的解的判定定理 1.4.2，我们进而可以把向量组的线性相关性转化为矩阵秩的问题. 结合 Cramer 法则和方阵可逆的充要条件，我们可以得到以下向量组线性相关性的判定定理、推论及相应的证明与计算方法.

定理 4.3.1 (1) 向量组 $\boldsymbol{\alpha}_1,\boldsymbol{\alpha}_2,\cdots,\boldsymbol{\alpha}_m$ 线性相关的充分必要条件是 $R(\boldsymbol{A})<m$;

(2) 向量组 $\boldsymbol{\alpha}_1,\boldsymbol{\alpha}_2,\cdots,\boldsymbol{\alpha}_m$ 线性无关的充分必要条件是 $R(\boldsymbol{A})=m$，其中矩阵 $\boldsymbol{A}=(\boldsymbol{\alpha}_1,\boldsymbol{\alpha}_2,\cdots,\boldsymbol{\alpha}_m)$.

证明 (1) 向量组 $\boldsymbol{\alpha}_1$, $\boldsymbol{\alpha}_2$, $\cdots$, $\boldsymbol{\alpha}_m$ 线性相关

$\Leftrightarrow$ 齐次线性方程组 $x_1\boldsymbol{\alpha}_1+x_2\boldsymbol{\alpha}_2+\cdots+x_m\boldsymbol{\alpha}_m=\boldsymbol{O}$ 有非零解.

$\Leftrightarrow$ 齐次线性方程组 $\boldsymbol{AX}=\boldsymbol{O}$ 有非零解.

$\Leftrightarrow R(\boldsymbol{A})<m$，即矩阵 $\boldsymbol{A}$ 的秩小于向量组所含向量的个数 m.

(2) 向量组 $\boldsymbol{\alpha}_1$, $\boldsymbol{\alpha}_2$, $\cdots$, $\boldsymbol{\alpha}_m$ 线性无关

$\Leftrightarrow$ 齐次线性方程组 $x_1\boldsymbol{\alpha}_1+x_2\boldsymbol{\alpha}_2+\cdots+x_m\boldsymbol{\alpha}_m=\boldsymbol{O}$ 只有零解.

$\Leftrightarrow$ 齐次线性方程组 $\boldsymbol{AX}=\boldsymbol{O}$ 只有零解.

$\Leftrightarrow R(\boldsymbol{A})=m$，即矩阵 $\boldsymbol{A}$ 的秩等于向量组所含量的个数 m.

推论 1 设有 m 个 m 维向量组 $\boldsymbol{\alpha}_1$, $\boldsymbol{\alpha}_2$, $\cdots$, $\boldsymbol{\alpha}_m$，令方阵 $\boldsymbol{A}=(\boldsymbol{\alpha}_1, \boldsymbol{\alpha}_2, \cdots, \boldsymbol{\alpha}_m)$，则有

(1) 向量组 $\boldsymbol{\alpha}_1$, $\boldsymbol{\alpha}_2$, $\cdots$, $\boldsymbol{\alpha}_m$ 线性相关的充分必要条件是 $|\boldsymbol{A}|=0$;

(2) 向量组 $\boldsymbol{\alpha}_1$, $\boldsymbol{\alpha}_2$, $\cdots$, $\boldsymbol{\alpha}_m$ 线性无关的充分必要条件是 $|\boldsymbol{A}|\neq 0$.

推论 2 设有 m 个 m 维向量组 $\boldsymbol{\alpha}_1$, $\boldsymbol{\alpha}_2$, $\cdots$, $\boldsymbol{\alpha}_m$，令方阵 $\boldsymbol{A}=(\boldsymbol{\alpha}_1, \boldsymbol{\alpha}_2, \cdots, \boldsymbol{\alpha}_m)$，则有

(1) 向量组 $\boldsymbol{\alpha}_1$, $\boldsymbol{\alpha}_2$, $\cdots$, $\boldsymbol{\alpha}_m$ 线性相关的充分必要条件是方阵 $\boldsymbol{A}$ 不可逆;

(2) 向量组 $\boldsymbol{\alpha}_1$, $\boldsymbol{\alpha}_2$, $\cdots$, $\boldsymbol{\alpha}_m$ 线性无关的充分必要条件是方阵 $\boldsymbol{A}$ 可逆.

例 4.3.1 证明 n 个 n 维的基本单位向量组 $\boldsymbol{\varepsilon}_1=(1, 0, \cdots, 0)^{\mathrm{T}}$, $\boldsymbol{\varepsilon}_2=(0, 1, \cdots, 0)^{\mathrm{T}}$, $\cdots$, $\boldsymbol{\varepsilon}_n=(0, 0, \cdots, 1)^{\mathrm{T}}$ 是线性无关的.

证明 方法一:用定义. 设 $k_1\boldsymbol{\varepsilon}_1+k_2\boldsymbol{\varepsilon}_2+\cdots+k_n\boldsymbol{\varepsilon}_n=\boldsymbol{O}$，即

$$k_1(1, 0, \cdots, 0)^{\mathrm{T}}+k_2(0, 1, \cdots, 0)^{\mathrm{T}}+\cdots+k_n(0, 0, \cdots, 1)^{\mathrm{T}}=(0, 0, \cdots, 0)^{\mathrm{T}}$$

可以推出 $k_1=k_2=\cdots=k_n=0$，则 $\boldsymbol{\varepsilon}_1$, $\boldsymbol{\varepsilon}_2$, $\cdots$, $\boldsymbol{\varepsilon}_n$ 线性无关.

方法二:用秩. 因为 n 阶单位阵 $\boldsymbol{E}=(\boldsymbol{\varepsilon}_1, \boldsymbol{\varepsilon}_2, \cdots, \boldsymbol{\varepsilon}_n)$，又 $R(\boldsymbol{E})=n$(向量组所含向量的个数)，则由定理 4.3.1 得，向量组 $\boldsymbol{\varepsilon}_1$, $\boldsymbol{\varepsilon}_2$, $\cdots$, $\boldsymbol{\varepsilon}_n$ 线性无关.

方法三:用行列式. 因为 $|\boldsymbol{E}|=1\neq 0$，由推论 1，也可得向量组 $\boldsymbol{\varepsilon}_1$, $\boldsymbol{\varepsilon}_2$, $\cdots$, $\boldsymbol{\varepsilon}_n$ 线性无关.

定理 4.3.2 向量组 $\boldsymbol{\alpha}_1$, $\boldsymbol{\alpha}_2$, $\cdots$, $\boldsymbol{\alpha}_m(m\geqslant 2)$ 线性相关的充分必要条件是向量组 $\boldsymbol{\alpha}_1$, $\boldsymbol{\alpha}_2$, $\cdots$, $\boldsymbol{\alpha}_m$ 中至少有一个向量能由其余 $m-1$ 个向量线性表示.

证明 若向量组 $\boldsymbol{\alpha}_1, \boldsymbol{\alpha}_2, \cdots, \boldsymbol{\alpha}_m$ 线性相关，则有不全为 0 的数 $k_1, k_2, \cdots, k_m$，使

$$k_1\boldsymbol{\alpha}_1 + k_2\boldsymbol{\alpha}_2 + \cdots + k_m\boldsymbol{\alpha}_m = \boldsymbol{O}$$

因为 $k_1, k_2, \cdots, k_m$ 不全为 0，不妨设 $k_1 \neq 0$，于是便有

$$\boldsymbol{\alpha}_1 = -\frac{1}{k_1}(k_2\boldsymbol{\alpha}_2 + k_3\boldsymbol{\alpha}_3 + \cdots + k_m\boldsymbol{\alpha}_m)$$

即 $\boldsymbol{\alpha}_1$ 能由 $\boldsymbol{\alpha}_2, \boldsymbol{\alpha}_3, \cdots, \boldsymbol{\alpha}_m$ 线性表示.

如果向量组 $\boldsymbol{\alpha}_1, \boldsymbol{\alpha}_2, \cdots, \boldsymbol{\alpha}_m$ 中有某个向量能由其余 $m-1$ 个向量线性表示，不妨设 $\boldsymbol{\alpha}_m$ 能由 $\boldsymbol{\alpha}_1, \boldsymbol{\alpha}_2, \cdots, \boldsymbol{\alpha}_{m-1}$ 线性表示，即有 $\lambda_1, \lambda_2, \cdots, \lambda_{m-1}$，使

$$\boldsymbol{\alpha}_m = \lambda_1\boldsymbol{\alpha}_1 + \lambda_2\boldsymbol{\alpha}_2 + \cdots + \lambda_{m-1}\boldsymbol{\alpha}_{m-1}$$

于是

$$\lambda_1\boldsymbol{\alpha}_1 + \lambda_2\boldsymbol{\alpha}_2 + \cdots + \lambda_{m-1}\boldsymbol{\alpha}_{m-1} + (-1)\boldsymbol{\alpha}_m = \boldsymbol{O}$$

因为 $\lambda_1, \lambda_2, \cdots, \lambda_{m-1}, -1$ 这 m 个数不全为 $0(-1 \neq 0)$，所以向量组 $\boldsymbol{\alpha}_1, \boldsymbol{\alpha}_2, \cdots, \boldsymbol{\alpha}_m$ 线性相关.

推论 3 向量组 $\boldsymbol{\alpha}_1, \boldsymbol{\alpha}_2, \cdots, \boldsymbol{\alpha}_m (m \geqslant 2)$ 线性无关的充分必要条件是向量组 $\boldsymbol{\alpha}_1, \boldsymbol{\alpha}_2, \cdots, \boldsymbol{\alpha}_m$ 中任意一个向量都不能由其余 $m-1$ 个向量线性表示.

注 向量组 $\boldsymbol{\alpha}_1, \boldsymbol{\alpha}_2, \cdots, \boldsymbol{\alpha}_m$ 线性相关，并不能说明向量组 $\boldsymbol{\alpha}_1, \boldsymbol{\alpha}_2, \cdots, \boldsymbol{\alpha}_m$ 中每一个向量都可以由其余 $m-1$ 个向量线性表示. 例如，$\boldsymbol{\alpha}_1 = \begin{pmatrix}1\\0\end{pmatrix}$，$\boldsymbol{\alpha}_2 = \begin{pmatrix}0\\0\end{pmatrix}$ 显然是线性相关的，且有 $\boldsymbol{\alpha}_2 = 0 \cdot \boldsymbol{\alpha}_1$，但 $\boldsymbol{\alpha}_1$ 无论如何都不能由 $\boldsymbol{\alpha}_2$ 线性表示.

注 向量组的线性相关与线性无关的概念也可移用于线性方程组. 当方程组中有某个方程是其余方程的线性组合时，这个方程是多余的，这时称方程组(各个方程)是线性相关的；当方程组中没有多余方程，就称该方程组(各个方程)线性无关(或线性独立).

4.3.3 向量组线性相关性的性质

定理 4.3.3 设向量组 $\boldsymbol{\alpha}_1, \boldsymbol{\alpha}_2, \cdots, \boldsymbol{\alpha}_m$ 线性无关，而向量组 $\boldsymbol{\alpha}_1, \boldsymbol{\alpha}_2, \cdots, \boldsymbol{\alpha}_m, \boldsymbol{\beta}$ 线性相关，则向量 $\boldsymbol{\beta}$ 必能由向量组 $\boldsymbol{\alpha}_1, \boldsymbol{\alpha}_2, \cdots, \boldsymbol{\alpha}_m$ 线性表示，且表示式是唯一的.

证明 记 $\boldsymbol{A} = (\boldsymbol{\alpha}_1, \boldsymbol{\alpha}_2, \cdots, \boldsymbol{\alpha}_m)$，$\boldsymbol{B} = (\boldsymbol{\alpha}_1, \boldsymbol{\alpha}_2, \cdots, \boldsymbol{\alpha}_m, \boldsymbol{\beta})$，有 $R(\boldsymbol{A}) \leqslant R(\boldsymbol{B})$.

因 $\boldsymbol{\alpha}_1, \boldsymbol{\alpha}_2, \cdots, \boldsymbol{\alpha}_m$ 线性无关，有 $R(\boldsymbol{A}) = m$；

因 $\boldsymbol{\alpha}_1, \boldsymbol{\alpha}_2, \cdots, \boldsymbol{\alpha}_m, \boldsymbol{\beta}$ 线性相关，有 $R(\boldsymbol{B}) < m+1$，

所以 $m \leqslant R(\boldsymbol{B}) < m+1$，则有 $R(\boldsymbol{B}) = m$.

从而 $R(\boldsymbol{A}) = R(\boldsymbol{B}) = m$，根据解的判定定理 1.4.1，知方程组

$$x_1\boldsymbol{\alpha}_1 + x_2\boldsymbol{\alpha}_2 + \cdots + x_m\boldsymbol{\alpha}_m = \boldsymbol{\beta}$$

有唯一解，则向量 $\boldsymbol{\beta}$ 能由向量组 $\boldsymbol{\alpha}_1, \boldsymbol{\alpha}_2, \cdots, \boldsymbol{\alpha}_m$ 线性表示，且表示式是唯一的.

定理 4.3.4 (1) 若向量组 $\boldsymbol{A}$：$\boldsymbol{\alpha}_1, \boldsymbol{\alpha}_2, \cdots, \boldsymbol{\alpha}_m$ 线性相关，则向量组 $\boldsymbol{B}$：$\boldsymbol{\alpha}_1, \boldsymbol{\alpha}_2, \cdots, \boldsymbol{\alpha}_m, \boldsymbol{\alpha}_{m+1}$ 也线性相关；反之，若向量组 $\boldsymbol{B}$ 线性无关，则向量组 $\boldsymbol{A}$ 也线性无关.

(2) m 个 n 维向量组成的向量组，当维数 n 小于向量个数 m 时一定线性相关.

特别地，$n+1$ 个 n 维向量一定线性相关.

证明 这些结论都可利用定理 4.3.1 来证明.

(1) 记 $\boldsymbol{A}=(\boldsymbol{\alpha}_1, \boldsymbol{\alpha}_2, \cdots, \boldsymbol{\alpha}_m)$，$\boldsymbol{B}=(\boldsymbol{\alpha}_1, \boldsymbol{\alpha}_2, \cdots, \boldsymbol{\alpha}_m, \boldsymbol{\alpha}_{m+1})$，有 $R(\boldsymbol{B}) \leqslant R(\boldsymbol{A})+1$.

因向量组 $\boldsymbol{A}$ 线性相关，故根据定理 4.3.1，有 $R(\boldsymbol{A})<m$，从而 $R(\boldsymbol{B}) \leqslant R(\boldsymbol{A})+1<m+1$，因此根据定理 4.3.1，知向量组 $\boldsymbol{B}$ 线性相关.

(2) m 个 n 维向量 $\boldsymbol{\alpha}_1, \boldsymbol{\alpha}_2, \cdots, \boldsymbol{\alpha}_m$，构成矩阵 $\boldsymbol{A}_{n\times m}=(\boldsymbol{\alpha}_1, \boldsymbol{\alpha}_2, \cdots, \boldsymbol{\alpha}_m)$，有 $R(\boldsymbol{A}) \leqslant n$，当 $n<m$ 时，有 $R(\boldsymbol{A})<m$，故 m 个向量 $\boldsymbol{\alpha}_1, \boldsymbol{\alpha}_2, \cdots, \boldsymbol{\alpha}_m$ 线性相关.

注　结论(1)是对向量组增加 1 个向量而言的，增加多个向量结论也仍然成立. 即设向量组 $\boldsymbol{A}$ 是向量组 $\boldsymbol{B}$ 的一部分(这时称向量组 $\boldsymbol{A}$ 是向量组 $\boldsymbol{B}$ 的部分组)，于是结论(1)可一般叙述为：

部分组线性相关，则整体线性相关；整体线性无关，则部分组线性无关.

定理 4.3.5　设有两个向量组 $\boldsymbol{\alpha}_j=\begin{pmatrix} a_{1j} \\ \vdots \\ a_{rj} \end{pmatrix}$ 和 $\boldsymbol{\beta}_j=\begin{pmatrix} a_{1j} \\ \vdots \\ a_{rj} \\ a_{r+1,j} \\ \vdots \\ a_{sj} \end{pmatrix}$ $(j=1, 2, \cdots, m)$.

(1) 若 $\boldsymbol{\alpha}_1, \boldsymbol{\alpha}_2, \cdots, \boldsymbol{\alpha}_m$ 线性无关，则 $\boldsymbol{\beta}_1, \boldsymbol{\beta}_2, \cdots, \boldsymbol{\beta}_m$ 线性无关；

(2) 若 $\boldsymbol{\beta}_1, \boldsymbol{\beta}_2, \cdots, \boldsymbol{\beta}_m$ 线性相关，则 $\boldsymbol{\alpha}_1, \boldsymbol{\alpha}_2, \cdots, \boldsymbol{\alpha}_m$ 线性相关.

证明　考虑齐次线性方程组

$$x_1\boldsymbol{\alpha}_1+x_2\boldsymbol{\alpha}_2+\cdots+x_m\boldsymbol{\alpha}_m=\boldsymbol{O} \tag{4.3.1}$$

和

$$x_1\boldsymbol{\beta}_1+x_2\boldsymbol{\beta}_2+\cdots+x_m\boldsymbol{\beta}_m=\boldsymbol{O} \tag{4.3.2}$$

因为向量组 $\boldsymbol{\alpha}_1, \boldsymbol{\alpha}_2, \cdots, \boldsymbol{\alpha}_m$ 线性无关，则方程组(4.3.1)只有零解. 又方程组(4.3.2)的前 r 个方程即为式(4.3.1)，故方程组(4.3.2)也只有零解，从而 $\boldsymbol{\beta}_1, \boldsymbol{\beta}_2, \cdots, \boldsymbol{\beta}_m$ 线性无关.

(2) 由结论(1)，用反证法. 证毕.

注　该结论可简述为："长相关，则短相关；短无关，则长无关".

关于初等变换与线性相关性，我们还可以得到：

定理 4.3.6　初等行变换不改变矩阵的列向量组的线性相关性.

即矩阵 $\boldsymbol{A}$ 经初等行变换化为 $\boldsymbol{B}$，则 $\boldsymbol{A}$ 与 $\boldsymbol{B}$ 任意对应的列向量构成的列向量组有相同的线性组合系数，从而具有相同的线性相关性.

证明　设 $\boldsymbol{A}$ 为 $m\times n$ 矩阵，用初等行变换将 $\boldsymbol{A}$ 化为 $\boldsymbol{B}$，相当于用一个可逆矩阵 $\boldsymbol{P}$ 左乘以 $\boldsymbol{A}$ 得 $\boldsymbol{B}$，即 $\boldsymbol{PA}=\boldsymbol{B}$. 将 $\boldsymbol{A}$ 与 $\boldsymbol{B}$ 按列分块为

$$\boldsymbol{A}=(\boldsymbol{\alpha}_1, \boldsymbol{\alpha}_2, \cdots, \boldsymbol{\alpha}_n),\ \boldsymbol{B}=(\boldsymbol{\beta}_1, \boldsymbol{\beta}_2, \cdots, \boldsymbol{\beta}_n)$$

则有

$$\boldsymbol{PA}=\boldsymbol{P}(\boldsymbol{\alpha}_1, \boldsymbol{\alpha}_2, \cdots, \boldsymbol{\alpha}_n)=(\boldsymbol{P\alpha}_1, \boldsymbol{P\alpha}_2, \cdots, \boldsymbol{P\alpha}_n)=(\boldsymbol{\beta}_1, \boldsymbol{\beta}_2, \cdots, \boldsymbol{\beta}_n)$$

由矩阵相等的定义可得

$$\boldsymbol{\beta}_i=\boldsymbol{P\alpha}_i \quad (i=1, 2, \cdots, n)$$

设矩阵 $\boldsymbol{A}$ 中某些列 $\boldsymbol{\alpha}_{i1}, \boldsymbol{\alpha}_{i2}, \cdots, \boldsymbol{\alpha}_{ir}(r \leqslant n)$ 的线性关系为

$$k_1\boldsymbol{\alpha}_{i1}+k_2\boldsymbol{\alpha}_{i2}+\cdots+k_r\boldsymbol{\alpha}_{ir}=\boldsymbol{O}$$

则有

$$
\begin{aligned}
k_1\boldsymbol{\beta}_{i1}+k_2\boldsymbol{\beta}_{i2}+\cdots+k_r\boldsymbol{\beta}_{ir}&=k_1\boldsymbol{P}\boldsymbol{\alpha}_{i1}+k_2\boldsymbol{P}\boldsymbol{\alpha}_{i2}+\cdots+k_r\boldsymbol{P}\boldsymbol{\alpha}_{ir}\\
&=\boldsymbol{P}(k_1\boldsymbol{\alpha}_{i1}+k_2\boldsymbol{\alpha}_{i2}+\cdots+k_r\boldsymbol{\alpha}_{ir})=\boldsymbol{O}
\end{aligned}
$$

反之，若 $k_1\boldsymbol{\beta}_{i1}+k_2\boldsymbol{\beta}_{i2}+\cdots+k_r\boldsymbol{\beta}_{ir}=\boldsymbol{O}$ 成立，由于 $\boldsymbol{P}$ 可逆，则 $k_1\boldsymbol{\alpha}_{i1}+k_2\boldsymbol{\alpha}_{i2}+\cdots+k_r\boldsymbol{\alpha}_{ir}=\boldsymbol{O}$ 也成立.

这就证明了矩阵 $\boldsymbol{A}$ 的列向量 $\boldsymbol{\alpha}_{i1}$，$\boldsymbol{\alpha}_{i2}$，…，$\boldsymbol{\alpha}_{ir}$ 构成的向量组与矩阵 $\boldsymbol{B}$ 的列向量 $\boldsymbol{\beta}_{i1}$，$\boldsymbol{\beta}_{i2}$，…，$\boldsymbol{\beta}_{ir}$ 构成的向量组有相同的线性组合关系，从而具有相同的线性相关性.

例 4.3.2 讨论向量组 $\boldsymbol{\alpha}_1=(1, 1, 1)^{\mathrm{T}}$，$\boldsymbol{\alpha}_2=(0, 2, t)^{\mathrm{T}}$，$\boldsymbol{\alpha}_3=(1, 3, 6)^{\mathrm{T}}$ 的线性相关性.

解 方法一：用行列式.

因向量组 $\boldsymbol{\alpha}_1$，$\boldsymbol{\alpha}_2$，$\boldsymbol{\alpha}_3$ 组成的方阵 $\boldsymbol{A}=\begin{pmatrix}1&0&1\\1&2&3\\1&t&6\end{pmatrix}$，且 $|\boldsymbol{A}|=10-2t$.

由推论 1 知，当 $t=5$ 时，有 $|\boldsymbol{A}|=0$，则向量组 $\boldsymbol{\alpha}_1$，$\boldsymbol{\alpha}_2$，$\boldsymbol{\alpha}_3$ 线性相关；当 $t\neq 5$ 时，有 $|\boldsymbol{A}|\neq 0$，则向量组 $\boldsymbol{\alpha}_1$，$\boldsymbol{\alpha}_2$，$\boldsymbol{\alpha}_3$ 线性无关.

方法二：用秩.

$$
(\boldsymbol{\alpha}_1, \boldsymbol{\alpha}_2, \boldsymbol{\alpha}_3)=\begin{pmatrix}1&0&1\\1&2&3\\1&t&6\end{pmatrix}\xrightarrow[r_3-r_1]{r_2-r_1}\begin{pmatrix}1&0&1\\0&2&2\\0&t&5\end{pmatrix}\xrightarrow[r_3-tr_2]{r_2\div 2}\begin{pmatrix}1&0&1\\0&1&1\\0&0&5-t\end{pmatrix}
$$

由定理 4.3.1 知，当 $t=5$ 时，有 $R(\boldsymbol{\alpha}_1, \boldsymbol{\alpha}_2, \boldsymbol{\alpha}_3)=2<3$，则向量组 $\boldsymbol{\alpha}_1$，$\boldsymbol{\alpha}_2$，$\boldsymbol{\alpha}_3$ 线性相关；当 $t\neq 5$ 时，有 $R(\boldsymbol{\alpha}_1, \boldsymbol{\alpha}_2, \boldsymbol{\alpha}_3)=3$，则向量组 $\boldsymbol{\alpha}_1$，$\boldsymbol{\alpha}_2$，$\boldsymbol{\alpha}_3$ 线性无关.

例 4.3.3 判断下列向量组的线性相关性.

(1) $\boldsymbol{\alpha}_1=\begin{pmatrix}1\\2\\3\\4\end{pmatrix}$，$\boldsymbol{\alpha}_2=\begin{pmatrix}0\\0\\0\\0\end{pmatrix}$，$\boldsymbol{\alpha}_3=\begin{pmatrix}4\\2\\5\\6\end{pmatrix}$；

(2) $\boldsymbol{\alpha}_1=\begin{pmatrix}1\\2\\3\end{pmatrix}$，$\boldsymbol{\alpha}_2=\begin{pmatrix}1\\0\\1\end{pmatrix}$，$\boldsymbol{\alpha}_3=\begin{pmatrix}3\\7\\5\end{pmatrix}$，$\boldsymbol{\alpha}_4=\begin{pmatrix}4\\1\\8\end{pmatrix}$；

(3) $\boldsymbol{\alpha}_1=\begin{pmatrix}1\\0\\0\\1\end{pmatrix}$，$\boldsymbol{\alpha}_2=\begin{pmatrix}0\\1\\0\\2\end{pmatrix}$，$\boldsymbol{\alpha}_3=\begin{pmatrix}0\\0\\1\\3\end{pmatrix}$；

(4) $\boldsymbol{\alpha}_1=\begin{pmatrix}1\\2\\3\end{pmatrix}$，$\boldsymbol{\alpha}_2=\begin{pmatrix}2\\2\\4\end{pmatrix}$，$\boldsymbol{\alpha}_3=\begin{pmatrix}3\\1\\3\end{pmatrix}$；

(5) $\boldsymbol{\alpha}_1=\begin{pmatrix}1\\2\\3\\1\end{pmatrix}$，$\boldsymbol{\alpha}_2=\begin{pmatrix}4\\5\\0\\2\end{pmatrix}$，$\boldsymbol{\alpha}_3=\begin{pmatrix}2\\4\\6\\2\end{pmatrix}$.

解　(1) 向量组 $\boldsymbol{\alpha}_1, \boldsymbol{\alpha}_2, \boldsymbol{\alpha}_3$ 包含零向量，故线性相关；

(2) 向量组 $\boldsymbol{\alpha}_1, \boldsymbol{\alpha}_2, \boldsymbol{\alpha}_3, \boldsymbol{\alpha}_4$ 是 4 个 3 维的向量组，必线性相关；

(3) 基本单位向量组 $\boldsymbol{\varepsilon}_1=\begin{pmatrix}1\\0\\0\end{pmatrix}, \boldsymbol{\varepsilon}_2=\begin{pmatrix}0\\1\\0\end{pmatrix}, \boldsymbol{\varepsilon}_3=\begin{pmatrix}0\\0\\1\end{pmatrix}$ 线性无关，

由定理 4.3.5 知 $\boldsymbol{\varepsilon}_1, \boldsymbol{\varepsilon}_2, \boldsymbol{\varepsilon}_3$ 分别增加一个分量得向量组 $\boldsymbol{\alpha}_1, \boldsymbol{\alpha}_2, \boldsymbol{\alpha}_3$ 也线性无关.

(4) 由 $|\boldsymbol{\alpha}_1, \boldsymbol{\alpha}_2, \boldsymbol{\alpha}_3|=2\neq 0$，则 $R(\boldsymbol{\alpha}_1, \boldsymbol{\alpha}_2, \boldsymbol{\alpha}_3)=3$，故向量组 $\boldsymbol{\alpha}_1, \boldsymbol{\alpha}_2, \boldsymbol{\alpha}_3$ 线性无关.

(5) 因为 $\boldsymbol{\alpha}_3=2\boldsymbol{\alpha}_1$，故 $\boldsymbol{\alpha}_1, \boldsymbol{\alpha}_3$ 线性相关，从而由定理 4.3.4 的结论(1) 可知，$\boldsymbol{\alpha}_1, \boldsymbol{\alpha}_2, \boldsymbol{\alpha}_3$ 也线性相关.

例 4.3.4　已知向量组 $\boldsymbol{\alpha}_1, \boldsymbol{\alpha}_2, \boldsymbol{\alpha}_3$ 线性相关，$\boldsymbol{\alpha}_2, \boldsymbol{\alpha}_3, \boldsymbol{\alpha}_4$ 线性无关，问：

(1) $\boldsymbol{\alpha}_1$ 是否可由 $\boldsymbol{\alpha}_2, \boldsymbol{\alpha}_3$ 线性表示？为什么？

(2) $\boldsymbol{\alpha}_4$ 是否可由 $\boldsymbol{\alpha}_1, \boldsymbol{\alpha}_2, \boldsymbol{\alpha}_3$ 线性表示？为什么？

解　(1) $\boldsymbol{\alpha}_1$ 可由 $\boldsymbol{\alpha}_2, \boldsymbol{\alpha}_3$ 线性表示.

因为 $\boldsymbol{\alpha}_2, \boldsymbol{\alpha}_3, \boldsymbol{\alpha}_4$ 线性无关，由定理 4.3.4 的结论(1) 知，$\boldsymbol{\alpha}_2, \boldsymbol{\alpha}_3$ 线性无关；

又 $\boldsymbol{\alpha}_1, \boldsymbol{\alpha}_2, \boldsymbol{\alpha}_3$ 线性相关，由定理 4.3.3 知，$\boldsymbol{\alpha}_1$ 可由 $\boldsymbol{\alpha}_2, \boldsymbol{\alpha}_3$ 线性表示.

(2) $\boldsymbol{\alpha}_4$ 不能由 $\boldsymbol{\alpha}_1, \boldsymbol{\alpha}_2, \boldsymbol{\alpha}_3$ 线性表示.

否则，若 $\boldsymbol{\alpha}_4$ 可由 $\boldsymbol{\alpha}_1, \boldsymbol{\alpha}_2, \boldsymbol{\alpha}_3$ 线性表示，由(1) 知 $\boldsymbol{\alpha}_1$ 可由 $\boldsymbol{\alpha}_2, \boldsymbol{\alpha}_3$ 线性表示，所以 $\boldsymbol{\alpha}_4$ 可由 $\boldsymbol{\alpha}_2, \boldsymbol{\alpha}_3$ 线性表示，由定理 4.3.2 知 $\boldsymbol{\alpha}_2, \boldsymbol{\alpha}_3, \boldsymbol{\alpha}_4$ 线性相关，与题设 $\boldsymbol{\alpha}_2, \boldsymbol{\alpha}_3, \boldsymbol{\alpha}_4$ 线性无关矛盾，所以 $\boldsymbol{\alpha}_4$ 不能由 $\boldsymbol{\alpha}_1, \boldsymbol{\alpha}_2, \boldsymbol{\alpha}_3$ 线性表示.

例 4.3.5　设向量组 $\boldsymbol{\alpha}_1, \boldsymbol{\alpha}_2, \boldsymbol{\alpha}_3$ 线性无关，且 $\boldsymbol{\beta}_1=\boldsymbol{\alpha}_1+\boldsymbol{\alpha}_2$，$\boldsymbol{\beta}_2=\boldsymbol{\alpha}_2-\boldsymbol{\alpha}_3$，$\boldsymbol{\beta}_3=\boldsymbol{\alpha}_3-\boldsymbol{\alpha}_1$，证明：向量组 $\boldsymbol{\beta}_1, \boldsymbol{\beta}_2, \boldsymbol{\beta}_3$ 线性无关.

证明　方法一：用定义. 设有一组数 x_1, x_2, x_3，使

$$x_1\boldsymbol{\beta}_1+x_2\boldsymbol{\beta}_2+x_3\boldsymbol{\beta}_3=\boldsymbol{O}$$

则有

$$x_1(\boldsymbol{\alpha}_1+\boldsymbol{\alpha}_2)+x_2(\boldsymbol{\alpha}_2-\boldsymbol{\alpha}_3)+x_3(\boldsymbol{\alpha}_3-\boldsymbol{\alpha}_1)=\boldsymbol{O}$$

整理得

$$(x_1-x_3)\boldsymbol{\alpha}_1+(x_1+x_2)\boldsymbol{\alpha}_2+(x_3-x_2)\boldsymbol{\alpha}_3=\boldsymbol{O}$$

由 $\boldsymbol{\alpha}_1, \boldsymbol{\alpha}_2, \boldsymbol{\alpha}_3$ 线性无关，则

$$\begin{cases}x_1 \quad\quad -x_3=0\\ x_1+x_2 \quad\quad =0\\ \quad -x_2+x_3=0\end{cases}$$

因为该齐次线性方程组的系数矩阵的行列式

$$D=\begin{vmatrix}1&0&-1\\1&1&0\\0&-1&1\end{vmatrix}=2\neq 0$$

所以该方程组只有零解，即

$$x_1=x_2=x_3=0$$

故向量组 $\boldsymbol{\beta}_1$，$\boldsymbol{\beta}_2$，$\boldsymbol{\beta}_3$ 线性无关.

方法二：用秩. $(\boldsymbol{\beta}_1, \boldsymbol{\beta}_2, \boldsymbol{\beta}_3)=(\boldsymbol{\alpha}_1, \boldsymbol{\alpha}_2, \boldsymbol{\alpha}_3)\begin{pmatrix}1 & 0 & -1\\ 1 & 1 & 0\\ 0 & -1 & 1\end{pmatrix}$，记 $\boldsymbol{B}=\boldsymbol{AK}$，

其中

$$\boldsymbol{B}=(\boldsymbol{\beta}_1, \boldsymbol{\beta}_2, \boldsymbol{\beta}_3),\ \boldsymbol{A}=(\boldsymbol{\alpha}_1, \boldsymbol{\alpha}_2, \boldsymbol{\alpha}_3),\ \boldsymbol{K}=\begin{pmatrix}1 & 0 & -1\\ 1 & 1 & 0\\ 0 & -1 & 1\end{pmatrix}$$

因为 $|\boldsymbol{K}|=2\neq 0$，则 $\boldsymbol{K}$ 可逆.

又因为向量组 $\boldsymbol{\alpha}_1$，$\boldsymbol{\alpha}_2$，$\boldsymbol{\alpha}_3$ 线性无关，则有 $R(\boldsymbol{\alpha}_1, \boldsymbol{\alpha}_2, \boldsymbol{\alpha}_3)=3$.

所以 $R(\boldsymbol{B})=R(\boldsymbol{AK})=R(\boldsymbol{A})=3$，

由定理 4.3.1 知 $\boldsymbol{\beta}_1$，$\boldsymbol{\beta}_2$，$\boldsymbol{\beta}_3$ 线性无关.

例 4.3.6　设 n 维列向量 $\boldsymbol{\beta}$ 和 n 阶方阵 $\boldsymbol{A}$ 满足 $\boldsymbol{A}^{k-1}\boldsymbol{\beta}\neq\boldsymbol{O}$，$\boldsymbol{A}^k\boldsymbol{\beta}=\boldsymbol{O}$（$k>1$ 为自然数）. 证明：向量组 $\boldsymbol{\beta}$，$\boldsymbol{A\beta}$，$\boldsymbol{A}^2\boldsymbol{\beta}$，…，$\boldsymbol{A}^{k-1}\boldsymbol{\beta}$ 线性无关.

证明　构造以 x_1，x_2，…，x_k 为未知元的齐次线性方程组

$$x_1\boldsymbol{\beta}+x_2\boldsymbol{A\beta}+x_3\boldsymbol{A}^2\boldsymbol{\beta}+\cdots+x_k\boldsymbol{A}^{k-1}\boldsymbol{\beta}=\boldsymbol{O}$$

对上式两端左乘 $\boldsymbol{A}^{k-1}$，注意到 $\boldsymbol{A}^{k-1}\boldsymbol{\beta}\neq\boldsymbol{O}$，$\boldsymbol{A}^k\boldsymbol{\beta}=\boldsymbol{O}$，得 $x_1=0$. 因此

$$x_2\boldsymbol{A\beta}+x_3\boldsymbol{A}^2\boldsymbol{\beta}+\cdots+x_k\boldsymbol{A}^{k-1}\boldsymbol{\beta}=\boldsymbol{O}$$

对上式两端左乘 $\boldsymbol{A}^{k-2}$，同理得 $x_2=0$. 依此类推，$x_3=x_4=\cdots=x_k=0$. 故结论成立.

4.4　向量组的秩

4.4.1　向量组的最大无关组和秩

在 4.2～4.3 这两节里讨论了向量组的线性表示和线性相关，矩阵的秩起了十分重要的作用，为使讨论进一步深入，下面引进向量组的最大无关组和秩等概念，并讨论与其相关的性质.

定义 4.4.1　若向量组 $\boldsymbol{A}$ 中能选出 r 个向量 $\boldsymbol{\alpha}_1$，$\boldsymbol{\alpha}_2$，…，$\boldsymbol{\alpha}_r$，满足：

(1) 向量组 $\boldsymbol{A}_0$：$\boldsymbol{\alpha}_1$，$\boldsymbol{\alpha}_2$，…，$\boldsymbol{\alpha}_r$ 线性无关；

(2) 向量组 $\boldsymbol{A}$ 中任意一个向量都能由向量组 $\boldsymbol{A}_0$：$\boldsymbol{\alpha}_1$，$\boldsymbol{\alpha}_2$，…，$\boldsymbol{\alpha}_r$ 线性表示，

则称向量组 $\boldsymbol{A}_0$：$\boldsymbol{\alpha}_1$，$\boldsymbol{\alpha}_2$，…，$\boldsymbol{\alpha}_r$ 是向量组 $\boldsymbol{A}$ 的一个最大线性无关向量组（简称最大无关组）.

注　只有零向量的向量组没有最大无关组.

若向量组 $\boldsymbol{A}$：$\boldsymbol{\alpha}_1$，$\boldsymbol{\alpha}_2$，…，$\boldsymbol{\alpha}_m$ 线性无关，则 $\boldsymbol{\alpha}_1$，$\boldsymbol{\alpha}_2$，…，$\boldsymbol{\alpha}_m$ 是向量组 $\boldsymbol{A}$ 的最大无关组.

例 4.4.1　讨论向量组 $\boldsymbol{\alpha}_1=\begin{pmatrix}1\\1\end{pmatrix}$，$\boldsymbol{\alpha}_2=\begin{pmatrix}2\\3\end{pmatrix}$，$\boldsymbol{\alpha}_3=\begin{pmatrix}4\\5\end{pmatrix}$ 的线性相关性及其最大无关组.

解　向量 $\boldsymbol{\alpha}_1$，$\boldsymbol{\alpha}_2$ 不成比例，所以 $\boldsymbol{\alpha}_1$，$\boldsymbol{\alpha}_2$ 线性无关.

又 3 个 2 维的向量组 $\boldsymbol{\alpha}_1$，$\boldsymbol{\alpha}_2$，$\boldsymbol{\alpha}_3$ 线性相关，所以 $\boldsymbol{\alpha}_3$ 可以由 $\boldsymbol{\alpha}_1$，$\boldsymbol{\alpha}_2$ 线性表示.

从而 $\boldsymbol{\alpha}_1$，$\boldsymbol{\alpha}_2$，$\boldsymbol{\alpha}_3$ 都可以由 $\boldsymbol{\alpha}_1$，$\boldsymbol{\alpha}_2$ 线性表示，因此 $\boldsymbol{\alpha}_1$，$\boldsymbol{\alpha}_2$ 是向量组 $\boldsymbol{\alpha}_1$，$\boldsymbol{\alpha}_2$，$\boldsymbol{\alpha}_3$ 的一个最大无关组.

显然，$\boldsymbol{\alpha}_1$，$\boldsymbol{\alpha}_3$ 和 $\boldsymbol{\alpha}_2$，$\boldsymbol{\alpha}_3$ 都是线性无关，因此 $\boldsymbol{\alpha}_1$，$\boldsymbol{\alpha}_3$ 和 $\boldsymbol{\alpha}_2$，$\boldsymbol{\alpha}_3$ 也都是向量组 $\boldsymbol{\alpha}_1$，$\boldsymbol{\alpha}_2$，$\boldsymbol{\alpha}_3$ 的最大无关组. 故最大无关组一般不唯一.

例 4.4.2　求全体 n 维向量集合 $\boldsymbol{R}^n$ 的一个最大无关组.

解　在例 4.3.1 中，我们证明了 n 个 n 维的基本单位向量组 $\boldsymbol{\varepsilon}_1=(1, 0, \cdots, 0)^{\mathrm{T}}$，$\boldsymbol{\varepsilon}_2=(0, 1, \cdots, 0)^{\mathrm{T}}$，…，$\boldsymbol{\varepsilon}_n=(0, 0, \cdots, 1)^{\mathrm{T}}$ 是线性无关的，又根据定理 4.3.4 的结论(2)，知 $\boldsymbol{R}^n$ 中的任意 $n+1$ 个向量都线性相关，则任一 n 维向量 $\boldsymbol{\alpha}=(a_1, a_2, \cdots, a_n)^{\mathrm{T}}$ 都可用 $\boldsymbol{\varepsilon}_1$，$\boldsymbol{\varepsilon}_2$，…，$\boldsymbol{\varepsilon}_n$ 线性表示成

$$\boldsymbol{\alpha}=(a_1, a_2, \cdots, a_n)^{\mathrm{T}}=a_1\boldsymbol{\varepsilon}_1+a_2\boldsymbol{\varepsilon}_2+\cdots+a_n\boldsymbol{\varepsilon}_n$$

故 $\boldsymbol{\varepsilon}_1$，$\boldsymbol{\varepsilon}_2$，…，$\boldsymbol{\varepsilon}_n$ 是 $\boldsymbol{R}^n$ 的一个最大无关组.

由最大无关组的定义，可得最大无关组的等价定义及以下相关定理.

定义 4.4.2　设向量组 $\boldsymbol{A}_0$：$\boldsymbol{\alpha}_1$，$\boldsymbol{\alpha}_2$，…，$\boldsymbol{\alpha}_r$ 是向量组 $\boldsymbol{A}$ 的一个部分组，且满足：

(1) 向量组 $\boldsymbol{A}_0$：$\boldsymbol{\alpha}_1$，$\boldsymbol{\alpha}_2$，…，$\boldsymbol{\alpha}_r$ 线性无关；

(2) 向量组 $\boldsymbol{A}$ 中任意 $r+1$ 个向量(如果 $\boldsymbol{A}$ 中有 $r+1$ 个向量的话) 都线性相关.

那么向量组 $\boldsymbol{A}_0$:$\boldsymbol{\alpha}_1$，$\boldsymbol{\alpha}_2$，…，$\boldsymbol{\alpha}_r$ 是向量组 $\boldsymbol{A}$ 的一个最大无关组.

只需证向量组 $\boldsymbol{A}$ 中任意一个向量都能由向量组 $\boldsymbol{A}_0$：$\boldsymbol{\alpha}_1$，$\boldsymbol{\alpha}_2$，…，$\boldsymbol{\alpha}_r$ 线性表示即可.

在 $\boldsymbol{A}$ 中任取一个向量 $\boldsymbol{\alpha}$(如果有的话) 添加到向量组 $\boldsymbol{\alpha}_1$，$\boldsymbol{\alpha}_2$，…，$\boldsymbol{\alpha}_r$ 中，则由条件(2) 知 $r+1$ 个向量线性相关，则 $\boldsymbol{\alpha}_1$，$\boldsymbol{\alpha}_2$，…，$\boldsymbol{\alpha}_r$，$\boldsymbol{\alpha}$ 线性相关，又 $\boldsymbol{\alpha}_1$，$\boldsymbol{\alpha}_2$，…，$\boldsymbol{\alpha}_r$ 线性无关，由定理 4.3.3 知 $\boldsymbol{\alpha}$ 可由 $\boldsymbol{\alpha}_1$，$\boldsymbol{\alpha}_2$，…，$\boldsymbol{\alpha}_r$ 线性表示.

定理 4.4.1　向量组 $\boldsymbol{A}$ 和它自己的最大无关组 $\boldsymbol{A}_0$ 是等价的.

证明　由向量组 $\boldsymbol{A}_0$ 是向量组 $\boldsymbol{A}$ 的一个最大无关组，及定义 4.4.1 知，向量组 $\boldsymbol{A}$ 可由向量组 $\boldsymbol{A}_0$ 线性表示；而向量组 $\boldsymbol{A}_0$ 是向量组 $\boldsymbol{A}$ 的一个部分组，显然有向量组 $\boldsymbol{A}_0$ 可由向量组 $\boldsymbol{A}$ 线性表示；因此，向量组 $\boldsymbol{A}$ 和它自己的最大无关组 $\boldsymbol{A}_0$ 是等价的.

定理 4.4.2　向量组的任意两个最大无关组是等价的.

利用向量组等价关系的性质(传递性) 即可.

为了讨论最大无关组所含向量的个数，我们引入下面的定理.

定理 4.4.3　向量组 $\boldsymbol{A}$：$\boldsymbol{\alpha}_1$，$\boldsymbol{\alpha}_2$，…，$\boldsymbol{\alpha}_m$ 可由向量组 $\boldsymbol{B}$：$\boldsymbol{\beta}_1$，$\boldsymbol{\beta}_2$，…，$\boldsymbol{\beta}_n$ 线性表示，且 $m>n$，则向量组 $\boldsymbol{A}$ 线性相关.

证明　由向量组 $\boldsymbol{A}$ 可由向量组 $\boldsymbol{B}$ 线性表示，有

$$\boldsymbol{A}=\boldsymbol{BK}$$

由矩阵秩的性质[定理 3.6.5(8)] 得

$$R(\boldsymbol{A})=R(\boldsymbol{BK})\leqslant R(\boldsymbol{B})$$

又 $R(\boldsymbol{B})\leqslant n$，而 $m>n$，则 $R(\boldsymbol{A})\leqslant R(\boldsymbol{B})<m$，这就证明向量组 $\boldsymbol{A}$：$\boldsymbol{\alpha}_1$，$\boldsymbol{\alpha}_2$，…，$\boldsymbol{\alpha}_m$ 线性相关. 证毕.

该定理表明，若向量个数较多的向量组可由向量个数较少的向量组线性表示，则向量个数多的向量组线性相关.

推论 1 若向量组 $\boldsymbol{A}$: $\boldsymbol{\alpha}_1, \boldsymbol{\alpha}_2, \cdots, \boldsymbol{\alpha}_m$ 可由向量组 $\boldsymbol{B}$: $\boldsymbol{\beta}_1, \boldsymbol{\beta}_2, \cdots, \boldsymbol{\beta}_n$ 线性表示，且向量组 $\boldsymbol{A}$ 线性无关，则 $m \leqslant n$.

推论 2 两个线性无关的向量组等价，则它们所含向量的个数相等.

即若向量组 $\boldsymbol{A}$: $\boldsymbol{\alpha}_1, \boldsymbol{\alpha}_2, \cdots, \boldsymbol{\alpha}_m$ 与 $\boldsymbol{B}$: $\boldsymbol{\beta}_1, \boldsymbol{\beta}_2, \cdots, \boldsymbol{\beta}_n$ 等价且都线性无关，则 $m=n$.

推论 3 向量组的任意两个最大无关组所含向量个数是相等的.

因此，最大无关组一般是不唯一的，但它们是等价的，且它们所含向量的个数是相等的，如例 4.4.1.

定义 4.4.3 向量组 $\boldsymbol{A}$: $\boldsymbol{\alpha}_1, \boldsymbol{\alpha}_2, \cdots, \boldsymbol{\alpha}_m$ 中最大无关组所含向量个数 r，称为向量组 $\boldsymbol{A}$ 的秩，记作 R_A. 规定零向量构成的向量组的秩为 0.

例如，向量组 $\boldsymbol{A}$: $\boldsymbol{\alpha}_1, \boldsymbol{\alpha}_2, \cdots, \boldsymbol{\alpha}_m$ 线性无关，则 $\boldsymbol{\alpha}_1, \boldsymbol{\alpha}_2, \cdots, \boldsymbol{\alpha}_m$ 是向量组 $\boldsymbol{A}$ 的最大无关组，有 $R_{\boldsymbol{A}}=m$.

例 4.4.1 中向量组 $\boldsymbol{\alpha}_1, \boldsymbol{\alpha}_2, \boldsymbol{\alpha}_3$ 的一个最大无关组为 $\boldsymbol{\alpha}_1, \boldsymbol{\alpha}_2$，从而向量组的秩为 2.

由例 4.4.2 知，所有 n 维向量的集合 $\boldsymbol{R}^n$ 的秩为 n.

推论 4 等价向量组的秩相等.

注 向量组 $\boldsymbol{A}$: $\boldsymbol{\alpha}_1, \boldsymbol{\alpha}_2, \cdots, \boldsymbol{\alpha}_m$ 中最大无关组所含向量个数 r，即 $R_{\boldsymbol{A}}=r$，则向量组 $\boldsymbol{A}$: $\boldsymbol{\alpha}_1, \boldsymbol{\alpha}_2, \cdots, \boldsymbol{\alpha}_m$ 中任意 r 个线性无关的向量组都是向量组 $\boldsymbol{A}$ 的最大无关组.

注 可通过逐项添加法，求出向量组的一个最大无关组.

例 4.4.3 求向量组 $\boldsymbol{A}$: $\boldsymbol{\alpha}_1=\begin{pmatrix}1\\0\\-1\end{pmatrix}, \boldsymbol{\alpha}_2=\begin{pmatrix}2\\1\\1\end{pmatrix}, \boldsymbol{\alpha}_3=\begin{pmatrix}3\\1\\0\end{pmatrix}, \alpha_4=\begin{pmatrix}-1\\2\\7\end{pmatrix}$ 的一个最大无关组和秩.

解 $\boldsymbol{\alpha}_1, \boldsymbol{\alpha}_2$ 不成比例，所以 $\boldsymbol{\alpha}_1, \boldsymbol{\alpha}_2$ 线性无关；

又 $|\boldsymbol{\alpha}_1, \boldsymbol{\alpha}_2, \boldsymbol{\alpha}_3|=\begin{vmatrix}1&2&3\\0&1&1\\-1&1&0\end{vmatrix}=0$，所以 $\boldsymbol{\alpha}_1, \boldsymbol{\alpha}_2, \boldsymbol{\alpha}_3$ 线性相关，舍掉 $\boldsymbol{\alpha}_3$；

又 $|\boldsymbol{\alpha}_1, \boldsymbol{\alpha}_2, \boldsymbol{\alpha}_4|=\begin{vmatrix}1&2&-1\\0&1&2\\-1&1&7\end{vmatrix}=0$，所以 $\boldsymbol{\alpha}_1, \boldsymbol{\alpha}_2, \boldsymbol{\alpha}_4$ 线性相关，舍掉 $\boldsymbol{\alpha}_4$；

因此 $\boldsymbol{\alpha}_1, \boldsymbol{\alpha}_2$ 是向量组 $\boldsymbol{\alpha}_1, \boldsymbol{\alpha}_2, \boldsymbol{\alpha}_3, \boldsymbol{\alpha}_4$ 的一个最大无关组，从而 $R_{\boldsymbol{A}}=2$.

4.4.2 向量组的秩和矩阵的秩的关系

对 $m \times n$ 矩阵

$$\boldsymbol{A}=\begin{pmatrix}a_{11}&a_{12}&\cdots&a_{1n}\\a_{21}&a_{22}&\cdots&a_{2n}\\\vdots&\vdots&&\vdots\\a_{m1}&a_{m2}&\cdots&a_{mn}\end{pmatrix}$$

若把 $\boldsymbol{A}$ 按列分块为 $\boldsymbol{A}=(\boldsymbol{\alpha}_1, \boldsymbol{\alpha}_2, \cdots, \boldsymbol{\alpha}_n)$，则称 $\boldsymbol{A}$ 的列向量组 $\boldsymbol{\alpha}_1, \boldsymbol{\alpha}_2, \cdots, \boldsymbol{\alpha}_n$ 的秩为矩阵

$\boldsymbol{A}$ 的列秩；若把 $\boldsymbol{A}$ 按行分块为 $\boldsymbol{A}=\begin{pmatrix}\boldsymbol{\beta}_1^{\mathrm{T}}\\ \boldsymbol{\beta}_2^{\mathrm{T}}\\ \vdots\\ \boldsymbol{\beta}_m^{\mathrm{T}}\end{pmatrix}$，则称 $\boldsymbol{A}$ 的行向量组 $\boldsymbol{\beta}_1^{\mathrm{T}}, \boldsymbol{\beta}_2^{\mathrm{T}}, \cdots, \boldsymbol{\beta}_m^{\mathrm{T}}$ 的秩为矩阵 $\boldsymbol{A}$ 的行秩；矩阵 $\boldsymbol{A}$ 可被看作由列向量组 $\boldsymbol{\alpha}_1, \boldsymbol{\alpha}_2, \cdots, \boldsymbol{\alpha}_n$ 或行向量组 $\boldsymbol{\beta}_1^{\mathrm{T}}, \boldsymbol{\beta}_2^{\mathrm{T}}, \cdots, \boldsymbol{\beta}_m^{\mathrm{T}}$ 构成的矩阵. 把最大无关组的定义 4.4.1 ～ 4.4.2，向量组秩的定义 4.4.3，与矩阵的秩的定义 1.3.6 及其等价定义 3.6.3 进行比较研究，可得矩阵 $\boldsymbol{A}$ 的秩和 $\boldsymbol{A}$ 的列(行) 秩有如下三秩相等定理.

定理 4.4.4　矩阵 $\boldsymbol{A}$ 的秩等于 $\boldsymbol{A}$ 的列秩，也等于 $\boldsymbol{A}$ 的行秩.

证明　设矩阵 $\boldsymbol{A}$ 按列分块为 $\boldsymbol{A}=(\boldsymbol{\alpha}_1, \boldsymbol{\alpha}_2, \cdots, \boldsymbol{\alpha}_n)$，且 $R(\boldsymbol{A})=r$，并设 r 阶子式 $D_r\neq 0$，根据定理 4.3.1 及其推论，由 $D_r\neq 0$ 知 D_r 所在的 r 列构成的 $m\times r$ 矩阵的秩为 r，故此 r 列是线性无关；又由 $\boldsymbol{A}$ 中所有 $r+1$ 阶子式均为零，知 $\boldsymbol{A}$ 中任意 $r+1$ 个列向量构成的 $m\times(r+1)$ 矩阵的秩小于 $r+1$，故此 $r+1$ 列都线性相关. 因此 D_r 所在的 r 列是 $\boldsymbol{A}$ 的列向量组的一个最大无关组，所以列向量的秩等于 r.

类似可证 $\boldsymbol{A}$ 的行向量组的秩也等于 $R(\boldsymbol{A})$.

由定理 4.4.4 的证明过程可得：若 D_r 是矩阵 $\boldsymbol{A}$ 的一个最高阶非零子式，则 D_r 所在的 r 列是 $\boldsymbol{A}$ 的列向量组的一个最大无关组，D_r 所在的 r 行是 $\boldsymbol{A}$ 的行向量组的一个最大无关组.

三秩相等定理在线性方程组理论中，实现了线性方程组的矩阵形式和向量形式的统一，在理论上具有重大意义.

由三秩相等定理，可以得到一个求向量组的秩，判别向量组线性相关性的行之有效的方法，即将列向量组按列排成一个矩阵，然后用初等行变换化为行阶梯形求矩阵的秩. 当秩 r 小于列向量个数时，则向量组线性相关；当秩 r 等于列向量个数时，则向量组线性无关.

由于对矩阵 $\boldsymbol{A}$ 进行初等行变换，不改变列向量组的线性相关性. 这样行阶梯形矩阵的含 r 个线性无关的列向量组对应着原向量组的一个最大无关组. 进一步将行阶梯形矩阵化为行最简形矩阵时，借助于初等行变换不改变矩阵的列向量组的线性相关性及线性方程组的解，可以计算出其余向量由给定的最大无关组线性表示的系数.

例 4.4.4　设 $\boldsymbol{A}=\begin{pmatrix}1&0&1&0&4\\0&1&2&0&5\\0&0&0&1&6\\0&0&0&0&0\end{pmatrix}$.

(1) 求矩阵 $\boldsymbol{A}$ 的秩，并求 $\boldsymbol{A}$ 的一个最高阶非零子式；

(2) 求矩阵 $\boldsymbol{A}$ 的列向量组的一个最大无关组及其列秩，并把其余列向量用该最大无关组线性表示.

解　(1) 矩阵 $\boldsymbol{A}$ 是行最简形矩阵，有 3 个非零行，因此 $R(\boldsymbol{A})=3$.

取行最简形矩阵 $\boldsymbol{A}$ 中的三个主元所在的三行和三列，构造一个 3 阶非零子式

$$D_3=\begin{vmatrix}1&0&0\\0&1&0\\0&0&1\end{vmatrix}=1\neq 0$$

即为所求的一个最高阶非零子式.

(2) 把 $\boldsymbol{A}$ 按列分块为 $\boldsymbol{A}=(\boldsymbol{\alpha}_1,\boldsymbol{\alpha}_2,\boldsymbol{\alpha}_3,\boldsymbol{\alpha}_4,\boldsymbol{\alpha}_5)$. 选取行最简形矩阵 $\boldsymbol{A}$ 中三个主元所在的三列(第 1、2、4 列)，即

$$\boldsymbol{\alpha}_1=\begin{pmatrix}1\\0\\0\\0\end{pmatrix},\ \boldsymbol{\alpha}_2=\begin{pmatrix}0\\1\\0\\0\end{pmatrix},\ \boldsymbol{\alpha}_4=\begin{pmatrix}0\\0\\1\\0\end{pmatrix}$$

易得 $\boldsymbol{\alpha}_1,\boldsymbol{\alpha}_2,\boldsymbol{\alpha}_4$ 线性无关，且

$$\boldsymbol{\alpha}_3=\begin{pmatrix}1\\2\\0\\0\end{pmatrix}=\begin{pmatrix}1\\0\\0\\0\end{pmatrix}+2\begin{pmatrix}0\\1\\0\\0\end{pmatrix}+0\cdot\begin{pmatrix}0\\0\\1\\0\end{pmatrix},\ \boldsymbol{\alpha}_5=\begin{pmatrix}4\\5\\6\\0\end{pmatrix}=4\begin{pmatrix}1\\0\\0\\0\end{pmatrix}+5\begin{pmatrix}0\\1\\0\\0\end{pmatrix}+6\begin{pmatrix}0\\0\\1\\0\end{pmatrix}$$

所以 $\boldsymbol{\alpha}_1,\boldsymbol{\alpha}_2,\boldsymbol{\alpha}_4$ 是列向量组 $\boldsymbol{\alpha}_1,\boldsymbol{\alpha}_2,\boldsymbol{\alpha}_3,\boldsymbol{\alpha}_4,\boldsymbol{\alpha}_5$ 的一个最大无关组，

从而 $R_{\boldsymbol{A}}=3$，且 $\boldsymbol{\alpha}_3=\boldsymbol{\alpha}_1+2\boldsymbol{\alpha}_2+0\cdot\boldsymbol{\alpha}_4$，$\boldsymbol{\alpha}_5=4\boldsymbol{\alpha}_1+5\boldsymbol{\alpha}_2+6\boldsymbol{\alpha}_4$.

注　此题由行最简形矩阵 $\boldsymbol{A}$ 可直接得出矩阵或向量组的秩、向量组的线性相关性、最大无关组及其余向量由最大无关组线性表示的组合系数.

例 4.4.5　求向量组 $\boldsymbol{\alpha}_1=\begin{pmatrix}1\\1\\1\end{pmatrix},\ \boldsymbol{\alpha}_2=\begin{pmatrix}1\\2\\0\end{pmatrix},\ \boldsymbol{\alpha}_3=\begin{pmatrix}1\\3\\-1\end{pmatrix},\ \boldsymbol{\alpha}_4=\begin{pmatrix}0\\0\\1\end{pmatrix}$ 的一个最大无关组和秩，并把其余向量用该最大无关组线性表示.

解　构造矩阵 $\boldsymbol{A}=(\boldsymbol{\alpha}_1,\boldsymbol{\alpha}_2,\boldsymbol{\alpha}_3,\boldsymbol{\alpha}_4)$ 作初等行变换，化为行最简形

$$\boldsymbol{A}=(\boldsymbol{\alpha}_1,\boldsymbol{\alpha}_2,\boldsymbol{\alpha}_3,\boldsymbol{\alpha}_4)=\begin{pmatrix}1&1&1&0\\1&2&3&0\\1&0&-1&1\end{pmatrix}\xrightarrow[r_3-r_1]{r_2-r_1}\begin{pmatrix}1&1&1&0\\0&1&2&0\\0&-1&-2&1\end{pmatrix}$$

$$\xrightarrow[r_3+r_2]{r_1-r_2}\begin{pmatrix}\boxed{1}&0&-1&0\\0&\boxed{1}&2&0\\0&0&0&\boxed{1}\end{pmatrix}\overset{\text{记}}{=}(\boldsymbol{\beta}_1,\boldsymbol{\beta}_2,\boldsymbol{\beta}_3,\boldsymbol{\beta}_4)=\boldsymbol{B}$$

观察矩阵 $\boldsymbol{B}$ 可得，3 维向量组 $\boldsymbol{\beta}_1,\boldsymbol{\beta}_2,\boldsymbol{\beta}_4$ 线性无关，且 $\boldsymbol{\beta}_3=-\boldsymbol{\beta}_1+2\boldsymbol{\beta}_2$，故向量组 $\boldsymbol{\beta}_1,\boldsymbol{\beta}_2,\boldsymbol{\beta}_4$ 是向量组 $\boldsymbol{\beta}_1,\boldsymbol{\beta}_2,\boldsymbol{\beta}_3,\boldsymbol{\beta}_4$ 的一个最大无关组. 由定理 4.3.6 可知，矩阵的初等行变换不改变矩阵列向量组的线性关系，所以 $\boldsymbol{\alpha}_1,\boldsymbol{\alpha}_2,\boldsymbol{\alpha}_4$ 是向量组 $\boldsymbol{\alpha}_1,\boldsymbol{\alpha}_2,\boldsymbol{\alpha}_3,\boldsymbol{\alpha}_4$ 的一个最大无关组，$R_{\boldsymbol{A}}=3$，且

$$\boldsymbol{\alpha}_3=-\boldsymbol{\alpha}_1+2\boldsymbol{\alpha}_2$$

例 4.4.6　求矩阵 $\boldsymbol{A}=\begin{pmatrix}1&1&-2&1&4\\1&-2&1&0&-2\\4&-6&2&-2&4\\3&6&-9&7&9\end{pmatrix}$ 的列向量组的一个最大无关组，并把其余列向量用该最大无关组线性表示.

解　对矩阵进行初等行变换，化为行最简形

$$A=\begin{pmatrix}1&1&-2&1&4\\1&-2&1&0&-2\\4&-6&2&-2&4\\3&6&-9&7&9\end{pmatrix}\xrightarrow{r}\begin{pmatrix}\boxed{1}&0&-1&0&4\\0&\boxed{1}&-1&0&3\\0&0&0&\boxed{1}&-3\\0&0&0&0&0\end{pmatrix}$$

设 $A\xlongequal{\text{按列划分}}(\boldsymbol{\alpha}_1,\boldsymbol{\alpha}_2,\boldsymbol{\alpha}_3,\boldsymbol{\alpha}_4,\boldsymbol{\alpha}_5)$，由于行最简形矩阵中三个非零行的主元在第 1、2、4 列，则 $\boldsymbol{\alpha}_1$，$\boldsymbol{\alpha}_2$，$\boldsymbol{\alpha}_4$ 是矩阵 $\boldsymbol{A}$ 列向量组 $\boldsymbol{\alpha}_1$，$\boldsymbol{\alpha}_2$，$\boldsymbol{\alpha}_3$，$\boldsymbol{\alpha}_4$，$\boldsymbol{\alpha}_5$ 的一个最大无关组，且

$$\boldsymbol{\alpha}_3=-\boldsymbol{\alpha}_1-\boldsymbol{\alpha}_2,\ \boldsymbol{\alpha}_5=4\boldsymbol{\alpha}_1+3\boldsymbol{\alpha}_2-3\boldsymbol{\alpha}_4$$

例 4.4.7　已知向量组 $\boldsymbol{\alpha}_1=(1,2,-1,1)$，$\boldsymbol{\alpha}_2=(2,0,t,0)$，$\boldsymbol{\alpha}_3=(0,-4,5,-2)$ 的秩为 2，求参数 t.

解　构造矩阵 $(\boldsymbol{\alpha}_1^{\mathrm T},\boldsymbol{\alpha}_2^{\mathrm T},\boldsymbol{\alpha}_3^{\mathrm T})$，化为行阶梯形

$$(\boldsymbol{\alpha}_1^{\mathrm T},\boldsymbol{\alpha}_2^{\mathrm T},\boldsymbol{\alpha}_3^{\mathrm T})=\begin{pmatrix}1&2&0\\2&0&-4\\-1&t&5\\1&0&-2\end{pmatrix}\xrightarrow[r_4-r_1]{\substack{r_2-2r_1\\r_3+r_1}}\begin{pmatrix}1&2&0\\0&-4&-4\\0&t+2&5\\0&-2&-2\end{pmatrix}\xrightarrow[r_4+2r_2]{\substack{r_2\div(-4)\\r_3-(t+2)r_2}}\begin{pmatrix}1&2&0\\0&1&1\\0&0&3-t\\0&0&0\end{pmatrix}$$

由向量组 $\boldsymbol{\alpha}_1$，$\boldsymbol{\alpha}_2$，$\boldsymbol{\alpha}_3$ 的秩为 2，则参数 $t=3$.

注　对于行向量组，我们通常先把行向量作转置运算化为列向量，再计算.

(1) 求矩阵的秩、向量组的秩或最大无关组，只需对矩阵作初等行变换化为行阶梯形即可.

(2) 求向量组中其余向量由最大无关组的线性表示，需对矩阵作初等行变换化为行最简形.

由三秩相等定理可知，向量组 $\boldsymbol{\alpha}_1$，$\boldsymbol{\alpha}_2$，…，$\boldsymbol{\alpha}_m$ 的秩等于矩阵 $\boldsymbol{A}=(\boldsymbol{\alpha}_1,\boldsymbol{\alpha}_2,\cdots,\boldsymbol{\alpha}_m)$ 的秩，即 $R(\boldsymbol{A})=R(\boldsymbol{\alpha}_1,\boldsymbol{\alpha}_2,\cdots,\boldsymbol{\alpha}_m)=R_{\boldsymbol{A}}$. 因此，在 4.2～4.4 节中已经介绍的定理中出现的矩阵的秩都可改为向量组的秩，例如定理 4.2.2 可叙述如下.

定理 4.2.2′　向量组 $\boldsymbol{B}:\boldsymbol{\beta}_1,\boldsymbol{\beta}_2,\cdots,\boldsymbol{\beta}_l$ 能由向量组 $\boldsymbol{A}:\boldsymbol{\alpha}_1,\boldsymbol{\alpha}_2,\cdots,\boldsymbol{\alpha}_m$ 线性表示的充分必要条件是 $R(\boldsymbol{\alpha}_1,\boldsymbol{\alpha}_2,\cdots,\boldsymbol{\alpha}_m)=R(\boldsymbol{\alpha}_1,\boldsymbol{\alpha}_2,\cdots,\boldsymbol{\alpha}_m,\boldsymbol{\beta}_1,\boldsymbol{\beta}_2,\cdots,\boldsymbol{\beta}_l)$

其中，矩阵 $\boldsymbol{A}=(\boldsymbol{\alpha}_1,\boldsymbol{\alpha}_2,\cdots,\boldsymbol{\alpha}_m)$，$\boldsymbol{B}=(\boldsymbol{\beta}_1,\boldsymbol{\beta}_2,\cdots,\boldsymbol{\beta}_l)$.

这里记号 $R(\boldsymbol{\alpha}_1,\boldsymbol{\alpha}_2,\cdots,\boldsymbol{\alpha}_m)$ 即可理解为矩阵的秩，也可理解成向量组的秩. 今后，定理 4.2.2 和定理 4.2.2′ 将不加区别.

例 4.4.8　设向量组 $\boldsymbol{\alpha}_1$，$\boldsymbol{\alpha}_2$，$\boldsymbol{\alpha}_3$ 是向量组 $\boldsymbol{V}$ 的一个最大无关组，且

$$\boldsymbol{\beta}_1=\boldsymbol{\alpha}_1+2\boldsymbol{\alpha}_2+3\boldsymbol{\alpha}_3,\ \boldsymbol{\beta}_2=\boldsymbol{\alpha}_2+2\boldsymbol{\alpha}_3,\ \boldsymbol{\beta}_3=\boldsymbol{\alpha}_3$$

证明：向量组 $\boldsymbol{\beta}_1$，$\boldsymbol{\beta}_2$，$\boldsymbol{\beta}_3$ 也是向量组 $\boldsymbol{V}$ 的一个最大无关组.

证明　由 $\boldsymbol{\alpha}_1$，$\boldsymbol{\alpha}_2$，$\boldsymbol{\alpha}_3$ 是向量组 $\boldsymbol{V}$ 的一个最大无关组，可得 $R(\boldsymbol{\alpha}_1,\boldsymbol{\alpha}_2,\boldsymbol{\alpha}_3)=3$.
因为

$$\boldsymbol{\beta}_1=\boldsymbol{\alpha}_1+2\boldsymbol{\alpha}_2+3\boldsymbol{\alpha}_3,\ \boldsymbol{\beta}_2=\boldsymbol{\alpha}_2+2\boldsymbol{\alpha}_3,\ \boldsymbol{\beta}_3=\boldsymbol{\alpha}_3$$

则

$$(\boldsymbol{\beta}_1, \boldsymbol{\beta}_2, \boldsymbol{\beta}_3)=(\boldsymbol{\alpha}_1, \boldsymbol{\alpha}_2, \boldsymbol{\alpha}_3)\begin{pmatrix}1&0&0\\2&1&0\\3&2&1\end{pmatrix}$$

又 $\begin{vmatrix}1&0&0\\2&1&0\\3&2&1\end{vmatrix}=1\neq 0$，所以矩阵 $\begin{pmatrix}1&0&0\\2&1&0\\3&2&1\end{pmatrix}$ 可逆，

因此 $R(\boldsymbol{\beta}_1, \boldsymbol{\beta}_2, \boldsymbol{\beta}_3)=R(\boldsymbol{\alpha}_1, \boldsymbol{\alpha}_2, \boldsymbol{\alpha}_3)=3$，从而 $\boldsymbol{\beta}_1, \boldsymbol{\beta}_2, \boldsymbol{\beta}_3$ 线性无关.

所以向量组 $\boldsymbol{\beta}_1, \boldsymbol{\beta}_2, \boldsymbol{\beta}_3$ 也是向量组 $\boldsymbol{V}$ 的一个最大无关组.

另一方面，矩阵的秩的问题也可以通过向量组的秩来进行研究. 我们可以利用最大无关组的定义、向量组的秩及三秩相等定理来完成以下例题的证明.

例 4.4.9 证明：$R(\boldsymbol{A}+\boldsymbol{B})\leqslant R(\boldsymbol{A})+R(\boldsymbol{B})$.

证明 设 $\boldsymbol{A}, \boldsymbol{B}$ 都是 $m\times n$ 矩阵，$R(\boldsymbol{A})=r$，$R(\boldsymbol{B})=s$. 将 $\boldsymbol{A}, \boldsymbol{B}$ 按列分块，记为

$$\boldsymbol{A}=(\boldsymbol{\alpha}_1, \boldsymbol{\alpha}_2, \cdots, \boldsymbol{\alpha}_n),\ \boldsymbol{B}=(\boldsymbol{\beta}_1, \boldsymbol{\beta}_2, \cdots, \boldsymbol{\beta}_n)$$

则

$$\boldsymbol{A}+\boldsymbol{B}=(\boldsymbol{\alpha}_1+\boldsymbol{\beta}_1, \boldsymbol{\alpha}_2+\boldsymbol{\beta}_2, \cdots, \boldsymbol{\alpha}_n+\boldsymbol{\beta}_n)$$

不妨设 $\boldsymbol{A}, \boldsymbol{B}$ 的列向量组的最大无关组分别为 $\boldsymbol{\alpha}_1, \boldsymbol{\alpha}_2, \cdots, \boldsymbol{\alpha}_r$ 和 $\boldsymbol{\beta}_1, \boldsymbol{\beta}_2, \cdots, \boldsymbol{\beta}_s$. 于是 $\boldsymbol{A}+\boldsymbol{B}$ 的列向量组 $\boldsymbol{\alpha}_1+\boldsymbol{\beta}_1, \boldsymbol{\alpha}_2+\boldsymbol{\beta}_2, \cdots, \boldsymbol{\alpha}_n+\boldsymbol{\beta}_n$ 可由向量组 $\boldsymbol{\alpha}_1, \boldsymbol{\alpha}_2, \cdots, \boldsymbol{\alpha}_r, \boldsymbol{\beta}_1, \boldsymbol{\beta}_2, \cdots, \boldsymbol{\beta}_s$ 线性表示. 因此，由定理 4.2.2′ 可知，

$$R(\boldsymbol{A}+\boldsymbol{B})=(\boldsymbol{A}+\boldsymbol{B})\text{ 的列秩}\leqslant R(\boldsymbol{\alpha}_1, \boldsymbol{\alpha}_2, \cdots, \boldsymbol{\alpha}_r, \boldsymbol{\beta}_1, \boldsymbol{\beta}_2, \cdots, \boldsymbol{\beta}_s)\leqslant r+s.$$

证毕.

例 4.4.10 设 $\boldsymbol{C}=\boldsymbol{AB}$，证明：$R(\boldsymbol{C})\leqslant \min(R(\boldsymbol{A}), R(\boldsymbol{B}))$.

证明 设 $\boldsymbol{A}, \boldsymbol{B}$ 分别是 $m\times s$，$s\times n$ 矩阵. 将 $\boldsymbol{C}, \boldsymbol{A}$ 按列分块，记为

$$\boldsymbol{C}=(\boldsymbol{c}_1, \boldsymbol{c}_2, \cdots, \boldsymbol{c}_n),\ \boldsymbol{A}=(\boldsymbol{\alpha}_1, \boldsymbol{\alpha}_2, \cdots, \boldsymbol{\alpha}_s)$$

而 $\boldsymbol{B}=(b_{ij})$，由

$$\boldsymbol{C}=(\boldsymbol{c}_1, \boldsymbol{c}_2, \cdots, \boldsymbol{c}_n)=(\boldsymbol{\alpha}_1, \boldsymbol{\alpha}_2, \cdots, \boldsymbol{\alpha}_s)\begin{pmatrix}b_{11}&\cdots&b_{1n}\\\vdots&&\vdots\\b_{s1}&\cdots&b_{sn}\end{pmatrix}$$

知矩阵 $\boldsymbol{C}$ 的列向量组可由矩阵 $\boldsymbol{A}$ 的列向量组线性表示，因此 $R(\boldsymbol{C})\leqslant R(\boldsymbol{A})$.

又 $\boldsymbol{C}^{\mathrm{T}}=\boldsymbol{B}^{\mathrm{T}}\boldsymbol{A}^{\mathrm{T}}$，可得 $R(\boldsymbol{C}^{\mathrm{T}})\leqslant R(\boldsymbol{B}^{\mathrm{T}})$，即 $R(\boldsymbol{C})\leqslant R(\boldsymbol{B})$，从而

$$R(\boldsymbol{C})\leqslant \min(R(\boldsymbol{A}), R(\boldsymbol{B}))$$

4.5 线性方程组的解的结构

我们在第 1 章用矩阵的初等行变换法解线性方程组，并证明了线性方程组的两个重要的解的判定定理 1.4.1 和定理 1.4.2，即：

(1) n 元齐次线性方程组 $\boldsymbol{AX}=\boldsymbol{O}$

$AX=O$ 有非零解 $\Leftrightarrow R(A)<n$；

$AX=O$ 仅有零解 $\Leftrightarrow R(A)=n$.

(2) n 元非齐次线性方程组 $AX=\beta$

$AX=\beta$ 无解 $\Leftrightarrow R(A)\neq R(A,\beta)$；

$AX=\beta$ 有解 $\Leftrightarrow R(A)=R(A,\beta)$；

$AX=\beta$ 有唯一解 $\Leftrightarrow R(A)=R(A,\beta)=n$；

$AX=\beta$ 有无穷多解 $\Leftrightarrow R(A)=R(A,\beta)=r<n$.

这一节我们将进一步介绍线性方程组解的性质和通解的结构问题.

4.5.1　齐次线性方程组的解的结构

首先讨论齐次线性方程组解的性质.

设有齐次线性方程组

$$\begin{cases} a_{11}x_1+a_{12}x_2+\cdots+a_{1n}x_n=0 \\ a_{21}x_1+a_{22}x_2+\cdots+a_{2n}x_n=0 \\ \quad\vdots \\ a_{m1}x_1+a_{m2}x_2+\cdots+a_{mn}x_n=0 \end{cases} \tag{4.5.1}$$

记

$$A=\begin{pmatrix} a_{11} & a_{12} & \cdots & a_{1n} \\ a_{21} & a_{22} & \cdots & a_{2n} \\ \vdots & \vdots & & \vdots \\ a_{m1} & a_{m2} & \cdots & a_{mn} \end{pmatrix},\ X=\begin{pmatrix} x_1 \\ x_2 \\ \vdots \\ x_n \end{pmatrix}$$

则式(4.5.1)可写成矩阵形式

$$AX=O$$

性质 1　若 $X=\xi_1$，$X=\xi_2$ 是齐次线性方程组 $AX=O$ 的解，则 $X=\xi_1+\xi_2$ 也是齐次方程组 $AX=O$ 的解.

证明
$$A(\xi_1+\xi_2)=A\xi_1+A\xi_2=O+O=O$$
故 $X=\xi_1+\xi_2$ 是 $AX=O$ 的解.

性质 2　若 $X=\xi$ 是齐次线性方程组 $AX=O$ 的解，k 为实数，则 $X=k\xi$ 也是齐次方程组 $AX=O$ 的解.

证明
$$A(k\xi)=k(A\xi)=k\cdot O=O$$
故 $X=k\xi$ 是 $AX=O$ 的解.

把线性方程组 $AX=O$ 的全体解向量所组成的集合记作 S.

定义 4.5.1　若 $\xi_1,\xi_2,\cdots,\xi_t$ 是齐次线性方程组 $AX=O$ 的一组解，满足：

(1) $\xi_1,\xi_2,\cdots,\xi_t$ 线性无关；

(2) 齐次线性方程组 $AX=O$ 的任一解 X 都可由 $\xi_1,\xi_2,\cdots,\xi_t$ 线性表示，则称 $\xi_1,\xi_2,\cdots,\xi_t$ 是齐次线性方程组 $AX=O$ 的一个基础解系.

即齐次线性方程组 $AX=O$ 的解向量组 S 的一个最大无关组就是该齐次线性方程组的一个

基础解系.

由上述性质(1)，(2) 可知，基础解系 $\boldsymbol{\xi}_1$，$\boldsymbol{\xi}_2$，…，$\boldsymbol{\xi}_t$ 的任何线性组合都是方程组 $\boldsymbol{AX}=\boldsymbol{O}$ 的解，因此方程组 $\boldsymbol{AX}=\boldsymbol{O}$ 的通解可表示成

$$\boldsymbol{X}=c_1\boldsymbol{\xi}_1+c_2\boldsymbol{\xi}_2+\cdots+c_t\boldsymbol{\xi}_t$$

其中 c_1，c_2，…，c_t 为任意常数. $\boldsymbol{AX}=\boldsymbol{O}$ 的这种形式的通解称为该齐次线性方程组的结构解.

关于齐次线性方程组的基础解系，有下述定理.

定理 4.5.1 设 $m\times n$ 矩阵 $\boldsymbol{A}$ 的秩 $R(\boldsymbol{A})=r<n$，则 n 元齐次线性方程组 $\boldsymbol{AX}=\boldsymbol{O}$ 有基础解系，且每个基础解系都含有 $n-r$ 个解向量，从而齐次线性方程组 $\boldsymbol{AX}=\boldsymbol{O}$ 的解集 $\boldsymbol{S}$ 的秩 $R(\boldsymbol{S})=n-r$.

证明 因为 $R(\boldsymbol{A})=r$，不妨设 $\boldsymbol{A}$ 的前 r 个列向量线性无关，于是 $\boldsymbol{A}$ 的行最简形为

$$\boldsymbol{A}\xrightarrow{r}\bar{\boldsymbol{A}}=\begin{pmatrix} 1 & 0 & \cdots & 0 & b_{11} & \cdots & b_{1,n-r} \\ 0 & 1 & \cdots & 0 & b_{21} & \cdots & b_{2,n-r} \\ \vdots & \vdots & & \vdots & \vdots & & \vdots \\ 0 & 0 & \cdots & 1 & b_{r1} & \cdots & b_{r,n-r} \\ 0 & 0 & \cdots & 0 & 0 & \cdots & 0 \\ 0 & 0 & \cdots & 0 & 0 & \cdots & 0 \\ \vdots & \vdots & & \vdots & \vdots & & \vdots \\ 0 & 0 & \cdots & 0 & 0 & \cdots & 0 \end{pmatrix}_{m\times n}$$

与 $\bar{\boldsymbol{A}}$ 对应，得同解方程组

$$\begin{cases} x_1=-b_{11}x_{r+1}-\cdots-b_{1,n-r}x_n \\ x_2=-b_{21}x_{r+1}-\cdots-b_{2,n-r}x_n \\ \qquad\vdots \\ x_r=-b_{r1}x_{r+1}-\cdots-b_{r,n-r}x_n \end{cases} \tag{4.5.2}$$

把 x_{r+1}，x_{r+2}，…，x_n 作为自由未知量，并令它们依次等于 c_1，c_2，…，c_{n-r}，可得方程组 $\boldsymbol{AX}=\boldsymbol{O}$ 的通解

$$\boldsymbol{X}=\begin{pmatrix} x_1 \\ \vdots \\ x_r \\ x_{r+1} \\ \vdots \\ x_n \end{pmatrix}=c_1\begin{pmatrix} -b_{11} \\ \vdots \\ -b_{r1} \\ 1 \\ 0 \\ \vdots \\ 0 \end{pmatrix}+c_2\begin{pmatrix} -b_{12} \\ \vdots \\ -b_{r2} \\ 0 \\ 1 \\ \vdots \\ 0 \end{pmatrix}+\cdots+c_{n-r}\begin{pmatrix} -b_{1,n-r} \\ \vdots \\ -b_{r,n-r} \\ 0 \\ 0 \\ \vdots \\ 1 \end{pmatrix}$$

把上式记作

$$\boldsymbol{X}=c_1\boldsymbol{\xi}_1+c_2\boldsymbol{\xi}_2+\cdots+c_{n-r}\boldsymbol{\xi}_{n-r}$$

其中 $\boldsymbol{\xi}_1=\begin{pmatrix}-b_{11}\\ \vdots\\ -b_{r1}\\ 1\\ 0\\ \vdots\\ 0\end{pmatrix}$，$\boldsymbol{\xi}_2=\begin{pmatrix}-b_{12}\\ \vdots\\ -b_{r2}\\ 0\\ 1\\ \vdots\\ 0\end{pmatrix}$，…，$\boldsymbol{\xi}_{n-r}=\begin{pmatrix}-b_{1,n-r}\\ \vdots\\ -b_{r,n-r}\\ 0\\ 0\\ \vdots\\ 1\end{pmatrix}$，$c_1$，$c_2$，…，$c_{n-r}$ 为任意常数.

因此，解集 $\boldsymbol{S}$ 中的任一解向量 $\boldsymbol{X}$ 都可由 $\boldsymbol{\xi}_1$，$\boldsymbol{\xi}_2$，…，$\boldsymbol{\xi}_{n-r}$ 线性表示.

又矩阵$(\boldsymbol{\xi}_1,\boldsymbol{\xi}_2,\cdots,\boldsymbol{\xi}_{n-r})$中有 $n-r$ 阶子式 $|\boldsymbol{E}_{n-r}|\neq 0$，故 $R(\boldsymbol{\xi}_1,\boldsymbol{\xi}_2,\cdots,\boldsymbol{\xi}_{n-r})=n-r$，所以 $\boldsymbol{\xi}_1$，$\boldsymbol{\xi}_2$，…，$\boldsymbol{\xi}_{n-r}$ 线性无关. 根据最大无关组的定义，知 $\boldsymbol{\xi}_1$，$\boldsymbol{\xi}_2$，…，$\boldsymbol{\xi}_{n-r}$ 是解集 $\boldsymbol{S}$ 的一个最大无关组，则 $\boldsymbol{\xi}_1$，$\boldsymbol{\xi}_2$，…，$\boldsymbol{\xi}_{n-r}$ 是方程组 $\boldsymbol{AX}=\boldsymbol{O}$ 的一个基础解系，从而齐次线性方程组 $\boldsymbol{AX}=\boldsymbol{O}$ 的解集 $\boldsymbol{S}$ 的秩 $R(\boldsymbol{S})=n-r$.

在上面的讨论中，我们先求出齐次线性方程组的通解，再从通解求得基础解系. 事实上，我们也可先求基础解系，再写出通解. 这只需在得到方程组(4.5.2)以后，令自由未知量 x_{r+1}，x_{r+2}，…，x_n 取为下列 $n-r$ 组数

$$\begin{pmatrix}x_{r+1}\\ x_{r+2}\\ \vdots\\ x_n\end{pmatrix}=\begin{pmatrix}1\\ 0\\ \vdots\\ 0\end{pmatrix},\begin{pmatrix}0\\ 1\\ \vdots\\ 0\end{pmatrix},\cdots,\begin{pmatrix}0\\ 0\\ \vdots\\ 1\end{pmatrix}$$

由方程组(4.5.2)即依次可得

$$\begin{pmatrix}x_1\\ x_2\\ \vdots\\ x_r\end{pmatrix}=\begin{pmatrix}-b_{11}\\ -b_{21}\\ \vdots\\ -b_{r1}\end{pmatrix},\begin{pmatrix}-b_{12}\\ -b_{22}\\ \vdots\\ -b_{r2}\end{pmatrix},\cdots,\begin{pmatrix}-b_{1,n-r}\\ -b_{2,n-r}\\ \vdots\\ -b_{r,n-r}\end{pmatrix}$$

合起来便得基础解系

$$\boldsymbol{\xi}_1=\begin{pmatrix}-b_{11}\\ \vdots\\ -b_{r1}\\ 1\\ 0\\ \vdots\\ 0\end{pmatrix},\boldsymbol{\xi}_2=\begin{pmatrix}-b_{12}\\ \vdots\\ -b_{r2}\\ 0\\ 1\\ \vdots\\ 0\end{pmatrix},\cdots,\boldsymbol{\xi}_{n-r}=\begin{pmatrix}-b_{1,n-r}\\ \vdots\\ -b_{r,n-r}\\ 0\\ 0\\ \vdots\\ 1\end{pmatrix}$$

与先求出齐次线性方程组的通解，再求基础解系，得到的结论一致.

注　(1) 当 $R(\boldsymbol{A})=n$ 时，方程组 $\boldsymbol{AX}=\boldsymbol{O}$ 只有零解，没有基础解系(此时解集 $\boldsymbol{S}$ 只含一个零向量)；

(2) 当 $R(\boldsymbol{A})=r<n$ 时，由定理 4.5.1 可知方程组 $\boldsymbol{AX}=\boldsymbol{O}$ 的基础解系含 $n-r$ 个向量. 一般地，齐次线性方程组 $\boldsymbol{AX}=\boldsymbol{O}$ 的基础解系是不唯一的，它的通解的形式也不唯一. 但不同的基础

解系是等价的，它们所含的线性无关的解向量的个数相等，都等于 $n-r$. 或者说，齐次线性方程组 $\boldsymbol{AX}=\boldsymbol{O}$ 的任意 $n-r$ 个线性无关的解都可构成它的一个基础解系.

定理 4.5.1 的证明提供了求齐次线性方程组的基础解系的方法，我们可以用**初等行变换**的方法，先求齐次线性方程组的通解，再求出它的基础解系；或先求出齐次线性方程组的基础解系，再写出它的通解.

例 4.5.1 求线性方程组 $\begin{cases} x_1-x_2+2x_3+x_4=0 \\ 2x_1-x_2+x_3+2x_4=0 \\ x_1-x_3+x_4=0 \\ 3x_1-x_2+3x_4=0 \end{cases}$ 的基础解系和通解.

解 对齐次线性方程组的系数矩阵 $\boldsymbol{A}$ 作初等行变换化为行最简形，有

$$\boldsymbol{A}=\begin{pmatrix} 1 & -1 & 2 & 1 \\ 2 & -1 & 1 & 2 \\ 1 & 0 & -1 & 1 \\ 3 & -1 & 0 & 3 \end{pmatrix} \xrightarrow[r_4-3r_1]{\substack{r_2-2r_1 \\ r_3-r_1}} \begin{pmatrix} 1 & -1 & 2 & 1 \\ 0 & 1 & -3 & 0 \\ 0 & 1 & -3 & 0 \\ 0 & 2 & -6 & 0 \end{pmatrix} \xrightarrow[r_1+r_2]{\substack{r_3-r_2 \\ r_4-2r_2}} \begin{pmatrix} 1 & 0 & -1 & 1 \\ 0 & 1 & -3 & 0 \\ 0 & 0 & 0 & 0 \\ 0 & 0 & 0 & 0 \end{pmatrix}$$

因 $R(\boldsymbol{A})=2<4$，所以原方程组有无穷多解. 与原方程组同解的方程组为

$$\begin{cases} x_1=x_3-x_4 \\ x_2=3x_3 \end{cases} \tag{4.5.3}$$

方法一：先求通解，再求基础解系.

取 x_3，x_4 为自由未知量，令 $x_3=c_1$，$x_4=c_2$，则原方程组的通解为

$$\boldsymbol{X}=\begin{pmatrix} x_1 \\ x_2 \\ x_3 \\ x_4 \end{pmatrix}=\begin{pmatrix} c_1-c_2 \\ 3c_1 \\ c_1 \\ c_2 \end{pmatrix}=c_1\begin{pmatrix} 1 \\ 3 \\ 1 \\ 0 \end{pmatrix}+c_2\begin{pmatrix} -1 \\ 0 \\ 0 \\ 1 \end{pmatrix} \quad (c_1,\ c_2 \text{ 为任意常数})$$

取

$$\boldsymbol{\xi}_1=\begin{pmatrix} 1 \\ 3 \\ 1 \\ 0 \end{pmatrix},\ \boldsymbol{\xi}_2=\begin{pmatrix} -1 \\ 0 \\ 0 \\ 1 \end{pmatrix}$$

则 $\boldsymbol{\xi}_1$，$\boldsymbol{\xi}_2$ 是方程组 $\boldsymbol{AX}=\boldsymbol{O}$ 的两个线性无关的解，且方程组 $\boldsymbol{AX}=\boldsymbol{O}$ 的任一解 $\boldsymbol{X}$ 均可由 $\boldsymbol{\xi}_1$，$\boldsymbol{\xi}_2$ 线性表示，故 $\boldsymbol{\xi}_1$，$\boldsymbol{\xi}_2$ 为所求的一个基础解系.

方法二：先求齐次线性方程组的基础解系，再写出它的通解.

取 $\begin{pmatrix} x_3 \\ x_4 \end{pmatrix}=\begin{pmatrix} 1 \\ 0 \end{pmatrix}$，$\begin{pmatrix} 0 \\ 1 \end{pmatrix}$ 代入式(4.5.3)，解得对应的 $\begin{pmatrix} x_1 \\ x_2 \end{pmatrix}=\begin{pmatrix} 1 \\ 3 \end{pmatrix}$，$\begin{pmatrix} -1 \\ 0 \end{pmatrix}$，可得基础解系

$$\boldsymbol{\xi}_1=\begin{pmatrix} 1 \\ 3 \\ 1 \\ 0 \end{pmatrix},\ \boldsymbol{\xi}_2=\begin{pmatrix} -1 \\ 0 \\ 0 \\ 1 \end{pmatrix}$$

所以原方程组的通解为

$$\boldsymbol{X}=\begin{pmatrix}x_1\\x_2\\x_3\\x_4\end{pmatrix}=c_1\begin{pmatrix}1\\3\\1\\0\end{pmatrix}+c_2\begin{pmatrix}-1\\0\\0\\1\end{pmatrix}=c_1\boldsymbol{\xi}_1+c_2\boldsymbol{\xi}_2(c_1,\ c_2\ \text{为任意常数})$$

注　如果在式(4.5.3)中取 $\begin{pmatrix}x_3\\x_4\end{pmatrix}=\begin{pmatrix}1\\1\end{pmatrix}$，$\begin{pmatrix}-1\\1\end{pmatrix}$ 代入，可得方程组的另一个基础解系

$$\boldsymbol{\eta}_1=\begin{pmatrix}0\\3\\1\\1\end{pmatrix},\ \boldsymbol{\eta}_2=\begin{pmatrix}-2\\-3\\-1\\1\end{pmatrix}$$

从而有通解

$$\boldsymbol{X}=\begin{pmatrix}x_1\\x_2\\x_3\\x_4\end{pmatrix}=k_1\begin{pmatrix}0\\3\\1\\1\end{pmatrix}+k_2\begin{pmatrix}-2\\-3\\-1\\1\end{pmatrix}=k_1\boldsymbol{\eta}_1+k_2\boldsymbol{\eta}_2(k_1,\ k_2\ \text{为任意常数})$$

这两个基础解系 $\boldsymbol{\xi}_1$，$\boldsymbol{\xi}_2$ 与 $\boldsymbol{\eta}_1$，$\boldsymbol{\eta}_2$ 尽管形式不一样，但都能线性表示该方程组的任一解，这是因为齐次线性方程组的基础解系是等价的.

思考　本例可以取 x_2，x_3 或 x_2，x_4 为自由未知量吗？为什么？

例 4.5.2　求齐次线性方程组 $\begin{cases}x_2-2x_3+5x_4-2x_5=0\\x_1+x_2+2x_3-x_4+2x_5=0\\2x_1+3x_2+2x_3+4x_4+3x_5=0\\-3x_1-4x_2-4x_3-3x_4-5x_5=0\end{cases}$ 的通解和基础解系.

解　对齐次线性方程组的系数矩阵 $\boldsymbol{A}$ 进行初等行变换，得

$$\boldsymbol{A}=\begin{pmatrix}0&1&-2&5&-2\\1&1&2&-1&2\\2&3&2&4&3\\-3&-4&-4&-3&-5\end{pmatrix}\xrightarrow{r}\begin{pmatrix}1&0&4&0&10\\0&1&-2&0&-7\\0&0&0&1&1\\0&0&0&0&0\end{pmatrix}$$

因 $R(\boldsymbol{A})=3<5$，所以原方程组有无穷多解. 与原方程组同解的方程组为

$$\begin{cases}x_1=-4x_3-10x_5\\x_2=2x_3+7x_5\\x_4=-x_5\end{cases}$$

取自由未知量 $x_3=c_1$，$x_5=c_2$，得原方程组的通解为

$$X=\begin{pmatrix}x_1\\x_2\\x_3\\x_4\\x_5\end{pmatrix}=c_1\begin{pmatrix}-4\\2\\1\\0\\0\end{pmatrix}+c_2\begin{pmatrix}-10\\7\\0\\-1\\1\end{pmatrix}=c_1\boldsymbol{\xi}_1+c_2\boldsymbol{\xi}_2,\quad (c_1,\ c_2 \text{为任意常数})$$

而 $\boldsymbol{\xi}_1=\begin{pmatrix}-4\\2\\1\\0\\0\end{pmatrix}$，$\boldsymbol{\xi}_2=\begin{pmatrix}-10\\7\\0\\-1\\1\end{pmatrix}$ 为所求的一个基础解系.

例 4.5.3 已知 n 元齐次线性方程组 $\boldsymbol{AX}=\boldsymbol{O}$ 有两个不同的解 $\boldsymbol{\xi}_1$，$\boldsymbol{\xi}_2$，且 $R(\boldsymbol{A})=n-1$，求该方程组的通解.

解 因为齐次线性方程组 $\boldsymbol{AX}=\boldsymbol{O}$ 含有 n 个未知量，且 $R(\boldsymbol{A})=n-1$，由定理4.5.1得，方程组 $\boldsymbol{AX}=\boldsymbol{O}$ 的基础解系含有 $n-R(\boldsymbol{A})=1$ 个线性无关的解.

令 $\boldsymbol{\xi}=\boldsymbol{\xi}_1-\boldsymbol{\xi}_2$，则由齐次线性方程组解的性质知 $\boldsymbol{\xi}$ 是方程组 $\boldsymbol{AX}=\boldsymbol{O}$ 的一个解.

又 $\boldsymbol{\xi}_1\neq\boldsymbol{\xi}_2$，则 $\boldsymbol{\xi}=\boldsymbol{\xi}_1-\boldsymbol{\xi}_2\neq\boldsymbol{O}$，从而 $\boldsymbol{\xi}$ 线性无关.

则 $\boldsymbol{\xi}$ 是 $\boldsymbol{AX}=\boldsymbol{O}$ 的一个线性无关的解. 从而 $\boldsymbol{\xi}$ 是方程组 $\boldsymbol{AX}=\boldsymbol{O}$ 的一个基础解系.

于是方程组 $\boldsymbol{AX}=\boldsymbol{O}$ 的通解为 $\boldsymbol{X}=k\boldsymbol{\xi}$，$k\in\mathbf{R}$.

例 4.5.4 设 n 元齐次线性方程组 $\boldsymbol{AX}=\boldsymbol{O}$ 与 $\boldsymbol{BX}=\boldsymbol{O}$ 同解，证明：$R(\boldsymbol{A})=R(\boldsymbol{B})$.

证明 设 n 元齐次线性方程组 $\boldsymbol{AX}=\boldsymbol{O}$ 与 $\boldsymbol{BX}=\boldsymbol{O}$ 的解集分别为 $\boldsymbol{S}_1$，$\boldsymbol{S}_2$，

则由题意得 $\boldsymbol{S}_1=\boldsymbol{S}_2$，从而 $R(\boldsymbol{S}_1)=R(\boldsymbol{S}_2)$.

由定理 4.5.1 知，$R(\boldsymbol{S}_1)=n-R(\boldsymbol{A})$，$R(\boldsymbol{S}_2)=n-R(\boldsymbol{B})$.

综上可得，$R(\boldsymbol{A})=R(\boldsymbol{B})$.

例 4.5.5 设 $\boldsymbol{A}$ 是 $m\times n$ 矩阵，证明：$R(\boldsymbol{A}^{\mathrm{T}}\boldsymbol{A})=R(\boldsymbol{A})$.

证明 由例 4.5.4 知，只需证明方程组 $\boldsymbol{A}^{\mathrm{T}}\boldsymbol{AX}=\boldsymbol{O}$ 与方程组 $\boldsymbol{AX}=\boldsymbol{O}$ 同解即可.

若 n 维向量 $\boldsymbol{X}$ 满足 $\boldsymbol{AX}=\boldsymbol{O}$，则有 $\boldsymbol{A}^{\mathrm{T}}(\boldsymbol{AX})=\boldsymbol{O}$，即 $(\boldsymbol{A}^{\mathrm{T}}\boldsymbol{A})\boldsymbol{X}=\boldsymbol{O}$.

若 n 维向量 $\boldsymbol{X}$ 满足 $(\boldsymbol{A}^{\mathrm{T}}\boldsymbol{A})\boldsymbol{X}=\boldsymbol{O}$，则有 $\boldsymbol{X}^{\mathrm{T}}(\boldsymbol{A}^{\mathrm{T}}\boldsymbol{A})\boldsymbol{X}=\boldsymbol{O}$，即 $(\boldsymbol{AX})^{\mathrm{T}}(\boldsymbol{AX})=\boldsymbol{O}$，

由例 3.2.3 得 $\boldsymbol{AX}=\boldsymbol{O}$.

因此，线性方程组 $\boldsymbol{AX}=\boldsymbol{O}$ 与 $(\boldsymbol{A}^{\mathrm{T}}\boldsymbol{A})\boldsymbol{X}=\boldsymbol{O}$ 是同解方程组，因此 $n-R(\boldsymbol{A}^{\mathrm{T}}\boldsymbol{A})=n-R(\boldsymbol{A})$，从而 $R(\boldsymbol{A}^{\mathrm{T}}\boldsymbol{A})=R(\boldsymbol{A})$.

例 4.5.6 设 $m\times n$ 矩阵 $\boldsymbol{A}$ 和 $n\times l$ 矩阵 $\boldsymbol{B}$ 满足 $\boldsymbol{A}_{m\times n}\boldsymbol{B}_{n\times l}=\boldsymbol{O}$，证明：$R(\boldsymbol{A})+R(\boldsymbol{B})\leqslant n$.

证明 把 $\boldsymbol{B}$ 按列分块 $\boldsymbol{B}=(\boldsymbol{\beta}_1,\ \boldsymbol{\beta}_2,\ \cdots,\ \boldsymbol{\beta}_l)$，由 $\boldsymbol{AB}=\boldsymbol{O}$ 得

$$\boldsymbol{AB}=\boldsymbol{A}(\boldsymbol{\beta}_1,\ \boldsymbol{\beta}_2,\ \cdots,\ \boldsymbol{\beta}_l)=(\boldsymbol{A\beta}_1,\ \boldsymbol{A\beta}_2,\ \cdots,\ \boldsymbol{A\beta}_l)=(\boldsymbol{O},\ \boldsymbol{O},\ \cdots,\ \boldsymbol{O})$$

因此有 $\boldsymbol{A\beta}_i=\boldsymbol{O}(i=1,\ 2,\ \cdots,\ l)$，从而矩阵 $\boldsymbol{B}$ 的每一列 $\boldsymbol{\beta}_i$ 均是 n 元线性方程组 $\boldsymbol{AX}=\boldsymbol{O}$ 的解，则列向量组 $\boldsymbol{\beta}_1$，$\boldsymbol{\beta}_2$，$\cdots$，$\boldsymbol{\beta}_l$ 是方程组 $\boldsymbol{AX}=\boldsymbol{O}$ 的解集 $\boldsymbol{S}$ 的部分组，有

$$R(\boldsymbol{B})=R(\boldsymbol{\beta}_1,\ \boldsymbol{\beta}_2,\ \cdots,\ \boldsymbol{\beta}_l)\leqslant R(\boldsymbol{S})$$

由定理 4.5.1 知

$$R(\boldsymbol{A})+R(\boldsymbol{S})=n$$

所以

$$R(\boldsymbol{A})+R(\boldsymbol{B})\leqslant R(\boldsymbol{A})+R(\boldsymbol{S})=n$$

例 4.5.7　设 $\boldsymbol{\alpha}_1, \boldsymbol{\alpha}_2, \boldsymbol{\alpha}_3$ 是齐次线性方程组 $\boldsymbol{AX}=\boldsymbol{O}$ 的一个基础解系，且

$$\boldsymbol{\beta}_1=\boldsymbol{\alpha}_1+\boldsymbol{\alpha}_2,\ \boldsymbol{\beta}_2=\boldsymbol{\alpha}_2+\boldsymbol{\alpha}_3,\ \boldsymbol{\beta}_3=\boldsymbol{\alpha}_3+\boldsymbol{\alpha}_1$$

证明：$\boldsymbol{\beta}_1, \boldsymbol{\beta}_2, \boldsymbol{\beta}_3$ 也是方程组 $\boldsymbol{AX}=\boldsymbol{O}$ 的一个基础解系.

证明　因为 $\boldsymbol{\alpha}_1, \boldsymbol{\alpha}_2, \boldsymbol{\alpha}_3$ 是齐次线性方程组 $\boldsymbol{AX}=\boldsymbol{O}$ 的一个基础解系，所以 $\boldsymbol{\alpha}_1, \boldsymbol{\alpha}_2, \boldsymbol{\alpha}_3$ 是方程组 $\boldsymbol{AX}=\boldsymbol{O}$ 的三个线性无关的解，有

$$\boldsymbol{A\alpha}_1=\boldsymbol{O},\ \boldsymbol{A\alpha}_2=\boldsymbol{O},\ \boldsymbol{A\alpha}_3=\boldsymbol{O},\ R(\boldsymbol{\alpha}_1, \boldsymbol{\alpha}_2, \boldsymbol{\alpha}_3)=3$$

从而可得 $\boldsymbol{A\beta}_1=\boldsymbol{O}$，$\boldsymbol{A\beta}_2=\boldsymbol{O}$，$\boldsymbol{A\beta}_3=\boldsymbol{O}$，则 $\boldsymbol{\beta}_1, \boldsymbol{\beta}_2, \boldsymbol{\beta}_3$ 是方程组 $\boldsymbol{AX}=\boldsymbol{O}$ 的三个解.

由于

$$(\boldsymbol{\beta}_1, \boldsymbol{\beta}_2, \boldsymbol{\beta}_3)=(\boldsymbol{\alpha}_1, \boldsymbol{\alpha}_2, \boldsymbol{\alpha}_3)\begin{pmatrix}1&0&1\\1&1&0\\0&1&1\end{pmatrix}$$

其中 $\begin{vmatrix}1&0&1\\1&1&0\\0&1&1\end{vmatrix}=2\neq 0$，所以矩阵 $\begin{pmatrix}1&0&1\\1&1&0\\0&1&1\end{pmatrix}$ 可逆.

所以 $R(\boldsymbol{\beta}_1, \boldsymbol{\beta}_2, \boldsymbol{\beta}_3)=R(\boldsymbol{\alpha}_1, \boldsymbol{\alpha}_2, \boldsymbol{\alpha}_3)=3$，则 $\boldsymbol{\beta}_1, \boldsymbol{\beta}_2, \boldsymbol{\beta}_3$ 是方程组 $\boldsymbol{AX}=\boldsymbol{O}$ 的三个线性无关的解，从而 $\boldsymbol{\beta}_1, \boldsymbol{\beta}_2, \boldsymbol{\beta}_3$ 也是方程组 $\boldsymbol{AX}=\boldsymbol{O}$ 的一个基础解系.

4.5.2　非齐次线性方程组的解的结构

设非齐次线性方程组

$$\begin{cases}a_{11}x_1+a_{12}x_2+\cdots+a_{1n}x_n=b_1\\a_{21}x_1+a_{22}x_2+\cdots+a_{2n}x_n=b_2\\\qquad\vdots\\a_{m1}x_1+a_{m2}x_2+\cdots+a_{mn}x_n=b_m\end{cases}\tag{4.5.4}$$

记

$$\boldsymbol{A}=\begin{pmatrix}a_{11}&a_{12}&\cdots&a_{1n}\\a_{21}&a_{22}&\cdots&a_{2n}\\\vdots&\vdots&&\vdots\\a_{m1}&a_{m2}&\cdots&a_{mn}\end{pmatrix},\ \boldsymbol{X}=\begin{pmatrix}x_1\\x_2\\\vdots\\x_n\end{pmatrix},\ \boldsymbol{\beta}=\begin{pmatrix}b_1\\b_2\\\vdots\\b_m\end{pmatrix}$$

则式(4.5.4)可写成矩阵形式

$$\boldsymbol{AX}=\boldsymbol{\beta}$$

通常称 $\boldsymbol{AX}=\boldsymbol{O}$ 是 $\boldsymbol{AX}=\boldsymbol{\beta}$ 对应的齐次线性方程组，或称为方程组 $\boldsymbol{AX}=\boldsymbol{\beta}$ 的导出组.

思考　非齐次线性方程组解的线性组合是否仍为该非齐次方程组的解呢?

我们来讨论非齐次线性方程组解的性质.

性质 3　若 $\boldsymbol{\eta}_1, \boldsymbol{\eta}_2$ 为方程组 $\boldsymbol{AX}=\boldsymbol{\beta}$ 的任意两个解，则 $\boldsymbol{\eta}_1-\boldsymbol{\eta}_2$ 是导出组 $\boldsymbol{AX}=\boldsymbol{O}$ 的解.

证明　$\boldsymbol{A}(\boldsymbol{\eta}_1-\boldsymbol{\eta}_2)=\boldsymbol{A\eta}_1-\boldsymbol{A\eta}_2=\boldsymbol{\beta}-\boldsymbol{\beta}=\boldsymbol{O}$　证毕.

性质 4 若 $\boldsymbol{\eta}$ 为非齐次线性方程组 $\boldsymbol{AX}=\boldsymbol{\beta}$ 的解，ξ 为齐次线性方程组 $\boldsymbol{AX}=\boldsymbol{O}$ 的解，则 $\boldsymbol{\eta}+\xi$ 是方程组 $\boldsymbol{AX}=\boldsymbol{\beta}$ 的解.

证明 $\boldsymbol{A}(\boldsymbol{\eta}+\xi)=\boldsymbol{A\eta}+\boldsymbol{A}\xi=\boldsymbol{\beta}+\boldsymbol{O}=\boldsymbol{\beta}$ 证毕.

定理 4.5.2 若 $\boldsymbol{\eta}$ 为非齐次线性方程组 $\boldsymbol{AX}=\boldsymbol{\beta}$ 的一个特解，$\xi_1,\xi_2,\cdots,\xi_{n-r}$ 为齐次线性方程组 $\boldsymbol{AX}=\boldsymbol{O}$ 的一个基础解系，则方程组 $\boldsymbol{AX}=\boldsymbol{\beta}$ 的通解为

$$\boldsymbol{X}=c_1\boldsymbol{\xi}_1+c_2\boldsymbol{\xi}_2+\cdots+c_{n-r}\boldsymbol{\xi}_{n-r}+\boldsymbol{\eta}$$

其中 $c_1,c_2,\cdots,c_{n-r}$ 为任意常数.

证明 设 $\boldsymbol{X}$ 是非齐次线性方程组 $\boldsymbol{AX}=\boldsymbol{\beta}$ 的任意一个解，由性质 3 得，$\boldsymbol{X}-\boldsymbol{\eta}$ 是对应的齐次线性方程组 $\boldsymbol{AX}=\boldsymbol{O}$ 的解，则 $\boldsymbol{X}-\boldsymbol{\eta}$ 可由方程组 $\boldsymbol{AX}=\boldsymbol{O}$ 的基础解系线性表示，即

$$\boldsymbol{X}-\boldsymbol{\eta}=c_1\boldsymbol{\xi}_1+c_2\boldsymbol{\xi}_2+\cdots+c_{n-r}\boldsymbol{\xi}_{n-r}$$

故

$$\boldsymbol{X}=c_1\boldsymbol{\xi}_1+c_2\boldsymbol{\xi}_2+\cdots+c_{n-r}\boldsymbol{\xi}_{n-r}+\boldsymbol{\eta}$$

注 非齐次线性方程组 $\boldsymbol{AX}=\boldsymbol{\beta}$ 的通解 $\boldsymbol{X}$ 为齐次线性方程组 $\boldsymbol{AX}=\boldsymbol{O}$ 的通解 ξ 与 $\boldsymbol{AX}=\boldsymbol{\beta}$ 的一个特解 $\boldsymbol{\eta}$ 之和，即

$$\begin{aligned}\boldsymbol{X}&=\xi+\boldsymbol{\eta}\\&=c_1\boldsymbol{\xi}_1+c_2\boldsymbol{\xi}_2+\cdots+c_{n-r}\boldsymbol{\xi}_{n-r}+\boldsymbol{\eta}\,(c_1,c_2,\cdots,c_{n-r}\text{ 为任意常数})\end{aligned}$$

例 4.5.8 求非齐次线性方程组 $\begin{cases}x_1-x_2-x_3+x_4=1\\x_1-x_2+x_3-3x_4=7\\x_1-x_2-2x_3+3x_4=-2\end{cases}$ 的一个特解和通解.

解 对非齐次线性方程组的增广矩阵进行初等行变换

$$\boldsymbol{B}=\left(\begin{array}{cccc:c}1&-1&-1&1&1\\1&-1&1&-3&7\\1&-1&-2&3&-2\end{array}\right)\xrightarrow{r}\left(\begin{array}{cccc:c}1&-1&0&-1&4\\0&0&1&-2&3\\0&0&0&0&0\end{array}\right)$$

则有 $R(\boldsymbol{A})=R(\boldsymbol{B})=2<4$，所以原方程组有无穷多解. 原方程组的同解方程组为

$$\begin{cases}x_1-x_2-x_4=4\\x_3-2x_4=3\end{cases}\Leftrightarrow\begin{cases}x_1=x_2+x_4+4\\x_3=2x_4+3\end{cases}$$

方法一：先求原方程组 $\boldsymbol{AX}=\boldsymbol{\beta}$ 的通解，从而求出特解.

取自由未知量 $x_2=c_1$，$x_4=c_2$，可得原方程组通解为

$$\boldsymbol{X}=\begin{pmatrix}x_1\\x_2\\x_3\\x_4\end{pmatrix}=\begin{pmatrix}c_1+c_2+4\\c_1\\2c_2+3\\c_2\end{pmatrix}=c_1\begin{pmatrix}1\\1\\0\\0\end{pmatrix}+c_2\begin{pmatrix}1\\0\\2\\1\end{pmatrix}+\begin{pmatrix}4\\0\\3\\0\end{pmatrix}\xlongequal{\text{记}}c_1\boldsymbol{\xi}_1+c_2\boldsymbol{\xi}_2+\boldsymbol{\eta}^*$$

其中 $\boldsymbol{\xi}_1=\begin{pmatrix}1\\1\\0\\0\end{pmatrix}$，$\boldsymbol{\xi}_2=\begin{pmatrix}1\\0\\2\\1\end{pmatrix}$，$\boldsymbol{\eta}^*=\begin{pmatrix}4\\0\\3\\0\end{pmatrix}$，$c_1,c_2$ 为任意常数.

可验证 $\boldsymbol{\eta}^*$ 是原方程组的一个特解.

方法二：分别求 $\boldsymbol{AX}=\boldsymbol{\beta}$ 的特解和 $\boldsymbol{AX}=\boldsymbol{O}$ 的通解，再求得原方程组 $\boldsymbol{AX}=\boldsymbol{\beta}$ 通解.

由同解方程组

$$\begin{cases} x_1=x_2+x_4+4 \\ x_3=2x_4+3 \end{cases}$$

取 $\begin{pmatrix} x_2 \\ x_4 \end{pmatrix}=\begin{pmatrix} 0 \\ 0 \end{pmatrix}$ 代入上式得 $\begin{pmatrix} x_1 \\ x_3 \end{pmatrix}=\begin{pmatrix} 4 \\ 3 \end{pmatrix}$，从而得原方程组的一个特解 $\boldsymbol{\eta}^*=\begin{pmatrix} 4 \\ 0 \\ 3 \\ 0 \end{pmatrix}$.

导出组 $\boldsymbol{AX}=\boldsymbol{O}$ 对应的同解方程组为

$$\begin{cases} x_1=x_2+x_4 \\ x_3=2x_4 \end{cases}$$

取 $\begin{pmatrix} x_2 \\ x_4 \end{pmatrix}=\begin{pmatrix} 1 \\ 0 \end{pmatrix}$，$\begin{pmatrix} 0 \\ 1 \end{pmatrix}$ 分别代入上式得 $\begin{pmatrix} x_1 \\ x_3 \end{pmatrix}=\begin{pmatrix} 1 \\ 0 \end{pmatrix}$，$\begin{pmatrix} 1 \\ 2 \end{pmatrix}$，从而可得 $\boldsymbol{AX}=\boldsymbol{O}$ 的一个基础解系 $\boldsymbol{\xi}_1=\begin{pmatrix} 1 \\ 1 \\ 0 \\ 0 \end{pmatrix}$，$\boldsymbol{\xi}_2=\begin{pmatrix} 1 \\ 0 \\ 2 \\ 1 \end{pmatrix}$，其通解为 $\boldsymbol{\xi}=c_1\boldsymbol{\xi}_1+c_2\boldsymbol{\xi}_2$.

故原方程组的通解为

$$\boldsymbol{X}=\boldsymbol{\xi}+\boldsymbol{\eta}^*=c_1\boldsymbol{\xi}_1+c_2\boldsymbol{\xi}_2+\boldsymbol{\eta}^* \quad (c_1, c_2 \text{ 为任意常数})$$

例 4.5.9 设 4 元非齐次线性方程组 $\boldsymbol{AX}=\boldsymbol{\beta}$ 有三个解 $\boldsymbol{\eta}_1$，$\boldsymbol{\eta}_2$，$\boldsymbol{\eta}_3$，$R(\boldsymbol{A})=3$，且 $\boldsymbol{\eta}_1+2\boldsymbol{\eta}_2=\begin{pmatrix} 3 \\ 4 \\ 1 \\ 5 \end{pmatrix}$，$\boldsymbol{\eta}_3=\begin{pmatrix} 1 \\ 2 \\ 0 \\ 1 \end{pmatrix}$，求方程组 $\boldsymbol{AX}=\boldsymbol{\beta}$ 的通解.

解 由定理 4.5.1 可知方程组 $\boldsymbol{AX}=\boldsymbol{O}$ 的基础解系含有 $n-R(\boldsymbol{A})=4-3=1$ 个线性无关的解，因此只需找出方程组 $\boldsymbol{AX}=\boldsymbol{O}$ 的一个非零解，即可得它的一个基础解系.

又 $\boldsymbol{\eta}_1$，$\boldsymbol{\eta}_2$，$\boldsymbol{\eta}_3$ 是 $\boldsymbol{AX}=\boldsymbol{\beta}$ 的三个解，则

$$\boldsymbol{A}(\boldsymbol{\eta}_1+2\boldsymbol{\eta}_2-3\boldsymbol{\eta}_3)=\boldsymbol{A\eta}_1+2\boldsymbol{A\eta}_2-3\boldsymbol{A\eta}_3=\boldsymbol{\beta}+2\boldsymbol{\beta}-3\boldsymbol{\beta}=\boldsymbol{O}$$

记

$$\boldsymbol{\xi}=\boldsymbol{\eta}_1+2\boldsymbol{\eta}_2-3\boldsymbol{\eta}_3=\begin{pmatrix} 3 \\ 4 \\ 1 \\ 5 \end{pmatrix}-3\begin{pmatrix} 1 \\ 2 \\ 0 \\ 1 \end{pmatrix}=\begin{pmatrix} 0 \\ -2 \\ 1 \\ 2 \end{pmatrix}\neq\boldsymbol{O}$$

可得 $\boldsymbol{\xi}$ 是 $\boldsymbol{AX}=\boldsymbol{O}$ 的一个非零解，从而 $\boldsymbol{\xi}$ 是 $\boldsymbol{AX}=\boldsymbol{O}$ 的一个基础解系，

则 $\boldsymbol{AX}=\boldsymbol{\beta}$ 的通解为 $k\boldsymbol{\xi}+\boldsymbol{\eta}_3$，其中 k 为任意常数.

例 4.5.10 设 $\boldsymbol{\xi}_1$，$\boldsymbol{\xi}_2$，…，$\boldsymbol{\xi}_t$ 是齐次线性方程组 $\boldsymbol{AX}=\boldsymbol{O}$ 的一个基础解系，$\boldsymbol{\eta}$ 是非齐次线性方程组 $\boldsymbol{AX}=\boldsymbol{\beta}$ 的解，证明：$\boldsymbol{\xi}_1$，$\boldsymbol{\xi}_2$，…，$\boldsymbol{\xi}_t$，$\boldsymbol{\eta}$ 线性无关.

证明 设

$$k_1\boldsymbol{\xi}_1+k_2\boldsymbol{\xi}_2+\cdots+k_t\boldsymbol{\xi}_t+k\boldsymbol{\eta}=\boldsymbol{O} \tag{4.5.5}$$

则
$$\boldsymbol{A}(k_1\boldsymbol{\xi}_1+k_2\boldsymbol{\xi}_2+\cdots+k_t\boldsymbol{\xi}_t+k\boldsymbol{\eta})=\boldsymbol{O}$$

从而
$$k_1\boldsymbol{A\xi}_1+k_2\boldsymbol{A\xi}_2+\cdots+k_t\boldsymbol{A\xi}_t+k\boldsymbol{A\eta}=\boldsymbol{O}$$

得 $k\boldsymbol{\beta}=\boldsymbol{O}$，又 $\boldsymbol{\beta}\neq\boldsymbol{O}$，所以 $k=0$.

把 $k=0$ 代入式(4.5.5)得

$$k_1\boldsymbol{\xi}_1+k_2\boldsymbol{\xi}_2+\cdots+k_t\boldsymbol{\xi}_t=\boldsymbol{O}$$

又 $\boldsymbol{\xi}_1,\boldsymbol{\xi}_2,\cdots,\boldsymbol{\xi}_t$ 是齐次线性方程组 $\boldsymbol{AX}=\boldsymbol{O}$ 的一个基础解系，所以

$$k_1=k_2=\cdots=k_t=0$$

故 $k_1=k_2=\cdots=k_t=k=0$，所以 $\boldsymbol{\xi}_1,\boldsymbol{\xi}_2,\cdots,\boldsymbol{\xi}_t,\boldsymbol{\eta}$ 线性无关.

4.6 向量空间

4.6.1 向量空间的概念

我们介绍了 n 维向量，讨论了向量组的线性相关性、最大无关组和秩，接下来将讨论向量空间及其性质.

定义 4.6.1 设 V 是 n 维向量构成的非空集合，且满足

(1) 对任意 $\boldsymbol{\alpha}\in V$，$\boldsymbol{\beta}\in V$，则 $\boldsymbol{\alpha}+\boldsymbol{\beta}\in V$；

(2) 对任意 $\boldsymbol{\alpha}\in V$，$\lambda\in\mathbf{R}$，则 $\lambda\boldsymbol{\alpha}\in V$.

则称集合 V 为向量空间.

上述定义中，(1)(2) 两个条件说明集合 V 关于向量的加法及数乘两种运算封闭. 因此，一个非空向量集 V 要构成一个向量空间，必须满足加法和数乘两种运算的封闭性.

例 4.6.1 全体 n 维向量的集合，记为

$$\boldsymbol{R}^n=\{\boldsymbol{\alpha}\mid\boldsymbol{\alpha}=(a_1,a_2,\cdots,a_n),a_i\in\mathbf{R},i=1,2,\cdots,n\}$$

显然，$\boldsymbol{R}^n$ 对向量的加法和数乘运算满足封闭性，可以构成一个向量空间.

$V=\{\boldsymbol{O}\}$ 也是一个向量空间，称它为零空间.

例 4.6.2 集合

$$V=\{\boldsymbol{\alpha}=(0,a_2,a_3)^{\mathrm{T}}\mid a_2,a_3\in\mathbf{R}\}$$

是一个向量空间，因为若任取 $\boldsymbol{\alpha}=(0,a_2,a_3)^{\mathrm{T}}\in V$，$\boldsymbol{\beta}=(0,b_2,b_3)^{\mathrm{T}}\in V$，则

$$\boldsymbol{\alpha}+\boldsymbol{\beta}=(0,a_2+b_2,a_3+b_3)^{\mathrm{T}}\in V,\ \lambda\boldsymbol{\alpha}=(0,\lambda a_2,\lambda a_3)^{\mathrm{T}}\in V$$

该集合对加法和数乘运算满足封闭性.

例 4.6.3 集合

$$V=\{\boldsymbol{\alpha}=(1,a_2,a_3)^{\mathrm{T}}\mid a_2,a_3\in\mathbf{R}\}$$

不是向量空间，因为若 $\boldsymbol{\alpha}=(1,a_2,a_3)^{\mathrm{T}}\in V$，则 $2\boldsymbol{\alpha}=(2,2a_2,2a_3)^{\mathrm{T}}\notin V$，该集合对数乘运算不满足封闭性.

例 4.6.4　讨论 $V=\{(x_1, x_2) \mid x_1+x_2=1\}$ 是否为向量空间?

解　因为 $(1, 0) \in V$，但 $2(1, 0)=(2, 0) \notin V$，故 V 不是向量空间.

例 4.6.5　齐次线性方程组的解集

$$S=\{\boldsymbol{X} \mid \boldsymbol{AX}=\boldsymbol{O}\}$$

是一个向量空间(称为齐次线性方程组的解空间). 因为由齐次线性方程组的解的性质 1 和性质 2，即知其解集 S 对向量的线性运算封闭.

例 4.6.6　非齐次线性方程组的解集

$$S=\{\boldsymbol{X} \mid \boldsymbol{AX}=\boldsymbol{\beta}\}$$

不是向量空间. 因为当 S 为空集时，S 不是向量空间；当 S 非空时，若 $\boldsymbol{\eta} \in S$，则 $\boldsymbol{A}(2\boldsymbol{\eta})=2\boldsymbol{\beta} \neq \boldsymbol{\beta}$，知 $2\boldsymbol{\eta} \notin S$，即该集合对数乘运算不满足封闭性.

例 4.6.7　设 $\boldsymbol{\alpha}$，$\boldsymbol{\beta}$ 均为 n 维向量，证明集合

$$\boldsymbol{L}=\{\boldsymbol{X}=\lambda\boldsymbol{\alpha}+\mu\boldsymbol{\beta} \mid \lambda, \mu \in \mathbf{R}\}$$

是一个向量空间.

证明　对任意 $\boldsymbol{X}_1=\lambda_1\boldsymbol{\alpha}+\mu_1\boldsymbol{\beta} \in \boldsymbol{L}$，$\boldsymbol{X}_2=\lambda_2\boldsymbol{\alpha}+\mu_2\boldsymbol{\beta} \in \boldsymbol{L}$，则有

$$\boldsymbol{X}_1+\boldsymbol{X}_2=(\lambda_1+\lambda_2)\boldsymbol{\alpha}+(\mu_1+\mu_2)\boldsymbol{\beta} \in \boldsymbol{L}$$

$$k\boldsymbol{X}_1=k\lambda_1\boldsymbol{\alpha}+k\mu_1\boldsymbol{\beta} \in \boldsymbol{L}$$

故 L 是向量空间，这个向量空间称为由向量 $\boldsymbol{\alpha}$，$\boldsymbol{\beta}$ 所生成(或张成)的向量空间，记为 $L(\boldsymbol{\alpha}, \boldsymbol{\beta})$ 或 $\mathrm{Span}(\boldsymbol{\alpha}, \boldsymbol{\beta})$.

一般地，由向量组 $\boldsymbol{\alpha}_1, \boldsymbol{\alpha}_2, \cdots, \boldsymbol{\alpha}_m$ 所生成的向量空间为

$$\begin{aligned}\boldsymbol{L}(\boldsymbol{\alpha}_1, \boldsymbol{\alpha}_2, \cdots, \boldsymbol{\alpha}_m)&=\mathrm{Span}(\boldsymbol{\alpha}_1, \boldsymbol{\alpha}_2, \cdots, \boldsymbol{\alpha}_m)\\&=\{\boldsymbol{X}=\lambda_1\boldsymbol{\alpha}_1+\lambda_2\boldsymbol{\alpha}_2+\cdots+\lambda_m\boldsymbol{\alpha}_m \mid \lambda_1, \lambda_2, \cdots, \lambda_m \in \mathbf{R}\}\end{aligned}$$

例 4.6.8　设向量组 $\boldsymbol{\alpha}_1, \boldsymbol{\alpha}_2, \cdots, \boldsymbol{\alpha}_m$ 与向量组 $\boldsymbol{\beta}_1, \boldsymbol{\beta}_2, \cdots, \boldsymbol{\beta}_s$ 等价，记

$$\boldsymbol{L}_1=\{\boldsymbol{X}=\lambda_1\boldsymbol{\alpha}_1+\lambda_2\boldsymbol{\alpha}_2+\cdots+\lambda_m\boldsymbol{\alpha}_m \mid \lambda_1, \lambda_2, \cdots, \lambda_m \in \mathbf{R}\}$$

$$\boldsymbol{L}_2=\{\boldsymbol{X}=\mu_1\boldsymbol{\beta}_1+\mu_2\boldsymbol{\beta}_2+\cdots+\mu_s\boldsymbol{\beta}_s \mid \mu_1, \mu_2, \cdots, \mu_s \in \mathbf{R}\}$$

证明：$\boldsymbol{L}_1=\boldsymbol{L}_2$.

证明　设 $\boldsymbol{X} \in \boldsymbol{L}_1$，则 $\boldsymbol{X}$ 可由 $\boldsymbol{\alpha}_1, \boldsymbol{\alpha}_2, \cdots, \boldsymbol{\alpha}_m$ 线性表示，因 $\boldsymbol{\alpha}_1, \boldsymbol{\alpha}_2, \cdots, \boldsymbol{\alpha}_m$ 与 $\boldsymbol{\beta}_1, \boldsymbol{\beta}_2, \cdots, \boldsymbol{\beta}_s$ 等价，则 $\boldsymbol{\alpha}_1, \boldsymbol{\alpha}_2, \cdots, \boldsymbol{\alpha}_m$ 可由 $\boldsymbol{\beta}_1, \boldsymbol{\beta}_2, \cdots, \boldsymbol{\beta}_s$ 线性表示，从而 $\boldsymbol{X}$ 可由 $\boldsymbol{\beta}_1, \boldsymbol{\beta}_2, \cdots, \boldsymbol{\beta}_s$ 线性表示，所以 $\boldsymbol{X} \in \boldsymbol{L}_2$，即若 $\boldsymbol{X} \in \boldsymbol{L}_1$，有 $\boldsymbol{X} \in \boldsymbol{L}_2$，则 $\boldsymbol{L}_1 \subseteq \boldsymbol{L}_2$.

类似可证：若 $\boldsymbol{X} \in \boldsymbol{L}_2$，有 $\boldsymbol{X} \in \boldsymbol{L}_1$，则 $\boldsymbol{L}_2 \subseteq \boldsymbol{L}_1$.

综上所述 $\boldsymbol{L}_1=\boldsymbol{L}_2$.

定义 4.6.2　设有向量空间 V_1 和 V_2，若 $V_1 \subseteq V_2$，就称 V_1 是 V_2 的子空间.

例如，$\{\boldsymbol{O}\}$，V 是向量空间 V 的两个子空间，通常称之为平凡子空间，向量空间 V 的其他空间称为非平凡子空间.

例如，由 n 维非零向量 $\boldsymbol{\alpha}$ 张成的向量空间 $\boldsymbol{L}(\boldsymbol{\alpha})$，总有 $\boldsymbol{L}(\boldsymbol{\alpha}) \subseteq \boldsymbol{R}^n$，所以 $\boldsymbol{L}(\boldsymbol{\alpha})$ 是 $\boldsymbol{R}^n$ 的子空间.

4.6.2　向量空间的基、维数和坐标

定义 4.6.3　若向量空间 V 中的 m 个向量 $\boldsymbol{\alpha}_1, \boldsymbol{\alpha}_2, \cdots, \boldsymbol{\alpha}_m$ 满足：

(1) $\boldsymbol{\alpha}_1, \boldsymbol{\alpha}_2, \cdots, \boldsymbol{\alpha}_m$ 线性无关;

(2) V 中任一向量都可由 $\boldsymbol{\alpha}_1, \boldsymbol{\alpha}_2, \cdots, \boldsymbol{\alpha}_m$ 线性表示.

则称向量组 $\boldsymbol{\alpha}_1, \boldsymbol{\alpha}_2, \cdots, \boldsymbol{\alpha}_m$ 为向量空间 V 的一个基，$\boldsymbol{\alpha}_1, \boldsymbol{\alpha}_2, \cdots, \boldsymbol{\alpha}_m$ 分别称为基向量，基向量的个数 m 称为向量空间 V 的维数，记作 $\dim V=m$，并称 V 为 m 维向量空间.

规定零空间的维数为 0.

若将向量空间 V 看作向量组，则由最大无关组的定义可知，V 的基就是向量组的最大无关组，V 的维数就是向量组的秩. 若向量空间 V_1 是 V_2 的子空间，则 V_1 的基可由 V_2 的基线性表示，从而 $\dim(V_1) \leqslant \dim(V_2)$.

例如，在 $\boldsymbol{R}^n$ 中，基本单位向量组

$$\boldsymbol{\varepsilon}_1=(1, 0, 0, \cdots, 0)^{\mathrm{T}}, \boldsymbol{\varepsilon}_2=(0, 1, 0, \cdots, 0)^{\mathrm{T}}, \cdots, \boldsymbol{\varepsilon}_n=(0, 0, \cdots, 1)^{\mathrm{T}}$$

线性无关，且对 $\boldsymbol{R}^n$ 中任意 $\boldsymbol{\alpha}=(a_1, a_2, \cdots, a_n)^{\mathrm{T}}$，都有 $\boldsymbol{\alpha}=a_1\boldsymbol{\varepsilon}_1+a_2\boldsymbol{\varepsilon}_2+\cdots+a_n\boldsymbol{\varepsilon}_n$. 因而 $\boldsymbol{\varepsilon}_1, \boldsymbol{\varepsilon}_2, \cdots, \boldsymbol{\varepsilon}_n$ 是 $\boldsymbol{R}^n$ 的一个基，这个基称为 $\boldsymbol{R}^n$ 的自然基，$\dim \boldsymbol{R}^n=n$，因此 $\boldsymbol{R}^n$ 也称为 n 维向量空间. 事实上，任意 n 个线性无关的 n 维向量都是向量空间 $\boldsymbol{R}^n$ 的一个基.

又如，向量空间 $V=\{\boldsymbol{\alpha}=(0, a_2, a_3)^{\mathrm{T}} \mid a_2, a_3 \in \mathbf{R}\}$ 的一个基可取为

$$\boldsymbol{\varepsilon}_2=(0, 1, 0)^{\mathrm{T}}, \boldsymbol{\varepsilon}_3=(0, 0, 1)^{\mathrm{T}}$$

由此可知它是 2 维向量空间.

由向量组 $\boldsymbol{\alpha}_1, \boldsymbol{\alpha}_2, \cdots, \boldsymbol{\alpha}_m$ 所生成的向量空间

$$L=\{\boldsymbol{X}=\lambda_1\boldsymbol{\alpha}_1+\lambda_2\boldsymbol{\alpha}_2+\cdots+\lambda_m\boldsymbol{\alpha}_m \mid \lambda_1, \lambda_2, \cdots, \lambda_m \in \mathbf{R}\}$$

显然向量空间 L 与向量组 $\boldsymbol{\alpha}_1, \boldsymbol{\alpha}_2, \cdots, \boldsymbol{\alpha}_m$ 等价，所以向量组 $\boldsymbol{\alpha}_1, \boldsymbol{\alpha}_2, \cdots, \boldsymbol{\alpha}_m$ 的一个最大无关组就是 L 的一个基，向量组 $\boldsymbol{\alpha}_1, \boldsymbol{\alpha}_2, \cdots, \boldsymbol{\alpha}_m$ 的秩就是 L 的维数.

若向量组 $\boldsymbol{\alpha}_1, \boldsymbol{\alpha}_2, \cdots, \boldsymbol{\alpha}_m$ 是向量空间 V 的一个基，则 V 可表示为

$$V=\{\boldsymbol{X}=\lambda_1\boldsymbol{\alpha}_1+\lambda_2\boldsymbol{\alpha}_2+\cdots+\lambda_m\boldsymbol{\alpha}_m \mid \lambda_1, \lambda_2, \cdots, \lambda_m \in \mathbf{R}\}$$

即 V 是基 $\boldsymbol{\alpha}_1, \boldsymbol{\alpha}_2, \cdots, \boldsymbol{\alpha}_m$ 所生成的向量空间，这就较清楚地显示出向量空间 V 的结构.

例如，齐次线性方程组的解空间 $\boldsymbol{S}=\{\boldsymbol{X} \mid \boldsymbol{AX}=\boldsymbol{O}\}$，若能找到解空间的一个基 $\boldsymbol{\xi}_1, \boldsymbol{\xi}_2, \cdots, \boldsymbol{\xi}_{n-r}$，则解空间可表示为

$$\boldsymbol{S}=\{\boldsymbol{X}=c_1\boldsymbol{\xi}_1+c_2\boldsymbol{\xi}_2+\cdots+c_{n-r}\boldsymbol{\xi}_{n-r} \mid c_1, c_2, \cdots, c_{n-r} \in \mathbf{R}\}$$

定义 4.6.4 如果在向量空间 V 中取定一个基 $\boldsymbol{\alpha}_1, \boldsymbol{\alpha}_2, \cdots, \boldsymbol{\alpha}_m$，那么 V 中任一向量 $\boldsymbol{X}$ 可唯一地表示为

$$\boldsymbol{X}=\lambda_1\boldsymbol{\alpha}_1+\lambda_2\boldsymbol{\alpha}_2+\cdots+\lambda_m\boldsymbol{\alpha}_m,$$

线性组合系数构成的向量 $(\lambda_1, \lambda_2, \cdots, \lambda_m)^{\mathrm{T}}$ 称为向量 $\boldsymbol{X}$ 在基 $\boldsymbol{\alpha}_1, \boldsymbol{\alpha}_2, \cdots, \boldsymbol{\alpha}_m$ 下的坐标.

例如，在 n 维向量空间 $\boldsymbol{R}^n$ 中取单位坐标向量组 $\boldsymbol{\varepsilon}_1, \boldsymbol{\varepsilon}_2, \cdots, \boldsymbol{\varepsilon}_n$ 为基，则向量 $\boldsymbol{X}=(x_1, x_2, \cdots, x_n)$ 可表示为

$$\boldsymbol{X}=x_1\boldsymbol{\varepsilon}_1+x_2\boldsymbol{\varepsilon}_2+\cdots+x_n\boldsymbol{\varepsilon}_n$$

即向量 $\boldsymbol{X}$ 在自然基 $\boldsymbol{\varepsilon}_1, \boldsymbol{\varepsilon}_2, \cdots, \boldsymbol{\varepsilon}_n$ 下的坐标就是该向量的分量.

例 4.6.9 已知向量组 $\boldsymbol{\alpha}_1=(1, 0, 1)^{\mathrm{T}}, \boldsymbol{\alpha}_2=(1, 1, 0)^{\mathrm{T}}, \boldsymbol{\alpha}_3=(0, 1, 1)^{\mathrm{T}}$.

(1) 证明：$\boldsymbol{\alpha}_1, \boldsymbol{\alpha}_2, \boldsymbol{\alpha}_3$ 是向量空间 $\boldsymbol{R}^3$ 的一个基.

(2) 求 $\boldsymbol{R}^3$ 中向量 $\boldsymbol{\alpha}=(1, 2, 3)^{\mathrm{T}}$ 在基 $\boldsymbol{\alpha}_1, \boldsymbol{\alpha}_2, \boldsymbol{\alpha}_3$ 下的坐标.

解　构造矩阵 $\boldsymbol{A}=(\boldsymbol{\alpha}_1,\boldsymbol{\alpha}_2,\boldsymbol{\alpha}_3,\boldsymbol{\alpha})$，用初等行变换将 $\boldsymbol{A}$ 化为行最简形

$$\boldsymbol{A}=\left(\begin{array}{ccc:c}1&1&0&1\\0&1&1&2\\1&0&1&3\end{array}\right)\xrightarrow{r_3-r_1}\left(\begin{array}{ccc:c}1&1&0&1\\0&1&1&2\\0&-1&1&2\end{array}\right)$$

$$\xrightarrow[r_1-r_2]{r_3+r_2}\left(\begin{array}{ccc:c}1&0&-1&-1\\0&1&1&2\\0&0&2&4\end{array}\right)\xrightarrow[\substack{r_1+r_3\\r_2-r_3}]{r_3\div 2}\left(\begin{array}{ccc:c}1&0&0&1\\0&1&0&0\\0&0&1&2\end{array}\right)$$

可得 $R(\boldsymbol{\alpha}_1,\boldsymbol{\alpha}_2,\boldsymbol{\alpha}_3)=3$，所以 $\boldsymbol{\alpha}_1,\boldsymbol{\alpha}_2,\boldsymbol{\alpha}_3$ 线性无关，故它是 $\boldsymbol{R}^3$ 的一个基.

又 $\boldsymbol{\alpha}=\boldsymbol{\alpha}_1+0\cdot\boldsymbol{\alpha}_2+2\boldsymbol{\alpha}_3$，所以 $\boldsymbol{\alpha}$ 在基 $\boldsymbol{\alpha}_1,\boldsymbol{\alpha}_2,\boldsymbol{\alpha}_3$ 下的坐标为 $(1,0,2)^{\mathrm{T}}$.

4.6.3　基变换和坐标变换

在向量空间 V 的基确定后，V 中向量在该基下的坐标是唯一的，但同一个向量在不同基下的坐标一般是不同的. 下面就来讨论向量空间 V 中两个不同基之间的关系及同一向量在不同基下的坐标之间的关系.

定义 4.6.5　设 $\boldsymbol{\alpha}_1,\boldsymbol{\alpha}_2,\cdots,\boldsymbol{\alpha}_m$ 与 $\boldsymbol{\beta}_1,\boldsymbol{\beta}_2,\cdots,\boldsymbol{\beta}_m$ 是 m 维向量空间 V 的两个基，则基 $\boldsymbol{\beta}_1,\boldsymbol{\beta}_2,\cdots,\boldsymbol{\beta}_m$ 可由基 $\boldsymbol{\alpha}_1,\boldsymbol{\alpha}_2,\cdots,\boldsymbol{\alpha}_m$ 线性表示，设表示式为

$$(\boldsymbol{\beta}_1,\boldsymbol{\beta}_2,\cdots,\boldsymbol{\beta}_m)=(\boldsymbol{\alpha}_1,\boldsymbol{\alpha}_2,\cdots,\boldsymbol{\alpha}_m)\boldsymbol{K}\tag{4.6.1}$$

其中 m 阶矩阵 $\boldsymbol{K}=(k_{ij})$ 是线性表示的系数矩阵，称矩阵 $\boldsymbol{K}$ 是由基 $\boldsymbol{\alpha}_1,\boldsymbol{\alpha}_2,\cdots,\boldsymbol{\alpha}_m$ 到基 $\boldsymbol{\beta}_1,\boldsymbol{\beta}_2,\cdots,\boldsymbol{\beta}_m$ 的过渡矩阵. 式(4.6.1) 称为由 $\boldsymbol{\alpha}_1,\boldsymbol{\alpha}_2,\cdots,\boldsymbol{\alpha}_m$ 到 $\boldsymbol{\beta}_1,\boldsymbol{\beta}_2,\cdots,\boldsymbol{\beta}_m$ 的基变换公式.

过渡矩阵 $\boldsymbol{K}$ 建立了向量空间 V 中两个基之间的联系. 由于基是线性无关的，因而 $\boldsymbol{K}$ 是可逆矩阵，则 $\boldsymbol{K}^{-1}$ 是从基 $\boldsymbol{\beta}_1,\boldsymbol{\beta}_2,\cdots,\boldsymbol{\beta}_m$ 到基 $\boldsymbol{\alpha}_1,\boldsymbol{\alpha}_2,\cdots,\boldsymbol{\alpha}_m$ 的过渡矩阵.

设 V 中向量 $\boldsymbol{\alpha}$ 在基 $\boldsymbol{\alpha}_1,\boldsymbol{\alpha}_2,\cdots,\boldsymbol{\alpha}_m$ 与基 $\boldsymbol{\beta}_1,\boldsymbol{\beta}_2,\cdots,\boldsymbol{\beta}_m$ 下的坐标分别为 $(x_1,x_2,\cdots,x_m)^{\mathrm{T}}$ 与 $(y_1,y_2,\cdots,y_m)^{\mathrm{T}}$，即有

$$\boldsymbol{\alpha}=x_1\boldsymbol{\alpha}_1+x_2\boldsymbol{\alpha}_2+\cdots+x_m\boldsymbol{\alpha}_m=(\boldsymbol{\alpha}_1,\boldsymbol{\alpha}_2,\cdots,\boldsymbol{\alpha}_m)\begin{pmatrix}x_1\\x_2\\\vdots\\x_m\end{pmatrix}\tag{4.6.2}$$

$$\boldsymbol{\alpha}=y_1\boldsymbol{\beta}_1+y_2\boldsymbol{\beta}_2+\cdots+y_m\boldsymbol{\beta}_m=(\boldsymbol{\beta}_1,\boldsymbol{\beta}_2,\cdots,\boldsymbol{\beta}_m)\begin{pmatrix}y_1\\y_2\\\vdots\\y_m\end{pmatrix}\tag{4.6.3}$$

则

$$\boldsymbol{\alpha}=(\boldsymbol{\beta}_1,\boldsymbol{\beta}_2,\cdots,\boldsymbol{\beta}_m)\begin{pmatrix}y_1\\y_2\\\vdots\\y_m\end{pmatrix}=(\boldsymbol{\alpha}_1,\boldsymbol{\alpha}_2,\cdots,\boldsymbol{\alpha}_m)\boldsymbol{K}\begin{pmatrix}y_1\\y_2\\\vdots\\y_m\end{pmatrix}\tag{4.6.4}$$

比较式(4.6.2) 和式(4.6.4)，由坐标的唯一性，可得

$$\begin{pmatrix} x_1 \\ x_2 \\ \vdots \\ x_m \end{pmatrix} = K \begin{pmatrix} y_1 \\ y_2 \\ \vdots \\ y_m \end{pmatrix} \text{ 或 } \begin{pmatrix} y_1 \\ y_2 \\ \vdots \\ y_m \end{pmatrix} = K^{-1} \begin{pmatrix} x_1 \\ x_2 \\ \vdots \\ x_m \end{pmatrix} \tag{4.6.5}$$

称式(4.6.5)为向量$\boldsymbol{\alpha}$在基$\boldsymbol{\alpha}_1, \boldsymbol{\alpha}_2, \cdots, \boldsymbol{\alpha}_m$到基$\boldsymbol{\beta}_1, \boldsymbol{\beta}_2, \cdots, \boldsymbol{\beta}_m$下的坐标变换公式.

例 4.6.10 设$\boldsymbol{R}^3$的两个基为

$$\boldsymbol{\alpha}_1 = (1, 0, -1)^{\mathrm{T}}, \boldsymbol{\alpha}_2 = (2, 1, 1)^{\mathrm{T}}, \boldsymbol{\alpha}_3 = (1, 1, 1)^{\mathrm{T}}$$

$$\boldsymbol{\beta}_1 = (0, 1, 1)^{\mathrm{T}}, \boldsymbol{\beta}_2 = (-1, 1, 0)^{\mathrm{T}}, \boldsymbol{\beta}_3 = (1, 2, 1)^{\mathrm{T}}$$

(1) 求从基$\boldsymbol{\alpha}_1, \boldsymbol{\alpha}_2, \boldsymbol{\alpha}_3$到基$\boldsymbol{\beta}_1, \boldsymbol{\beta}_2, \boldsymbol{\beta}_3$的过渡矩阵.

(2) 求向量$\boldsymbol{\alpha} = \boldsymbol{\alpha}_1 - 3\boldsymbol{\alpha}_2 + 2\boldsymbol{\alpha}_3$在基$\boldsymbol{\beta}_1, \boldsymbol{\beta}_2, \boldsymbol{\beta}_3$下的坐标.

解 令$\boldsymbol{A} = (\boldsymbol{\alpha}_1, \boldsymbol{\alpha}_2, \boldsymbol{\alpha}_3)$，$\boldsymbol{B} = (\boldsymbol{\beta}_1, \boldsymbol{\beta}_2, \boldsymbol{\beta}_3)$，则从基$\boldsymbol{\alpha}_1, \boldsymbol{\alpha}_2, \boldsymbol{\alpha}_3$到基$\boldsymbol{\beta}_1, \boldsymbol{\beta}_2, \boldsymbol{\beta}_3$的过渡矩阵$\boldsymbol{K}$满足

$$(\boldsymbol{\beta}_1, \boldsymbol{\beta}_2, \boldsymbol{\beta}_3) = (\boldsymbol{\alpha}_1, \boldsymbol{\alpha}_2, \boldsymbol{\alpha}_3)\boldsymbol{K}$$

即$\boldsymbol{B} = \boldsymbol{AK}$.

从而

$$\boldsymbol{K} = \boldsymbol{A}^{-1}\boldsymbol{B} = \begin{pmatrix} 0 & 1 & -1 \\ 1 & -2 & 1 \\ -1 & 3 & -1 \end{pmatrix} \begin{pmatrix} 0 & -1 & 1 \\ 1 & 1 & 2 \\ 1 & 0 & 1 \end{pmatrix} = \begin{pmatrix} 0 & 1 & 1 \\ -1 & -3 & -2 \\ 2 & 4 & 4 \end{pmatrix}$$

(2) 已知$\boldsymbol{\alpha} = \boldsymbol{\alpha}_1 - 3\boldsymbol{\alpha}_2 + 2\boldsymbol{\alpha}_3$，得$\boldsymbol{\alpha}$在基$\boldsymbol{\alpha}_1, \boldsymbol{\alpha}_2, \boldsymbol{\alpha}_3$下的坐标为$\boldsymbol{X} = (1, -3, 2)^{\mathrm{T}}$，由坐标变换公式(4.6.5)得$\boldsymbol{X} = \boldsymbol{KY}$，其中$\boldsymbol{Y}$是$\boldsymbol{\alpha}$在基$\boldsymbol{\beta}_1, \boldsymbol{\beta}_2, \boldsymbol{\beta}_3$下的坐标. 从而

$$\boldsymbol{Y} = \boldsymbol{K}^{-1}\boldsymbol{X} = \begin{pmatrix} -2 & 0 & 1/2 \\ 0 & -1 & -1/2 \\ 1 & 1 & 1/2 \end{pmatrix} \begin{pmatrix} 1 \\ -3 \\ 2 \end{pmatrix} = \begin{pmatrix} -1 \\ 2 \\ -1 \end{pmatrix}$$

4.7 应用举例

例 4.7.1 某公司使用 3 种原料配制 3 种包含不同原料的混合涂料，具体配料见表 4.7.1.

表 4.7.1 混合涂料配料表

原料	涂料 A	涂料 B	涂料 C
原料 1	1	1	3
原料 2	1	2	4
原料 3	1	2	4

试问：能否利用其中少数几种涂料配制出其他所有种类涂料？并找出消费者需要购买的最少涂料种类.

解 分别以$\boldsymbol{\alpha}_1, \boldsymbol{\alpha}_2, \boldsymbol{\alpha}_3$表示 3 种涂料的各原料成分向量，即

$$\boldsymbol{A}=(\boldsymbol{\alpha}_1,\boldsymbol{\alpha}_2,\boldsymbol{\alpha}_3)=\begin{pmatrix}1&1&3\\1&2&4\\1&2&4\end{pmatrix}$$

对矩阵 $\boldsymbol{A}$ 施以初等行变换化为行最简形，即 $\boldsymbol{A}\xrightarrow{r}\begin{pmatrix}1&0&2\\0&1&1\\0&0&0\end{pmatrix}$.

由此可知，向量 $\boldsymbol{\alpha}_1,\boldsymbol{\alpha}_2,\boldsymbol{\alpha}_3$ 线性相关，$\boldsymbol{\alpha}_1,\boldsymbol{\alpha}_2$ 是它的一个最大无关组. 因此，我们最少需要购买涂料 A 和涂料 B，即可配出涂料 C，且由 $\boldsymbol{\alpha}_3=2\boldsymbol{\alpha}_1+\boldsymbol{\alpha}_2$，可知利用 2 份涂料 A 和 1 份涂料 B 就能配制出涂料 C. 当然，由上述计算还可以得到其他配制方法，请读者自行给出.

例 4.7.2　混凝土生产企业Ⅰ可以生产 3 种不同型号的混凝土，它们的具体配方比例见表 4.7.2.

表 4.7.2　企业 Ⅰ 混凝土配方

原料	型号 1	型号 2	型号 3
水	10	10	10
水泥	22	26	18
沙子	32	31	29
石头	53	64	50
粉煤灰	0	5	8

混凝土生产企业 Ⅱ 也可以生产 3 种不同型号的混凝土，它们的具体配方比例见表 4.7.3.

表 4.7.3　企业 Ⅱ 混凝土配方

原料	型号 a	型号 b	型号 c
水	12	9	9
水泥	29.6	18.6	16.2
沙子	37.6	26.7	26.1
石头	72.4	49.2	45
粉煤灰	4	6.3	7.2

试问：(1) 企业 Ⅰ 生产的混凝土可以代替企业 Ⅱ 生产的混凝土吗？(2) 两家企业生产的混凝土可以相互代替吗？

解　分别以 $\boldsymbol{\alpha}_1,\boldsymbol{\alpha}_2,\boldsymbol{\alpha}_3$ 表示企业 Ⅰ 生产的 3 种混凝土的各成分向量，分别以 $\boldsymbol{\beta}_1,\boldsymbol{\beta}_2,\boldsymbol{\beta}_3$ 表示企业 Ⅱ 生产的 3 种混凝土的各成分向量，记

$$\boldsymbol{A}=(\boldsymbol{\alpha}_1,\boldsymbol{\alpha}_2,\boldsymbol{\alpha}_3)=\begin{pmatrix}10&10&10\\22&26&18\\32&31&29\\53&64&50\\0&5&8\end{pmatrix},\ \boldsymbol{B}=(\boldsymbol{\beta}_1,\boldsymbol{\beta}_2,\boldsymbol{\beta}_3)=\begin{pmatrix}12&9&9\\29.6&18.6&16.2\\37.6&26.7&26.1\\72.4&49.2&45\\4&6.3&7.2\end{pmatrix}$$

对矩阵 $(\boldsymbol{A}\,\vdots\,\boldsymbol{B})$ 施以初等行变换化为

$$(\boldsymbol{A} \vdots \boldsymbol{B}) \xrightarrow{r} \left(\begin{array}{ccc:ccc} 1 & 0 & 0 & 0.4 & 0 & 0 \\ 0 & 1 & 0 & 0.8 & 0.3 & 0 \\ 0 & 0 & 1 & 0 & 0.6 & 0.9 \\ 0 & 0 & 0 & 0 & 0 & 0 \\ 0 & 0 & 0 & 0 & 0 & 0 \end{array}\right)$$

得 $R(\boldsymbol{A})=R(\boldsymbol{A},\boldsymbol{B})=3$，由此可知，向量组 $\boldsymbol{\beta}_1,\boldsymbol{\beta}_2,\boldsymbol{\beta}_3$ 可由向量组 $\boldsymbol{\alpha}_1,\boldsymbol{\alpha}_2,\boldsymbol{\alpha}_3$ 线性表示，所以企业 Ⅰ 生产的 3 种混凝土可以代替企业 Ⅱ 生产的混凝土.

又 $R(\boldsymbol{B})=3$，从而 $R(\boldsymbol{A})=R(\boldsymbol{B})=R(\boldsymbol{A},\boldsymbol{B})$，可知向量组 $\boldsymbol{\alpha}_1,\boldsymbol{\alpha}_2,\boldsymbol{\alpha}_3$ 与向量组 $\boldsymbol{\beta}_1,\boldsymbol{\beta}_2,\boldsymbol{\beta}_3$ 等价，所以两家企业生产的混凝土可以相互代替.

4.8 本章小结

一、向量组的基本概念

1. n 维向量的线性运算及其性质.

2. 向量组与线性方程组、矩阵之间是一一对应的，则向量组的问题就可以转化为线性方程组的问题或矩阵的问题.

二、线性方程组的几种等价形式

$$\begin{cases} a_{11}x_1+a_{12}x_2+\cdots+a_{1n}x_n=b_1 \\ a_{21}x_1+a_{22}x_2+\cdots+a_{2n}x_n=b_2 \\ \qquad\cdots \\ a_{m1}x_1+a_{m2}x_2+\cdots+a_{mn}x_n=b_m \end{cases}$$

$$\Leftrightarrow \begin{pmatrix} a_{11} & a_{12} & \cdots & a_{1n} & b_1 \\ a_{21} & a_{22} & \cdots & a_{2n} & b_2 \\ \vdots & \vdots & \cdots & \vdots & \vdots \\ a_{m1} & a_{m2} & \cdots & a_{mn} & b_m \end{pmatrix}$$

$$\Leftrightarrow \boldsymbol{A}_{m\times n}\boldsymbol{X}=\boldsymbol{\beta}$$

$$\Leftrightarrow x_1\boldsymbol{\alpha}_1+x_2\boldsymbol{\alpha}_2+\cdots+x_n\boldsymbol{\alpha}_n=\boldsymbol{\beta}$$

三、向量组之间的线性表示及其判定

1. 向量 $\boldsymbol{\beta}$ 能由向量组 $\boldsymbol{\alpha}_1,\boldsymbol{\alpha}_2,\cdots,\boldsymbol{\alpha}_m$ 线性表示

$\Leftrightarrow$ 线性方程组 $x_1\boldsymbol{\alpha}_1+x_2\boldsymbol{\alpha}_2+\cdots+x_m\boldsymbol{\alpha}_m=\boldsymbol{\beta}$ 有解.

$\Leftrightarrow$ 线性方程组 $\boldsymbol{AX}=\boldsymbol{\beta}$ 有解.

$\Leftrightarrow R(\boldsymbol{A})=R(\boldsymbol{A},\boldsymbol{\beta})$，其中矩阵 $\boldsymbol{A}=(\boldsymbol{\alpha}_1,\boldsymbol{\alpha}_2,\cdots,\boldsymbol{\alpha}_m)$.

2. 向量组 $\boldsymbol{B}:\boldsymbol{\beta}_1,\boldsymbol{\beta}_2,\cdots,\boldsymbol{\beta}_l$ 能由向量组 $\boldsymbol{A}:\boldsymbol{\alpha}_1,\boldsymbol{\alpha}_2,\cdots,\boldsymbol{\alpha}_m$ 线性表示

$\Leftrightarrow$ 存在矩阵 $\boldsymbol{K}$，使 $\boldsymbol{B}=\boldsymbol{AK}$.

$\Leftrightarrow R(\boldsymbol{A})=R(\boldsymbol{A},\boldsymbol{B})$，其中矩阵 $\boldsymbol{A}=(\boldsymbol{\alpha}_1,\boldsymbol{\alpha}_2,\cdots,\boldsymbol{\alpha}_m),\boldsymbol{B}=(\boldsymbol{\beta}_1,\boldsymbol{\beta}_2,\cdots,\boldsymbol{\beta}_l)$.

$\Rightarrow R(\boldsymbol{B})\leqslant R(\boldsymbol{A})$.

3. 向量组 $\boldsymbol{B}:\boldsymbol{\beta}_1,\boldsymbol{\beta}_2,\cdots,\boldsymbol{\beta}_l$ 与向量组 $\boldsymbol{A}:\boldsymbol{\alpha}_1,\boldsymbol{\alpha}_2,\cdots,\boldsymbol{\alpha}_m$ 等价

$\Leftrightarrow R(\boldsymbol{A})=R(\boldsymbol{B})=R(\boldsymbol{A},\boldsymbol{B})$.

四、向量组的线性相关性及其判定

1. 向量组 $\boldsymbol{\alpha}_1,\boldsymbol{\alpha}_2,\cdots,\boldsymbol{\alpha}_m$ 线性相关

$\Leftrightarrow$ 存在不全为零的数 $k_1,k_2,\cdots,k_m$,使得 $k_1\boldsymbol{\alpha}_1+k_2\boldsymbol{\alpha}_2+\cdots+k_m\boldsymbol{\alpha}_m=\boldsymbol{O}$.

$\Leftrightarrow$ 齐次线性方程组 $x_1\boldsymbol{\alpha}_1+x_2\boldsymbol{\alpha}_2+\cdots+x_m\boldsymbol{\alpha}_m=\boldsymbol{O}$ 有非零解.

$\Leftrightarrow R(\boldsymbol{A})<m$,即矩阵 $\boldsymbol{A}$ 的秩小于向量组所含向量的个数.

$\Leftrightarrow$ 向量组 $\boldsymbol{\alpha}_1,\boldsymbol{\alpha}_2,\cdots,\boldsymbol{\alpha}_m(m>1)$ 中至少有一个向量能由其余 $m-1$ 个向量线性表示.

$\Leftrightarrow|\boldsymbol{A}|=0$,当 $\boldsymbol{A}=(\boldsymbol{\alpha}_1,\boldsymbol{\alpha}_2,\cdots,\boldsymbol{\alpha}_m)$ 为方阵时.

$\Leftrightarrow$ 方阵 $\boldsymbol{A}$ 不可逆,当 $\boldsymbol{A}=(\boldsymbol{\alpha}_1,\boldsymbol{\alpha}_2,\cdots,\boldsymbol{\alpha}_m)$ 为方阵时.

2. 向量组 $\boldsymbol{\alpha}_1,\boldsymbol{\alpha}_2,\cdots,\boldsymbol{\alpha}_m$ 线性无关

$\Leftrightarrow$ 当 $k_1\boldsymbol{\alpha}_1+k_2\boldsymbol{\alpha}_2+\cdots+k_m\boldsymbol{\alpha}_m=\boldsymbol{O}$ 时,则有 $k_1=k_2=\cdots=k_m=0$.

$\Leftrightarrow$ 齐次线性方程组 $x_1\boldsymbol{\alpha}_1+x_2\boldsymbol{\alpha}_2+\cdots+x_m\boldsymbol{\alpha}_m=\boldsymbol{O}$ 仅有零解.

$\Leftrightarrow R(\boldsymbol{A})=m$,即矩阵 $\boldsymbol{A}$ 的秩等于向量组所含向量的个数.

$\Leftrightarrow$ 向量组 $\boldsymbol{\alpha}_1,\boldsymbol{\alpha}_2,\cdots,\boldsymbol{\alpha}_m(m>1)$ 中任何一个向量都不能由其余 $m-1$ 个向量线性表示.

$\Leftrightarrow|\boldsymbol{A}|\neq 0$,当 $\boldsymbol{A}=(\boldsymbol{\alpha}_1,\boldsymbol{\alpha}_2,\cdots,\boldsymbol{\alpha}_m)$ 为方阵时.

$\Leftrightarrow$ 方阵 $\boldsymbol{A}$ 可逆,当 $\boldsymbol{A}=(\boldsymbol{\alpha}_1,\boldsymbol{\alpha}_2,\cdots,\boldsymbol{\alpha}_m)$ 为方阵时.

五、向量组线性相关性的性质

1. 向量组线性表示的唯一性.

设向量组 $\boldsymbol{\alpha}_1,\boldsymbol{\alpha}_2,\cdots,\boldsymbol{\alpha}_m$ 线性无关,而向量组 $\boldsymbol{\alpha}_1,\boldsymbol{\alpha}_2,\cdots,\boldsymbol{\alpha}_m,\boldsymbol{\beta}$ 线性相关,则向量 $\boldsymbol{\beta}$ 必能由向量组 $\boldsymbol{\alpha}_1,\boldsymbol{\alpha}_2,\cdots,\boldsymbol{\alpha}_m$ 线性表示,且表示式是惟一的.

2. 部分组线性相关,则整体线性相关;整体线性无关,则部分组线性无关.

3. $n+1$ 个 n 维向量一定线性相关.

4. 长相关,则短相关;短无关,则长无关.

5. 初等行变换不改变矩阵的列向量组的线性相关性.

六、最大无关组和秩

1. 最大无关组和秩的定义,以及它们之间的关系.

向量组 $\boldsymbol{A}_0:\boldsymbol{\alpha}_1,\boldsymbol{\alpha}_2,\cdots,\boldsymbol{\alpha}_r$ 是向量组 $\boldsymbol{A}$ 的一个最大无关组

$\Leftrightarrow$ 向量组 $\boldsymbol{A}_0:\boldsymbol{\alpha}_1,\boldsymbol{\alpha}_2,\cdots,\boldsymbol{\alpha}_r$ 线性无关,且向量组 $\boldsymbol{A}$ 中任意一个向量都能由向量组 $\boldsymbol{A}_0$ 线性表示.

$\Leftrightarrow$ 向量组 $\boldsymbol{A}_0:\boldsymbol{\alpha}_1,\boldsymbol{\alpha}_2,\cdots,\boldsymbol{\alpha}_r$ 线性无关,且向量组 $\boldsymbol{A}$ 中任意 $r+1$ 个向量(如果 $\boldsymbol{A}$ 中有 $r+1$ 个向量的话)都线性相关.

$\Leftrightarrow R(\boldsymbol{A})=R(\boldsymbol{\alpha}_1,\boldsymbol{\alpha}_2,\cdots,\boldsymbol{\alpha}_r)=r$.

2. 最大无关组和秩的性质:

(1) 向量组 $\boldsymbol{A}$ 和它自己的最大无关组 $\boldsymbol{A}_0$ 是等价的.

(2) 向量组的任意两个最大无关组是等价的.

(3) 向量组 $\boldsymbol{A}:\boldsymbol{\alpha}_1,\boldsymbol{\alpha}_2,\cdots,\boldsymbol{\alpha}_m$ 可由向量组 $\boldsymbol{B}:\boldsymbol{\beta}_1,\boldsymbol{\beta}_2,\cdots,\boldsymbol{\beta}_n$ 线性表示,且 $m>n$,则向量组 $\boldsymbol{A}$ 线性相关.

(4) 两个线性无关的等价向量组所含向量个数相等.

(5) 等价向量组的秩相等.

3. 向量组的秩和矩阵的秩的关系满足三秩相等定理,即

矩阵 $\boldsymbol{A}$ 的秩 = 矩阵 $\boldsymbol{A}$ 的列秩 = 矩阵 $\boldsymbol{A}$ 的行秩.

4. 最大无关组和秩的计算.

(1) 用定义:适用于抽象的向量组.

(2) 用初等行变换法:适用于具体的数值型向量组.

七、线性方程组的通解结构

1. 线性方程组解的性质.

2. 齐次线性方程组的重要结论.

(1) 设 n 元齐次线性方程组 $\boldsymbol{AX}=\boldsymbol{O}$ 中 $R(\boldsymbol{A})=r<n$,则齐次线性方程组 $\boldsymbol{AX}=\boldsymbol{O}$ 的解集 $\boldsymbol{S}$ 的秩 $R(\boldsymbol{S})=n-r$.

(2) 齐次线性方程组 $\boldsymbol{AX}=\boldsymbol{O}$ 的通解

若 $\boldsymbol{\xi}_1,\boldsymbol{\xi}_2,\cdots,\boldsymbol{\xi}_{n-r}$ 是齐次线性方程组 $\boldsymbol{AX}=\boldsymbol{O}$ 的一个基础解系,则方程组 $\boldsymbol{AX}=\boldsymbol{O}$ 的通解可表示成

$$\boldsymbol{X}=c_1\boldsymbol{\xi}_1+c_2\boldsymbol{\xi}_2+\cdots+c_{n-r}\boldsymbol{\xi}_{n-r}$$

其中 $c_1,c_2,\cdots,c_{n-r}$ 为任意常数.

3. 非齐次线性方程组的通解.

若 $\boldsymbol{\eta}$ 为非齐次线性方程组 $\boldsymbol{AX}=\boldsymbol{\beta}$ 的一个特解,$\boldsymbol{\xi}_1,\boldsymbol{\xi}_2,\cdots,\boldsymbol{\xi}_{n-r}$ 为齐次线性方程组 $\boldsymbol{AX}=\boldsymbol{O}$ 的一个基础解系,则方程组 $\boldsymbol{AX}=\boldsymbol{\beta}$ 的通解为

$$\boldsymbol{X}=c_1\boldsymbol{\xi}_1+c_2\boldsymbol{\xi}_2+\cdots+c_{n-r}\boldsymbol{\xi}_{n-r}+\boldsymbol{\eta}$$

其中 $c_1,c_2,\cdots,c_{n-r}$ 为任意常数.

八、向量空间

1. 向量空间:一个非空的 n 维向量集合 $\boldsymbol{V}$ 可构成一个向量空间,必须满足对加法和数乘两种运算封闭.

2. 向量空间的基、维数和坐标:若把向量空间 $\boldsymbol{V}$ 看作向量组,则 $\boldsymbol{V}$ 的基就是向量组的最大无关组,$\boldsymbol{V}$ 的维数就是向量组的秩.

3. 坐标:如果在向量空间 $\boldsymbol{V}$ 中取定一个基 $\boldsymbol{\alpha}_1,\boldsymbol{\alpha}_2,\cdots,\boldsymbol{\alpha}_m$,那么 $\boldsymbol{V}$ 中任一向量 $\boldsymbol{X}$ 可惟一地表示为

$$\boldsymbol{X}=\lambda_1\boldsymbol{\alpha}_1+\lambda_2\boldsymbol{\alpha}_2+\cdots+\lambda_m\boldsymbol{\alpha}_m,$$

则 $(\lambda_1,\lambda_2,\cdots,\lambda_m)^{\mathrm{T}}$ 称为向量 $\boldsymbol{X}$ 在基 $\boldsymbol{\alpha}_1,\boldsymbol{\alpha}_2,\cdots,\boldsymbol{\alpha}_m$ 下的坐标.

4. 基变换公式和坐标变换公式.

设 $\boldsymbol{\alpha}_1,\boldsymbol{\alpha}_2,\cdots,\boldsymbol{\alpha}_m$ 与 $\boldsymbol{\beta}_1,\boldsymbol{\beta}_2,\cdots,\boldsymbol{\beta}_m$ 是 m 维向量空间 V 的两个基,向量 $\boldsymbol{\alpha}$ 在基 $\boldsymbol{\alpha}_1,\boldsymbol{\alpha}_2,\cdots,\boldsymbol{\alpha}_m$

与基 $\boldsymbol{\beta}_1,\boldsymbol{\beta}_2,\cdots,\boldsymbol{\beta}_m$ 下的坐标分别为 $(x_1,x_2,\cdots,x_m)^{\mathrm{T}}$ 与 $(y_1,y_2,\cdots,y_m)^{\mathrm{T}}$，

则

$$(\boldsymbol{\beta}_1,\boldsymbol{\beta}_2,\cdots,\boldsymbol{\beta}_m)=(\boldsymbol{\alpha}_1,\boldsymbol{\alpha}_2,\cdots,\boldsymbol{\alpha}_m)\boldsymbol{K}\quad \text{为基变换公式,}$$

$$\begin{pmatrix}x_1\\x_2\\\vdots\\x_m\end{pmatrix}=\boldsymbol{K}\begin{pmatrix}y_1\\y_2\\\vdots\\y_m\end{pmatrix}\quad \text{或}\quad \begin{pmatrix}y_1\\y_2\\\vdots\\y_m\end{pmatrix}=\boldsymbol{K}^{-1}\begin{pmatrix}x_1\\x_2\\\vdots\\x_m\end{pmatrix}\quad \text{为坐标变换公式.}$$

4.9　习 题 四

一、填空题

1. 设向量 $\boldsymbol{\alpha}=\begin{pmatrix}1\\6\\3\end{pmatrix}$，$\boldsymbol{\beta}=\begin{pmatrix}1\\-3\\0\end{pmatrix}$，并且 $\boldsymbol{\alpha}+2\boldsymbol{\beta}-3\boldsymbol{\eta}=\boldsymbol{O}$，则 $\boldsymbol{\eta}=$ ________.

2. 向量组 $\boldsymbol{\alpha}_1=\begin{pmatrix}1\\2\\3\end{pmatrix}$，$\boldsymbol{\alpha}_2=\begin{pmatrix}4\\5\\6\end{pmatrix}$，$\boldsymbol{\alpha}_3=\begin{pmatrix}7\\8\\9\end{pmatrix}$，$\boldsymbol{\alpha}_4=\begin{pmatrix}10\\11\\12\end{pmatrix}$ 是线性 ________ 关的.

3. 向量组 $\boldsymbol{\alpha}_1=(1,1,2)^{\mathrm{T}}$，$\boldsymbol{\alpha}_2=(-1,2,3)^{\mathrm{T}}$，$\boldsymbol{\alpha}_3=(2,3,1)^{\mathrm{T}}$ 是线性 ________ 关的.

4. 当参数 a，b 满足 ________ 时，向量组 $\boldsymbol{\alpha}=(a,0,b)$，$\boldsymbol{\beta}=(2,4,3)$，$\boldsymbol{\gamma}=(1,3,2)$ 线性无关.

5. 若向量组 $\boldsymbol{\alpha}_1=\begin{pmatrix}1\\2\\3\end{pmatrix}$，$\boldsymbol{\alpha}_2=\begin{pmatrix}2\\1\\0\end{pmatrix}$，$\boldsymbol{\alpha}_3=\begin{pmatrix}5\\a\\5\end{pmatrix}$ 的秩为 2，则参数 a 的值为 ________.

6. 设向量组 $\boldsymbol{\alpha}_1$，$\boldsymbol{\alpha}_2$，$\boldsymbol{\alpha}_3$ 与 $\boldsymbol{\beta}_1$，$\boldsymbol{\beta}_2$ 满足关系 $\boldsymbol{\alpha}_1=\boldsymbol{\beta}_1+\boldsymbol{\beta}_2$，$\boldsymbol{\alpha}_2=2\boldsymbol{\beta}_1-\boldsymbol{\beta}_2$，$\boldsymbol{\alpha}_3=2\boldsymbol{\beta}_1+5\boldsymbol{\beta}_2$，则向量组 $\boldsymbol{\alpha}_1$，$\boldsymbol{\alpha}_2$，$\boldsymbol{\alpha}_3$ 一定线性 ________ 关.

7. 设向量组 $\boldsymbol{\alpha}_1$，$\boldsymbol{\alpha}_2$，$\boldsymbol{\alpha}_3$ 线性无关，且 $\boldsymbol{\beta}_1=\boldsymbol{\alpha}_1+\boldsymbol{\alpha}_2-\boldsymbol{\alpha}_3$，$\boldsymbol{\beta}_2=2\boldsymbol{\alpha}_1-\boldsymbol{\alpha}_2-5\boldsymbol{\alpha}_3$，$\boldsymbol{\beta}_3=2\boldsymbol{\alpha}_1+5\boldsymbol{\alpha}_2+2\boldsymbol{\alpha}_3$，则向量组 $\boldsymbol{\beta}_1$，$\boldsymbol{\beta}_2$，$\boldsymbol{\beta}_3$ 一定线性 ________ 关.

8. 对 n 维向量 $\boldsymbol{\alpha}_1$，$\boldsymbol{\alpha}_2$，$\cdots$，$\boldsymbol{\alpha}_n$，如果 n 维基本单位向量 $\boldsymbol{\varepsilon}_1$，$\boldsymbol{\varepsilon}_2$，$\cdots$，$\boldsymbol{\varepsilon}_n$ 均可由 $\boldsymbol{\alpha}_1$，$\boldsymbol{\alpha}_2$，$\cdots$，$\boldsymbol{\alpha}_n$ 线性表示，则 $\boldsymbol{\alpha}_1$，$\boldsymbol{\alpha}_2$，$\cdots$，$\boldsymbol{\alpha}_n$ 一定线性________关.

9. 设 $\boldsymbol{\alpha}_1$，$\boldsymbol{\alpha}_2$，$\boldsymbol{\alpha}_3$，$\boldsymbol{\alpha}_4$ 均为 n 维向量，$\boldsymbol{\beta}_1=\boldsymbol{\alpha}_1+\boldsymbol{\alpha}_2$，$\boldsymbol{\beta}_2=\boldsymbol{\alpha}_2+\boldsymbol{\alpha}_3$，$\boldsymbol{\beta}_3=\boldsymbol{\alpha}_3+\boldsymbol{\alpha}_4$，$\boldsymbol{\beta}_4=\boldsymbol{\alpha}_4+\boldsymbol{\alpha}_1$，则向量组 $\boldsymbol{\beta}_1$，$\boldsymbol{\beta}_2$，$\boldsymbol{\beta}_3$，$\boldsymbol{\beta}_4$ 线性________关.

10. 设向量组 $\boldsymbol{\beta}_1$，$\boldsymbol{\beta}_2$，$\boldsymbol{\beta}_3$ 线性无关，并且 $\boldsymbol{\alpha}_1$，$\boldsymbol{\alpha}_2$，$\boldsymbol{\alpha}_3$ 与 $\boldsymbol{\beta}_1$，$\boldsymbol{\beta}_2$，$\boldsymbol{\beta}_3$ 之间具有关系 $\boldsymbol{\alpha}_1=\boldsymbol{\beta}_1+\boldsymbol{\beta}_2+\boldsymbol{\beta}_3$，$\boldsymbol{\alpha}_2=\boldsymbol{\beta}_1-\boldsymbol{\beta}_2+\boldsymbol{\beta}_3$，$\boldsymbol{\alpha}_3=2\boldsymbol{\beta}_1+\boldsymbol{\beta}_2+a\boldsymbol{\beta}_3$，若 $\boldsymbol{\alpha}_1$，$\boldsymbol{\alpha}_2$，$\boldsymbol{\alpha}_3$ 与 $\boldsymbol{\beta}_1$，$\boldsymbol{\beta}_2$，$\boldsymbol{\beta}_3$ 等价，则参数 a 满足条件 ________.

11. 矩阵 $\boldsymbol{A}=\begin{pmatrix}1&-1&0&5\\0&0&1&2\\0&0&3&6\\0&0&0&0\end{pmatrix}$ 的列向量组的一个最大无关组为 ________ ，其余列向量可由该最大无关组线性表示为 ________________.

12. 设 $\boldsymbol{A}$ 为 n 维非零行向量，则齐次线性方程组 $\boldsymbol{AX}=\boldsymbol{O}$ 的基础解系中向量的个数为 ________.

13. 已知 4 阶矩阵 $\boldsymbol{A}$ 的秩为 3，$\boldsymbol{\eta}_1$，$\boldsymbol{\eta}_2$，$\boldsymbol{\eta}_3$ 是非齐次线性方程组 $\boldsymbol{AX}=\boldsymbol{\beta}$ 的解，且

$$\boldsymbol{\eta}_1-\boldsymbol{\eta}_2=\begin{pmatrix}0\\2\\4\\6\end{pmatrix},\ 2\boldsymbol{\eta}_2-\boldsymbol{\eta}_3=\begin{pmatrix}1\\1\\1\\1\end{pmatrix}$$

则 $\boldsymbol{AX}=\boldsymbol{\beta}$ 的通解为 ________.

14. 向量空间 $V=\{(x,y,z)\mid x+y-z=0\}$ 的一个基是 ________________.

15. 向量空间 $V=\left\{(x,y,z)\left|\begin{matrix}x+y+z=0\\x-z=0\end{matrix}\right.\right\}$ 的一个基是 ________________.

16. 向量空间 $\boldsymbol{R}^2$ 中的向量 $\boldsymbol{\eta}=\begin{pmatrix}5\\1\end{pmatrix}$ 在基 $\boldsymbol{\alpha}_1=\begin{pmatrix}1\\2\end{pmatrix}$，$\boldsymbol{\alpha}_2=\begin{pmatrix}2\\1\end{pmatrix}$ 下的坐标是 ________.

17. 向量空间 $\boldsymbol{R}^2$ 的从基 $\boldsymbol{\alpha}_1=\begin{pmatrix}1\\0\end{pmatrix}$，$\boldsymbol{\alpha}_2=\begin{pmatrix}2\\1\end{pmatrix}$ 到基 $\boldsymbol{\beta}_1=\begin{pmatrix}3\\1\end{pmatrix}$，$\boldsymbol{\beta}_2=\begin{pmatrix}-3\\-2\end{pmatrix}$ 的过渡矩阵是 ________.

二、选择题

1. 向量组 $\boldsymbol{\alpha}_1,\boldsymbol{\alpha}_2,\cdots,\boldsymbol{\alpha}_s$ 线性无关的充分必要条件是(　　).

A. $\boldsymbol{\alpha}_1,\boldsymbol{\alpha}_2,\cdots,\boldsymbol{\alpha}_s$ 中任意向量都不是零向量

B. $\boldsymbol{\alpha}_1,\boldsymbol{\alpha}_2,\cdots,\boldsymbol{\alpha}_s$ 中任意两个向量的分量都不成比例

C. 由 $\boldsymbol{\alpha}_1,\boldsymbol{\alpha}_2,\cdots,\boldsymbol{\alpha}_s$ 构成的矩阵中任意 s 阶子式不为零

D. $\boldsymbol{\alpha}_1,\boldsymbol{\alpha}_2,\cdots,\boldsymbol{\alpha}_s$ 中任意向量都不能由其余向量线性表示

2. 向量组 $\boldsymbol{\alpha}_1,\boldsymbol{\alpha}_2,\cdots,\boldsymbol{\alpha}_s$ 线性相关的充分必要条件是(　　).

A. 存在不全为零的数 $k_1,k_2,\cdots,k_s$，使得 $k_1\boldsymbol{\alpha}_1+k_2\boldsymbol{\alpha}_2+\cdots+k_s\boldsymbol{\alpha}_s=\boldsymbol{O}$

B. 存在全为零的数 $k_1,k_2,\cdots,k_s$，使得 $k_1\boldsymbol{\alpha}_1+k_2\boldsymbol{\alpha}_2+\cdots+k_s\boldsymbol{\alpha}_s=\boldsymbol{O}$

C. 当 $k_1\boldsymbol{\alpha}_1+k_2\boldsymbol{\alpha}_2+\cdots+k_s\boldsymbol{\alpha}_s\neq\boldsymbol{O}$ 时，$k_1,k_2,\cdots,k_s$ 不全为零

D. $\boldsymbol{\alpha}_1,\boldsymbol{\alpha}_2,\cdots,\boldsymbol{\alpha}_s$ 中任意一个向量都能由其余 $s-1$ 个向量线性表示

3. 设向量组 $\boldsymbol{\alpha}_1,\boldsymbol{\alpha}_2,\cdots,\boldsymbol{\alpha}_s$ 的秩为 r，则以下选项中错误的结论为(　　).

A. 与 $\boldsymbol{\alpha}_1,\boldsymbol{\alpha}_2,\cdots,\boldsymbol{\alpha}_s$ 等价的任意一个线性无关向量组均含 r 个向量

B. $\boldsymbol{\alpha}_1,\boldsymbol{\alpha}_2,\cdots,\boldsymbol{\alpha}_s$ 中任意 r 个向量都是这个向量组的最大无关组

C. $\boldsymbol{\alpha}_1,\boldsymbol{\alpha}_2,\cdots,\boldsymbol{\alpha}_s$ 中任意 r 个线性无关的向量都是这个向量组的最大无关组

D. $\boldsymbol{\alpha}_1,\boldsymbol{\alpha}_2,\cdots,\boldsymbol{\alpha}_s$ 的任意最大无关组均含 r 个向量

4. 设向量组 $\boldsymbol{\alpha}_1, \boldsymbol{\alpha}_2, \boldsymbol{\alpha}_3, \boldsymbol{\alpha}_4$ 线性无关，则（ ）.

A. $\boldsymbol{\alpha}_1+\boldsymbol{\alpha}_2, \boldsymbol{\alpha}_2+\boldsymbol{\alpha}_3, \boldsymbol{\alpha}_3+\boldsymbol{\alpha}_4, \boldsymbol{\alpha}_4+\boldsymbol{\alpha}_1$ 线性无关

B. $\boldsymbol{\alpha}_1-\boldsymbol{\alpha}_2, \boldsymbol{\alpha}_2-\boldsymbol{\alpha}_3, \boldsymbol{\alpha}_3-\boldsymbol{\alpha}_4, \boldsymbol{\alpha}_4-\boldsymbol{\alpha}_1$ 线性无关

C. $\boldsymbol{\alpha}_1+\boldsymbol{\alpha}_2, \boldsymbol{\alpha}_3-\boldsymbol{\alpha}_2, \boldsymbol{\alpha}_4-\boldsymbol{\alpha}_3, \boldsymbol{\alpha}_4+\boldsymbol{\alpha}_1$ 线性无关

D. $\boldsymbol{\alpha}_1+\boldsymbol{\alpha}_2, \boldsymbol{\alpha}_2+\boldsymbol{\alpha}_3, \boldsymbol{\alpha}_3+\boldsymbol{\alpha}_4, \boldsymbol{\alpha}_4-\boldsymbol{\alpha}_1$ 线性无关

5. 设 n 维列向量组 $\boldsymbol{\alpha}_1, \boldsymbol{\alpha}_2, \cdots, \boldsymbol{\alpha}_s$ 线性无关，则 n 维列向量组 $\boldsymbol{\beta}_1, \boldsymbol{\beta}_2, \cdots, \boldsymbol{\beta}_s$ 线性无关的充分必要条件为（ ）.

A. 向量组 $\boldsymbol{\alpha}_1, \boldsymbol{\alpha}_2, \cdots, \boldsymbol{\alpha}_s$ 可以由向量组 $\boldsymbol{\beta}_1, \boldsymbol{\beta}_2, \cdots, \boldsymbol{\beta}_s$ 线性表示

B. 向量组 $\boldsymbol{\beta}_1, \boldsymbol{\beta}_2, \cdots, \boldsymbol{\beta}_s$ 可以由向量组 $\boldsymbol{\alpha}_1, \boldsymbol{\alpha}_2, \cdots, \boldsymbol{\alpha}_s$ 线性表示

C. 向量组 $\boldsymbol{\alpha}_1, \boldsymbol{\alpha}_2, \cdots, \boldsymbol{\alpha}_s$ 与向量组 $\boldsymbol{\beta}_1, \boldsymbol{\beta}_2, \cdots, \boldsymbol{\beta}_s$ 等价

D. 矩阵 $\boldsymbol{A}=(\boldsymbol{\alpha}_1, \boldsymbol{\alpha}_2, \cdots, \boldsymbol{\alpha}_s)$ 与矩阵 $\boldsymbol{B}=(\boldsymbol{\beta}_1, \boldsymbol{\beta}_2, \cdots, \boldsymbol{\beta}_s)$ 等价

6. 设 $\boldsymbol{A}$ 是 4 阶方阵，且 $|\boldsymbol{A}|=0$，则下列说法中正确的是（ ）.

A. $\boldsymbol{A}$ 中必有一列元素全为零

B. $\boldsymbol{A}$ 中必有两列元素对应成比例

C. $\boldsymbol{A}$ 中必有一列向量是其余列向量的线性组合

D. $\boldsymbol{A}$ 中任一列向量是其余列向量的线性组合

*7. 设向量组 $\boldsymbol{\alpha}_1, \boldsymbol{\alpha}_2, \boldsymbol{\alpha}_3$ 线性无关，向量 $\boldsymbol{\beta}_1$ 可以由 $\boldsymbol{\alpha}_1, \boldsymbol{\alpha}_2, \boldsymbol{\alpha}_3$ 线性表示，而 $\boldsymbol{\beta}_2$ 不能由 $\boldsymbol{\alpha}_1, \boldsymbol{\alpha}_2, \boldsymbol{\alpha}_3$ 线性表示，则对任意常数 k，必有（ ）.

A. $\boldsymbol{\alpha}_1, \boldsymbol{\alpha}_2, \boldsymbol{\alpha}_3, k\boldsymbol{\beta}_1+\boldsymbol{\beta}_2$ 线性无关

B. $\boldsymbol{\alpha}_1, \boldsymbol{\alpha}_2, \boldsymbol{\alpha}_3, k\boldsymbol{\beta}_1+\boldsymbol{\beta}_2$ 线性相关

C. $\boldsymbol{\alpha}_1, \boldsymbol{\alpha}_2, \boldsymbol{\alpha}_3, \boldsymbol{\beta}_1+k\boldsymbol{\beta}_2$ 线性无关

D. $\boldsymbol{\alpha}_1, \boldsymbol{\alpha}_2, \boldsymbol{\alpha}_3, \boldsymbol{\beta}_1+k\boldsymbol{\beta}_2$ 线性相关

8. 设 $\boldsymbol{A}$ 是 $m\times n$ 矩阵，$\boldsymbol{AX}=\boldsymbol{O}$ 是非齐次线性方程组 $\boldsymbol{AX}=\boldsymbol{\beta}$ 所对应的齐次线性方程组，则下列结论中正确的是（ ）.

A. 若 $\boldsymbol{AX}=\boldsymbol{O}$ 没有基础解系，则 $\boldsymbol{AX}=\boldsymbol{\beta}$ 有唯一解

B. 若 $\boldsymbol{AX}=\boldsymbol{O}$ 有基础解系，则 $\boldsymbol{AX}=\boldsymbol{\beta}$ 有无穷多解

C. 若 $\boldsymbol{AX}=\boldsymbol{\beta}$ 有无穷多解，则 $\boldsymbol{AX}=\boldsymbol{O}$ 有基础解系

D. 若 $\boldsymbol{AX}=\boldsymbol{\beta}$ 无解，则 $\boldsymbol{AX}=\boldsymbol{O}$ 没有基础解系

9. 设 $\boldsymbol{A}$ 为 $s\times n$ 矩阵，则齐次线性方程组 $\boldsymbol{AX}=\boldsymbol{O}$ 有非零解的充分必要条件是（ ）.

A. $\boldsymbol{A}$ 的行向量组线性无关　　B. $\boldsymbol{A}$ 的列向量组线性无关

C. $\boldsymbol{A}$ 的行向量组线性相关　　D. $\boldsymbol{A}$ 的列向量组线性相关

*10. 设 $\boldsymbol{A}$ 为 n 阶矩阵，若 $|\boldsymbol{A}|=0$，但 $\boldsymbol{A}$ 的伴随矩阵 $\boldsymbol{A}^*\neq\boldsymbol{O}$，则齐次线性方程组 $\boldsymbol{AX}=\boldsymbol{O}$ 的基础解系中的向量个数为（ ）.

A. n　　B. $n-1$　　C. 1　　D. 0

*11. 已知 n 阶矩阵 $\boldsymbol{A}=(a_{ij})_{n\times n}$ 是可逆的，则下面的线性方程组（ ）.

$$\begin{cases} a_{11}x_1+a_{12}x_2+\cdots+a_{1,n-1}x_{n-1}=a_{1n} \\ a_{21}x_1+a_{22}x_2+\cdots+a_{2,n-1}x_{n-1}=a_{2n} \\ \qquad\qquad\vdots \\ a_{n1}x_1+a_{n2}x_2+\cdots+a_{n,n-1}x_{n-1}=a_{nn} \end{cases}$$

A. 有唯一解　　B. 有无穷多解　　C. 无解　　D. 不确定

12. 设 $\boldsymbol{A}=(\boldsymbol{\alpha}_1,\boldsymbol{\alpha}_2,\cdots,\boldsymbol{\alpha}_n)$ 是 $s\times n$ 矩阵，$\boldsymbol{\beta}$ 是 s 维列向量，则以下选项中错误的结论为(　　).

A. 线性方程组 $\boldsymbol{AX}=\boldsymbol{\beta}$ 有解当且仅当 $\boldsymbol{\beta}$ 可以由向量组 $\boldsymbol{\alpha}_1,\boldsymbol{\alpha}_2,\cdots,\boldsymbol{\alpha}_n$ 线性表示

B. 线性方程组 $\boldsymbol{AX}=\boldsymbol{\beta}$ 有解当且仅当向量组 $\boldsymbol{\alpha}_1,\boldsymbol{\alpha}_2,\cdots,\boldsymbol{\alpha}_n$ 与 $\boldsymbol{\alpha}_1,\boldsymbol{\alpha}_2,\cdots,\boldsymbol{\alpha}_n,\boldsymbol{\beta}$ 等价

C. 线性方程组 $\boldsymbol{AX}=\boldsymbol{\beta}$ 有解当且仅当矩阵方程 $\boldsymbol{AX}=(\boldsymbol{A},\boldsymbol{\beta})$ 有解

D. 线性方程组 $\boldsymbol{AX}=\boldsymbol{\beta}$ 有解当且仅当向量组 $\boldsymbol{\alpha}_1,\boldsymbol{\alpha}_2,\cdots,\boldsymbol{\alpha}_n,\boldsymbol{\beta}$ 线性相关

13. 设 $\boldsymbol{\eta}_1,\boldsymbol{\eta}_2$ 为非齐次线性方程组 $\boldsymbol{AX}=\boldsymbol{\beta}$ 的两个不同的解，$\boldsymbol{\xi}_1,\boldsymbol{\xi}_2$ 是相应的齐次线性方程组 $\boldsymbol{AX}=\boldsymbol{O}$ 的基础解系，则 $\boldsymbol{AX}=\boldsymbol{\beta}$ 的通解为(　　).

A. $k_1\boldsymbol{\xi}_1+k_2(\boldsymbol{\eta}_1-\boldsymbol{\eta}_2)+\dfrac{1}{2}(\boldsymbol{\eta}_1-\boldsymbol{\eta}_2)$　B. $k_1\boldsymbol{\xi}_1+k_2(\boldsymbol{\xi}_1-\boldsymbol{\xi}_2)+\dfrac{1}{2}(\boldsymbol{\eta}_1+\boldsymbol{\eta}_2)$

C. $k_1\boldsymbol{\xi}_1+k_2(\boldsymbol{\xi}_1+\boldsymbol{\xi}_2)+\dfrac{1}{2}(\boldsymbol{\eta}_1-\boldsymbol{\eta}_2)$　D. $k_1\boldsymbol{\xi}_1+k_2(\boldsymbol{\eta}_1-\boldsymbol{\eta}_2)+\dfrac{1}{2}(\boldsymbol{\eta}_1+\boldsymbol{\eta}_2)$

*14. 已知矩阵 $\boldsymbol{Q}=\begin{pmatrix}1&2&3\\2&4&t\\3&6&9\end{pmatrix}$，$\boldsymbol{P}$ 为 3 阶非零矩阵，且满足 $\boldsymbol{PQ}=\boldsymbol{O}$，则(　　).

A. 当 $t=6$ 时，$\boldsymbol{P}$ 的秩为 1　　B. 当 $t=6$ 时，$\boldsymbol{P}$ 的秩为 2

C. 当 $t\neq 6$ 时，$\boldsymbol{P}$ 的秩为 1　　D. 当 $t\neq 6$ 时，$\boldsymbol{P}$ 的秩为 2

15. 已知 $\boldsymbol{\alpha}_1=\begin{pmatrix}1\\0\\0\end{pmatrix}$，$\boldsymbol{\alpha}_2=\begin{pmatrix}1\\1\\0\end{pmatrix}$，$\boldsymbol{\alpha}_3=\begin{pmatrix}1\\1\\1\end{pmatrix}$，$\boldsymbol{\alpha}_4=\begin{pmatrix}2\\1\\1\end{pmatrix}$，则下列向量组不能成为向量空间 $\boldsymbol{R}^3$ 的一个基的是(　　).

A. $\boldsymbol{\alpha}_1,\boldsymbol{\alpha}_2,\boldsymbol{\alpha}_3$　　B. $\boldsymbol{\alpha}_1,\boldsymbol{\alpha}_2,\boldsymbol{\alpha}_4$　　C. $\boldsymbol{\alpha}_2,\boldsymbol{\alpha}_3,\boldsymbol{\alpha}_4$　　D. $\boldsymbol{\alpha}_1,\boldsymbol{\alpha}_3,\boldsymbol{\alpha}_4$

16. 设 $\boldsymbol{\alpha}_1,\boldsymbol{\alpha}_2,\boldsymbol{\alpha}_3,\boldsymbol{\alpha}_4$ 均为 4 维列向量，$\boldsymbol{\alpha}_1,\boldsymbol{\alpha}_2,\boldsymbol{\alpha}_3$ 线性无关，$\boldsymbol{\alpha}_4=\boldsymbol{\alpha}_1+\boldsymbol{\alpha}_2+2\boldsymbol{\alpha}_3$，$\boldsymbol{B}=(\boldsymbol{\alpha}_1-\boldsymbol{\alpha}_2,\boldsymbol{\alpha}_2+\boldsymbol{\alpha}_3,-\boldsymbol{\alpha}_1+a\boldsymbol{\alpha}_2+\boldsymbol{\alpha}_3)$，方程组 $\boldsymbol{BX}=\boldsymbol{\alpha}_4$ 有无穷多解，则 $a=$(　　).

A. -2　　B. 2　　C. -1　　D. 1

三、计算题

1. 设 $\boldsymbol{\alpha}=(2,k,0)^{\mathrm{T}}$，$\boldsymbol{\beta}=(-1,0,\lambda)^{\mathrm{T}}$，$\boldsymbol{\gamma}=(\mu,-5,4)^{\mathrm{T}}$，且有 $\boldsymbol{\alpha}+\boldsymbol{\beta}+\boldsymbol{\gamma}=\boldsymbol{O}$，求 k,λ,μ.

2. 判断下列给定向量 $\boldsymbol{\eta}$ 是否可以由相应的向量组线性表示.

(1) $\boldsymbol{\eta}=\begin{pmatrix}1\\-1\\1\end{pmatrix}$，$\boldsymbol{\alpha}_1=\begin{pmatrix}1\\-2\\0\end{pmatrix}$，$\boldsymbol{\alpha}_2=\begin{pmatrix}1\\0\\2\end{pmatrix}$，$\boldsymbol{\alpha}_3=\begin{pmatrix}-1\\2\\0\end{pmatrix}$；

(2) $\boldsymbol{\eta}=\begin{pmatrix}1\\2\\1\end{pmatrix}$，$\boldsymbol{\alpha}_1=\begin{pmatrix}1\\-2\\0\end{pmatrix}$，$\boldsymbol{\alpha}_2=\begin{pmatrix}1\\0\\2\end{pmatrix}$.

3. 设向量组 $\boldsymbol{\alpha}_1=\begin{pmatrix}1\\0\\2\\3\end{pmatrix}$，$\boldsymbol{\alpha}_2=\begin{pmatrix}1\\1\\3\\5\end{pmatrix}$，$\boldsymbol{\alpha}_3=\begin{pmatrix}1\\-1\\a+2\\1\end{pmatrix}$，$\boldsymbol{\alpha}_4=\begin{pmatrix}1\\2\\4\\a+8\end{pmatrix}$，$\boldsymbol{\beta}=\begin{pmatrix}1\\1\\b+3\\5\end{pmatrix}$，讨论当 a，b 为何值时，

(1) $\boldsymbol{\beta}$ 不能由 $\boldsymbol{\alpha}_1$，$\boldsymbol{\alpha}_2$，$\boldsymbol{\alpha}_3$，$\boldsymbol{\alpha}_4$ 线性表示；

(2) $\boldsymbol{\beta}$ 能由 $\boldsymbol{\alpha}_1$，$\boldsymbol{\alpha}_2$，$\boldsymbol{\alpha}_3$，$\boldsymbol{\alpha}_4$ 线性表示，且表示式唯一，并写出表示式；

(3) $\boldsymbol{\beta}$ 能由 $\boldsymbol{\alpha}_1$，$\boldsymbol{\alpha}_2$，$\boldsymbol{\alpha}_3$，$\boldsymbol{\alpha}_4$ 线性表示，但表示式不唯一.

4. 判断下述两个向量组是否等价

$$\boldsymbol{\alpha}_1=\begin{pmatrix}1\\2\\1\end{pmatrix},\ \boldsymbol{\alpha}_2=\begin{pmatrix}-1\\1\\2\end{pmatrix},\ \boldsymbol{\alpha}_3=\begin{pmatrix}1\\1\\0\end{pmatrix},\ \boldsymbol{\beta}_1=\begin{pmatrix}1\\0\\-1\end{pmatrix},\ \boldsymbol{\beta}_2=\begin{pmatrix}0\\1\\1\end{pmatrix}$$

5. 讨论下列向量组的线性相关性，并求出向量组的秩.

(1) $\boldsymbol{\alpha}_1=\begin{pmatrix}1\\2\end{pmatrix}$，$\boldsymbol{\alpha}_2=\begin{pmatrix}2\\3\end{pmatrix}$，$\boldsymbol{\alpha}_3=\begin{pmatrix}3\\4\end{pmatrix}$；

(2) $\boldsymbol{\alpha}_1=\begin{pmatrix}0\\0\\0\end{pmatrix}$，$\boldsymbol{\alpha}_2=\begin{pmatrix}5\\9\\4\end{pmatrix}$，$\boldsymbol{\alpha}_3=\begin{pmatrix}13\\25\\37\end{pmatrix}$；

(3) $\boldsymbol{\alpha}_1=\begin{pmatrix}1\\-2\\1\end{pmatrix}$，$\boldsymbol{\alpha}_2=\begin{pmatrix}2\\-4\\2\end{pmatrix}$，$\boldsymbol{\alpha}_3=\begin{pmatrix}1\\0\\3\end{pmatrix}$，$\boldsymbol{\alpha}_4=\begin{pmatrix}0\\-4\\-4\end{pmatrix}$；

(4) $\boldsymbol{\alpha}_1=\begin{pmatrix}1\\-1\\2\\4\end{pmatrix}$，$\boldsymbol{\alpha}_2=\begin{pmatrix}0\\3\\1\\2\end{pmatrix}$，$\boldsymbol{\alpha}_3=\begin{pmatrix}3\\0\\7\\14\end{pmatrix}$，$\boldsymbol{\alpha}_4=\begin{pmatrix}1\\-1\\2\\0\end{pmatrix}$，$\boldsymbol{\alpha}_5=\begin{pmatrix}2\\1\\5\\6\end{pmatrix}$.

(5) $\alpha_1=\begin{pmatrix}1\\-1\\2\\1\end{pmatrix}$，$\alpha_2=\begin{pmatrix}-5\\7\\-9\\6\end{pmatrix}$，$\alpha_3=\begin{pmatrix}2\\-3\\5\\4\end{pmatrix}$，$\alpha_4=\begin{pmatrix}2\\4\\7\\2\end{pmatrix}$.

6. 已知向量组 $\boldsymbol{\alpha}_1=\begin{pmatrix}a\\3\\1\end{pmatrix}$，$\boldsymbol{\alpha}_2=\begin{pmatrix}1\\b\\2\end{pmatrix}$，$\boldsymbol{\alpha}_3=\begin{pmatrix}1\\1\\0\end{pmatrix}$，$\boldsymbol{\alpha}_4=\begin{pmatrix}2\\3\\1\end{pmatrix}$ 的秩为 2，求参数 a，b 的值.

7. 设向量组 $\boldsymbol{\alpha}_1$，$\boldsymbol{\alpha}_2$，$\boldsymbol{\alpha}_3$ 线性无关，问：a，b，c 满足什么条件时，$a\boldsymbol{\alpha}_1-\boldsymbol{\alpha}_2$，$b\boldsymbol{\alpha}_2-\boldsymbol{\alpha}_3$，$c\boldsymbol{\alpha}_3-\boldsymbol{\alpha}_1$ 线性相关？

8. 设 $\boldsymbol{\alpha}_1$，$\boldsymbol{\alpha}_2$，…，$\boldsymbol{\alpha}_s$ 均为 n 维向量，$\boldsymbol{\beta}_1=\boldsymbol{\alpha}_1$，$\boldsymbol{\beta}_2=\boldsymbol{\alpha}_1+\boldsymbol{\alpha}_2$，$\boldsymbol{\beta}_3=\boldsymbol{\alpha}_1+\boldsymbol{\alpha}_2+\boldsymbol{\alpha}_3$，…，$\boldsymbol{\beta}_s=\boldsymbol{\alpha}_1+\boldsymbol{\alpha}_2+\cdots+\boldsymbol{\alpha}_s$，证明：$\boldsymbol{\alpha}_1$，$\boldsymbol{\alpha}_2$，…，$\boldsymbol{\alpha}_s$ 线性无关当且仅当 $\boldsymbol{\beta}_1$，$\boldsymbol{\beta}_2$，…，$\boldsymbol{\beta}_s$ 线性无关.

9. 设向量组 $\boldsymbol{\alpha}_1$，$\boldsymbol{\alpha}_2$，…，$\boldsymbol{\alpha}_s$ 及 $\boldsymbol{\beta}_1$，$\boldsymbol{\beta}_2$，…，$\boldsymbol{\beta}_s$ 均为 n 维向量，证明：

$R(\boldsymbol{\alpha}_1,\boldsymbol{\alpha}_2,\cdots,\boldsymbol{\alpha}_s,\boldsymbol{\beta}_1,\boldsymbol{\beta}_2,\cdots,\boldsymbol{\beta}_s)\leqslant R(\boldsymbol{\alpha}_1,\boldsymbol{\alpha}_2,\cdots,\boldsymbol{\alpha}_s)+R(\boldsymbol{\beta}_1,\boldsymbol{\beta}_2,\cdots,\boldsymbol{\beta}_s)$.

10. 求向量组$\boldsymbol{\alpha}_1=\begin{pmatrix}1\\-2\\-1\\3\end{pmatrix}$，$\boldsymbol{\alpha}_2=\begin{pmatrix}2\\1\\8\\11\end{pmatrix}$，$\boldsymbol{\alpha}_3=\begin{pmatrix}1\\-1\\1\\4\end{pmatrix}$，$\boldsymbol{\alpha}_4=\begin{pmatrix}-2\\1\\-3\\-9\end{pmatrix}$，$\boldsymbol{\alpha}_5=\begin{pmatrix}1\\-4\\-7\\1\end{pmatrix}$的一个最大无关组.

11. 求向量组$\boldsymbol{\alpha}_1=\begin{pmatrix}1\\1\\2\\1\end{pmatrix}$，$\boldsymbol{\alpha}_2=\begin{pmatrix}2\\2\\4\\2\end{pmatrix}$，$\boldsymbol{\alpha}_3=\begin{pmatrix}1\\2\\3\\2\end{pmatrix}$，$\boldsymbol{\alpha}_4=\begin{pmatrix}0\\1\\1\\1\end{pmatrix}$，$\boldsymbol{\alpha}_5=\begin{pmatrix}1\\0\\1\\0\end{pmatrix}$的一个最大无关组，并将其余的向量表示成所得的最大无关组的线性组合.

*12. 设a_1，a_2，a_3为参数，求向量组$\boldsymbol{\alpha}_1=\begin{pmatrix}1\\a_1\\a_1^2\end{pmatrix}$，$\boldsymbol{\alpha}_2=\begin{pmatrix}1\\a_2\\a_2^2\end{pmatrix}$，$\boldsymbol{\alpha}_3=\begin{pmatrix}1\\a_3\\a_3^2\end{pmatrix}$的秩.

13. 求下列齐次线性方程组的基础解系和通解.

(1) $2x_1+3x_2-x_3-5x_4=0$；

(2) $\begin{cases}x_1-8x_2+10x_3+2x_4=0\\2x_1+4x_2+5x_3-x_4=0\\3x_1+8x_2+6x_3-2x_4=0\end{cases}$；

(3) $\begin{cases}x_1+2x_2+7x_4-4x_5=0\\x_1-x_2+3x_3-2x_4-x_5=0\\2x_1+4x_3+2x_4-4x_5=0\\x_1+x_2+x_3+4x_4-3x_5=0\end{cases}$；

(4) $\begin{cases}x_1+2x_2-3x_3=0\\2x_1+x_2+2x_3=0\\x_1-x_2+3x_3=0\end{cases}$.

14. 设$s\times n$矩阵$\boldsymbol{A}$的秩为r，证明：$\boldsymbol{AX}=\boldsymbol{O}$的任意$n-r$个线性无关的解都是其基础解系.

15. 问齐次线性方程组$\begin{cases}(a+1)x_1+x_2+\cdots+x_n=0\\2x_1+(2+a)x_2+\cdots+2x_n=0\\\qquad\vdots\\nx_1+nx_2+\cdots+(n+a)x_n=0\end{cases}$何时有非零解？当方程组有非零解时，求一个基础解系.

16. 求下列非齐次方程组的一个特解和通解.

(1) $\begin{cases}x_1+x_2=5\\2x_1+x_2+x_3+2x_4=1\\5x_1+3x_2+2x_3+2x_4=3\end{cases}$；

(2) $\begin{cases}x_1-5x_2+2x_3-3x_4=11\\5x_1+3x_2+6x_3-x_4=-1\\2x_1+4x_2+2x_3+x_4=-6\end{cases}$；

(3) $\begin{cases}x_1+x_2+x_3=0\\x_1+x_2-x_3-x_4-2x_5=1\\2x_1+2x_2-x_4-2x_5=1\\5x_1+5x_2-3x_3-4x_4-8x_5=4\end{cases}$；

(4) $\begin{cases}x_1-2x_2+3x_3-4x_4=2\\x_1+3x_2-3x_4=2\\x_2-x_3+x_4=0\\x_1-4x_2+3x_3-2x_4=2\end{cases}$.

17. 设齐次线性方程组Ⅰ：$\begin{cases}x_1+x_2=0\\x_2-x_4=0\end{cases}$和Ⅱ：$\begin{cases}x_1-x_2+x_3=0\\x_2-x_3+x_4=0\end{cases}$

(1) 求方程组 Ⅰ 的基础解系;

(2) 求方程组 Ⅰ 和 Ⅱ 的公共解.

18. 设线性方程组

$$\begin{cases} x_1+x_2+x_3=0 \\ x_1+2x_2+ax_3=0 \\ x_1+4x_2+a^2x_3=0 \end{cases}$$

与方程 $x_1+2x_2+x_3=a-1$ 有公共解, 求 a 的值及所有公共解.

19. 已知 4 阶矩阵 $\boldsymbol{A}$ 的秩为 3, $\boldsymbol{\eta}_1$, $\boldsymbol{\eta}_2$, $\boldsymbol{\eta}_3$ 是非齐次线性方程组 $\boldsymbol{AX}=\boldsymbol{\beta}$ 的解, 且

$$\boldsymbol{\eta}_1+2\boldsymbol{\eta}_2=\begin{pmatrix}1\\3\\5\\7\end{pmatrix},\ \boldsymbol{\eta}_3=\begin{pmatrix}1\\0\\-1\\1\end{pmatrix}$$

求 $\boldsymbol{AX}=\boldsymbol{\beta}$ 的通解.

*20. 已知 $\boldsymbol{A}$, $\boldsymbol{B}$ 分别是 $s\times n$ 和 $n\times t$ 矩阵, 证明: $R(\boldsymbol{AB})=R(\boldsymbol{B})$ 当且仅当齐次线性方程组 $\boldsymbol{ABX}=\boldsymbol{O}$ 和 $\boldsymbol{BX}=\boldsymbol{O}$ 同解.

21. 设 $\boldsymbol{\xi}_1$, $\boldsymbol{\xi}_2$, $\cdots$, $\boldsymbol{\xi}_t$ 为齐次线性方程组 $\boldsymbol{AX}=\boldsymbol{O}$ 的一组线性无关的解, $\boldsymbol{\eta}$ 不是 $\boldsymbol{AX}=\boldsymbol{O}$ 的解, 证明: $\boldsymbol{\eta}$, $\boldsymbol{\eta}+\boldsymbol{\xi}_1$, $\boldsymbol{\eta}+\boldsymbol{\xi}_2$, $\cdots$, $\boldsymbol{\eta}+\boldsymbol{\xi}_t$ 线性无关.

*22. 设 $\boldsymbol{A}$ 为 n 阶矩阵, $\boldsymbol{\beta}$ 是 n 维非零列向量, $\boldsymbol{\eta}_1$, $\boldsymbol{\eta}_2$ 是非齐次线性方程组 $\boldsymbol{AX}=\boldsymbol{\beta}$ 的解, $\boldsymbol{\xi}$ 是齐次线性方程组 $\boldsymbol{AX}=\boldsymbol{O}$ 的解.

(1) 若 $\boldsymbol{\eta}_1\neq\boldsymbol{\eta}_2$, 证明: $\boldsymbol{\eta}_1$, $\boldsymbol{\eta}_2$ 线性无关;

(2) 若 $\boldsymbol{A}$ 的秩为 $n-1$, 证明: $\boldsymbol{\xi}$, $\boldsymbol{\eta}_1$, $\boldsymbol{\eta}_2$ 线性相关.

23. 设非齐次线性方程组 $\boldsymbol{AX}=\boldsymbol{\beta}$ 的系数矩阵的秩为 r, $\boldsymbol{\eta}_1$, $\cdots$, $\boldsymbol{\eta}_{n-r+1}$ 是它的 $n-r+1$ 个线性无关的解. 试证: 它的任一解可表示为

$$\boldsymbol{X}=k_1\boldsymbol{\eta}_1+k_2\boldsymbol{\eta}_2+\cdots+k_{n-r+1}\boldsymbol{\eta}_{n-r+1}\quad(\text{其中 } k_1+\cdots+k_{n-r+1}=1)$$

24. 判断 $\boldsymbol{R}^3$ 的下列子集是否为向量空间.

(1) $V=\left\{\begin{pmatrix}x\\y\\z\end{pmatrix}\middle|\begin{matrix}x+y-z=1\\x-y+z=2\end{matrix}\right\}$;

(2) $V=\left\{\begin{pmatrix}x\\y\\z\end{pmatrix}\middle|\ 3x-2y+z=0\right\}$;

(3) $V=\left\{\begin{pmatrix}x\\y\\z\end{pmatrix}\middle|\ x=-y^2+z\right\}$.

25. 求下列向量空间的基和维数.

(1) $V=\left\{\begin{pmatrix}x\\y\\z\end{pmatrix}\middle|\ x+y+z=0\right\}$;

(2) $V=\left\{\begin{pmatrix}x\\y\\z\end{pmatrix}\middle| \begin{array}{l}x-y-z=0\\2x-y-3z=0\end{array}\right\}$.

26. 设$\boldsymbol{R}^3$的子空间$V=\left\{\begin{pmatrix}x\\y\\z\end{pmatrix}\middle| x+y-2z=0\right\}$，向量$\boldsymbol{\alpha}=\begin{pmatrix}-1\\3\\1\end{pmatrix}$，证明：$\boldsymbol{\alpha}\in V$，并求$V$的一个基，以及$\boldsymbol{\alpha}$在该基下的坐标.

27. 求$\boldsymbol{R}^3$的从基$\boldsymbol{\alpha}_1=\begin{pmatrix}2\\1\\2\end{pmatrix}$，$\boldsymbol{\alpha}_2=\begin{pmatrix}1\\2\\3\end{pmatrix}$，$\boldsymbol{\alpha}_3=\begin{pmatrix}1\\1\\1\end{pmatrix}$到基$\boldsymbol{\beta}_1=\begin{pmatrix}1\\1\\1\end{pmatrix}$，$\boldsymbol{\beta}_2=\begin{pmatrix}1\\2\\3\end{pmatrix}$，$\boldsymbol{\beta}_3=\begin{pmatrix}1\\0\\1\end{pmatrix}$的过渡矩阵.

28. 已知n阶矩阵$\boldsymbol{A}$满足$\boldsymbol{A\alpha}_1=\boldsymbol{\alpha}_1$，$\boldsymbol{A\alpha}_2=\boldsymbol{\alpha}_1+\boldsymbol{\alpha}_2$，$\boldsymbol{A\alpha}_3=\boldsymbol{\alpha}_2+\boldsymbol{\alpha}_3$，$\boldsymbol{\alpha}_1\neq\boldsymbol{O}$，证明：$\boldsymbol{\alpha}_1$，$\boldsymbol{\alpha}_2$，$\boldsymbol{\alpha}_3$线性无关.

29. 设n阶矩阵$\boldsymbol{A}$，$\boldsymbol{B}$满足$R(\boldsymbol{A})+R(\boldsymbol{B})<n$. 证明：线性方程组$\boldsymbol{AX}=\boldsymbol{O}$与$\boldsymbol{BX}=\boldsymbol{O}$一定有非零公共解.

30. 已知3阶矩阵$\boldsymbol{A}$与3维列向量$\boldsymbol{\alpha}$满足$\boldsymbol{A}^3\boldsymbol{\alpha}=3\boldsymbol{A\alpha}-\boldsymbol{A}^2\boldsymbol{\alpha}$，且向量组$\boldsymbol{\alpha}$，$\boldsymbol{A\alpha}$，$\boldsymbol{A}^2\boldsymbol{\alpha}$线性无关.

(1) 记$\boldsymbol{P}=(\boldsymbol{\alpha},\boldsymbol{A\alpha},\boldsymbol{A}^2\boldsymbol{\alpha})$，求3阶矩阵$\boldsymbol{B}$使$\boldsymbol{AP}=\boldsymbol{PB}$；

(2) 求$|\boldsymbol{A}|$.

第 5 章　方阵的特征值与特征向量理论

在工程技术领域，有许多问题，诸如振动问题、稳定性问题、弹性力学问题等常常归结为求矩阵的特征值和特征向量. 在数学上，解微分方程及简化矩阵计算等也要用到特征值的理论. 本章介绍特征值、特征向量和矩阵相似的概念及性质，讨论矩阵相似于对角矩阵的条件，证明实对称矩阵一定相似于对角矩阵，并介绍把实对称矩阵正交相似对角化的方法. 其中涉及向量的内积、长度及正交等知识，下面先介绍这些知识.

5.1　内积与正交矩阵

5.1.1　n 维向量的内积

在几何空间中，我们不仅考虑矢量间的线性关系，而且还考虑有关矢量的度量性质. 几何空间中最重要的度量概念是向量的长度和向量间的夹角. 我们知道，这两个度量概念可以用更基本的度量概念，即度量的内积(有的书上称为数量积或点积) 来表示. 因此，要将几何空间中关于矢量的度量概念推广到 n 维向量，只要将内积的概念推广到 n 维向量即可.

定义 5.1.1　设 n 维向量 $\boldsymbol{\alpha}=\begin{pmatrix}x_1\\x_2\\\vdots\\x_n\end{pmatrix}$，$\boldsymbol{\beta}=\begin{pmatrix}y_1\\y_2\\\vdots\\y_n\end{pmatrix}$，则实数 $\sum\limits_{i=1}^{n}x_iy_i=x_1y_1+x_2y_2+\cdots+x_ny_n$ 称为 $\boldsymbol{\alpha}$ 与 $\boldsymbol{\beta}$ 的内积，记作 $[\boldsymbol{\alpha},\boldsymbol{\beta}]$，即 $[\boldsymbol{\alpha},\boldsymbol{\beta}]=x_1y_1+x_2y_2+\cdots+x_ny_n$.

内积是两个向量之间的一种运算，用矩阵表示，有 $[\boldsymbol{\alpha},\boldsymbol{\beta}]=(x_1,x_2,\cdots,x_n)\begin{pmatrix}y_1\\y_2\\\vdots\\y_n\end{pmatrix}=\boldsymbol{\alpha}^{\mathrm{T}}\boldsymbol{\beta}$.

根据内积的定义容易证明内积的性质：

性质 5.1.1　对于 n 维向量 $\boldsymbol{\alpha}$，$\boldsymbol{\beta}$，$\boldsymbol{\gamma}$ 及实数 k，有：

(1) 对称性：$[\boldsymbol{\alpha},\boldsymbol{\beta}]=[\boldsymbol{\beta},\boldsymbol{\alpha}]$；

(2) 线性性：$[\boldsymbol{\alpha}+\boldsymbol{\beta},\boldsymbol{\gamma}]=[\boldsymbol{\alpha},\boldsymbol{\gamma}]+[\boldsymbol{\beta},\boldsymbol{\gamma}]$，$[k\boldsymbol{\alpha},\boldsymbol{\beta}]=k[\boldsymbol{\alpha},\boldsymbol{\beta}]$；

(3) 非负性：$[\boldsymbol{\alpha},\boldsymbol{\alpha}]\geqslant 0$，且 $[\boldsymbol{\alpha},\boldsymbol{\alpha}]=0$ 当且仅当 $\boldsymbol{\alpha}=\boldsymbol{O}$.

利用内积可以定义向量的长度、向量间的夹角及正交性.

定义 5.1.2 设 n 维向量 $\boldsymbol{\alpha}=(x_1, x_2, \cdots, x_n)^{\mathrm{T}}$，则定义 $\sqrt{[\boldsymbol{\alpha}, \boldsymbol{\alpha}]}=\sqrt{x_1^2+x_2^2+\cdots+x_n^2}$ 为向量 $\boldsymbol{\alpha}$ 的长度（或模，范数），记为 $\|\boldsymbol{\alpha}\|$，即 $\|\boldsymbol{\alpha}\|=\sqrt{[\boldsymbol{\alpha}, \boldsymbol{\alpha}]}$.

向量的长度具有如下性质：

性质 5.1.2 对于 n 维向量 $\boldsymbol{\alpha}$，$\boldsymbol{\beta}$，$\boldsymbol{\gamma}$ 及实数 k，有：

(1) 非负性 $\|\boldsymbol{\alpha}\| \geqslant 0$；且 $\boldsymbol{\alpha}=\boldsymbol{O} \Leftrightarrow \|\boldsymbol{\alpha}\|=0$；

(2) 齐次性 $\|k\boldsymbol{\alpha}\|=|k|\,\|\boldsymbol{\alpha}\|$；

(3) 三角不等式 $\|\boldsymbol{\alpha}+\boldsymbol{\beta}\| \leqslant \|\boldsymbol{\alpha}\|+\|\boldsymbol{\beta}\|$.

(4) 柯西-施瓦兹(Cauchy-Schwarz)不等式

$$[\boldsymbol{\alpha}, \boldsymbol{\beta}]^2 \leqslant [\boldsymbol{\alpha}, \boldsymbol{\alpha}][\boldsymbol{\beta}, \boldsymbol{\beta}] \text{ 或 } |[\boldsymbol{\alpha}, \boldsymbol{\beta}]| \leqslant \sqrt{[\boldsymbol{\alpha}, \boldsymbol{\alpha}]}\sqrt{[\boldsymbol{\beta}, \boldsymbol{\beta}]}=\|\boldsymbol{\alpha}\|\,\|\boldsymbol{\beta}\|$$

下面仅证明(4)，其他读者自证.

证明 若 $\boldsymbol{\alpha}, \boldsymbol{\beta}$ 线性相关，则有实数 k，使 $\boldsymbol{\beta}=k\boldsymbol{\alpha}$ 或 $\boldsymbol{\alpha}=k\boldsymbol{\beta}$，以 $\boldsymbol{\beta}=k\boldsymbol{\alpha}$ 为例，有

$$|[\boldsymbol{\alpha}, \boldsymbol{\beta}]|=|[\boldsymbol{\alpha}, k\boldsymbol{\alpha}]|=|k[\boldsymbol{\alpha}, \boldsymbol{\alpha}]|=|k|\,|[\boldsymbol{\alpha}, \boldsymbol{\alpha}]|$$

$$\|\boldsymbol{\alpha}\|\,\|\boldsymbol{\beta}\|=\sqrt{[\boldsymbol{\alpha}, \boldsymbol{\alpha}][\boldsymbol{\beta}, \boldsymbol{\beta}]}=\sqrt{k^2[\boldsymbol{\alpha}, \boldsymbol{\alpha}]^2}=|k|\,|[\boldsymbol{\alpha}, \boldsymbol{\alpha}]|$$

即有 $|[\boldsymbol{\alpha}, \boldsymbol{\beta}]|=\|\boldsymbol{\alpha}\|\,\|\boldsymbol{\beta}\|$，也即 $[\boldsymbol{\alpha}, \boldsymbol{\beta}]^2=[\boldsymbol{\alpha}, \boldsymbol{\alpha}][\boldsymbol{\beta}, \boldsymbol{\beta}]$.

当 $\boldsymbol{\alpha}, \boldsymbol{\beta}$ 线性无关时，则对任何实数 k，都有 $k\boldsymbol{\alpha}+\boldsymbol{\beta} \neq \boldsymbol{O}$，根据内积的性质得

$$[k\boldsymbol{\alpha}+\boldsymbol{\beta}, k\boldsymbol{\alpha}+\boldsymbol{\beta}]=[\boldsymbol{\alpha}, \boldsymbol{\alpha}]k^2+2[\boldsymbol{\alpha}, \boldsymbol{\beta}]k+[\boldsymbol{\beta}, \boldsymbol{\beta}]>0$$

此式说明实系数方程 $[\boldsymbol{\alpha}, \boldsymbol{\alpha}]x^2+2[\boldsymbol{\alpha}, \boldsymbol{\beta}]x+[\boldsymbol{\beta}, \boldsymbol{\beta}]=0$ 无实数根，其判别式

$$\Delta=4[\boldsymbol{\alpha}, \boldsymbol{\beta}]^2-4[\boldsymbol{\alpha}, \boldsymbol{\alpha}][\boldsymbol{\beta}, \boldsymbol{\beta}]<0$$

即 $[\boldsymbol{\alpha}, \boldsymbol{\beta}]^2 \leqslant [\boldsymbol{\alpha}, \boldsymbol{\alpha}][\boldsymbol{\beta}, \boldsymbol{\beta}]$.

注 若 $\|\boldsymbol{\alpha}\|=1$，则称向量 $\boldsymbol{\alpha}$ 是单位向量；若 $\boldsymbol{\alpha}$ 是非零向量，则 $\dfrac{1}{\|\boldsymbol{\alpha}\|}\boldsymbol{\alpha}$ 一定是单位向量. 由非零向量 $\boldsymbol{\alpha}$ 得到单位向量 $\dfrac{1}{\|\boldsymbol{\alpha}\|}\boldsymbol{\alpha}$ 的过程称为把向量 $\boldsymbol{\alpha}$ 单位化或标准化.

由柯西-施瓦兹不等式可知，$\left|\dfrac{[\boldsymbol{\alpha}, \boldsymbol{\beta}]}{\|\boldsymbol{\alpha}\|\,\|\boldsymbol{\beta}\|}\right| \leqslant 1$（当 $\|\boldsymbol{\alpha}\|\,\|\boldsymbol{\beta}\| \neq 0$ 时）

定义 5.1.3 对 n 维向量 $\boldsymbol{\alpha}$，$\boldsymbol{\beta}$，当 $\boldsymbol{\alpha}$，$\boldsymbol{\beta}$ 均为非零向量时，定义 $\theta=\arccos\dfrac{[\boldsymbol{\alpha}, \boldsymbol{\beta}]}{\|\boldsymbol{\alpha}\|\,\|\boldsymbol{\beta}\|}$ $(0 \leqslant \theta \leqslant \pi)$ 为向量 $\boldsymbol{\alpha}$ 与 $\boldsymbol{\beta}$ 的夹角，记作 $\langle\boldsymbol{\alpha}, \boldsymbol{\beta}\rangle$.

注 若 $[\boldsymbol{\alpha}, \boldsymbol{\beta}]=0$，则称 $\boldsymbol{\alpha}, \boldsymbol{\beta}$ 是正交(或垂直)的，记为 $\boldsymbol{\alpha} \perp \boldsymbol{\beta}$，此时 $\langle\boldsymbol{\alpha}, \boldsymbol{\beta}\rangle=\dfrac{\pi}{2}$；显然，零向量与任何向量都正交.

5.1.2 正交向量组与施密特(Schmidt)正交化方法

定义 5.1.4 若非零向量组 $\boldsymbol{\alpha}_1, \boldsymbol{\alpha}_2, \cdots, \boldsymbol{\alpha}_s$ 两两正交，则称向量组 $\boldsymbol{\alpha}_1, \boldsymbol{\alpha}_2, \cdots, \boldsymbol{\alpha}_s$ 为正交向量组；由单位向量组成的正交向量组称为标准正交向量组(或正交规范向量组).

由定义 5.1.4 可知，$\boldsymbol{\alpha}_1, \boldsymbol{\alpha}_2, \cdots, \boldsymbol{\alpha}_s$ 是正交向量组的充分必要条件是

$$[\boldsymbol{\alpha}_i, \boldsymbol{\alpha}_i] \neq 0,\ [\boldsymbol{\alpha}_i, \boldsymbol{\alpha}_j]=0 \quad (i \neq j,\ i, j=1, 2, \cdots, s) \tag{5.1.1}$$

$\boldsymbol{\alpha}_1, \boldsymbol{\alpha}_2, \cdots, \boldsymbol{\alpha}_s$ 是标准正交向量组的充分必要条件是

$$[\boldsymbol{\alpha}_i, \boldsymbol{\alpha}_j] = \delta_{ij} = \begin{cases} 1, & i = j \\ 0, & i \neq j \end{cases}$$

下面讨论正交向量组的有关性质.

定理 5.1.1　设 n 维向量组 $\boldsymbol{\alpha}_1, \boldsymbol{\alpha}_2, \cdots, \boldsymbol{\alpha}_s$ 是正交向量组，则 $\boldsymbol{\alpha}_1, \boldsymbol{\alpha}_2, \cdots, \boldsymbol{\alpha}_s$ 线性无关.

证明　设有一组数 $k_1, k_2, \cdots, k_s$ 使 $k_1\boldsymbol{\alpha}_1 + k_2\boldsymbol{\alpha}_2 + \cdots + k_s\boldsymbol{\alpha}_s = \boldsymbol{O}$，则将此式两端与 $\boldsymbol{\alpha}_i$ 做内积可得 $0 = [\boldsymbol{O}, \boldsymbol{\alpha}_i] = [k_1\boldsymbol{\alpha}_1 + k_2\boldsymbol{\alpha}_2 + \cdots + k_s\boldsymbol{\alpha}_s, \boldsymbol{\alpha}_i] = k_1[\boldsymbol{\alpha}_1, \boldsymbol{\alpha}_i] + \cdots + k_s[\boldsymbol{\alpha}_s, \boldsymbol{\alpha}_i]$.

因为 $\boldsymbol{\alpha}_1, \boldsymbol{\alpha}_2, \cdots, \boldsymbol{\alpha}_s$ 两两正交，由式(5.1.1)得 $k_i[\boldsymbol{\alpha}_i, \boldsymbol{\alpha}_i] = 0$，于是 $k_i = 0 (i = 1, 2, \cdots, s)$，这表明 $\boldsymbol{\alpha}_1, \boldsymbol{\alpha}_2, \cdots, \boldsymbol{\alpha}_s$ 线性无关.

注　线性无关向量组未必是正交向量组. 例如 $\boldsymbol{\alpha}_1 = (1, 0, 0)^{\mathrm{T}}$，$\boldsymbol{\alpha}_2 = (1, 1, 0)^{\mathrm{T}}$，$\boldsymbol{\alpha}_3 = (1, 1, 1)^{\mathrm{T}}$ 线性无关，但其中任何两个向量都不正交.

例 5.1.1　已知 3 维向量空间 $\boldsymbol{R}^3$ 中有两个向量 $\boldsymbol{\alpha}_1 = (1, 1, 0)^{\mathrm{T}}$，$\boldsymbol{\alpha}_2 = (1, -1, 2)^{\mathrm{T}}$ 正交，试求一个非零向量 $\boldsymbol{\alpha}_3$，使 $\boldsymbol{\alpha}_1, \boldsymbol{\alpha}_2, \boldsymbol{\alpha}_3$ 两两正交.

解　设 $\boldsymbol{x} = (x_1, x_2, x_3)^{\mathrm{T}}$，记 $\boldsymbol{A} = \begin{pmatrix} \boldsymbol{\alpha}_1^{\mathrm{T}} \\ \boldsymbol{\alpha}_2^{\mathrm{T}} \end{pmatrix} = \begin{pmatrix} 1 & 1 & 0 \\ 1 & -1 & 2 \end{pmatrix}$，则 $\boldsymbol{\alpha}_3$ 应满足齐次线性方程组 $\boldsymbol{AX} = \boldsymbol{O}$，即

$$\begin{pmatrix} 1 & 1 & 0 \\ 1 & -1 & 2 \end{pmatrix} \begin{pmatrix} x_1 \\ x_2 \\ x_3 \end{pmatrix} = \begin{pmatrix} 0 \\ 0 \end{pmatrix}，由 \boldsymbol{A} \xrightarrow{r} \begin{pmatrix} 1 & 1 & 0 \\ 0 & -2 & 2 \end{pmatrix} \xrightarrow{r} \begin{pmatrix} 1 & 0 & 1 \\ 0 & 1 & -1 \end{pmatrix}$$

得 $\begin{cases} x_1 = -x_3 \\ x_2 = x_3 \end{cases}$，从而有基础解系 $(-1, 1, 1)^{\mathrm{T}}$，取 $\boldsymbol{\alpha}_3 = (-1, 1, 1)^{\mathrm{T}}$ 即为所求.

定义 5.1.5　设 $\boldsymbol{\varepsilon}_1, \boldsymbol{\varepsilon}_2, \cdots, \boldsymbol{\varepsilon}_s$ 是向量空间 $V (V \subset \mathbf{R}^n)$ 的一个基，若它们两两正交，则称 $\boldsymbol{\varepsilon}_1, \boldsymbol{\varepsilon}_2, \cdots, \boldsymbol{\varepsilon}_s$ 是向量空间 V 的一个正交基；而当正交基 $\boldsymbol{\varepsilon}_1, \boldsymbol{\varepsilon}_2, \cdots, \boldsymbol{\varepsilon}_s$ 都是单位向量，则称这个正交基为向量空间 V 的一个标准正交基(或称为规范正交基).

例如，$\boldsymbol{\varepsilon}_1 = \begin{pmatrix} \frac{1}{\sqrt{2}} \\ \frac{1}{\sqrt{2}} \\ 0 \\ 0 \end{pmatrix}$，$\boldsymbol{\varepsilon}_2 = \begin{pmatrix} \frac{1}{\sqrt{2}} \\ \frac{-1}{\sqrt{2}} \\ 0 \\ 0 \end{pmatrix}$，$\boldsymbol{\varepsilon}_3 = \begin{pmatrix} 0 \\ 0 \\ \frac{1}{\sqrt{2}} \\ \frac{1}{\sqrt{2}} \end{pmatrix}$，$\boldsymbol{\varepsilon}_4 = \begin{pmatrix} 0 \\ 0 \\ \frac{1}{\sqrt{2}} \\ \frac{-1}{\sqrt{2}} \end{pmatrix}$ 就是 $\boldsymbol{R}^4$ 的一个标准正交基.

又如 $\boldsymbol{\varepsilon}_1 = (1, 0, \cdots, 0)^{\mathrm{T}}$，$\boldsymbol{\varepsilon}_2 = (0, 1, \cdots, 0)^{\mathrm{T}}$，$\cdots$，$\boldsymbol{\varepsilon}_n = (0, 0, \cdots, 1)^{\mathrm{T}}$ 是 $\boldsymbol{R}^n$ 中一个典型的标准正交基.

若 $\boldsymbol{\varepsilon}_1, \boldsymbol{\varepsilon}_2, \cdots, \boldsymbol{\varepsilon}_s$ 是 V 的一个标准正交基，那么 V 中的任一向量 $\boldsymbol{\alpha}$ 都能由 $\boldsymbol{\varepsilon}_1, \boldsymbol{\varepsilon}_2, \cdots, \boldsymbol{\varepsilon}_s$ 线性表示. 设表示式为

$$\boldsymbol{\alpha} = k_1\boldsymbol{\varepsilon}_1 + k_2\boldsymbol{\varepsilon}_2 + \cdots + k_s\boldsymbol{\varepsilon}_s,$$

$(k_1, k_2, \cdots, k_s)^{\mathrm{T}}$ 为 $\boldsymbol{\alpha}$ 在基 $\boldsymbol{\varepsilon}_1, \boldsymbol{\varepsilon}_2, \cdots, \boldsymbol{\varepsilon}_s$ 下的坐标. 为求系数(坐标) $k_i (i = 1, 2, \cdots, s)$，可用 $\boldsymbol{\varepsilon}_i$ 与上式两端做内积 $[\boldsymbol{\alpha}, \boldsymbol{\varepsilon}_i] = k_1[\boldsymbol{\varepsilon}_1, \boldsymbol{\varepsilon}_i] + k_2[\boldsymbol{\varepsilon}_2, \boldsymbol{\varepsilon}_i] + \cdots + k_s[\boldsymbol{\varepsilon}_s, \boldsymbol{\varepsilon}_i] = k_i[\boldsymbol{\varepsilon}_i, \boldsymbol{\varepsilon}_i] = k_i$.

即 $k_i=[\boldsymbol{\alpha},\boldsymbol{\varepsilon}_i]$，从而 $\boldsymbol{\alpha}=[\boldsymbol{\alpha},\boldsymbol{\varepsilon}_1]\boldsymbol{\varepsilon}_1+[\boldsymbol{\alpha},\boldsymbol{\varepsilon}_2]\boldsymbol{\varepsilon}_2+\cdots+[\boldsymbol{\alpha},\boldsymbol{\varepsilon}_s]\boldsymbol{\varepsilon}_s$，即是说，在标准正交基下向量的坐标可以通过内积简单地表示出来.

下面介绍的施密特正交化方法，给出了如何将一个线性无关向量组 $\boldsymbol{\alpha}_1,\boldsymbol{\alpha}_2,\cdots,\boldsymbol{\alpha}_s$ 转化得到一个标准正交向量组的方法，也是求向量空间的标准正交基的方法. 转化过程分为正交化和单位化两个步骤：

1. 正交化

利用递归过程. 取

$$\boldsymbol{\beta}_1=\boldsymbol{\alpha}_1,$$

$$\boldsymbol{\beta}_2=\boldsymbol{\alpha}_2-\frac{[\boldsymbol{\alpha}_2,\boldsymbol{\beta}_1]}{[\boldsymbol{\beta}_1,\boldsymbol{\beta}_1]}\boldsymbol{\beta}_1,$$

$$\boldsymbol{\beta}_3=\boldsymbol{\alpha}_3-\frac{[\boldsymbol{\alpha}_3,\boldsymbol{\beta}_2]}{[\boldsymbol{\beta}_2,\boldsymbol{\beta}_2]}\boldsymbol{\beta}_2-\frac{[\boldsymbol{\alpha}_3,\boldsymbol{\beta}_1]}{[\boldsymbol{\beta}_1,\boldsymbol{\beta}_1]}\boldsymbol{\beta}_1,$$

$$\vdots$$

$$\boldsymbol{\beta}_s=\boldsymbol{\alpha}_s-\frac{[\boldsymbol{\alpha}_s,\boldsymbol{\beta}_{s-1}]}{[\boldsymbol{\beta}_{s-1},\boldsymbol{\beta}_{s-1}]}\boldsymbol{\beta}_{s-1}-\cdots-\frac{[\boldsymbol{\alpha}_s,\boldsymbol{\beta}_1]}{[\boldsymbol{\beta}_1,\boldsymbol{\beta}_1]}\boldsymbol{\beta}_1.$$

容易验证，这样得到的向量组 $\boldsymbol{\beta}_1,\boldsymbol{\beta}_2,\cdots,\boldsymbol{\beta}_s$ 两两正交，且 $\boldsymbol{\beta}_1,\boldsymbol{\beta}_2,\cdots,\boldsymbol{\beta}_s$ 与 $\boldsymbol{\alpha}_1,\boldsymbol{\alpha}_2,\cdots,\boldsymbol{\alpha}_s$ 等价.

2. 单位化

取 $\boldsymbol{e}_1=\dfrac{\boldsymbol{\beta}_1}{\|\boldsymbol{\beta}_1\|}$，$\boldsymbol{e}_2=\dfrac{\boldsymbol{\beta}_2}{\|\boldsymbol{\beta}_2\|}$，$\cdots$，$\boldsymbol{e}_s=\dfrac{\boldsymbol{\beta}_s}{\|\boldsymbol{\beta}_s\|}$，

则 $\boldsymbol{e}_1,\boldsymbol{e}_2,\cdots,\boldsymbol{e}_s$ 就是与 $\boldsymbol{\alpha}_1,\boldsymbol{\alpha}_2,\cdots,\boldsymbol{\alpha}_s$ 等价的一个标准正交向量组.

例 5.1.2 设 $\boldsymbol{\alpha}_1=(1,1,1)^{\mathrm{T}}$，$\boldsymbol{\alpha}_2=(1,0,1)^{\mathrm{T}}$，$\boldsymbol{\alpha}_3=(1,1,0)^{\mathrm{T}}$，试用施密特正交化过程把这组向量标准正交化.

解 取 $\boldsymbol{\beta}_1=\boldsymbol{\alpha}_1$，$\boldsymbol{\beta}_2=\boldsymbol{\alpha}_2-\dfrac{[\boldsymbol{\alpha}_2,\boldsymbol{\beta}_1]}{[\boldsymbol{\beta}_1,\boldsymbol{\beta}_1]}\boldsymbol{\beta}_1=\begin{pmatrix}1\\0\\1\end{pmatrix}-\dfrac{2}{3}\begin{pmatrix}1\\1\\1\end{pmatrix}=\dfrac{1}{3}\begin{pmatrix}1\\-2\\1\end{pmatrix}$

$$\boldsymbol{\beta}_3=\boldsymbol{\alpha}_3-\frac{[\boldsymbol{\alpha}_3,\boldsymbol{\beta}_2]}{[\boldsymbol{\beta}_2,\boldsymbol{\beta}_2]}\boldsymbol{\beta}_2-\frac{[\boldsymbol{\alpha}_3,\boldsymbol{\beta}_1]}{[\boldsymbol{\beta}_1,\boldsymbol{\beta}_1]}\boldsymbol{\beta}_1=\begin{pmatrix}1\\1\\0\end{pmatrix}+\frac{1}{6}\begin{pmatrix}1\\-2\\1\end{pmatrix}-\frac{2}{3}\begin{pmatrix}1\\1\\1\end{pmatrix}=\frac{1}{2}\begin{pmatrix}1\\0\\-1\end{pmatrix}$$

再把它们单位化，取

$$\boldsymbol{e}_1=\frac{\boldsymbol{\beta}_1}{\|\boldsymbol{\beta}_1\|}=\frac{1}{\sqrt{3}}\begin{pmatrix}1\\1\\1\end{pmatrix},\ \boldsymbol{e}_2=\frac{\boldsymbol{\beta}_2}{\|\boldsymbol{\beta}_2\|}=\frac{1}{\sqrt{6}}\begin{pmatrix}1\\-2\\1\end{pmatrix},\ \boldsymbol{e}_3=\frac{\boldsymbol{\beta}_3}{\|\boldsymbol{\beta}_3\|}=\frac{1}{\sqrt{2}}\begin{pmatrix}1\\0\\-1\end{pmatrix}$$

则 $\boldsymbol{e}_1,\boldsymbol{e}_2,\boldsymbol{e}_3$ 为所求的标准正交向量组.

例 5.1.3 已知 $\boldsymbol{\alpha}_1=(1,1,-4)^{\mathrm{T}}$，求一组非零向量 $\boldsymbol{\alpha}_2,\boldsymbol{\alpha}_3$ 使得 $\boldsymbol{\alpha}_1,\boldsymbol{\alpha}_2,\boldsymbol{\alpha}_3$ 两两正交.

解 设 $\boldsymbol{X}=(x_1,x_2,x_3)^{\mathrm{T}}$，由题设知，$\boldsymbol{\alpha}_2,\boldsymbol{\alpha}_3$ 满足方程组 $\boldsymbol{\alpha}_1^{\mathrm{T}}\boldsymbol{X}=\boldsymbol{O}$，即 $x_1+x_2-4x_3=0$，

该方程组的基础解系 $\boldsymbol{\xi}_1=\begin{pmatrix}-1\\1\\0\end{pmatrix}$，$\boldsymbol{\xi}_2=\begin{pmatrix}4\\0\\1\end{pmatrix}$.

由于 $\boldsymbol{\xi}_1$，$\boldsymbol{\xi}_2$ 不正交，故利用施密特正交化法，

取 $\boldsymbol{\alpha}_2=\boldsymbol{\xi}_1=\begin{pmatrix}-1\\1\\0\end{pmatrix}$，$\boldsymbol{\alpha}_3=\boldsymbol{\xi}_2-\dfrac{[\boldsymbol{\xi}_2,\boldsymbol{\alpha}_2]}{[\boldsymbol{\alpha}_2,\boldsymbol{\alpha}_2]}\boldsymbol{\alpha}_2=\begin{pmatrix}2\\2\\1\end{pmatrix}$，则 $\boldsymbol{\alpha}_1$，$\boldsymbol{\alpha}_2$，$\boldsymbol{\alpha}_3$ 两两正交.

5.1.3　正交矩阵

定义 5.1.6　若 n 阶方阵 $\boldsymbol{A}$ 满足 $\boldsymbol{A}^{\mathrm{T}}\boldsymbol{A}=\boldsymbol{A}\boldsymbol{A}^{\mathrm{T}}=\boldsymbol{E}$，则称 $\boldsymbol{A}$ 为正交矩阵，简称正交阵.

定理 5.1.2　n 阶方阵 $\boldsymbol{A}$ 为正交矩阵的充分必要条件是 $\boldsymbol{A}$ 的 n 个列(行) 向量组为 $\mathbf{R}^n$ 的一个标准正交基.

证明　将 $\boldsymbol{A}$ 用列向量表示为 $\boldsymbol{A}=(\boldsymbol{\alpha}_1,\boldsymbol{\alpha}_2,\cdots,\boldsymbol{\alpha}_n)$，则 $\boldsymbol{A}^{\mathrm{T}}\boldsymbol{A}=\boldsymbol{E}$ 可表示为

$$\begin{pmatrix}\boldsymbol{\alpha}_1^{\mathrm{T}}\\\boldsymbol{\alpha}_2^{\mathrm{T}}\\\vdots\\\boldsymbol{\alpha}_n^{\mathrm{T}}\end{pmatrix}(\boldsymbol{\alpha}_1,\boldsymbol{\alpha}_2,\cdots,\boldsymbol{\alpha}_n)=\begin{pmatrix}\boldsymbol{\alpha}_1^{\mathrm{T}}\boldsymbol{\alpha}_1 & \boldsymbol{\alpha}_1^{\mathrm{T}}\boldsymbol{\alpha}_2 & \cdots & \boldsymbol{\alpha}_1^{\mathrm{T}}\boldsymbol{\alpha}_n\\\boldsymbol{\alpha}_2^{\mathrm{T}}\boldsymbol{\alpha}_1 & \boldsymbol{\alpha}_2^{\mathrm{T}}\boldsymbol{\alpha}_2 & \cdots & \boldsymbol{\alpha}_2^{\mathrm{T}}\boldsymbol{\alpha}_n\\\vdots & \vdots & & \vdots\\\boldsymbol{\alpha}_n^{\mathrm{T}}\boldsymbol{\alpha}_1 & \boldsymbol{\alpha}_n^{\mathrm{T}}\boldsymbol{\alpha}_2 & \cdots & \boldsymbol{\alpha}_n^{\mathrm{T}}\boldsymbol{\alpha}_n\end{pmatrix}=\boldsymbol{E}$$

亦即 $\boldsymbol{\alpha}_i^{\mathrm{T}}\boldsymbol{\alpha}_j=[\boldsymbol{\alpha}_i,\boldsymbol{\alpha}_j]=\delta_{ij}=\begin{cases}1, & 当\ i=j\\0, & 当\ i\neq j\end{cases}(i,j=1,2,\cdots,n)$.

这说明，方阵 $\boldsymbol{A}$ 为正交矩阵的充分必要条件是 $\boldsymbol{A}$ 的列向量都是单位向量，且两两正交.考虑到 $\boldsymbol{A}^{\mathrm{T}}\boldsymbol{A}=\boldsymbol{E}$ 与 $\boldsymbol{A}\boldsymbol{A}^{\mathrm{T}}=\boldsymbol{E}$ 等价，所以上述结论对 $\boldsymbol{A}$ 的行向量也成立.

由此可见，正交矩阵 $\boldsymbol{A}$ 的 n 个列(行) 向量构成向量空间 $\boldsymbol{R}^n$ 的一个标准正交基.

例 5.1.4　判别下列矩阵是不是正交矩阵：

$$\boldsymbol{A}=\begin{pmatrix}1 & 1\\1 & -1\end{pmatrix},\quad \boldsymbol{B}=\begin{pmatrix}\cos\theta & \sin\theta\\-\sin\theta & \cos\theta\end{pmatrix},\quad \boldsymbol{C}=\begin{pmatrix}-1 & 1 & 1\\-1 & -2 & 0\\1 & -1 & 1\end{pmatrix},\quad \boldsymbol{D}=\begin{pmatrix}-\frac{1}{\sqrt{3}} & \frac{1}{\sqrt{6}} & \frac{1}{\sqrt{2}}\\-\frac{1}{\sqrt{3}} & -\frac{2}{\sqrt{6}} & 0\\\frac{1}{\sqrt{3}} & -\frac{1}{\sqrt{6}} & \frac{1}{\sqrt{2}}\end{pmatrix}$$

解　矩阵 $\boldsymbol{A}$,$\boldsymbol{C}$ 的第一个行向量非单位向量，故不是正交矩阵. 矩阵 $\boldsymbol{B}$,$\boldsymbol{D}$ 是方阵，且每一个行向量均是单位向量，且两两正交，故为正交阵.

例 5.1.5　设 $\boldsymbol{A}=(a_{ij})_{n\times n}$ 且 $|\boldsymbol{A}|=-1$，又 $\boldsymbol{A}^{\mathrm{T}}=\boldsymbol{A}^{-1}$，试证：$\boldsymbol{A}+\boldsymbol{E}$ 不可逆.

证明　因 $\boldsymbol{A}+\boldsymbol{E}=\boldsymbol{A}+\boldsymbol{A}\boldsymbol{A}^{\mathrm{T}}=\boldsymbol{A}(\boldsymbol{E}+\boldsymbol{A}^{\mathrm{T}})=\boldsymbol{A}(\boldsymbol{A}^{\mathrm{T}}+\boldsymbol{E})=\boldsymbol{A}(\boldsymbol{A}^{\mathrm{T}}+\boldsymbol{E}^{\mathrm{T}})=\boldsymbol{A}(\boldsymbol{A}+\boldsymbol{E})^{\mathrm{T}}$，两端取行列式得 $|\boldsymbol{A}+\boldsymbol{E}|=|\boldsymbol{A}||(\boldsymbol{A}+\boldsymbol{E})^{\mathrm{T}}|=-|\boldsymbol{A}+\boldsymbol{E}|$，从而 $|\boldsymbol{A}+\boldsymbol{E}|=0$，即 $\boldsymbol{A}+\boldsymbol{E}$ 不可逆.

由正交矩阵的定义可得正交矩阵的下述性质.

性质 5.1.3　(1) 若 $\boldsymbol{A}$ 是正交矩阵，则 $|\boldsymbol{A}|=\pm1$；

(2) 若 $\boldsymbol{A}$ 是正交矩阵，则 $\boldsymbol{A}^{\mathrm{T}}$,$\boldsymbol{A}^{-1}$ 也是正交矩阵；

(3) 若 $\boldsymbol{A}$，$\boldsymbol{B}$ 是正交矩阵，则 $\boldsymbol{AB}$ 也是正交矩阵.

定义 5.1.7 若 $\boldsymbol{P}$ 为正交矩阵，则线性变换 $\boldsymbol{Y}=\boldsymbol{PX}$ 称为正交变换.

设 $\boldsymbol{Y}=\boldsymbol{PX}$ 为正交变换，则有 $\|\boldsymbol{Y}\|=\sqrt{\boldsymbol{Y}^{\mathrm{T}}\boldsymbol{Y}}=\sqrt{\boldsymbol{X}^{\mathrm{T}}\boldsymbol{P}^{\mathrm{T}}\boldsymbol{PX}}=\sqrt{\boldsymbol{X}^{\mathrm{T}}\boldsymbol{X}}=\|\boldsymbol{X}\|$.

由于 $\|\boldsymbol{X}\|$ 表示向量的长度，相当于线段的长度，因此 $\|\boldsymbol{Y}\|=\|\boldsymbol{X}\|$ 说明正交变换保持线段长度不变，这是正交变换的优良特性.

当 $|\boldsymbol{P}|=1$ 时，$\boldsymbol{Y}=\boldsymbol{PX}$ 称为旋转变换，或称为第一类的；当 $|\boldsymbol{P}|=-1$ 时，$\boldsymbol{Y}=\boldsymbol{PX}$ 称为第二类的.

例如，$\boldsymbol{P}=\begin{pmatrix}\cos\theta & \sin\theta\\ -\sin\theta & \cos\theta\end{pmatrix}$ 是正交矩阵，且 $|\boldsymbol{P}|=1$，所以线性变换 $\boldsymbol{Y}=\boldsymbol{PX}$，即

$$\begin{pmatrix}y_1\\ y_2\end{pmatrix}=\begin{pmatrix}\cos\theta & \sin\theta\\ -\sin\theta & \cos\theta\end{pmatrix}\begin{pmatrix}x_1\\ x_2\end{pmatrix}$$

是正交变换，且为旋转变换. 即是绕坐标原点旋转 θ 角，且逆时针为正($\theta>0$)，顺时针为负($\theta<0$)，如图 5.1.1 所示.

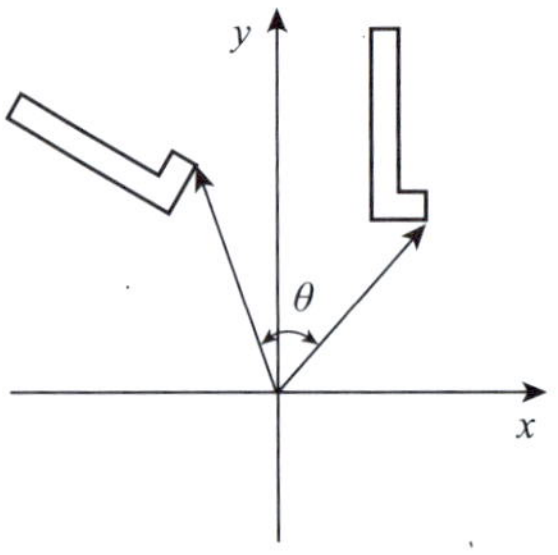

图 5.1.1 正交旋转变换

5.2 方阵的特征值与特征向量

5.2.1 特征值与特征向量的概念

线性变换 $\boldsymbol{Y}=\boldsymbol{AX}$ 有可能使向量往各个方向变化，但通常会有某些特殊向量，$\boldsymbol{A}$ 对这些向量的作用是很简单的.

例如，设 $\boldsymbol{A}=\begin{pmatrix}3 & -2\\ 1 & 0\end{pmatrix}$，$\boldsymbol{\alpha}=(0.608, 0.608)^{\mathrm{T}}$，$\boldsymbol{\beta}=(0.864, 0.432)^{\mathrm{T}}$，则

$$\boldsymbol{A\alpha}=\begin{pmatrix}3 & -2\\ 1 & 0\end{pmatrix}\begin{pmatrix}0.608\\ 0.608\end{pmatrix}=\begin{pmatrix}0.608\\ 0.608\end{pmatrix}=1\boldsymbol{\alpha},\ \boldsymbol{A\beta}=\begin{pmatrix}3 & -2\\ 1 & 0\end{pmatrix}\begin{pmatrix}0.864\\ 0.432\end{pmatrix}=\begin{pmatrix}2\times 0.864\\ 2\times 0.432\end{pmatrix}=2\boldsymbol{\beta}$$

因此，在该例中，线性变换 $\boldsymbol{Y}=\boldsymbol{AX}$ 对向量 $\boldsymbol{\alpha}$，$\boldsymbol{\beta}$ 的作用仅仅是“拉伸”了向量 $\boldsymbol{\alpha}$，$\boldsymbol{\beta}$，而没有改变它们的方向；但它对其他向量的作用不仅有“拉伸”的作用，也会改变向量的方向.

在这一节中，我们将研究形如 $\boldsymbol{AX}=\lambda\boldsymbol{X}$ 的方程，并且寻找那些被 $\boldsymbol{A}$ 变成自身数量倍的向量.

定义 5.2.1　设 $\boldsymbol{A}$ 为 n 阶矩阵，若存在数 λ 和非零向量 $\boldsymbol{X}$，满足 $\boldsymbol{AX}=\lambda\boldsymbol{X}$，则称 λ 为 $\boldsymbol{A}$ 的一个特征值，称 $\boldsymbol{X}$ 为 $\boldsymbol{A}$ 的属于特征值 λ 的特征向量.

由定义可知，上面的例子中，1 和 2 是二阶方阵 $\boldsymbol{A}=\begin{pmatrix}3 & -2\\1 & 0\end{pmatrix}$ 的特征值；$\boldsymbol{\alpha}=(0.608, 0.608)^{\mathrm{T}}$ 是属于特征值 1 的特征向量；$\boldsymbol{\beta}=(0.864, 0.432)^{\mathrm{T}}$ 是属于特征值 2 的特征向量.

如果 $\boldsymbol{A}\boldsymbol{\xi}=\lambda\boldsymbol{\xi}$，$\boldsymbol{\xi}\neq\boldsymbol{O}$，那么对任意 k，有

$$\boldsymbol{A}(k\boldsymbol{\xi})=k(\boldsymbol{A\xi})=k(\lambda\boldsymbol{\xi})=\lambda(k\boldsymbol{\xi})$$

因此，当 $k\neq 0$ 时，$k\boldsymbol{\xi}$ 也是 $\boldsymbol{A}$ 的属于特征值 λ 的特征向量，所以属于特征值 λ 的特征向量是不唯一的，但一个特征向量只能属于一个特征值.

设 $\boldsymbol{\alpha}_1, \boldsymbol{\alpha}_2, \cdots, \boldsymbol{\alpha}_r$ 都是 $\boldsymbol{A}$ 对应于特征值 λ 的特征向量，且 $k_1\boldsymbol{\alpha}_1+k_2\boldsymbol{\alpha}_2+\cdots+k_r\boldsymbol{\alpha}_r\neq\boldsymbol{O}$，则

$$\begin{aligned}\boldsymbol{A}(k_1\boldsymbol{\alpha}_1+k_2\boldsymbol{\alpha}_2+\cdots+k_r\boldsymbol{\alpha}_r)&=k_1(\boldsymbol{A\alpha}_1)+k_2(\boldsymbol{A\alpha}_2)+\cdots+k_r(\boldsymbol{A\alpha}_r)\\&=k_1(\lambda\boldsymbol{\alpha}_1)+k_2(\lambda\boldsymbol{\alpha}_2)+\cdots+k_r(\lambda\boldsymbol{\alpha}_r)=\lambda(k_1\boldsymbol{\alpha}_1+k_2\boldsymbol{\alpha}_2+\cdots+k_r\boldsymbol{\alpha}_r)\end{aligned}$$

所以 $k_1\boldsymbol{\alpha}_1+k_2\boldsymbol{\alpha}_2+\cdots+k_r\boldsymbol{\alpha}_r$ 也是 $\boldsymbol{A}$ 对应于特征值 λ 的特征向量. 即属于同一个特征值的特征向量的非零线性组合仍是属于这个特征值的特征向量.

注　由定义 5.2.1 知，零向量不是特征向量，且 $\boldsymbol{AX}=\lambda\boldsymbol{X}$ 也可写成 $(\boldsymbol{A}-\lambda\boldsymbol{E})\boldsymbol{X}=\boldsymbol{O}$，这是一个含有 n 个未知数 n 个方程的齐次线性方程组，它有非零解的充分必要条件是系数行列式 $|\boldsymbol{A}-\lambda\boldsymbol{E}|=0$.

5.2.2　特征值与特征向量的计算

定义 5.2.2　设 $\boldsymbol{A}=(a_{ij})$ 为 n 阶矩阵，则 $\boldsymbol{A}-\lambda\boldsymbol{E}$ 称为矩阵 $\boldsymbol{A}$ 的特征矩阵，

$$|\boldsymbol{A}-\lambda\boldsymbol{E}|=\begin{vmatrix}a_{11}-\lambda & a_{12} & \cdots & a_{1n}\\a_{21} & a_{22}-\lambda & \cdots & a_{2n}\\\vdots & \vdots & & \vdots\\a_{n1} & a_{n2} & \cdots & a_{nn}-\lambda\end{vmatrix}$$

是 λ 的 n 次多项式，记作 $f(\lambda)$，称为 $\boldsymbol{A}$ 的特征多项式，$|\boldsymbol{A}-\lambda\boldsymbol{E}|=0$ 称为 $\boldsymbol{A}$ 的特征方程.

定理 5.2.1　设 $\boldsymbol{A}$ 为 n 阶矩阵，则

(1) λ_0 为 $\boldsymbol{A}$ 的一个特征值当且仅当 λ_0 为 $\boldsymbol{A}$ 的特征多项式的一个根；

(2) $\boldsymbol{\xi}$ 为 $\boldsymbol{A}$ 的属于特征值 λ_0 的一个特征向量当且仅当 $\boldsymbol{\xi}$ 是齐次线性方程组 $(\boldsymbol{A}-\lambda_0\boldsymbol{E})\boldsymbol{X}=\boldsymbol{O}$ 的非零解.

由定理 5.2.1 可知，求特征值与特征向量的步骤如下：

(1) 计算 $\boldsymbol{A}$ 的特征多项式 $|\boldsymbol{A}-\lambda\boldsymbol{E}|$；

(2) 计算 $|\boldsymbol{A}-\lambda\boldsymbol{E}|=0$ 的全部根，这些根就是 $\boldsymbol{A}$ 的全部特征值；

(3) 对每一个特征值 λ_i，$i=1, 2, \cdots, n$，求齐次线性方程组 $(\boldsymbol{A}-\lambda_i\boldsymbol{E})\boldsymbol{X}=\boldsymbol{O}$ 的一个基础解系 $\boldsymbol{p}_1, \cdots, \boldsymbol{p}_t$，于是 $\boldsymbol{A}$ 的属于 λ_i 的全部特征向量为 $k_1\boldsymbol{p}_1+\cdots+k_t\boldsymbol{p}_t$，其中 $k_1, \cdots, k_t$ 为任意不全为零的数.

例 5.2.1　求矩阵 $\boldsymbol{A}=\begin{pmatrix}3 & -1\\-1 & 3\end{pmatrix}$ 的特征值和特征向量.

解 A 的特征多项式为

$$|A-\lambda E|=\begin{vmatrix}3-\lambda & -1\\ -1 & 3-\lambda\end{vmatrix}=(3-\lambda)^2-1=(2-\lambda)(4-\lambda)$$

所以 A 的特征值为 $\lambda_1=2$，$\lambda_2=4$.

当 $\lambda_1=2$ 时，对应的特征向量应满足 $\begin{pmatrix}3-2 & -1\\ -1 & 3-2\end{pmatrix}\begin{pmatrix}x_1\\ x_2\end{pmatrix}=\begin{pmatrix}0\\ 0\end{pmatrix}$，解得基础解系 $p_1=(1,\ 1)^T$. p_1 就是 A 的一个属于特征值 $\lambda_1=2$ 的特征向量，A 的属于特征值 $\lambda_1=2$ 的所有特征向量为 $k_1p_1(k_1\neq 0)$.

当 $\lambda_2=4$ 时，由 $\begin{pmatrix}3-4 & -1\\ -1 & 3-4\end{pmatrix}\begin{pmatrix}x_1\\ x_2\end{pmatrix}=\begin{pmatrix}0\\ 0\end{pmatrix}$，解得基础解系 $p_2=(-1,\ 1)^T$，A 的属于特征值 $\lambda_2=4$ 的所有特征向量为 $k_2p_2(k_2\neq 0)$.

例 5.2.2 求矩阵 $A=\begin{pmatrix}1 & 2 & 2\\ 2 & 1 & 2\\ 2 & 2 & 1\end{pmatrix}$ 的特征值与特征向量.

解 A 的特征多项式为

$$|A-\lambda E|=\begin{vmatrix}1-\lambda & 2 & 2\\ 2 & 1-\lambda & 2\\ 2 & 2 & 1-\lambda\end{vmatrix}=(\lambda+1)^2(5-\lambda)$$

所以特征值为 $\lambda_1=\lambda_2=-1$，$\lambda_3=5$.

当 $\lambda_1=\lambda_2=-1$ 时，解方程组 $(A+E)X=O$，由 $A+E=\begin{pmatrix}2 & 2 & 2\\ 2 & 2 & 2\\ 2 & 2 & 2\end{pmatrix}\xrightarrow{r}\begin{pmatrix}1 & 1 & 1\\ 0 & 0 & 0\\ 0 & 0 & 0\end{pmatrix}$，解得基础解系 $p_1=(-1,\ 1,\ 0)^T$，$p_2=(-1,\ 0,\ 1)^T$，于是，$k_1p_1+k_2p_2$（k_1，k_2 不全为零）为 A 的属于特征值 $\lambda_1=\lambda_2=-1$ 的所有特征向量.

当 $\lambda_3=5$ 时，解方程组 $(A-5E)X=O$，由 $A-5E=\begin{pmatrix}-4 & 2 & 2\\ 2 & -4 & 2\\ 2 & 2 & -4\end{pmatrix}\xrightarrow{r}\begin{pmatrix}1 & 0 & -1\\ 0 & 1 & -1\\ 0 & 0 & 0\end{pmatrix}$ 解得基础解系 $p_3=(1,\ 1,\ 1)^T$，于是 $k_3p_3(k_3\neq 0)$ 为 A 的属于特征值 $\lambda_3=5$ 的所有特征向量.

例 5.2.3 求矩阵 $A=\begin{pmatrix}1 & 1 & 0\\ 0 & 1 & 0\\ 0 & 0 & 2\end{pmatrix}$ 的特征值和特征向量.

解 矩阵 A 的特征多项式

$$|A-\lambda E|=\begin{vmatrix}1-\lambda & 1 & 0\\ 0 & 1-\lambda & 0\\ 0 & 0 & 2-\lambda\end{vmatrix}=(\lambda-1)^2(2-\lambda)$$

所以特征值为 $\lambda_1=\lambda_2=1$，$\lambda_3=2$. 对于 $\lambda_1=\lambda_2=1$，求得 $(A-E)X=O$ 的基础解系为 $p_1=(1,\ 0,\ 0)^T$，于是 $k_1p_1(k_1\neq 0)$ 为 A 的属于特征值 $\lambda_1=\lambda_2=1$ 的所有特征向量.

对于$\lambda_3=2$，求得$(\boldsymbol{A}-2\boldsymbol{E})\boldsymbol{X}=\boldsymbol{O}$的基础解系$\boldsymbol{p}_2=(0,0,1)^{\mathrm{T}}$，于是$k_2\boldsymbol{p}_2(k_2\neq 0)$为$\boldsymbol{A}$的属于特征值$\lambda_3=2$的所有特征向量.

5.2.3 特征值与特征向量的性质

性质 5.2.1 设$\boldsymbol{A}$为n阶方阵，则$\boldsymbol{A}$与$\boldsymbol{A}^{\mathrm{T}}$有相同的特征值.

证明 因为$|\boldsymbol{A}^{\mathrm{T}}-\lambda\boldsymbol{E}|=|(\boldsymbol{A}-\lambda\boldsymbol{E})^{\mathrm{T}}|=|\boldsymbol{A}-\lambda\boldsymbol{E}|$，则$\boldsymbol{A}$与$\boldsymbol{A}^{\mathrm{T}}$有相同的特征多项式，故有相同的特征值.

注 $\boldsymbol{A}$与$\boldsymbol{A}^{\mathrm{T}}$有相同的特征值，但不一定有相同的特征向量.

性质 5.2.2 设n阶方阵$\boldsymbol{A}=(a_{ij})$的n个特征值为$\lambda_1,\lambda_2,\cdots,\lambda_n$，则：

(1) $\lambda_1+\lambda_2+\cdots+\lambda_n=a_{11}+a_{22}+\cdots+a_{nn}$；

(2) $\lambda_1\lambda_2\cdots\lambda_n=|\boldsymbol{A}|$；

证明 一方面，

$$\begin{aligned}f(\lambda)&=|\boldsymbol{A}-\lambda\boldsymbol{E}|=(-1)^n|\lambda\boldsymbol{E}-\boldsymbol{A}|\\&=(-1)^n\begin{vmatrix}\lambda-a_{11}&-a_{12}&\cdots&-a_{1n}\\-a_{21}&\lambda-a_{22}&\cdots&-a_{2n}\\\vdots&\vdots&&\vdots\\-a_{n1}&-a_{n2}&\cdots&\lambda-a_{nn}\end{vmatrix}\\&=(-1)^n[(\lambda-a_{11})\cdots(\lambda-a_{nn})+\cdots+(-1)^n|\boldsymbol{A}|]\\&=(-1)^n[\lambda^n-(a_{11}+\cdots+a_{nn})\lambda^{n-1}+\cdots+(-1)^n|\boldsymbol{A}|]\end{aligned}$$

另一方面

$$\begin{aligned}|\boldsymbol{A}-\lambda\boldsymbol{E}|&=(\lambda_1-\lambda)\cdots(\lambda_n-\lambda)\\&=(-1)^n[\lambda^n-(\lambda_1+\cdots+\lambda_n)\lambda^{n-1}+\cdots+(-1)^n\lambda_1\cdots\lambda_n]\end{aligned}$$

比较λ^{n-1}的系数和常数项得

$$\lambda_1+\lambda_2+\cdots+\lambda_n=a_{11}+a_{22}+\cdots+a_{nn},\ \lambda_1\lambda_2\cdots\lambda_n=|\boldsymbol{A}|$$

由此性质可知，方阵$\boldsymbol{A}$可逆的充分必要条件是它的特征值全不为零.

定义 5.2.3 称n阶方阵$\boldsymbol{A}=(a_{ij})$的主对角线上所有元素的和$a_{11}+a_{22}+\cdots+a_{nn}$为$\boldsymbol{A}$的迹，记为$\mathrm{tr}(\boldsymbol{A})$，即$\mathrm{tr}(\boldsymbol{A})=\sum\limits_{i=1}^{n}a_{ii}=\sum\limits_{i=1}^{n}\lambda_i$.

矩阵的迹有如下性质：

* **性质 5.2.3** 设$\boldsymbol{A}$，$\boldsymbol{B}$均为n阶矩阵，k为任意数，则：

(1) $\mathrm{tr}(\boldsymbol{A}+\boldsymbol{B})=\mathrm{tr}(\boldsymbol{A})+\mathrm{tr}(\boldsymbol{B})$；

(2) $\mathrm{tr}(k\boldsymbol{A})=k\,\mathrm{tr}(\boldsymbol{A})$；

(3) $\mathrm{tr}(\boldsymbol{AB})=\mathrm{tr}(\boldsymbol{BA})$.

性质 5.2.4 设$\boldsymbol{\alpha}$是$\boldsymbol{A}$的属于特征值λ的特征向量，则：

(1) λ^m是$\boldsymbol{A}^m$的特征值，$\boldsymbol{\alpha}$是$\boldsymbol{A}^m$的属于特征值λ^m的特征向量(m为正整数)；

(2) $\varphi(\lambda)$是$\varphi(\boldsymbol{A})$的特征值，其中

$$\varphi(\lambda)=a_0+a_1\lambda+\cdots+a_m\lambda^m,\ \varphi(\boldsymbol{A})=a_0\boldsymbol{E}+a_1\boldsymbol{A}+\cdots+a_m\boldsymbol{A}^m$$

证明 因 $\boldsymbol{A\alpha}=\lambda\boldsymbol{\alpha}$，所以

(1) $\boldsymbol{A}^2\boldsymbol{\alpha}=\boldsymbol{A}(\boldsymbol{A\alpha})=\boldsymbol{A}(\lambda\boldsymbol{\alpha})=\lambda(\boldsymbol{A\alpha})=\lambda^2\boldsymbol{\alpha}$，…，$\boldsymbol{A}^m\boldsymbol{\alpha}=\lambda^m\boldsymbol{\alpha}$，即 λ^m 是 $\boldsymbol{A}^m$ 的特征值，$\boldsymbol{\alpha}$ 是 $\boldsymbol{A}^m$ 的属于特征值 λ^m 的特征向量.

(2)
$$\begin{aligned}\varphi(\boldsymbol{A})\boldsymbol{\alpha}&=(a_0\boldsymbol{E}+a_1\boldsymbol{A}+\cdots+a_m\boldsymbol{A}^m)\boldsymbol{\alpha}\\&=a_0\boldsymbol{\alpha}+a_1\boldsymbol{A\alpha}+\cdots+a_m\boldsymbol{A}^m\boldsymbol{\alpha}=a_0\boldsymbol{\alpha}+a_1\lambda\boldsymbol{\alpha}+\cdots+a_m\lambda^m\boldsymbol{\alpha}\\&=(a_0+a_1\lambda+\cdots+a_m\lambda^m)\boldsymbol{\alpha}=\varphi(\lambda)\boldsymbol{\alpha}\end{aligned}$$

即 $\varphi(\lambda)$ 是 $\varphi(\boldsymbol{A})$ 的特征值.

例 5.2.4 设方阵 $\boldsymbol{A}$ 是幂等矩阵(即 $\boldsymbol{A}^2=\boldsymbol{A}$)，试证：$\boldsymbol{A}$ 的特征值只有 0 和 1.

证明 设 λ 是 $\boldsymbol{A}$ 的特征值，$\boldsymbol{\alpha}$ 是 $\boldsymbol{A}$ 的对应于特征值 λ 的特征向量，则 $\boldsymbol{A\alpha}=\lambda\boldsymbol{\alpha}(\boldsymbol{\alpha}\neq\boldsymbol{O})$，于是 $\lambda\boldsymbol{\alpha}=\boldsymbol{A\alpha}=\boldsymbol{A}^2\boldsymbol{\alpha}=\boldsymbol{A}(\boldsymbol{A\alpha})=\boldsymbol{A}(\lambda\boldsymbol{\alpha})=\lambda(\boldsymbol{A\alpha})=\lambda^2\boldsymbol{\alpha}$，所以 $(\lambda^2-\lambda)\boldsymbol{\alpha}=\boldsymbol{O}$，因 $\boldsymbol{\alpha}\neq\boldsymbol{O}$，所以 $\lambda^2-\lambda=\lambda(\lambda-1)=0$，即 $\lambda=0$ 或 $\lambda=1$.

例 5.2.5 已知3阶矩阵 $\boldsymbol{A}$ 的特征值分别为 1，−2，2，矩阵 $\boldsymbol{B}=\boldsymbol{A}^3-3\boldsymbol{A}^2+5\boldsymbol{E}$，试求矩阵 $\boldsymbol{B}$ 的特征值，并求 $|\boldsymbol{B}|$.

解 因 $\boldsymbol{B}=\boldsymbol{A}^3-3\boldsymbol{A}^2+5\boldsymbol{E}=\varphi(\boldsymbol{A})$，故 $\varphi(\lambda)=\lambda^3-3\lambda^2+5$，于是矩阵 $\boldsymbol{B}$ 的特征值分别为 $\varphi(1)=3$，$\varphi(-2)=-15$，$\varphi(2)=1$，由性质 5.2.2 知，$|\boldsymbol{B}|=3\times(-15)\times1=-45$.

定理 5.2.2 属于不同特征值的特征向量是线性无关的.

证明 设 $\lambda_1,\lambda_2,\cdots,\lambda_m$ 是方阵 $\boldsymbol{A}$ 的 m 个互不相同的特征值，$\boldsymbol{\alpha}_1,\boldsymbol{\alpha}_2,\cdots,\boldsymbol{\alpha}_m$ 依次是与之对应的特征向量. 下面用数学归纳法证明.

当 $m=1$ 时，因特征向量 $\boldsymbol{\alpha}_1\neq\boldsymbol{O}$，而一个非零向量是线性无关的，因此结论成立.

假设当 $m=k-1$ 时，结论成立，要证当 $m=k$ 时结论也成立. 即假设向量组 $\boldsymbol{\alpha}_1,\boldsymbol{\alpha}_2,\cdots,\boldsymbol{\alpha}_{k-1}$ 线性无关，要证向量组 $\boldsymbol{\alpha}_1,\boldsymbol{\alpha}_2,\cdots,\boldsymbol{\alpha}_k$ 线性无关. 为此，令

$$x_1\boldsymbol{\alpha}_1+x_2\boldsymbol{\alpha}_2+\cdots+x_{k-1}\boldsymbol{\alpha}_{k-1}+x_k\boldsymbol{\alpha}_k=\boldsymbol{O}\tag{5.2.1}$$

用 $\boldsymbol{A}$ 左乘上式，得 $x_1\boldsymbol{A\alpha}_1+x_2\boldsymbol{A\alpha}_2+\cdots+x_{k-1}\boldsymbol{A\alpha}_{k-1}+x_k\boldsymbol{A\alpha}_k=\boldsymbol{O}$，即

$$x_1\lambda_1\boldsymbol{\alpha}_1+x_2\lambda_2\boldsymbol{\alpha}_2+\cdots+x_{k-1}\lambda_{k-1}\boldsymbol{\alpha}_{k-1}+x_k\lambda_k\boldsymbol{\alpha}_k=\boldsymbol{O}\tag{5.2.2}$$

将式(5.2.1)乘以 λ_k，再减去式(5.2.2)，得

$$x_1(\lambda_k-\lambda_1)\boldsymbol{\alpha}_1+x_2(\lambda_k-\lambda_2)\boldsymbol{\alpha}_2+\cdots+x_{k-1}(\lambda_k-\lambda_{k-1})\boldsymbol{\alpha}_{k-1}=\boldsymbol{O}$$

由归纳法假设 $\boldsymbol{\alpha}_1,\boldsymbol{\alpha}_2,\cdots,\boldsymbol{\alpha}_{k-1}$ 线性无关，则 $x_i(\lambda_k-\lambda_i)=0(i=1,2,\cdots,k-1)$，而 $\lambda_k-\lambda_i\neq0$，所以 $x_i=0(i=1,2,\cdots,k-1)$，将其代入式(5.2.1)得 $x_k\boldsymbol{\alpha}_k=\boldsymbol{O}$，又 $\boldsymbol{\alpha}_k\neq\boldsymbol{O}$，所以 $x_k=0$. 因此，向量组 $\boldsymbol{\alpha}_1,\boldsymbol{\alpha}_2,\cdots,\boldsymbol{\alpha}_k$ 线性无关.

推论 设 λ_1 和 λ_2 是方阵 $\boldsymbol{A}$ 的两个互不相同的特征值，$\boldsymbol{\xi}_1,\boldsymbol{\xi}_2,\cdots,\boldsymbol{\xi}_s$ 和 $\boldsymbol{\eta}_1,\boldsymbol{\eta}_2,\cdots,\boldsymbol{\eta}_t$ 分别是对应于 λ_1 和 λ_2 的线性无关的特征向量，则 $\boldsymbol{\xi}_1,\boldsymbol{\xi}_2,\cdots,\boldsymbol{\xi}_s,\boldsymbol{\eta}_1,\boldsymbol{\eta}_2,\cdots,\boldsymbol{\eta}_t$ 线性无关.

上述推论表明：对应于两个不同特征值的线性无关的特征向量，组合起来仍是线性无关的. 这一结论对 $m(m\geqslant2)$ 个特征值的情形也成立.

例 5.2.6 设 λ_1 和 λ_2 是方阵 $\boldsymbol{A}$ 的两个互不相同的特征值，对应的特征向量依次为 $\boldsymbol{\alpha}_1$ 和 $\boldsymbol{\alpha}_2$，证明：$\boldsymbol{\alpha}_1+\boldsymbol{\alpha}_2$ 不是 $\boldsymbol{A}$ 的特征向量.

证明 按题设，有 $\boldsymbol{A\alpha}_1=\lambda_1\boldsymbol{\alpha}_1$，$\boldsymbol{A\alpha}_2=\lambda_2\boldsymbol{\alpha}_2$，故 $\boldsymbol{A}(\boldsymbol{\alpha}_1+\boldsymbol{\alpha}_2)=\lambda_1\boldsymbol{\alpha}_1+\lambda_2\boldsymbol{\alpha}_2$.

用反证法，假设 $\boldsymbol{\alpha}_1+\boldsymbol{\alpha}_2$ 是 $\boldsymbol{A}$ 的特征向量，则应存在数 λ，使 $\boldsymbol{A}(\boldsymbol{\alpha}_1+\boldsymbol{\alpha}_2)=\lambda(\boldsymbol{\alpha}_1+\boldsymbol{\alpha}_2)$，于

是 $\lambda_1\boldsymbol{\alpha}_1+\lambda_2\boldsymbol{\alpha}_2=\lambda(\boldsymbol{\alpha}_1+\boldsymbol{\alpha}_2)$，即 $(\lambda_1-\lambda)\boldsymbol{\alpha}_1+(\lambda_2-\lambda)\boldsymbol{\alpha}_2=\boldsymbol{O}$，因 $\lambda_1\neq\lambda_2$，按定理 5.2.2 知，$\boldsymbol{\alpha}_1$，$\boldsymbol{\alpha}_2$ 线性无关，故由上式得，$\lambda_1-\lambda=\lambda_2-\lambda=0$，即 $\lambda_1=\lambda_2$ 与题设矛盾.

5.3　方阵的相似对角化

5.3.1　相似矩阵的概念与性质

如果方阵 $\boldsymbol{A}$ 能与另一个较简单的方阵 $\boldsymbol{B}$ 建立某种关系，同时又有很多共同性质，那么我们就可以通过研究这个较简单的方阵 $\boldsymbol{B}$ 的性质，获得方阵 $\boldsymbol{A}$ 的性质. 为此，我们先来研究矩阵相似的问题.

定义 5.3.1　设 $\boldsymbol{A}$，$\boldsymbol{B}$ 都是 n 阶矩阵，若存在可逆矩阵 $\boldsymbol{P}$，使得 $\boldsymbol{P}^{-1}\boldsymbol{AP}=\boldsymbol{B}$，则称矩阵 $\boldsymbol{A}$ 与 $\boldsymbol{B}$ 相似，或者说矩阵 $\boldsymbol{B}$ 是 $\boldsymbol{A}$ 的相似矩阵.

对 $\boldsymbol{A}$ 进行运算 $\boldsymbol{P}^{-1}\boldsymbol{AP}$，称为对 $\boldsymbol{A}$ 进行相似变换，可逆矩阵 $\boldsymbol{P}$ 称为把 $\boldsymbol{A}$ 变成 $\boldsymbol{B}$ 的相似变换矩阵.

例 5.3.1　设矩阵 $\boldsymbol{A}=\begin{pmatrix}\lambda_1 & a\\ 0 & \lambda_2\end{pmatrix}$，$\boldsymbol{B}=\begin{pmatrix}\lambda_2 & 0\\ a & \lambda_1\end{pmatrix}$. 证明：$\boldsymbol{A}$ 与 $\boldsymbol{B}$ 相似. 特别地，$\boldsymbol{A}=\begin{pmatrix}\lambda & 1\\ 0 & \lambda\end{pmatrix}$ 与 $\boldsymbol{B}=\begin{pmatrix}\lambda & 0\\ 1 & \lambda\end{pmatrix}$ 相似.

证明　比较 $\boldsymbol{A}$，$\boldsymbol{B}$ 可知，$\boldsymbol{A}$ 可以经过初等变换化成 $\boldsymbol{B}$，即

$$\boldsymbol{A}=\begin{pmatrix}\lambda_1 & a\\ 0 & \lambda_2\end{pmatrix}\xrightarrow{r_1\leftrightarrow r_2}\begin{pmatrix}0 & \lambda_2\\ \lambda_1 & a\end{pmatrix}\xrightarrow{c_1\leftrightarrow c_2}\begin{pmatrix}\lambda_2 & 0\\ a & \lambda_1\end{pmatrix}=\boldsymbol{B}$$

记 $\boldsymbol{P}=\begin{pmatrix}0 & 1\\ 1 & 0\end{pmatrix}$，那么 $\boldsymbol{B}=\boldsymbol{PAP}=\boldsymbol{P}^{-1}\boldsymbol{AP}$，故 $\boldsymbol{A}$ 与 $\boldsymbol{B}$ 相似.

容易证明，矩阵的相似关系具有如下性质.

性质 5.3.1　设 $\boldsymbol{A}$，$\boldsymbol{B}$，$\boldsymbol{C}$ 都是 n 阶矩阵.

(1) 反身性：$\boldsymbol{A}$ 与 $\boldsymbol{A}$ 相似；

(2) 对称性：如果 $\boldsymbol{A}$ 与 $\boldsymbol{B}$ 相似，那么 $\boldsymbol{B}$ 与 $\boldsymbol{A}$ 相似；

(3) 传递性：如果 $\boldsymbol{A}$ 与 $\boldsymbol{B}$ 相似，$\boldsymbol{B}$ 与 $\boldsymbol{C}$ 相似，那么 $\boldsymbol{A}$ 与 $\boldsymbol{C}$ 相似.

可见，矩阵相似是一种等价关系. 相似矩阵还具有如下的重要性质.

定理 5.3.1　若 n 阶矩阵 $\boldsymbol{A}$ 与 $\boldsymbol{B}$ 相似，则 $\boldsymbol{A}$ 与 $\boldsymbol{B}$ 的特征多项式相同，从而 $\boldsymbol{A}$ 与 $\boldsymbol{B}$ 有相同的特征值.

证明　因 $\boldsymbol{A}$ 与 $\boldsymbol{B}$ 相似，则存在可逆矩阵 $\boldsymbol{P}$，使得 $\boldsymbol{P}^{-1}\boldsymbol{AP}=\boldsymbol{B}$，故

$$\begin{aligned}|\boldsymbol{B}-\lambda\boldsymbol{E}|&=|\boldsymbol{P}^{-1}\boldsymbol{AP}-\lambda\boldsymbol{E}|=|\boldsymbol{P}^{-1}\boldsymbol{AP}-\boldsymbol{P}^{-1}\lambda\boldsymbol{EP}|=|\boldsymbol{P}^{-1}(\boldsymbol{A}-\lambda\boldsymbol{E})\boldsymbol{P}|\\&=|\boldsymbol{P}^{-1}|\cdot|\boldsymbol{A}-\lambda\boldsymbol{E}|\cdot|\boldsymbol{P}|=|\boldsymbol{A}-\lambda\boldsymbol{E}|\end{aligned}$$

则 $\boldsymbol{A}$ 与 $\boldsymbol{B}$ 有相同的特征多项式，也有相同的特征值.

推论 若 n 阶矩阵 $\boldsymbol{A}$ 与对角矩阵 $\boldsymbol{\Lambda}=\begin{pmatrix}\lambda_1 & & & \\ & \lambda_2 & & \\ & & \ddots & \\ & & & \lambda_n\end{pmatrix}$ 相似，则 $\lambda_1,\lambda_2,\cdots,\lambda_n$ 是 $\boldsymbol{A}$ 的 n 个特征值.

证明 因 $\lambda_1,\lambda_2,\cdots,\lambda_n$ 是 $\boldsymbol{\Lambda}$ 的 n 个特征值，由定理 5.3.1 知 $\lambda_1,\lambda_2,\cdots,\lambda_n$ 也是 $\boldsymbol{A}$ 的 n 个特征值.

注 定理的逆定理不成立，即具有相同多项式或具有相同特征值的两个同阶方阵不一定相似，例如 $\boldsymbol{A}=\begin{pmatrix}1 & 0\\3 & 1\end{pmatrix}$，$\boldsymbol{B}=\begin{pmatrix}1 & 0\\0 & 1\end{pmatrix}$，它们的特征多项式相同，但一定不存在可逆阵 $\boldsymbol{P}$，使得 $\boldsymbol{P}^{-1}\boldsymbol{AP}=\boldsymbol{B}$.

相似矩阵还具有如下性质(设 $\boldsymbol{A}$，$\boldsymbol{B}$ 都是 n 阶矩阵)

性质 5.3.2 相似矩阵的行列式相等.

证明 若 $\boldsymbol{A}$ 与 $\boldsymbol{B}$ 相似,则存在可逆矩阵 $\boldsymbol{P}$，使 $\boldsymbol{B}=\boldsymbol{P}^{-1}\boldsymbol{AP}$. 此式两边取行列式得

$$|\boldsymbol{B}|=|\boldsymbol{P}^{-1}\boldsymbol{AP}|=|\boldsymbol{P}^{-1}|\,|\boldsymbol{A}|\,|\boldsymbol{P}|=|\boldsymbol{P}^{-1}\boldsymbol{P}|\,|\boldsymbol{A}|=|\boldsymbol{A}|$$

性质 5.3.3 相似矩阵有相同的秩.

证明 若 $\boldsymbol{A}$ 与 $\boldsymbol{B}$ 相似,则存在可逆矩阵 $\boldsymbol{P}$，使 $\boldsymbol{B}=\boldsymbol{P}^{-1}\boldsymbol{AP}$. 从而 $\boldsymbol{A}$ 与 $\boldsymbol{B}$ 等价.
因此 $R(\boldsymbol{A})=R(\boldsymbol{B})$.

性质 5.3.4 若 $\boldsymbol{A}$ 与 $\boldsymbol{B}$ 相似,且矩阵 $\boldsymbol{A}$ 可逆，则矩阵 $\boldsymbol{B}$ 也可逆，且 $\boldsymbol{A}^{-1}$ 与 $\boldsymbol{B}^{-1}$ 相似.

证明 当 $\boldsymbol{B}=\boldsymbol{P}^{-1}\boldsymbol{AP}$ 时，$\boldsymbol{B}^{-1}=\boldsymbol{P}^{-1}\boldsymbol{A}^{-1}\boldsymbol{P}$，即 $\boldsymbol{B}$ 可逆，且 $\boldsymbol{A}^{-1}$ 与 $\boldsymbol{B}^{-1}$ 相似.

性质 5.3.5 若 $\boldsymbol{A}$ 与 $\boldsymbol{B}$ 相似,则 $\mathrm{tr}(\boldsymbol{A})=\mathrm{tr}(\boldsymbol{B})$.

证明 设 $\boldsymbol{B}=\boldsymbol{P}^{-1}\boldsymbol{AP}$，则由矩阵迹的性质，有 $\mathrm{tr}(\boldsymbol{B})=\mathrm{tr}(\boldsymbol{P}^{-1}\boldsymbol{AP})=\mathrm{tr}(\boldsymbol{AP}^{-1}\boldsymbol{P})=\mathrm{tr}(\boldsymbol{A})$

性质 5.3.6 若 $\boldsymbol{A}$ 与 $\boldsymbol{B}$ 相似,则:

(1) $k\boldsymbol{A}$ 与 $k\boldsymbol{B}$ 相似(k 是常数);

(2) $\boldsymbol{A}^m$ 与 $\boldsymbol{B}^m$ 相似(m 是正整数);

(3) $\varphi(\boldsymbol{A})$ 与 $\varphi(\boldsymbol{B})$ 相似，其中 $\varphi(x)=a_0+a_1x+\cdots+a_mx^m$.

此性质可以利用相似矩阵的定义很容易证明，读者可自行证明.

例 5.3.2 设 $\boldsymbol{A}=\begin{pmatrix}2 & 0 & 0\\0 & 0 & 1\\0 & 1 & x\end{pmatrix}$，$\boldsymbol{B}=\begin{pmatrix}2 & 0 & 0\\0 & 3 & 4\\0 & -2 & y\end{pmatrix}$，且 $\boldsymbol{A}$ 与 $\boldsymbol{B}$ 相似,求 x，y 的值.

解 因为 $\boldsymbol{A}$ 与 $\boldsymbol{B}$ 相似,所以 $\boldsymbol{A}$ 与 $\boldsymbol{B}$ 有相同的行列式和迹，即

$$\begin{cases}-2=2(3y+8)\\2+x=2+3+y\end{cases}$$

解之得 $x=0$，$y=-3$

5.3.2 方阵相似对角化的条件与计算

若方阵 $\boldsymbol{A}$ 相似于对角矩阵 $\boldsymbol{\Lambda}$，则称 $\boldsymbol{A}$ 可相似对角化,即有可逆矩阵 $\boldsymbol{P}$，使 $\boldsymbol{P}^{-1}\boldsymbol{AP}=\boldsymbol{\Lambda}$ 为对

角矩阵，从而

$$A^k=P\Lambda^kP^{-1},\ \varphi(A)=P\varphi(\Lambda)P^{-1}$$

而对角矩阵 $\Lambda=\begin{pmatrix}\lambda_1 & & & \\ & \lambda_2 & & \\ & & \ddots & \\ & & & \lambda_n\end{pmatrix}$（未写出的元素为 0,下同），则有

$$\Lambda^k=\begin{pmatrix}\lambda_1^k & & & \\ & \lambda_2^k & & \\ & & \ddots & \\ & & & \lambda_n^k\end{pmatrix},\ \varphi(\Lambda)=\begin{pmatrix}\varphi(\lambda_1) & & & \\ & \varphi(\lambda_2) & & \\ & & \ddots & \\ & & & \varphi(\lambda_n)\end{pmatrix}$$

由此可方便地计算 A 及多项式 $\varphi(A)$.

下面我们要讨论的主要问题是：对 n 阶矩阵 A，寻求可逆矩阵 P，使 $P^{-1}AP=\Lambda$ 为对角矩阵，这就称为把矩阵 A 对角化.

假设已经找到可逆矩阵 P，使 $P^{-1}AP=\Lambda$ 为对角矩阵，我们来讨论 P 应满足什么关系.

把 P 用列向量表示为

$$P=(p_1,\ p_2,\ \cdots,\ p_n)$$

由 $P^{-1}AP=\Lambda$，得 $AP=P\Lambda$，即

$$AP=A(p_1,\ p_2,\ \cdots,\ p_n)=(p_1,\ p_2,\ \cdots,\ p_n)\begin{pmatrix}\lambda_1 & & & \\ & \lambda_2 & & \\ & & \ddots & \\ & & & \lambda_n\end{pmatrix}$$

$$=(\lambda_1p_1,\ \lambda_2p_2,\ \cdots,\ \lambda_np_n)$$

于是有
$$Ap_i=\lambda_ip_i\quad(i=1,\ 2,\ \cdots,\ n)$$

可见 λ_i 是 A 的特征值，而 P 的列向量 p_i 就是 A 的对应于特征值 λ_i 的特征向量.

反之，由上节知若 A 恰好有 n 个特征值，并可对应地求得 n 个特征向量，则这 n 个特征向量可构成矩阵 P，使 $AP=P\Lambda$（因特征向量不是唯一的，所以矩阵 P 也不是唯一的，并且 P 可能是复矩阵.）

问题是：P 是否可逆？即 $p_1,\ p_2,\ \cdots,\ p_n$ 是否线性无关？如果 P 可逆，则有 $P^{-1}AP=\Lambda$，即 A 相似于对角矩阵 Λ.

由上面的讨论即有

定理 5.3.2 n 阶矩阵 A 与对角矩阵相似（即 A 能对角化）的充分必要条件是 A 有 n 个线性无关的特征向量.

由定理 5.2.2，可得：

推论 1 若 n 阶矩阵 A 的 n 个特征值互不相等，则 A 与对角矩阵相似.

注 当 A 的特征方程有重根时，就不一定有 n 个线性无关的特征向量，从而不一定能对角化. 例如在上节例 5.2.3 中 A 的特征方程有重根，确实找不到个 3 线性无关的特征向量，因此例 5.2.3 中的 A 不能对角化. 而例 5.2.2 中的 3 阶矩阵 A 的特征方程也有重根，但却能找到 3 个

线性无关的特征向量，因此 $\boldsymbol{A}$ 能对角化.

推论 2 n 阶矩阵 $\boldsymbol{A}$ 与对角矩阵相似的充分必要条件是对于 $\boldsymbol{A}$ 的每一 r_i 重特征值 λ_i，特征矩阵 $\boldsymbol{A}-\lambda_i\boldsymbol{E}$ 的秩 $R(\boldsymbol{A}-\lambda_i\boldsymbol{E})=n-r_i(i=1,2,\cdots,m;\ r_1+r_2+\cdots+r_m=n)$.

例 5.3.3 设矩阵

$$\boldsymbol{A}=\begin{pmatrix}-2 & 1 & 1\\ 0 & 2 & 0\\ -4 & 1 & 3\end{pmatrix}$$

问:$\boldsymbol{A}$ 能否对角化？若能，则求可逆矩阵 $\boldsymbol{P}$ 和对角矩阵 $\boldsymbol{\Lambda}$，使 $\boldsymbol{P}^{-1}\boldsymbol{A}\boldsymbol{P}=\boldsymbol{\Lambda}$，并求 $\boldsymbol{A}^4$.

解 先求 $\boldsymbol{A}$ 的特征值

$$|\boldsymbol{A}-\lambda\boldsymbol{E}|=\begin{vmatrix}-2-\lambda & 1 & 1\\ 0 & 2-\lambda & 0\\ -4 & 1 & 3-\lambda\end{vmatrix}=(2-\lambda)\begin{vmatrix}-2-\lambda & 1\\ -4 & 3-\lambda\end{vmatrix}$$

$$=(2-\lambda)(\lambda^2-\lambda-2)=-(\lambda+1)(\lambda-2)^2$$

所以 $\boldsymbol{A}$ 的特征值为 $\lambda_1=-1$，$\lambda_2=\lambda_3=2$.

再求 $\boldsymbol{A}$ 的特征向量.

当 $\lambda_1=-1$ 时，解方程组 $(\boldsymbol{A}+\boldsymbol{E})\boldsymbol{X}=\boldsymbol{O}$，由 $\boldsymbol{A}+\boldsymbol{E}=\begin{pmatrix}-1 & 1 & 1\\ 0 & 3 & 0\\ -4 & 1 & 4\end{pmatrix}\xrightarrow{r}\begin{pmatrix}1 & 0 & -1\\ 0 & 1 & 0\\ 0 & 0 & 0\end{pmatrix}$，

得对应的线性无关特征向量 $\boldsymbol{p}_1=\begin{pmatrix}1\\0\\1\end{pmatrix}$；

当 $\lambda_2=\lambda_3=2$ 时，解方程组 $(\boldsymbol{A}-2\boldsymbol{E})\boldsymbol{X}=\boldsymbol{O}$.由 $\boldsymbol{A}-2\boldsymbol{E}=\begin{pmatrix}-4 & 1 & 1\\ 0 & 0 & 0\\ -4 & 1 & 1\end{pmatrix}\xrightarrow{r}\begin{pmatrix}-4 & 1 & 1\\ 0 & 0 & 0\\ 0 & 0 & 0\end{pmatrix}$，

得对应的线性无关特征向量 $\boldsymbol{p}_2=\begin{pmatrix}0\\1\\-1\end{pmatrix}$，$\boldsymbol{p}_3=\begin{pmatrix}1\\0\\4\end{pmatrix}$.

由定理 5.2.2 的推论知，$\boldsymbol{p}_1$，$\boldsymbol{p}_2$，$\boldsymbol{p}_3$ 线性无关，再由定理 5.3.2 知 $\boldsymbol{A}$ 可对角化；并且若记

$$\boldsymbol{P}=(\boldsymbol{p}_1,\boldsymbol{p}_2,\boldsymbol{p}_3)=\begin{pmatrix}1 & 0 & 1\\ 0 & 1 & 0\\ 1 & -1 & 4\end{pmatrix}$$

则有 $\boldsymbol{P}^{-1}\boldsymbol{A}\boldsymbol{P}=\boldsymbol{\Lambda}=\begin{pmatrix}-1 & & \\ & 2 & \\ & & 2\end{pmatrix}$.

注 上式中对角矩阵的对角元素的排列次序应与 $\boldsymbol{P}$ 中列向量的排列次序一致.

因为 $\boldsymbol{P}^{-1}\boldsymbol{A}\boldsymbol{P}=\boldsymbol{\Lambda}$，所以 $\boldsymbol{A}=\boldsymbol{P}\boldsymbol{\Lambda}\boldsymbol{P}^{-1}$，所以

$$A^4=P\Lambda^4P^{-1}=\begin{pmatrix}1&0&1\\0&1&0\\1&-1&4\end{pmatrix}\begin{pmatrix}(-1)^4&&\\&2^4&\\&&2^4\end{pmatrix}\begin{pmatrix}1&0&1\\0&1&0\\1&-1&4\end{pmatrix}^{-1}$$

$$=\begin{pmatrix}1&0&16\\0&16&0\\1&-16&64\end{pmatrix}\begin{pmatrix}\frac{4}{3}&-\frac{1}{3}&-\frac{1}{3}\\0&1&0\\-\frac{1}{3}&\frac{1}{3}&\frac{1}{3}\end{pmatrix}$$

$$=\frac{1}{3}\begin{pmatrix}-12&15&15\\0&48&0\\-60&15&63\end{pmatrix}=\begin{pmatrix}-4&5&5\\0&16&0\\-20&5&21\end{pmatrix}$$

例 5.3.4　设

$$A=\begin{pmatrix}0&0&1\\1&1&t\\1&0&0\end{pmatrix}$$

问：t 为何值时，矩阵 A 能对角化?

解　$$|A-\lambda E|=\begin{vmatrix}-\lambda&0&1\\1&1-\lambda&t\\1&0&-\lambda\end{vmatrix}=-(\lambda+1)(\lambda-1)^2$$

得 $\lambda_1=-1$，$\lambda_2=\lambda_3=1$.

当单根 $\lambda_1=-1$ 时，可求得线性无关的特征向量恰有 1 个，故矩阵 A 可对角化的充分必要条件是对应二重根 $\lambda_2=\lambda_3=1$，需有 2 个线性无关的特征向量，即方程组 $(A-E)X=O$ 有 2 个线性无关的解，亦即系数矩阵 $A-E$ 的秩 $R(A-E)=1$.

由
$$A-E=\begin{pmatrix}-1&0&1\\1&0&t\\1&0&-1\end{pmatrix}\xrightarrow{r}\begin{pmatrix}1&0&-1\\0&0&t+1\\0&0&0\end{pmatrix}$$

要 $R(A-E)=1$，得 $t+1=0$，即 $t=-1$.

因此，当 $t=-1$ 时，矩阵 A 能对角化.

5.4　实对称矩阵的相似对角化

一般地，n 阶矩阵 A 的特征值未必是实数，它也未必相似于对角矩阵. 上一节给出了 A 相似于对角矩阵的充分必要条件. 本节我们证明实对称矩阵的特征值为实数，而且它一定正交相似于对角矩阵，即存在正交矩阵 Q，使 $Q^{-1}AQ$ 为对角矩阵. 为此先看一下实对称阵的特征值与特征向量.

定理 5.4.1 实对称矩阵的特征值为实数.

证明 设 $\boldsymbol{A}$ 为 n 阶实对称矩阵，λ_0 为 $\boldsymbol{A}$ 的一个特征值，即 λ_0 为 $|\boldsymbol{A}-\lambda\boldsymbol{E}|=0$ 的解. 由代数基本定理知，若 λ_0 为复数. 如果 $\boldsymbol{\xi}$ 为 $\boldsymbol{A}$ 的属于 λ_0 的特征向量，记 $\boldsymbol{\xi}=(a_1, a_2, \cdots, a_n)^{\mathrm{T}}$，那么 a_i 为复数. 现对任意矩阵 $\boldsymbol{B}=(b_{ij})$，定义 $\overline{\boldsymbol{B}}=(\overline{b}_{ij})$，这里 $\overline{b}_{ij}$ 为 b_{ij} 的共轭复数.

因为 $\boldsymbol{A}$ 是实对称矩阵，因此，$\boldsymbol{A}^{\mathrm{T}}=\boldsymbol{A}=\overline{\boldsymbol{A}}$. 对 $\boldsymbol{A\xi}=\lambda_0\boldsymbol{\xi}$，取共轭后可得

$$\boldsymbol{A}\overline{\boldsymbol{\xi}}=\overline{\boldsymbol{A}}\overline{\boldsymbol{\xi}}=\overline{\boldsymbol{A\xi}}=\overline{\lambda_0\boldsymbol{\xi}}=\overline{\lambda}_0\overline{\boldsymbol{\xi}}$$

在上式两边取转置

$$\overline{\boldsymbol{\xi}}^{\mathrm{T}}\boldsymbol{A}=\overline{\boldsymbol{\xi}}^{\mathrm{T}}\boldsymbol{A}^{\mathrm{T}}=(\boldsymbol{A}\overline{\boldsymbol{\xi}})^{\mathrm{T}}=\overline{\lambda}_0\overline{\boldsymbol{\xi}}^{\mathrm{T}}$$

上式两边右乘以 $\boldsymbol{\xi}$，得

$$\overline{\lambda}_0\overline{\boldsymbol{\xi}}^{\mathrm{T}}\boldsymbol{\xi}=\overline{\boldsymbol{\xi}}^{\mathrm{T}}\boldsymbol{A\xi}=\overline{\boldsymbol{\xi}}^{\mathrm{T}}\lambda_0\boldsymbol{\xi}=\lambda_0\overline{\boldsymbol{\xi}}^{\mathrm{T}}\boldsymbol{\xi}$$

故

$$(\lambda_0-\overline{\lambda}_0)\overline{\boldsymbol{\xi}}^{\mathrm{T}}\boldsymbol{\xi}=0$$

由于 $\boldsymbol{\xi}\neq\boldsymbol{O}$，而 $\overline{\boldsymbol{\xi}}^{\mathrm{T}}\boldsymbol{\xi}=\overline{a}_1a_1+\cdots+\overline{a}_na_n\neq 0$ 于是可得 $\lambda_0=\overline{\lambda}_0$，即 λ_0 为实数.

当特征值为实数时，齐次线性方程组 $(\boldsymbol{A}-\lambda_i\boldsymbol{E})\boldsymbol{X}=\boldsymbol{O}$ 是实系数线性方程组，由 $|\boldsymbol{A}-\lambda_i\boldsymbol{E}|=0$ 知必有实向量基础解系，所以对应的特征向量可取实向量.

定理 5.4.2 实对称矩阵 $\boldsymbol{A}$ 的属于不同特征值的特征向量是正交的.

证明 设 λ_1，λ_2 是实对称矩阵 $\boldsymbol{A}$ 的两个不同的特征值，$\boldsymbol{p}_1$，$\boldsymbol{p}_2$ 分别是属于 λ_1，λ_2 的特征向量(均为实向量)，即有 $\boldsymbol{Ap}_1=\lambda_1\boldsymbol{p}_1$，$\boldsymbol{Ap}_2=\lambda_2\boldsymbol{p}_2$，则

$$\begin{aligned}\lambda_1[\boldsymbol{p}_1, \boldsymbol{p}_2]&=[\lambda_1\boldsymbol{p}_1, \boldsymbol{p}_2]=[\boldsymbol{Ap}_1, \boldsymbol{p}_2]=(\boldsymbol{Ap}_1)^{\mathrm{T}}\boldsymbol{p}_2=\boldsymbol{p}_1^{\mathrm{T}}\boldsymbol{A}^{\mathrm{T}}\boldsymbol{p}_2\\&=\boldsymbol{p}_1^{\mathrm{T}}(\boldsymbol{Ap}_2)=\boldsymbol{p}_1^{\mathrm{T}}(\lambda_2\boldsymbol{p}_2)=[\boldsymbol{p}_1, \lambda_2\boldsymbol{p}_2]=\lambda_2[\boldsymbol{p}_1, \boldsymbol{p}_2]\end{aligned}$$

因此，$(\lambda_1-\lambda_2)[\boldsymbol{p}_1, \boldsymbol{p}_2]=0$，而 $\lambda_1\neq\lambda_2$，故有 $[\boldsymbol{p}_1, \boldsymbol{p}_2]=0$，即 $\boldsymbol{p}_1$ 与 $\boldsymbol{p}_2$ 正交.

定理 5.4.3 设 $\boldsymbol{A}$ 为 n 阶实对称矩阵，则存在正交矩阵 $\boldsymbol{Q}$ 使得

$$\boldsymbol{Q}^{-1}\boldsymbol{AQ}=\boldsymbol{Q}^{\mathrm{T}}\boldsymbol{AQ}=\begin{pmatrix}\lambda_1 & & \\ & \ddots & \\ & & \lambda_n\end{pmatrix}$$

其中 $\lambda_1, \cdots, \lambda_n$ 是 $\boldsymbol{A}$ 的特征值，$\boldsymbol{Q}$ 的列向量组 $\boldsymbol{q}_1, \cdots, \boldsymbol{q}_n$ 是 $\boldsymbol{A}$ 的分别对应于 $\lambda_1, \cdots, \lambda_n$ 的标准正交特征向量组.

证明 对矩阵 $\boldsymbol{A}$ 的阶数 n 用归纳法.

当 $n=1$ 时，结论显然成立. 假设结论对 $n-1$ 阶矩阵成立，下面证明对 n 阶矩阵也成立.

设 $\boldsymbol{q}_1$ 是属于 $\boldsymbol{A}$ 的特征值 λ_1 的特征向量，即 $\boldsymbol{Aq}_1=\lambda_1\boldsymbol{q}_1$. 由于特征向量的非零倍数还是特征向量，所以可设 $\boldsymbol{q}_1$ 是一个单位向量.

构造一个以 $\boldsymbol{q}_1$ 为第 1 列的正交矩阵 $\boldsymbol{Q}_1$，那么 $\boldsymbol{Q}_1^{-1}\boldsymbol{AQ}_1=\begin{pmatrix}\lambda_1 & b_2 & \cdots & b_n\\ 0 & & & \\ \vdots & & \boldsymbol{A}_1 & \\ 0 & & & \end{pmatrix}$，因为 $\boldsymbol{Q}_1$ 是正交矩阵，所以 $(\boldsymbol{Q}_1^{-1}\boldsymbol{AQ}_1)^{\mathrm{T}}=\boldsymbol{Q}_1^{\mathrm{T}}\boldsymbol{A}^{\mathrm{T}}(\boldsymbol{Q}_1^{-1})^{\mathrm{T}}=\boldsymbol{Q}_1^{-1}\boldsymbol{AQ}_1$，即 $\boldsymbol{Q}_1^{-1}\boldsymbol{AQ}_1$ 也是对称矩阵，所以 $b_2=b_3=\cdots=b_n=0$，而且 $\boldsymbol{A}_1$ 是 $n-1$ 阶实对称矩阵，从而 $\boldsymbol{Q}_1^{-1}\boldsymbol{AQ}_1=\begin{pmatrix}\lambda_1 & \boldsymbol{O}\\ \boldsymbol{O} & \boldsymbol{A}_1\end{pmatrix}$.

根据归纳假设，有 $n-1$ 阶正交矩阵 $\boldsymbol{Q}_2$，使得 $\boldsymbol{Q}_2^{-1}\boldsymbol{A}_1\boldsymbol{Q}_2$ 为对角矩阵，即

$$\boldsymbol{Q}_2^{-1}\boldsymbol{A}_1\boldsymbol{Q}_2=\operatorname{diag}(\lambda_2,\cdots,\lambda_n)$$

令 $\boldsymbol{Q}_3=\begin{pmatrix}1 & \boldsymbol{O}\\ \boldsymbol{O} & \boldsymbol{Q}_2\end{pmatrix}$，则 $\boldsymbol{Q}_3^{-1}\begin{pmatrix}\lambda_1 & \boldsymbol{O}\\ \boldsymbol{O} & \boldsymbol{A}_1\end{pmatrix}\boldsymbol{Q}_3=\begin{pmatrix}\lambda_1 & \boldsymbol{O}\\ \boldsymbol{O} & \boldsymbol{Q}_2^{-1}\boldsymbol{A}_1\boldsymbol{Q}_2\end{pmatrix}=\begin{pmatrix}\lambda_1 & & & \\ & \lambda_2 & & \\ & & \ddots & \\ & & & \lambda_n\end{pmatrix}$.

再令 $\boldsymbol{Q}=\boldsymbol{Q}_1\boldsymbol{Q}_3$，则 $\boldsymbol{Q}^{-1}\boldsymbol{A}\boldsymbol{Q}=\operatorname{diag}(\lambda_1,\lambda_2,\cdots,\lambda_n)$，其中 $\boldsymbol{Q}$ 是两个正交矩阵的乘积，仍是一个正交矩阵.

推论　设 $\boldsymbol{A}$ 为 n 阶实对称矩阵，λ 是 $\boldsymbol{A}$ 的特征方程的 r 重根，则方阵 $\boldsymbol{A}-\lambda\boldsymbol{E}$ 的秩 $R(\boldsymbol{A}-\lambda\boldsymbol{E})=n-r$，从而对应特征值 λ 恰有 r 个线性无关的特征向量.

证明　若实对称矩阵 $\boldsymbol{A}$ 与对角矩阵 $\boldsymbol{\Lambda}=\operatorname{diag}(\lambda_1,\lambda_2,\cdots,\lambda_n)$ 相似，则

$$\boldsymbol{A}-\lambda\boldsymbol{E}\text{ 与 }\boldsymbol{\Lambda}-\lambda\boldsymbol{E}=\operatorname{diag}(\lambda_1-\lambda,\lambda_2-\lambda,\cdots,\lambda_n-\lambda)\text{ 相似}$$

当 λ 是 $\boldsymbol{A}$ 的特征方程的 r 重根时，即 $\lambda_1,\lambda_2,\cdots,\lambda_n$ 这 n 个特征值中有 r 个等于 λ，有 $n-r$ 个不等于 λ，从而对角矩阵 $\boldsymbol{\Lambda}-\lambda\boldsymbol{E}$ 对角元恰有 r 个等于零，于是 $R(\boldsymbol{\Lambda}-\lambda\boldsymbol{E})=n-r$，而 $R(\boldsymbol{\Lambda}-\lambda\boldsymbol{E})=R(\boldsymbol{A}-\lambda\boldsymbol{E})$，所以 $R(\boldsymbol{A}-\lambda\boldsymbol{E})=n-r$，即对应特征值 λ 恰有 r 个线性无关的特征向量.

由定理5.4.3可知，实对称矩阵 $\boldsymbol{A}$ 一定可对角化，而且可求出正交矩阵 $\boldsymbol{Q}$，使 $\boldsymbol{Q}^{-1}\boldsymbol{A}\boldsymbol{Q}$ 为对角阵. 计算正交矩阵 $\boldsymbol{Q}$ 的步骤如下：

(1) 求出 n 阶实对称矩阵 $\boldsymbol{A}$ 的全部互不相等的特征值 $\lambda_1,\lambda_2,\cdots,\lambda_r$，其中 $\lambda_i(i=1,2,\cdots,r)$ 的重数为 n_i，且 $\sum_{i=1}^{r}n_i=n$.

(2) 对于各个不同的特征值 $\lambda_i(i=1,2,\cdots,r)$，求出齐次线性方程组 $(\boldsymbol{A}-\lambda_i\boldsymbol{E})\boldsymbol{X}=\boldsymbol{O}$ 的一个基础解系. 对该基础解系进行正交化和单位化，得到 $\boldsymbol{A}$ 的属于 λ_i 的一组标准正交的特征向量，则所有 $\lambda_i(i=1,2,\cdots,r)$ 的标准正交的特征向量合在一起，恰好是 n 个线性无关的特征向量，记为 $\boldsymbol{q}_1,\boldsymbol{q}_2,\cdots,\boldsymbol{q}_n$.

(3) 取 $\boldsymbol{Q}=(\boldsymbol{q}_1,\boldsymbol{q}_2,\cdots,\boldsymbol{q}_n)$，$\boldsymbol{\Lambda}=\operatorname{diag}(\lambda_1,\lambda_2,\cdots,\lambda_n)$，则 $\boldsymbol{Q}$ 为正交矩阵，使得 $\boldsymbol{Q}^{\mathrm{T}}\boldsymbol{A}\boldsymbol{Q}=\boldsymbol{Q}^{-1}\boldsymbol{A}\boldsymbol{Q}=\boldsymbol{\Lambda}$，其中对角矩阵 $\boldsymbol{\Lambda}$ 是由 $\boldsymbol{A}$ 的全部特征值构成.

例 5.4.1　设实对称矩阵 $\boldsymbol{A}=\begin{pmatrix}4 & 0 & 0\\ 0 & 3 & 1\\ 0 & 1 & 3\end{pmatrix}$，求正交阵 $\boldsymbol{Q}$，使 $\boldsymbol{Q}^{-1}\boldsymbol{A}\boldsymbol{Q}=\boldsymbol{\Lambda}$.

解　$|\boldsymbol{A}-\lambda\boldsymbol{E}|=\begin{vmatrix}4-\lambda & 0 & 0\\ 0 & 3-\lambda & 1\\ 0 & 1 & 3-\lambda\end{vmatrix}=(2-\lambda)(4-\lambda)^2=0$

得特征值为 $\lambda_1=2$，$\lambda_2=\lambda_3=4$.

对于 $\lambda_1=2$，解方程组 $(\boldsymbol{A}-2\boldsymbol{E})\boldsymbol{X}=\boldsymbol{O}$，即 $\begin{pmatrix}2 & 0 & 0\\ 0 & 1 & 1\\ 0 & 1 & 1\end{pmatrix}\begin{pmatrix}x_1\\ x_2\\ x_3\end{pmatrix}=\begin{pmatrix}0\\ 0\\ 0\end{pmatrix}$，解得基础解系为

$\boldsymbol{\xi}_1=(0,1,-1)^{\mathrm{T}}$，单位化的单位特征向量 $\boldsymbol{q}_1=\left(0,\dfrac{1}{\sqrt{2}},-\dfrac{1}{\sqrt{2}}\right)^{\mathrm{T}}$.

对于 $\lambda_2=\lambda_3=4$，解方程组 $(\boldsymbol{A}-4\boldsymbol{E})\boldsymbol{X}=\boldsymbol{O}$，即 $\begin{pmatrix}0&0&0\\0&-1&1\\0&1&-1\end{pmatrix}\begin{pmatrix}x_1\\x_2\\x_3\end{pmatrix}=\begin{pmatrix}0\\0\\0\end{pmatrix}$，解得基础解系为 $\boldsymbol{\xi}_2=(1,0,0)^{\mathrm{T}}$，$\boldsymbol{\xi}_3=(0,1,1)^{\mathrm{T}}$，因为 $\boldsymbol{\xi}_2$，$\boldsymbol{\xi}_3$ 恰好正交，只要单位化即得两个正交的单位特征向量：$\boldsymbol{q}_2=(1,0,0)^{\mathrm{T}}$，$\boldsymbol{q}_3=\left(0,\dfrac{1}{\sqrt{2}},\dfrac{1}{\sqrt{2}}\right)^{\mathrm{T}}$.

于是可得正交矩阵 $\boldsymbol{Q}=(\boldsymbol{q}_1,\boldsymbol{q}_2,\boldsymbol{q}_3)=\begin{pmatrix}0&1&0\\\dfrac{1}{\sqrt{2}}&0&\dfrac{1}{\sqrt{2}}\\-\dfrac{1}{\sqrt{2}}&0&\dfrac{1}{\sqrt{2}}\end{pmatrix}$，使得

$$\boldsymbol{Q}^{\mathrm{T}}\boldsymbol{A}\boldsymbol{Q}=\boldsymbol{Q}^{-1}\boldsymbol{A}\boldsymbol{Q}=\boldsymbol{\Lambda}=\begin{pmatrix}2&&\\&4&\\&&4\end{pmatrix}$$

注　在此例中对应于特征值 $\lambda_2=\lambda_3=4$，若求得方程组 $(\boldsymbol{A}-4\boldsymbol{E})\boldsymbol{X}=\boldsymbol{O}$ 的基础解系不正交，例如取基础解系为 $\boldsymbol{\gamma}_2=(1,1,1)^{\mathrm{T}}$，$\boldsymbol{\gamma}_3=(-1,1,1)^{\mathrm{T}}$，则需要把它们标准正交化.先正交化,取

$$\boldsymbol{\eta}_2=\boldsymbol{\gamma}_2,\ \boldsymbol{\eta}_3=\boldsymbol{\gamma}_3-\frac{[\boldsymbol{\gamma}_3,\boldsymbol{\eta}_2]}{[\boldsymbol{\eta}_2,\boldsymbol{\eta}_2]}\boldsymbol{\eta}_2=\begin{pmatrix}-1\\1\\1\end{pmatrix}-\frac{1}{3}\begin{pmatrix}1\\1\\1\end{pmatrix}=\frac{2}{3}\begin{pmatrix}-2\\1\\1\end{pmatrix}$$

再单位化，得

$$\boldsymbol{q}_2=\frac{1}{\sqrt{3}}(1,1,1)^{\mathrm{T}},\ \boldsymbol{q}_3=\frac{1}{\sqrt{6}}(-2,1,1)^{\mathrm{T}}$$

取 $\boldsymbol{Q}=(\boldsymbol{q}_1,\boldsymbol{q}_2,\boldsymbol{q}_3)=\begin{pmatrix}0&\dfrac{1}{\sqrt{3}}&-\dfrac{2}{\sqrt{6}}\\\dfrac{1}{\sqrt{2}}&\dfrac{1}{\sqrt{3}}&\dfrac{1}{\sqrt{6}}\\-\dfrac{1}{\sqrt{2}}&\dfrac{1}{\sqrt{3}}&\dfrac{1}{\sqrt{6}}\end{pmatrix}$，可以验证，仍有 $\boldsymbol{Q}^{-1}\boldsymbol{A}\boldsymbol{Q}=\boldsymbol{\Lambda}=\begin{pmatrix}2&&\\&4&\\&&4\end{pmatrix}$.

此例说明所求正交矩阵不唯一.

例 5.4.2　设 $\boldsymbol{A}=\begin{pmatrix}2&-1\\-1&2\end{pmatrix}$，求 $\boldsymbol{A}^n$.

解　因 $\boldsymbol{A}$ 为对称矩阵，故 $\boldsymbol{A}$ 可对角化，即有可逆矩阵 $\boldsymbol{P}$ 及对角矩阵 $\boldsymbol{\Lambda}$，使得 $\boldsymbol{P}^{-1}\boldsymbol{A}\boldsymbol{P}=\boldsymbol{\Lambda}$. 于是 $\boldsymbol{A}=\boldsymbol{P}\boldsymbol{\Lambda}\boldsymbol{P}^{-1}$，从而 $\boldsymbol{A}^n=\boldsymbol{P}\boldsymbol{\Lambda}^n\boldsymbol{P}^{-1}$. 由

$$|\boldsymbol{A}-\lambda\boldsymbol{E}|=\begin{vmatrix}2-\lambda&-1\\-1&2-\lambda\end{vmatrix}=(\lambda-1)(\lambda-3)$$

得特征值为 $\lambda_1=1$，$\lambda_2=3$. 于是

$$\boldsymbol{\Lambda}=\begin{pmatrix}1&0\\0&3\end{pmatrix},\ \boldsymbol{\Lambda}^n=\begin{bmatrix}1&\\&3^n\end{bmatrix}$$

对应 $\lambda_1=1$，由 $\boldsymbol{A}-\boldsymbol{E}=\begin{pmatrix}1&-1\\-1&1\end{pmatrix}\xrightarrow{r}\begin{pmatrix}1&-1\\0&0\end{pmatrix}$，得 $(\boldsymbol{A}-\boldsymbol{E})\boldsymbol{X}=\boldsymbol{O}$ 的一个基础解系 $\boldsymbol{\xi}_1=\begin{pmatrix}1\\1\end{pmatrix}$；

对应 $\lambda_2=3$，由 $\boldsymbol{A}-3\boldsymbol{E}=\begin{pmatrix}-1&-1\\-1&-1\end{pmatrix}\xrightarrow{r}\begin{pmatrix}1&1\\0&0\end{pmatrix}$，得 $(\boldsymbol{A}-3\boldsymbol{E})\boldsymbol{X}=\boldsymbol{O}$ 的一个基础解系 $\boldsymbol{\xi}_2=\begin{pmatrix}1\\-1\end{pmatrix}$.

并有 $\boldsymbol{P}=(\boldsymbol{\xi}_1,\boldsymbol{\xi}_2)=\begin{pmatrix}1&1\\1&-1\end{pmatrix}$，再求出 $\boldsymbol{P}^{-1}=\dfrac{1}{2}\begin{pmatrix}1&1\\1&-1\end{pmatrix}$. 于是

$$\boldsymbol{A}^n=\boldsymbol{P}\boldsymbol{\Lambda}^n\boldsymbol{P}^{-1}=\frac{1}{2}\begin{pmatrix}1&1\\1&-1\end{pmatrix}\begin{pmatrix}1&0\\0&3\end{pmatrix}^n\begin{pmatrix}1&1\\1&-1\end{pmatrix}=\frac{1}{2}\begin{bmatrix}1+3^n&1-3^n\\1-3^n&1+3^n\end{bmatrix}$$

5.5　应用举例

例 5.5.1（续例 3.7.3）人口流动问题（利用矩阵乘法、递推法和特征值理论）

由人口普查获知，某地区现有农村人口 300 万，城市人口 100 万，每年有 30% 的农村居民移居城市，有 20% 的城市居民移居农村，假设该地区人口总数不变，且上述人口迁移规律也不变. 试预测若干年后该地区农村人口和城市人口的数量.

解　(1) 建立递推关系

设 n 年后该地区农村人口和城市人口分别为 x_n 万和 y_n 万. 由题意得

$$\begin{bmatrix}x_{n+1}\\y_{n+1}\end{bmatrix}=\boldsymbol{A}\begin{bmatrix}x_n\\y_n\end{bmatrix}$$

其中 $\boldsymbol{A}=\begin{pmatrix}0.7&0.2\\0.3&0.8\end{pmatrix}$，$\begin{bmatrix}x_0\\y_0\end{bmatrix}=\begin{pmatrix}300\\100\end{pmatrix}=100\begin{pmatrix}3\\1\end{pmatrix}$，记 $\boldsymbol{\alpha}_n=\begin{bmatrix}x_n\\y_n\end{bmatrix}$，从而通过递推的方式，可得

$$\begin{bmatrix}x_n\\y_n\end{bmatrix}=\boldsymbol{A}\begin{bmatrix}x_{n-1}\\y_{n-1}\end{bmatrix}=\boldsymbol{A}^2\begin{bmatrix}x_{n-2}\\y_{n-2}\end{bmatrix}=\cdots=\boldsymbol{A}^n\begin{bmatrix}x_0\\y_0\end{bmatrix}，\text{即 }\boldsymbol{\alpha}_n=\boldsymbol{A}^n\boldsymbol{\alpha}_0$$

则该应用问题就转化为求 $\boldsymbol{A}^n$，即可求出 n 年后该地区农村人口和城市人口的数量.

(2) 计算 $\boldsymbol{A}$ 的特征值和特征向量来简化计算.

计算得 $\boldsymbol{A}$ 的特征值为 $\lambda_1=0.5$，$\lambda_2=1$.

对应于 $\lambda_1=0.5$ 的特征向量为 $\boldsymbol{p}_1=\begin{pmatrix}-1\\1\end{pmatrix}$，对应于 $\lambda_2=1$ 的特征向量为 $\boldsymbol{p}_2=\begin{pmatrix}2\\3\end{pmatrix}$.

令矩阵 $\boldsymbol{P}=(\boldsymbol{p}_1,\boldsymbol{p}_2)$，则 $\boldsymbol{P}$ 可逆，且 $\boldsymbol{P}^{-1}\boldsymbol{AP}=\begin{pmatrix}0.5 & 0\\ 0 & 1\end{pmatrix}$.

(3) 计算 $\boldsymbol{\alpha}_n=\boldsymbol{A}^n\boldsymbol{\alpha}_0$

方法一：先求 $\boldsymbol{A}^n$，再计算 $\boldsymbol{\alpha}_n=\boldsymbol{A}^n\boldsymbol{\alpha}_0$.

由 $\boldsymbol{A}=\boldsymbol{P}\begin{pmatrix}0.5 & 0\\ 0 & 1\end{pmatrix}\boldsymbol{P}^{-1}$，从而 $\boldsymbol{A}^n=\boldsymbol{P}\begin{pmatrix}0.5 & 0\\ 0 & 1\end{pmatrix}^n\boldsymbol{P}^{-1}$，

则 $\boldsymbol{\alpha}_n=\boldsymbol{A}^n\begin{pmatrix}x_0\\ y_0\end{pmatrix}=\begin{pmatrix}-1 & 2\\ 1 & 3\end{pmatrix}\begin{pmatrix}0.5^n & 0\\ 0 & 1\end{pmatrix}\left(\dfrac{1}{-5}\right)\begin{pmatrix}3 & -2\\ -1 & -1\end{pmatrix}\begin{pmatrix}300\\ 100\end{pmatrix}=20\begin{pmatrix}8+7\cdot 0.5^n\\ 12-7\cdot 0.5^n\end{pmatrix}$

方法二：先求 $\boldsymbol{\alpha}_0=k_1\boldsymbol{p}_1+k_2\boldsymbol{p}_2$，再利用 $\boldsymbol{A}\boldsymbol{p}_i=\lambda_i\boldsymbol{p}_i$，$\boldsymbol{A}^n\boldsymbol{p}_i=\lambda_i^n\boldsymbol{p}_i$ 计算 $\boldsymbol{\alpha}_n=\boldsymbol{A}^n\boldsymbol{\alpha}_0$.

由 $\boldsymbol{\alpha}_0=\begin{pmatrix}300\\ 100\end{pmatrix}=-140\begin{pmatrix}-1\\ 1\end{pmatrix}+80\begin{pmatrix}2\\ 3\end{pmatrix}=-140\boldsymbol{p}_1+80\boldsymbol{p}_2$，

则 $\boldsymbol{\alpha}_n=\boldsymbol{A}^n\boldsymbol{\alpha}_0=\boldsymbol{A}^n(-140\boldsymbol{p}_1+80\boldsymbol{p}_2)$

$=-140\boldsymbol{A}^n\boldsymbol{p}_1+80\boldsymbol{A}^n\boldsymbol{p}_2=-140\lambda_1^n\boldsymbol{p}_1+80\lambda_2^n\boldsymbol{p}_2$

$=-140\cdot 0.5^n\cdot\begin{pmatrix}-1\\ 1\end{pmatrix}+80\cdot 1^n\cdot\begin{pmatrix}2\\ 3\end{pmatrix}=20\begin{pmatrix}8+7\cdot 0.5^n\\ 12-7\cdot 0.5^n\end{pmatrix}$

综上，当 $n\to\infty$ 时，有 $0.5^n\to 0$，$\boldsymbol{\alpha}_n\to\begin{pmatrix}160\\ 240\end{pmatrix}$，即 n 年后该地区农村人口和城市人口的数量趋于稳定.

例 5.5.2 有两家公司 R 和 S 经营同类的产品，它们相互竞争. 每年 R 公司保有 $\dfrac{1}{4}$ 的顾客，而 $\dfrac{3}{4}$ 的顾客转向 S 公司；每年 S 公司保有 $\dfrac{2}{3}$ 的顾客，而 $\dfrac{1}{3}$ 的顾客转向 R 公司. 当产品开始制造时 R 公司占有 $\dfrac{3}{5}$ 的市场份额，而 S 公司占有 $\dfrac{2}{5}$ 的市场份额. 问：2 年后，两家公司的市场份额变化怎样，5 年后会怎样？若干年后两家公司的市场份额变化是否趋于稳定的值？

解 设 x_n，y_n 分别表示 n 年后 R 公司和 S 公司所占有的市场份额($x_n+y_n=1$)，则

$$\begin{pmatrix}x_0\\ y_0\end{pmatrix}=\frac{1}{5}\begin{pmatrix}3\\ 2\end{pmatrix}\quad 且\quad \begin{cases}x_n=\dfrac{1}{4}x_{n-1}+\dfrac{1}{3}y_{n-1}\\ y_n=\dfrac{3}{4}x_{n-1}+\dfrac{2}{3}y_{n-1}\end{cases}$$

$$\Rightarrow\begin{pmatrix}x_n\\ y_n\end{pmatrix}=\frac{1}{12}\begin{pmatrix}3 & 4\\ 9 & 8\end{pmatrix}\begin{pmatrix}x_{n-1}\\ y_{n-1}\end{pmatrix}$$

令 $\boldsymbol{A}=\dfrac{1}{12}\begin{pmatrix}3 & 4\\ 9 & 8\end{pmatrix}$，则

$$\begin{pmatrix}x_n\\ y_n\end{pmatrix}=\boldsymbol{A}\begin{pmatrix}x_{n-1}\\ y_{n-1}\end{pmatrix}=\cdots=\boldsymbol{A}^n\begin{pmatrix}x_0\\ y_0\end{pmatrix}=\frac{1}{5}\boldsymbol{A}^n\begin{pmatrix}3\\ 2\end{pmatrix}$$

求 $\boldsymbol{A}$ 的特征值和特征向量，易求得 $\boldsymbol{A}$ 的特征值 $\lambda_1=1$，$\lambda_2=-\dfrac{1}{12}$.

对应于 $\lambda_1=1$ 的特征向量为 $\boldsymbol{p}_1=(4,9)^{\mathrm{T}}$；对应于 $\lambda_2=-\dfrac{1}{12}$ 的特征向量为 $\boldsymbol{p}_2=(-1,1)^{\mathrm{T}}$.

令 $\boldsymbol{P}=(\boldsymbol{p}_1,\boldsymbol{p}_2)$，则 $\boldsymbol{P}$ 可逆，且 $\boldsymbol{P}^{-1}\boldsymbol{AP}=\mathrm{diag}(1,-\dfrac{1}{12})$，因此

$$\boldsymbol{A}=\boldsymbol{P}\begin{pmatrix}1 & 0\\ 0 & -\dfrac{1}{12}\end{pmatrix}\boldsymbol{P}^{-1}\Rightarrow\begin{pmatrix}x_n\\ y_n\end{pmatrix}=\boldsymbol{A}^n\begin{pmatrix}x_0\\ y_0\end{pmatrix}=\boldsymbol{P}\begin{pmatrix}1 & 0\\ 0 & (-\dfrac{1}{12})^n\end{pmatrix}\boldsymbol{P}^{-1}\frac{1}{5}\begin{pmatrix}3\\ 2\end{pmatrix}$$

$$=\frac{1}{65}\begin{pmatrix}20+19\times(-\dfrac{1}{12})^n\\ 45-19\times(-\dfrac{1}{12})^n\end{pmatrix}$$

所以当 $n=2$ 时，$\begin{pmatrix}x_2\\ y_2\end{pmatrix}=\begin{pmatrix}0.31\\ 0.69\end{pmatrix}$；当 $n=5$ 时，$\begin{pmatrix}x_5\\ y_5\end{pmatrix}=\begin{pmatrix}0.31\\ 0.69\end{pmatrix}$；

因为 $n\to\infty$ 时，$\left(-\dfrac{1}{12}\right)^n\to 0$，$\begin{pmatrix}x_n\\ y_n\end{pmatrix}\to\dfrac{1}{65}\begin{pmatrix}20\\ 45\end{pmatrix}=\begin{pmatrix}0.31\\ 0.69\end{pmatrix}$，

所以若干年后两家公司的市场份额会趋于稳定.

例 5.5.3　设某城市共有 30 万人从事农、工、商工作，假定这个总人数在若干年内保持不变，而社会调查表明：

(1) 在这 30 万就业人员中，目前约有 15 万人从事农业，9 万人从事工业，而有 6 万人经商；

(2) 在从农人员中，每年约有 20% 改为从工，10% 改为经商；

(3) 在从工人员中，每年约有 20% 改为从农，10% 改为经商；

(4) 在经商人员中，每年约有 10% 改为从农，10% 改为从工.

现预测一、二年后从事各业人员的人数，以及经过多年之后，从事各业人员总数之发展趋势.

解　设 x_n，y_n，z_n 分别表示 n 年后从事农业、工业、经商人员的人数($x_n+y_n+z_n=30$)，则

$$(x_0,y_0,z_0)^{\mathrm{T}}=(15,9,6)^{\mathrm{T}}，且\begin{cases}x_n=0.7x_{n-1}+0.2y_{n-1}+0.1z_n\\ y_n=0.2x_{n-1}+0.7y_{n-1}+0.1z_n\\ z_n=0.1x_{n-1}+0.1y_{n-1}+0.8z_n\end{cases}$$

$$\Rightarrow\begin{pmatrix}x_n\\ y_n\\ z_n\end{pmatrix}=\begin{pmatrix}0.7 & 0.2 & 0.1\\ 0.2 & 0.7 & 0.1\\ 0.1 & 0.1 & 0.8\end{pmatrix}\begin{pmatrix}x_{n-1}\\ y_{n-1}\\ z_{n-1}\end{pmatrix}，令\ \boldsymbol{A}=\begin{pmatrix}0.7 & 0.2 & 0.1\\ 0.2 & 0.7 & 0.1\\ 0.1 & 0.1 & 0.8\end{pmatrix}，则$$

$$\begin{pmatrix}x_n\\ y_n\\ z_n\end{pmatrix}=\boldsymbol{A}\begin{pmatrix}x_{n-1}\\ y_{n-1}\\ z_{n-1}\end{pmatrix}=\cdots=\boldsymbol{A}^n\begin{pmatrix}x_0\\ y_0\\ z_0\end{pmatrix}=\boldsymbol{A}^n\begin{pmatrix}15\\ 9\\ 6\end{pmatrix}$$

求 $\boldsymbol{A}$ 的特征值和特征向量，易求得 $\boldsymbol{A}$ 的特征值 $\lambda_1=1$，$\lambda_2=\dfrac{7}{10}$，$\lambda_3=\dfrac{1}{2}$.

对应于 $\lambda_1=1$ 的特征向量为 $\boldsymbol{p}_1=(1,1,1)^{\mathrm{T}}$；对应于 $\lambda_2=\dfrac{7}{10}$ 的特征向量为 $\boldsymbol{p}_2=(1,1,-2)^{\mathrm{T}}$. 对应于 $\lambda_3=\dfrac{1}{2}$ 的特征向量为 $\boldsymbol{p}_3=(1,-1,0)^{\mathrm{T}}$；

令 $\boldsymbol{P}=(\boldsymbol{p}_1,\boldsymbol{p}_2,\boldsymbol{p}_3)$，则 $\boldsymbol{P}$ 可逆，且 $\boldsymbol{P}^{-1}\boldsymbol{A}\boldsymbol{P}=\mathrm{diag}\left(1,\dfrac{7}{10},\dfrac{1}{2}\right)$，因此

$$\boldsymbol{A}=\boldsymbol{P}\begin{pmatrix}1&0&0\\0&\dfrac{7}{10}&0\\0&0&\dfrac{1}{2}\end{pmatrix}\boldsymbol{P}^{-1}$$

$$\begin{pmatrix}x_n\\y_n\\z_n\end{pmatrix}=\boldsymbol{A}^n\begin{pmatrix}15\\9\\6\end{pmatrix}=\boldsymbol{P}\begin{pmatrix}1&0&0\\0&\left(\dfrac{7}{10}\right)^n&0\\0&0&\dfrac{1}{2^n}\end{pmatrix}\boldsymbol{P}^{-1}\begin{pmatrix}15\\9\\6\end{pmatrix}=\begin{pmatrix}10+2\cdot(0.7)^n+\dfrac{3}{2^n}\\10+2\cdot(0.7)^n-\dfrac{3}{2^n}\\10-4\cdot(0.7)^n\end{pmatrix}$$

因此，当 $n=1$ 时，$\begin{pmatrix}x_1\\y_1\\z_1\end{pmatrix}=\begin{pmatrix}12.9\\9.9\\7.2\end{pmatrix}$；当 $n=2$ 时，$\begin{pmatrix}x_2\\y_2\\z_2\end{pmatrix}=\begin{pmatrix}11.73\\10.23\\8.04\end{pmatrix}$；

因为 $n\to\infty$ 时，$(0.7)^n\to 0$，$\dfrac{1}{2^n}\to 0$，$\begin{pmatrix}x_n\\y_n\\z_n\end{pmatrix}\to\begin{pmatrix}10\\10\\10\end{pmatrix}$，所以若干年以后从事这三种职业的人数会趋于稳定，均为 10 万人.

5.6 本章小结

一、内积与正交矩阵

1. 基本概念：内积、长度、夹角、正交向量组和标准正交向量组.

$\boldsymbol{\alpha}_1,\boldsymbol{\alpha}_2,\cdots,\boldsymbol{\alpha}_s$ 是正交向量组的充要条件是 $[\boldsymbol{\alpha}_i,\boldsymbol{\alpha}_j]=\begin{cases}|\boldsymbol{\alpha}_i|>0, i=j,\\ 0, i\neq j.\end{cases}$

$\boldsymbol{e}_1,\boldsymbol{e}_2,\cdots,\boldsymbol{e}_s$ 是标准正交向量组的充要条件是 $[\boldsymbol{e}_i,\boldsymbol{e}_j]=\begin{cases}1, i=j,\\0, i\neq j.\end{cases}$

2. 施密特正交化方法.

设向量组 $\boldsymbol{\alpha}_1,\boldsymbol{\alpha}_2,\cdots,\boldsymbol{\alpha}_s$ 线性无关，则可通过施密特正交化、单位化过程化为标准正交向量组.

(1) 正交化. 取

$$\boldsymbol{\beta}_1=\boldsymbol{\alpha}_1,\boldsymbol{\beta}_2=\boldsymbol{\alpha}_2-\frac{[\boldsymbol{\alpha}_2,\boldsymbol{\beta}_1]}{[\boldsymbol{\beta}_1,\boldsymbol{\beta}_1]}\boldsymbol{\beta}_1,\boldsymbol{\beta}_3=\boldsymbol{\alpha}_3-\frac{[\boldsymbol{\alpha}_3,\boldsymbol{\beta}_2]}{[\boldsymbol{\beta}_2,\boldsymbol{\beta}_2]}\boldsymbol{\beta}_2-\frac{[\boldsymbol{\alpha}_3,\boldsymbol{\beta}_1]}{[\boldsymbol{\beta}_1,\boldsymbol{\beta}_1]}\boldsymbol{\beta}_1,$$

$$\cdots\cdots,\boldsymbol{\beta}_s=\boldsymbol{\alpha}_s-\frac{[\boldsymbol{\alpha}_s,\boldsymbol{\beta}_{s-1}]}{[\boldsymbol{\beta}_{s-1},\boldsymbol{\beta}_{s-1}]}\boldsymbol{\beta}_{s-1}-\cdots-\frac{[\boldsymbol{\alpha}_s,\boldsymbol{\beta}_1]}{[\boldsymbol{\beta}_1,\boldsymbol{\beta}_1]}\boldsymbol{\beta}_1$$

则向量组 $\boldsymbol{\beta}_1,\boldsymbol{\beta}_2,\cdots,\boldsymbol{\beta}_s$ 为正交向量组,且与 $\boldsymbol{\alpha}_1,\boldsymbol{\alpha}_2,\cdots,\boldsymbol{\alpha}_s$ 等价.

(2) 单位化,取

$$\boldsymbol{e}_1=\frac{\boldsymbol{\beta}_1}{\|\boldsymbol{\beta}_1\|},\boldsymbol{e}_2=\frac{\boldsymbol{\beta}_2}{\|\boldsymbol{\beta}_2\|},\cdots,\boldsymbol{e}_s=\frac{\boldsymbol{\beta}_s}{\|\boldsymbol{\beta}_s\|}$$

则 $\boldsymbol{e}_1,\boldsymbol{e}_2,\cdots,\boldsymbol{e}_s$ 就是一个标准正交向量组,且与 $\boldsymbol{\alpha}_1,\boldsymbol{\alpha}_2,\cdots,\boldsymbol{\alpha}_s$ 等价.

3. 正交矩阵的定义和性质.

二、特征值与特征向量

1. 基本概念:特征值、特征向量、特征方程、特征多项式.

2. n 阶矩阵 $\boldsymbol{A}$ 的特征值和特征向量的求法.

(1) 计算 $\boldsymbol{A}$ 的特征多项式 $f(\lambda)=|\boldsymbol{A}-\lambda\boldsymbol{E}|$.

(2) 计算 $f(\lambda)$ 的全部根,即为 $\boldsymbol{A}$ 的全部特征值.

(3) 对每一个特征值 $\lambda_i(i=1,2,\cdots,n)$,求齐次线性方程组 $(\boldsymbol{A}-\lambda_i\boldsymbol{E})\boldsymbol{X}=\boldsymbol{O}$ 的一个基础解系 $\boldsymbol{p}_1,\cdots,\boldsymbol{p}_t$,于是 $\boldsymbol{A}$ 的属于 λ_i 的全部特征向量为 $k_1\boldsymbol{p}_1+\cdots+k_t\boldsymbol{p}_t$,其中 $k_1,\cdots,k_t$ 为任意不全为零的数.

3. 特征值的性质.

(1) 设 n 阶方阵 $\boldsymbol{A}=(a_{ij})$ 的 n 个特征值为 $\lambda_1,\lambda_2,\cdots,\lambda_n$,则 $\lambda_1+\lambda_2+\cdots+\lambda_n=\mathrm{tr}(\boldsymbol{A})$, $\lambda_1\lambda_2\cdots\lambda_n=|\boldsymbol{A}|$.

(2) 设 $\boldsymbol{\alpha}$ 是 $\boldsymbol{A}$ 的属于特征值 λ 的特征向量,则

① λ^m 是 $\boldsymbol{A}^m$ 的特征值,$\boldsymbol{\alpha}$ 是 $\boldsymbol{A}^m$ 的属于特征值 λ^m 的特征向量(m 为正整数);

② $\varphi(\lambda)$ 是 $\varphi(\boldsymbol{A})$ 的特征值,其中

$$\varphi(\lambda)=a_0+a_1\lambda+\cdots+a_m\lambda^m,\quad \varphi(\boldsymbol{A})=a_0\boldsymbol{E}+a_1\boldsymbol{A}+\cdots+a_m\boldsymbol{A}^m.$$

4. 特征向量的重要性质.

(1) 属于同一个特征值的特征向量的非零线性组合是属于这个特征值的特征向量.

(2) 属于不同特征值的特征向量线性无关.

三、矩阵相似与矩阵的相似对角化

1. 矩阵相似的定义与基本性质.

2. 矩阵相似对角化的条件.

(1) n 阶矩阵 $\boldsymbol{A}$ 相似于对角矩阵的充分必要条件是 $\boldsymbol{A}$ 有 n 个线性无关的特征向量.

(2) 若 n 阶矩阵 $\boldsymbol{A}$ 有 n 个互不相等的特征值,则 $\boldsymbol{A}$ 可对角化.

(3) n 阶矩阵 $\boldsymbol{A}$ 与对角矩阵相似的充分必要条件是对于 $\boldsymbol{A}$ 的每一 r_i 重特征值 λ_i,特征矩阵 $\boldsymbol{A}-\lambda_i\boldsymbol{E}$ 的秩 $R(\boldsymbol{A}-\lambda_i\boldsymbol{E})=n-r_i(i=1,2,\cdots,m;\ r_1+r_2+\cdots+r_m=n)$.

3. 求可逆矩阵 $\boldsymbol{P}$,使方阵 $\boldsymbol{A}$ 相似对角化,使 $\boldsymbol{P}^{-1}\boldsymbol{A}\boldsymbol{P}$ 为对角矩阵的方法

(1) 由特征方程 $|\boldsymbol{A}-\lambda\boldsymbol{E}|=0$,计算 $\boldsymbol{A}$ 的全部特征值.

(2) 对每一个特征值$\lambda_i(i=1,2,\cdots,n)$，求齐次线性方程组$(\boldsymbol{A}-\lambda_i\boldsymbol{E})\boldsymbol{X}=\boldsymbol{O}$的一个基础解系.

若该基础解系所含向量的个数等于特征值λ_i的重数，则所有特征值$\lambda_i(i=1,2,\cdots,n)$对应的线性无关的特征向量恰好有$n$个，记为$\boldsymbol{p}_1,\cdots,\boldsymbol{p}_n$.

(3) 令$\boldsymbol{P}=(\boldsymbol{p}_1,\cdots,\boldsymbol{p}_n)$，$\boldsymbol{\Lambda}=(\lambda_1,\cdots,\lambda_n)$，则$\boldsymbol{P}$为可逆矩阵，使得$\boldsymbol{P}^{-1}\boldsymbol{A}\boldsymbol{P}=\boldsymbol{\Lambda}$.

四、实对称矩阵的相似对角化

1. 实对称矩阵的特征值和特征向量的性质.

(1) 实对称矩阵的特征值全为实数.

(2) 实对称矩阵的属于不同特征值的特征向量正交.

2. 实对称矩阵一定正交相似于一个对角矩阵.

3. 求正交矩阵$\boldsymbol{Q}$，使实对称矩阵$\boldsymbol{A}$相似对角化，使$\boldsymbol{Q}^{-1}\boldsymbol{A}\boldsymbol{Q}$为对角矩阵的方法

(1) 由特征方程$|\boldsymbol{A}-\lambda\boldsymbol{E}|=0$，计算$\boldsymbol{A}$的全部特征值.

(2) 对每一个特征值$\lambda_i(i=1,2,\cdots,n)$，求齐次线性方程组$(\boldsymbol{A}-\lambda_i\boldsymbol{E})\boldsymbol{X}=\boldsymbol{O}$的一个基础解系，将其正交化、单位化，得对应于特征值λ_i的正交单位特征向量.

求出矩阵$\boldsymbol{A}$的n个两两正交的单位特征向量，记为$\boldsymbol{q}_1,\cdots,\boldsymbol{q}_n$.

(4) 令$\boldsymbol{Q}=(\boldsymbol{q}_1,\cdots,\boldsymbol{q}_n)$，$\boldsymbol{\Lambda}=(\lambda_1,\cdots,\lambda_n)$，则$\boldsymbol{Q}$为正交矩阵，使得$\boldsymbol{Q}^{-1}\boldsymbol{A}\boldsymbol{Q}=\boldsymbol{Q}^{\mathrm{T}}\boldsymbol{A}\boldsymbol{Q}=\boldsymbol{\Lambda}$.

5.7　习 题 五

一、填空题

1. 若向量$\boldsymbol{\alpha}_1=\begin{pmatrix}1\\s\end{pmatrix}$与$\boldsymbol{\alpha}_2=\begin{pmatrix}t\\2\end{pmatrix}$正交，则$s$，$t$满足条件________.

2. 与向量组$\boldsymbol{\alpha}_1=\begin{pmatrix}1\\2\\2\end{pmatrix}$，$\boldsymbol{\alpha}_2=\begin{pmatrix}2\\1\\1\end{pmatrix}$等价的一个标准正交向量组是________________.

3. 若矩阵$\boldsymbol{A}=\begin{pmatrix}a & b\\c & a+2\end{pmatrix}$是正交矩阵，则参数$a$，$b$，$c$满足条件________________.

4. 若$\boldsymbol{A}$为n阶正交矩阵，且$|\boldsymbol{A}|<0$，则$|\boldsymbol{A}|=$________.

5. 设$\boldsymbol{\alpha}=\begin{pmatrix}1\\1\end{pmatrix}$是$\boldsymbol{A}=\begin{pmatrix}a & 2\\0 & b\end{pmatrix}$的属于特征值$\lambda=3$的特征向量，则$(a,b)=$________.

6. 设3是矩阵$\boldsymbol{A}=\begin{pmatrix}0&1&0&0\\1&0&0&0\\0&0&y&1\\0&0&1&2\end{pmatrix}$的一个特征值，则$y=$________.

7. 设$\boldsymbol{A}$为n阶方阵，$|\boldsymbol{A}|\neq 0$，$\boldsymbol{A}^*$为$\boldsymbol{A}$的伴随矩阵. 若$\boldsymbol{A}$有特征值λ，则$(\boldsymbol{A}^*)^2+\boldsymbol{E}$必有特

征值________.

8. 设 3 阶矩阵 $\boldsymbol{A}$ 的特征值为 1，-1，2，则 $\boldsymbol{A}+3\boldsymbol{E}$ 的特征值是________________，$|\boldsymbol{A}+3\boldsymbol{E}|=$________.

9. 设 $\boldsymbol{A}$ 为 2 阶方阵，$\boldsymbol{\alpha}_1$，$\boldsymbol{\alpha}_2$ 为线性无关的 2 维列向量，$\boldsymbol{A\alpha}_1=\boldsymbol{O}$，$\boldsymbol{A\alpha}_2=2\boldsymbol{\alpha}_1+\boldsymbol{\alpha}_2$，则 $\boldsymbol{A}$ 的非零特征值为________.

10. 若 3 维列向量 $\boldsymbol{\alpha}$，$\boldsymbol{\beta}$ 满足 $\boldsymbol{\alpha}^{\mathrm{T}}\boldsymbol{\beta}=2$，则 $\boldsymbol{\beta\alpha}^{\mathrm{T}}$ 的非零特征值为________.

*11. 设 3 阶矩阵 $\boldsymbol{A}$ 的特征值互不相同，若 $|\boldsymbol{A}|=0$，则 $\boldsymbol{A}$ 的秩为________.

12. 设 $\boldsymbol{A}$ 相似于 $\begin{pmatrix}1&0&0\\0&-1&0\\0&0&1\end{pmatrix}$，则 $\boldsymbol{A}^2=$________.

13. 设 $\begin{pmatrix}\lambda_0&a\\0&\lambda_0\end{pmatrix}$ 相似于对角矩阵，则 $a=$________.

14. 设 $\boldsymbol{\alpha}=(1,1,1)^{\mathrm{T}}$，$\boldsymbol{\beta}=(1,0,k)^{\mathrm{T}}$，若 $\boldsymbol{\beta\alpha}^{\mathrm{T}}$ 相似于 $\begin{pmatrix}3&0&0\\0&0&0\\0&0&0\end{pmatrix}$，则 $k=$________.

15. 设矩阵 $\begin{pmatrix}1&-2&-4\\-2&x&-2\\-4&-2&1\end{pmatrix}$ 与 $\begin{pmatrix}5&0&0\\0&y&0\\0&0&-4\end{pmatrix}$ 相似，则 $x=$________，$y=$________.

二、选择题

1. 若 $\boldsymbol{A}$ 是正交方阵，则下列各式中(　　)是不正确的.

A. $\boldsymbol{AA}^{\mathrm{T}}=\boldsymbol{E}$　　B. $\boldsymbol{A}^{\mathrm{T}}\boldsymbol{A}=\boldsymbol{E}$　　C. $|\boldsymbol{A}|=1$　　D. $\boldsymbol{A}^{\mathrm{T}}=\boldsymbol{A}^{-1}$

2. 设 $\boldsymbol{\alpha}=\left(0,y,-\frac{1}{\sqrt{2}}\right)^{\mathrm{T}}$，$\boldsymbol{\beta}=(x,0,0)^{\mathrm{T}}$，它们规范正交，即单位正交，则(　　).

A. x 任意，$y=\frac{1}{\sqrt{2}}$　　B. $x=\pm1$，$y=\pm\frac{1}{\sqrt{2}}$

C. $x=y=\frac{1}{\sqrt{2}}$　　D. $x=y=\pm1$

3. 设 $\lambda=2$ 为可逆矩阵 $\boldsymbol{A}$ 的一个特征值，则矩阵 $\left(\frac{1}{3}\boldsymbol{A}^2\right)^{-1}$ 有一个特征值等于(　　).

A. $\frac{4}{3}$　　B. $\frac{3}{4}$　　C. $\frac{1}{2}$　　D. $\frac{1}{4}$

4. 设 $\boldsymbol{A}$ 为 n 阶可逆矩阵，λ 是 $\boldsymbol{A}$ 的一个特征值，则 $\boldsymbol{A}$ 的伴随矩阵 $\boldsymbol{A}^*$ 的一个特征值为(　　).

A. $\lambda^{-1}|\boldsymbol{A}|^n$　　B. $\lambda^{-1}|\boldsymbol{A}|$　　C. $\lambda|\boldsymbol{A}|$　　D. $\lambda|\boldsymbol{A}|^n$

5. 设 3 阶矩阵 $\boldsymbol{A}$ 有特征值为 1，-1，2，则下列矩阵中可逆矩阵是(　　).

A. $\boldsymbol{E}-\boldsymbol{A}$　　B. $\boldsymbol{E}+\boldsymbol{A}$　　C. $2\boldsymbol{E}-\boldsymbol{A}$　　D. $2\boldsymbol{E}+\boldsymbol{A}$

6. 设 λ_1，λ_2 为矩阵 $\boldsymbol{A}$ 的两个不同的特征值，对应的特征向量为 $\boldsymbol{\alpha}_1$，$\boldsymbol{\alpha}_2$，则 $\boldsymbol{\alpha}_1$，$\boldsymbol{A}(\boldsymbol{\alpha}_1+\boldsymbol{\alpha}_2)$ 线性

无关的充分必要条件是(　　).

A. $\lambda_1 \neq 0$　　B. $\lambda_2 \neq 0$　　C. $\lambda_1 = 0$　　D. $\lambda_2 = 0$

7. 与矩阵 $\boldsymbol{A}=\begin{pmatrix}1&0&0\\0&1&0\\0&0&2\end{pmatrix}$ 相似的矩阵为(　).

A. $\begin{pmatrix}1&0&0\\0&2&0\\0&0&1\end{pmatrix}$　　B. $\begin{pmatrix}1&1&0\\0&1&0\\0&0&2\end{pmatrix}$　　C. $\begin{pmatrix}2&0&0\\0&1&1\\0&0&1\end{pmatrix}$　　D. $\begin{pmatrix}1&0&1\\0&2&0\\0&0&1\end{pmatrix}$

8. 已知 3 阶矩阵 $\boldsymbol{A}$ 的特征值为 $\lambda_1=0$, $\lambda_2=1$, $\lambda_3=-1$, 其对应的特征向量分别是 $\boldsymbol{\xi}_1$, $\boldsymbol{\xi}_2$, $\boldsymbol{\xi}_3$. 取 $\boldsymbol{P}=(\boldsymbol{\xi}_3,\boldsymbol{\xi}_2,\boldsymbol{\xi}_1)$, 则 $\boldsymbol{P}^{-1}\boldsymbol{AP}=$(　　).

A. $\begin{pmatrix}-1&0&0\\0&1&0\\0&0&0\end{pmatrix}$　　B. $\begin{pmatrix}1&0&0\\0&0&0\\0&0&-1\end{pmatrix}$　　C. $\begin{pmatrix}1&0&0\\0&-1&0\\0&0&0\end{pmatrix}$　　D. $\begin{pmatrix}0&0&0\\0&-1&0\\0&0&1\end{pmatrix}$

9. n 阶矩阵 $\boldsymbol{A}$ 具有 n 个不同的特征值是 $\boldsymbol{A}$ 与对角矩阵相似的(　　).

A. 充分必要条件　　B. 充分而非必要条件

C. 必要而非充分条件　　D. 既非充分也非必要条件

10. 设 $\boldsymbol{A}$, $\boldsymbol{B}$ 为 n 阶矩阵, 且 $\boldsymbol{A}$ 与 $\boldsymbol{B}$ 相似, 则(　　).

A. $\lambda\boldsymbol{E}-\boldsymbol{A}=\lambda\boldsymbol{E}-\boldsymbol{B}$　　B. $\boldsymbol{A}$ 与 $\boldsymbol{B}$ 有相同的特征值和特征向量

C. $\boldsymbol{A}$ 与 $\boldsymbol{B}$ 都相似于一个对角矩阵　　D. 对任意常数 t, $t\boldsymbol{E}-\boldsymbol{A}$ 与 $t\boldsymbol{E}-\boldsymbol{B}$ 相似

11. 矩阵 $\begin{pmatrix}1&a&1\\a&b&a\\1&a&1\end{pmatrix}$ 与 $\begin{pmatrix}2&0&0\\0&b&0\\0&0&0\end{pmatrix}$ 相似的充分必要条件为(　　).

A. $a=0$, $b=2$　　B. $a=0$, b 为任意常数

C. $a=2$, $b=0$　　D. $a=2$, b 为任意常数

12. 设 $\boldsymbol{A}$, $\boldsymbol{B}$ 均为可逆矩阵, 且 $\boldsymbol{A}$ 与 $\boldsymbol{B}$ 相似, 则下列结论中错误的是(　　).

A. $\boldsymbol{A}^{\mathrm{T}}$ 与 $\boldsymbol{B}^{\mathrm{T}}$ 相似　　B. $\boldsymbol{A}^{-1}$ 与 $\boldsymbol{B}^{-1}$ 相似

C. $\boldsymbol{A}+\boldsymbol{A}^{\mathrm{T}}$ 与 $\boldsymbol{B}+\boldsymbol{B}^{\mathrm{T}}$ 相似　　D. $\boldsymbol{A}+\boldsymbol{A}^{-1}$ 与 $\boldsymbol{B}+\boldsymbol{B}^{-1}$ 相似

13. 设矩阵 $\boldsymbol{A}=\begin{pmatrix}1&1\\1&1\end{pmatrix}$, $\boldsymbol{Q}$ 为 2 阶正交矩阵, 且 $\boldsymbol{Q}^{\mathrm{T}}\boldsymbol{AQ}=\begin{pmatrix}0&0\\0&2\end{pmatrix}$, 则 $\boldsymbol{Q}=$(　　).

A. $\frac{1}{2}\begin{pmatrix}1&1\\-1&1\end{pmatrix}$　　B. $\frac{1}{\sqrt{2}}\begin{pmatrix}1&1\\-1&1\end{pmatrix}$　　C. $\frac{1}{\sqrt{2}}\begin{pmatrix}1&-1\\1&1\end{pmatrix}$　　D. $\frac{1}{2}\begin{pmatrix}1&-1\\1&1\end{pmatrix}$

14. 设 $\boldsymbol{A}$ 为 3 阶矩阵, $\boldsymbol{P}$ 为 3 阶可逆矩阵, 且 $\boldsymbol{P}^{-1}\boldsymbol{AP}=\begin{pmatrix}1&0&0\\0&1&0\\0&0&2\end{pmatrix}$. 若 $\boldsymbol{P}=(\boldsymbol{\alpha}_1,\boldsymbol{\alpha}_2,\boldsymbol{\alpha}_3)$, $\boldsymbol{Q}=(\boldsymbol{\alpha}_1+\boldsymbol{\alpha}_2,\boldsymbol{\alpha}_2,\boldsymbol{\alpha}_3)$, 则 $\boldsymbol{Q}^{-1}\boldsymbol{AQ}=$(　　).

A. $\begin{pmatrix}1&0&0\\0&2&0\\0&0&1\end{pmatrix}$　　B. $\begin{pmatrix}1&0&0\\0&1&0\\0&0&2\end{pmatrix}$　　C. $\begin{pmatrix}2&0&0\\0&1&0\\0&0&2\end{pmatrix}$　　D. $\begin{pmatrix}2&0&0\\0&2&0\\0&0&1\end{pmatrix}$

三、计算题

1. 已知向量 $\boldsymbol{\alpha}=(1, 2, 1)^{\mathrm{T}}$，$\boldsymbol{\beta}=\left(-2, 1, \frac{1}{2}\right)^{\mathrm{T}}$，$\boldsymbol{\gamma}=(2, -2, 2)^{\mathrm{T}}$.

(1) 求$[\boldsymbol{\alpha}, \boldsymbol{\beta}]$，$[\boldsymbol{\beta}, \boldsymbol{\gamma}]$，$[\boldsymbol{\alpha}, \boldsymbol{\gamma}]$；

(2) 将向量 $\boldsymbol{\alpha}$ 单位化；

(3) 求向量 $\boldsymbol{\alpha}$ 与 $\boldsymbol{\beta}$ 的夹角$\langle\boldsymbol{\alpha}, \boldsymbol{\beta}\rangle$.

2. 已知向量 $\boldsymbol{\alpha}_1=(1, 1, 1)^{\mathrm{T}}$，在 $\boldsymbol{R}^3$ 中求 $\boldsymbol{\alpha}_2$，$\boldsymbol{\alpha}_3$，使 $\boldsymbol{\alpha}_1$，$\boldsymbol{\alpha}_2$，$\boldsymbol{\alpha}_3$ 为正交向量组.

3. 用施密特正交化法把下列向量组化为标准正交向量组.

(1) $\boldsymbol{\alpha}_1=\begin{pmatrix}1\\1\\1\end{pmatrix}$，$\boldsymbol{\alpha}_2=\begin{pmatrix}0\\1\\-1\end{pmatrix}$，$\boldsymbol{\alpha}_3=\begin{pmatrix}1\\2\\1\end{pmatrix}$；

(2) $\boldsymbol{\alpha}_1=\begin{pmatrix}1\\0\\1\\-1\end{pmatrix}$，$\boldsymbol{\alpha}_2=\begin{pmatrix}1\\-1\\1\\-1\end{pmatrix}$，$\boldsymbol{\alpha}_3=\begin{pmatrix}1\\1\\1\\0\end{pmatrix}$.

4. 当 a，b，c 为何值时，矩阵 $\boldsymbol{A}=\begin{pmatrix}\frac{1}{\sqrt{2}} & a & 0\\0 & 0 & 1\\b & c & 0\end{pmatrix}$ 是正交矩阵.

5. 设 $\boldsymbol{\alpha}$ 为 n 维列向量，且其长度为 1，证明：矩阵 $\boldsymbol{H}=\boldsymbol{E}-2\boldsymbol{\alpha}\boldsymbol{\alpha}^{\mathrm{T}}$ 是正交矩阵.

6. 设 $\boldsymbol{A}$，$\boldsymbol{B}$ 均是 m 阶正交矩阵，且 $|\boldsymbol{A}|=1$，$|\boldsymbol{B}|=-1$，求 $|\boldsymbol{A}+\boldsymbol{B}|$ 的值.

7. 若矩阵 $\boldsymbol{A}$ 满足 $\boldsymbol{A}^2+6\boldsymbol{A}+8\boldsymbol{E}=\boldsymbol{O}$，且 $\boldsymbol{A}^{\mathrm{T}}=\boldsymbol{A}$，证明：$\boldsymbol{A}+3\boldsymbol{E}$ 是正交矩阵.

8. 求下列矩阵的特征值和特征向量.

(1) $\begin{pmatrix}3 & -1\\-1 & 3\end{pmatrix}$；　(2) $\begin{pmatrix}-1 & 1 & 0\\-4 & 3 & 0\\1 & 0 & 2\end{pmatrix}$；　(3) $\begin{pmatrix}1 & 2 & 3\\2 & 1 & 3\\3 & 3 & 6\end{pmatrix}$.

9. 设 λ 为方阵 $\boldsymbol{A}$ 的一个特征值，证明：

(1) $\lambda+1$ 是 $\boldsymbol{A}+\boldsymbol{E}$ 的特征值；

(2) $\frac{1}{\lambda}$ 是 $\boldsymbol{A}^{-1}$ 的特征值，$\frac{1}{\lambda}|\boldsymbol{A}|$ 是 $\boldsymbol{A}^*$ 的特征值，其中 $\boldsymbol{A}^*$ 是 $\boldsymbol{A}$ 的伴随矩阵.

10. 设 3 阶矩阵 $\boldsymbol{A}$ 有特征值为 1，-1，2.

(1) 求 $\boldsymbol{B}=\boldsymbol{A}^2-5\boldsymbol{A}+2\boldsymbol{E}$ 的特征值；

(2) 求 $|\boldsymbol{B}|$；

(3) 求 $|\boldsymbol{A}-5\boldsymbol{E}|$.

11. 已知 3 阶矩阵 $\boldsymbol{A}$ 的特征值为 1，2，-3，求 $|\boldsymbol{A}^*+3\boldsymbol{A}+2\boldsymbol{E}|$.

12. 设 $\boldsymbol{A}$ 为 3 阶方阵，$\boldsymbol{\alpha}_1$，$\boldsymbol{\alpha}_2$，$\boldsymbol{\alpha}_3$ 为 3 维线性无关列向量组，且有 $\boldsymbol{A}\boldsymbol{\alpha}_1=\boldsymbol{\alpha}_2+\boldsymbol{\alpha}_3$，$\boldsymbol{A}\boldsymbol{\alpha}_2=\boldsymbol{\alpha}_1+\boldsymbol{\alpha}_3$，$\boldsymbol{A}\boldsymbol{\alpha}_3=\boldsymbol{\alpha}_1+\boldsymbol{\alpha}_2$，求 $\boldsymbol{A}$ 的全部特征值.

13. 设 3 阶矩阵 $\boldsymbol{A}$ 的特征值为 1，-1，3，其对应的特征向量为 $\boldsymbol{\alpha}_1$，$\boldsymbol{\alpha}_2$，$\boldsymbol{\alpha}_3$，若 $\boldsymbol{B}=\boldsymbol{A}^2-2\boldsymbol{A}+4\boldsymbol{E}$，求 $\boldsymbol{B}^{-1}$ 的特征值和特征向量.

14. 设 n 阶矩阵 $\boldsymbol{A}$ 的任一行中 n 个元素之和都是 λ_0，证明：λ_0 是 $\boldsymbol{A}$ 的一个特征值，并求出其对应的一个特征向量.

15. 求下列矩阵的特征值与特征向量，并问 $\boldsymbol{A}$ 是否可以相似对角化. 若可以，则求出对角矩阵 $\boldsymbol{\Lambda}$ 及可逆阵 $\boldsymbol{P}$，使 $\boldsymbol{P}^{-1}\boldsymbol{A}\boldsymbol{P}=\boldsymbol{\Lambda}$.

(1) $\begin{bmatrix}-1&0&0\\4&-3&0\\-5&-2&2\end{bmatrix}$； (2) $\begin{bmatrix}2&3&2\\1&4&2\\1&-3&1\end{bmatrix}$； (3) $\begin{bmatrix}-2&1&1\\0&2&0\\-4&1&3\end{bmatrix}$.

16. 设 $\boldsymbol{A}=\begin{pmatrix}2&-1\\-1&2\end{pmatrix}$，求 $\boldsymbol{A}^n$.

17. 设 $\boldsymbol{A}=\begin{bmatrix}1&4&2\\0&-3&4\\0&4&3\end{bmatrix}$，求 $\boldsymbol{A}^{100}$.

18. 已知 $\boldsymbol{\xi}=\begin{bmatrix}1\\1\\-1\end{bmatrix}$ 是矩阵 $\boldsymbol{A}=\begin{bmatrix}2&-1&2\\5&a&3\\-1&b&-2\end{bmatrix}$ 的一个特征向量.

(1) 求参数 a，b 及特征向量 $\boldsymbol{\xi}$ 所对应的特征值；

(2) $\boldsymbol{A}$ 能不能相似对角化？并说明理由.

19. 设矩阵 $\boldsymbol{A}$ 与 $\boldsymbol{B}$ 相似，其中

$$\boldsymbol{A}=\begin{bmatrix}-2&0&0\\2&x&2\\3&1&1\end{bmatrix},\ \boldsymbol{B}=\begin{bmatrix}-1&0&0\\0&2&0\\0&0&y\end{bmatrix},$$

(1) 求参数 x，y 的值；

(2) 求可逆阵 $\boldsymbol{P}$，使 $\boldsymbol{P}^{-1}\boldsymbol{A}\boldsymbol{P}=\boldsymbol{B}$.

20. 试求正交矩阵 $\boldsymbol{Q}$ 及对角矩阵 $\boldsymbol{\Lambda}$，使 $\boldsymbol{Q}^{-1}\boldsymbol{A}\boldsymbol{Q}=\boldsymbol{\Lambda}$. 其中 $\boldsymbol{A}$ 为

(1) $\begin{bmatrix}3&2&4\\2&0&2\\4&2&3\end{bmatrix}$； (2) $\begin{bmatrix}0&-1&1\\-1&0&1\\1&1&0\end{bmatrix}$；

(3) $\begin{bmatrix}1&-2&-4\\-2&4&-2\\-4&-2&1\end{bmatrix}$； (4) $\begin{bmatrix}1&-2&2\\-2&-2&4\\2&4&-2\end{bmatrix}$

21. 设 $\boldsymbol{A}=\begin{bmatrix}1&a&1\\a&1&b\\1&b&1\end{bmatrix}$，$\boldsymbol{\Lambda}=\begin{bmatrix}0&0&0\\0&1&0\\0&0&2\end{bmatrix}$. 如果 $\boldsymbol{A}$ 与 $\boldsymbol{\Lambda}$ 相似，求 a，b 及正交矩阵 $\boldsymbol{Q}$，使 $\boldsymbol{Q}^{-1}\boldsymbol{A}\boldsymbol{Q}=\boldsymbol{\Lambda}$.

22. 设 3 阶实对称矩阵 $\boldsymbol{A}$ 的特征值为 $\lambda_1=1$，$\lambda_2=-1$，$\lambda_3=0$，对应 λ_1，λ_2 的特征向量依次

为 $\boldsymbol{p}_1=(1,2,2)^{\mathrm{T}}$，$\boldsymbol{p}_2=(2,1,-2)^{\mathrm{T}}$，求 $\boldsymbol{A}$.

23. 设1，1，−1为3阶实对称矩阵 $\boldsymbol{A}$ 的3个特征值，$\boldsymbol{\alpha}_1=(1,1,1)^{\mathrm{T}}$，$\boldsymbol{\alpha}_2=(2,2,1)^{\mathrm{T}}$ 是 $\boldsymbol{A}$ 的属于特征值 1 的特征向量，求 $\boldsymbol{A}$ 的属于特征值 −1 的特征向量，并求 $\boldsymbol{A}$.

24. 设 $\boldsymbol{A}$ 为 n 阶矩阵，若存在正交矩阵 $\boldsymbol{Q}$，使 $\boldsymbol{Q}^{-1}\boldsymbol{A}\boldsymbol{Q}$ 为对角矩阵，证明：$\boldsymbol{A}$ 是对称矩阵.

25. 设 $\boldsymbol{A}$ 为 3 阶实对称矩阵，$\boldsymbol{A}$ 的秩为 2，且

$$\boldsymbol{A}\begin{pmatrix}1 & 1\\ 0 & 0\\ -1 & 1\end{pmatrix}=\begin{pmatrix}-1 & 1\\ 0 & 0\\ 1 & 1\end{pmatrix}.$$

(1) 求 $\boldsymbol{A}$ 的所有特征值和特征向量；

(2) 求矩阵 $\boldsymbol{A}$.

26. 设 3 阶实对称矩阵 $\boldsymbol{A}$ 的各行元素之和均为 3，向量 $\boldsymbol{\alpha}_1=(-1,2,-1)^{\mathrm{T}}$，$\boldsymbol{\alpha}_2=(0,-1,1)^{\mathrm{T}}$ 是线性方程组 $\boldsymbol{A}\boldsymbol{X}=\boldsymbol{O}$ 的两个解.

(1) 求 $\boldsymbol{A}$ 的特征值和特征向量；

(2) 求正交矩阵 $\boldsymbol{Q}$ 和对角矩阵 $\boldsymbol{\Lambda}$，使得 $\boldsymbol{Q}^{\mathrm{T}}\boldsymbol{A}\boldsymbol{Q}=\boldsymbol{\Lambda}$；

(3) 求 $\boldsymbol{A}$.

27. 设 3 阶对称矩阵 $\boldsymbol{A}$ 的特征值为 $\lambda_1=6$，$\lambda_2=\lambda_3=3$，与特征值 $\lambda_1=6$ 对应的特征向量为 $\boldsymbol{p}_1=(1,1,1)^{\mathrm{T}}$，求 $\boldsymbol{A}$.

28. (1) 设 $\boldsymbol{A}=\begin{pmatrix}3 & -2\\ -2 & 3\end{pmatrix}$，求 $\varphi(\boldsymbol{A})=\boldsymbol{A}^{10}-5\boldsymbol{A}^{9}$；

(2) 设 $\boldsymbol{A}=\begin{pmatrix}2 & 1 & 2\\ 1 & 2 & 2\\ 2 & 2 & 1\end{pmatrix}$，求 $\varphi(\boldsymbol{A})=\boldsymbol{A}^{10}-6\boldsymbol{A}^{9}+5\boldsymbol{A}^{8}$.

第 6 章　二　次　型

二次型的研究起源于解析几何中化二次曲线与二次曲面的方程为标准形式的问题. 在数学的其他分支以及力学、工程技术和经济管理等领域，二次型也有广泛的应用.

本章首先揭示将二次型化成标准形等同于求与之对应的实对称矩阵的合同标准形，然后介绍用正交变换和一般可逆线性变换化二次型为标准形；在惯性定理的基础上，讨论二次型与实对称矩阵的正定性，最后，作为应用讨论了二次曲面的方程的标准化.

6.1　二次型及其矩阵表示

平面上的二次曲线方程 $ax^2+bxy+cy^2=1$ 的左边就是一个简单的二次型. 为了便于研究它的性质，我们选择适当的坐标旋转变换 $\begin{cases} x=x'\cos\theta-y'\sin\theta \\ y=x'\sin\theta+y'\cos\theta \end{cases}$，消去交叉项，把方程化为标准形式 $mx'^2+ny'^2=1$. 由于坐标旋转变换不改变图形的形状，从变换后的方程很容易判别曲线的类型、研究曲线的性质等. 这种方法也适用于二次曲面的讨论.

下面我们把这类问题一般化，讨论 n 个变量的二次型及其化简问题.

6.1.1　二次型的定义

定义 6.1.1　含有 n 个变量的二次齐次多项式

$$\begin{aligned} f(x_1, x_2, \cdots, x_n)=&a_{11}x_1^2+2a_{12}x_1x_2+2a_{13}x_1x_3+\cdots+2a_{1n}x_1x_n+ \\ &a_{22}x_2^2+2a_{23}x_2x_3+\cdots+2a_{2n}x_2x_n+ \\ &a_{33}x_3^2+\cdots+2a_{3n}x_3x_n+ \\ &\vdots \\ &a_{nn}x_n^2 \end{aligned}$$

称为关于 $x_1, x_2, \cdots, x_n$ 的二次型，其中 $a_{ij}(i, j=1, 2, \cdots, n)$ 称为二次型的系数. 当 a_{ij} 全为实数时，称 $f(x_1, x_2, \cdots, x_n)$ 为实二次型；否则，称 $f(x_1, x_2, \cdots, x_n)$ 为复二次型. 本章仅讨论实二次型.

取 $a_{ij}=a_{ji}$，则变元的交叉项 $2a_{ij}x_ix_j(i<j)$ 可写成对称的两项之和 $a_{ij}x_ix_j+a_{ji}x_jx_i$，再利用矩阵的记法将二次型表示为

$$\begin{aligned} f(x_1, x_2, \cdots, x_n)=&a_{11}x_1^2+a_{12}x_1x_2+a_{13}x_1x_3+\cdots+a_{1n}x_1x_n+ \\ &a_{21}x_2x_1+a_{22}x_2{}^2+\cdots+a_{2n}x_2x_n+ \end{aligned}$$

$$
\begin{aligned}
& a_{31}x_3x_1+a_{32}x_3x_2+a_{33}x_3^{\ 2}+\cdots+a_{3n}x_3x_n+ \\
& \vdots \\
& a_{n1}x_nx_1+a_{n2}x_nx_2+\cdots+a_{nn}x_n^2 \\
=\ & x_1(a_{11}x_1+a_{12}x_2+\cdots+a_{1n}x_n)+x_2(a_{21}x_1+a_{22}x_2+\cdots+a_{2n}x_n)+ \\
& \vdots \\
& x_n(a_{n1}x_1+a_{n2}x_2+\cdots+a_{nn}x_n) \\
=\ & (x_1,\ x_2,\ \cdots,\ x_n)\begin{pmatrix} a_{11}x_1+a_{12}x_2+\cdots+a_{1n}x_n \\ a_{21}x_1+a_{22}x_2+\cdots+a_{2n}x_n \\ \vdots \\ a_{n1}x_1+a_{n2}x_2+\cdots+a_{nn}x_n \end{pmatrix} \\
=\ & (x_1,\ x_2,\ \cdots,\ x_n)\begin{pmatrix} a_{11} & a_{12} & \cdots & a_{1n} \\ a_{21} & a_{22} & \cdots & a_{2n} \\ \vdots & \vdots & & \vdots \\ a_{n1} & a_{n2} & \cdots & a_{nn} \end{pmatrix}\begin{pmatrix} x_1 \\ x_2 \\ \vdots \\ x_n \end{pmatrix}
\end{aligned}
$$

取 $\boldsymbol{X}=\begin{pmatrix} x_1 \\ x_2 \\ \vdots \\ x_n \end{pmatrix}$，$\boldsymbol{A}=\begin{pmatrix} a_{11} & a_{12} & \cdots & a_{1n} \\ a_{21} & a_{22} & \cdots & a_{2n} \\ \vdots & \vdots & & \vdots \\ a_{n1} & a_{n2} & \cdots & a_{nn} \end{pmatrix}$，则二次型 $f(x_1,\ x_2,\ \cdots,\ x_n)$ 可以表示成矩阵形式 $f(x_1,\ x_2,\ \cdots,\ x_n)=\boldsymbol{X}^{\mathrm{T}}\boldsymbol{A}\boldsymbol{X}$，简记为 $f=\boldsymbol{X}^{\mathrm{T}}\boldsymbol{A}\boldsymbol{X}$，其中 $\boldsymbol{A}$ 为实对称矩阵.

任给一个二次型，能够唯一确定一个对称矩阵；反之，任给一个对称矩阵，也可以唯一确定一个二次型. 这样，一个对称矩阵与一个二次型之间是一一对应的. 因此把对称矩阵 $\boldsymbol{A}$ 称为二次型 f 的矩阵，把 f 称为对称矩阵 $\boldsymbol{A}$ 的二次型，对称矩阵 $\boldsymbol{A}$ 的秩就是二次型 f 的秩.

例 6.1.1 将下列二次型写成矩阵形式

(1) $f=x^2+4xy+4y^2+2xz+z^2+4yz$；

(2) $f=x_1^2+x_2^2+x_3^2+x_4^2-2x_1x_2+4x_1x_3-2x_1x_4+6x_2x_3-4x_2x_4$.

解 (1) $f=(x,\ y,\ z)\begin{pmatrix} 1 & 2 & 1 \\ 2 & 4 & 2 \\ 1 & 2 & 1 \end{pmatrix}\begin{pmatrix} x \\ y \\ z \end{pmatrix}$；

(2) $f=(x_1,\ x_2,\ x_3,\ x_4)\begin{pmatrix} 1 & -1 & 2 & -1 \\ -1 & 1 & 3 & -2 \\ 2 & 3 & 1 & 0 \\ -1 & -2 & 0 & 1 \end{pmatrix}\begin{pmatrix} x_1 \\ x_2 \\ x_3 \\ x_4 \end{pmatrix}$

例 6.1.2 已知二次型 $f=x^2+4xy+y^2$，写出二次型的矩阵 $\boldsymbol{A}$，并求出二次型的秩.

解 $f=(x,\ y)\begin{pmatrix} 1 & 2 \\ 2 & 1 \end{pmatrix}\begin{pmatrix} x \\ y \end{pmatrix}=\boldsymbol{X}^{\mathrm{T}}\boldsymbol{A}\boldsymbol{X}$，其中 $\boldsymbol{A}=\begin{pmatrix} 1 & 2 \\ 2 & 1 \end{pmatrix}$，$\boldsymbol{X}=\begin{pmatrix} x \\ y \end{pmatrix}$，显然 $R(\boldsymbol{A})=2$，即二次型 $f(x,\ y)=\boldsymbol{X}^{\mathrm{T}}\boldsymbol{A}\boldsymbol{X}$ 的秩为 2.

注 在几何上，若 $f(x_1,\ x_2)$ 为二次型，那么方程 $f(x_1,\ x_2)=a$ 代表二次曲线；若

$f(x_1, x_2, x_3)$ 为二次型，那么方程 $f(x_1, x_2, x_3)=a$ 代表二次曲面.

定义 6.1.2 只含二次项，不含交叉项的二次型称为标准形式的二次型，简称为标准形. 很显然 $\boldsymbol{X}^{\mathrm{T}}\boldsymbol{A}\boldsymbol{X}$ 为标准形当且仅当 $\boldsymbol{A}$ 为对角矩阵.

例如：$f(x_1, x_2, x_3)=x_1^2+2x_2^2+3x_3^2$ 就是标准形，它的矩阵 $\boldsymbol{A}=\begin{pmatrix}1&0&0\\0&2&0\\0&0&3\end{pmatrix}$ 是对角矩阵.

定义 6.1.3 设 $\boldsymbol{X}=\begin{pmatrix}x_1\\x_2\\\vdots\\x_n\end{pmatrix}$，$\boldsymbol{Y}=\begin{pmatrix}y_1\\y_2\\\vdots\\y_n\end{pmatrix}$，$\boldsymbol{P}=\begin{pmatrix}p_{11}&p_{12}&\cdots&p_{1n}\\p_{21}&p_{22}&\cdots&p_{2n}\\\vdots&\vdots&&\vdots\\p_{n1}&p_{n2}&\cdots&p_{nn}\end{pmatrix}$，其中 $\boldsymbol{P}$ 是可逆矩阵，则称线性变换 $\boldsymbol{X}=\boldsymbol{P}\boldsymbol{Y}$ 是从变量 $y_1, y_2, \cdots, y_n$ 到变量 $x_1, x_2, \cdots, x_n$ 的可逆（非退化）的线性变换.

如果二次型

$$f(x_1, x_2, \cdots, x_n)=\boldsymbol{X}^{\mathrm{T}}\boldsymbol{A}\boldsymbol{X}$$

经过可逆线性变换 $\boldsymbol{X}=\boldsymbol{P}\boldsymbol{Y}$ 化成标准形 $d_1y_1^2+\cdots+d_ny_n^n$，则此时

$$\boldsymbol{P}^{\mathrm{T}}\boldsymbol{A}\boldsymbol{P}=\begin{pmatrix}d_1&&\\&\ddots&\\&&d_n\end{pmatrix}$$

因此，二次型 $f(x_1, x_2, \cdots, x_n)$ 经过可逆线性变换化成标准形等价于对实对称矩阵 $\boldsymbol{A}$，找一个可逆阵 $\boldsymbol{P}$，使 $\boldsymbol{P}^{\mathrm{T}}\boldsymbol{A}\boldsymbol{P}$ 为对角矩阵.

6.1.2 矩阵的合同

定义 6.1.4 设 $\boldsymbol{A}$，$\boldsymbol{B}$ 为 n 阶矩阵，如果存在 n 阶可逆矩阵 $\boldsymbol{P}$，使得 $\boldsymbol{P}^{\mathrm{T}}\boldsymbol{A}\boldsymbol{P}=\boldsymbol{B}$，那么称矩阵 $\boldsymbol{A}$ 与 $\boldsymbol{B}$ 合同.

容易验证，矩阵的合同关系具有如下性质.

性质 6.1.1 设 $\boldsymbol{A}$，$\boldsymbol{B}$，$\boldsymbol{C}$ 均为 n 阶矩阵.

(1) 反身性：$\boldsymbol{A}$ 与 $\boldsymbol{A}$ 合同；

(2) 对称性：若 $\boldsymbol{A}$ 与 $\boldsymbol{B}$ 合同，则 $\boldsymbol{B}$ 与 $\boldsymbol{A}$ 合同；

(3) 传递性：若 $\boldsymbol{A}$ 与 $\boldsymbol{B}$ 合同，$\boldsymbol{B}$ 与 $\boldsymbol{C}$ 合同，则 $\boldsymbol{A}$ 与 $\boldsymbol{C}$ 合同.

可见，矩阵的合同关系也是一种等价关系.

定理 6.1.1 二次型 $f=\boldsymbol{X}^{\mathrm{T}}\boldsymbol{A}\boldsymbol{X}$ 经可逆的线性变换 $\boldsymbol{X}=\boldsymbol{P}\boldsymbol{Y}$ 后，仍为二次型 $f=\boldsymbol{Y}^{\mathrm{T}}(\boldsymbol{P}^{\mathrm{T}}\boldsymbol{A}\boldsymbol{P})\boldsymbol{Y}$，且 $R(\boldsymbol{P}^{\mathrm{T}}\boldsymbol{A}\boldsymbol{P})=R(\boldsymbol{A})$.

证 对二次型 $f=\boldsymbol{X}^{\mathrm{T}}\boldsymbol{A}\boldsymbol{X}$ 实行可逆的线性变换 $\boldsymbol{X}=\boldsymbol{P}\boldsymbol{Y}$，则

$$f=\boldsymbol{X}^{\mathrm{T}}\boldsymbol{A}\boldsymbol{X}=(\boldsymbol{P}\boldsymbol{Y})^{\mathrm{T}}\boldsymbol{A}(\boldsymbol{P}\boldsymbol{Y})=\boldsymbol{Y}^{\mathrm{T}}(\boldsymbol{P}^{\mathrm{T}}\boldsymbol{A}\boldsymbol{P})\boldsymbol{Y}.$$

显然 $\boldsymbol{P}^{\mathrm{T}}\boldsymbol{A}\boldsymbol{P}$ 也是对称矩阵，二次型对于新变量 $y_1, y_2, \cdots, y_n$ 也是二次型.

又 $\boldsymbol{P}$ 可逆，则由矩阵秩的性质(定理 3.6.5(5)) 可得：$R(\boldsymbol{P}^{\mathrm{T}}\boldsymbol{A}\boldsymbol{P})=R(\boldsymbol{A})$.

合同矩阵的性质：

(1) 若 $\boldsymbol{A}$ 与 $\boldsymbol{B}$ 合同,则 $R(\boldsymbol{A})=R(\boldsymbol{B})$；

(2) 若 $\boldsymbol{A}$ 与 $\boldsymbol{B}$ 合同,则 $\boldsymbol{A}^{\mathrm{T}}=\boldsymbol{A}$ 的充分必要条件是 $\boldsymbol{B}^{\mathrm{T}}=\boldsymbol{B}$；

(3) 若 $\boldsymbol{A}$ 与 $\boldsymbol{B}$ 合同,则当 $\boldsymbol{A}$，$\boldsymbol{B}$ 可逆时，有 $\boldsymbol{A}^{-1}$ 与 $\boldsymbol{B}^{-1}$ 合同；

(4) 若 $\boldsymbol{A}$ 与 $\boldsymbol{B}$ 合同,则 $\boldsymbol{A}^{\mathrm{T}}$ 与 $\boldsymbol{B}^{\mathrm{T}}$ 合同.

上述性质可由合同的定义及定理 6.1.1 得到，读者可自行证明.

例 6.1.3 证明：$\begin{pmatrix} d_1 & & \\ & d_2 & \\ & & d_3 \end{pmatrix}$ 与 $\begin{pmatrix} d_1 & & \\ & d_3 & \\ & & d_2 \end{pmatrix}$ 合同.

证明 取 $\boldsymbol{P}=\begin{pmatrix} 1 & 0 & 0 \\ 0 & 0 & 1 \\ 0 & 1 & 0 \end{pmatrix}$，则 $\boldsymbol{P}$ 为可逆矩阵，且

$$\boldsymbol{P}^{\mathrm{T}}\begin{pmatrix} d_1 & & \\ & d_2 & \\ & & d_3 \end{pmatrix}\boldsymbol{P}=\begin{pmatrix} 1 & 0 & 0 \\ 0 & 0 & 1 \\ 0 & 1 & 0 \end{pmatrix}\begin{pmatrix} d_1 & & \\ & d_2 & \\ & & d_3 \end{pmatrix}\begin{pmatrix} 1 & 0 & 0 \\ 0 & 0 & 1 \\ 0 & 1 & 0 \end{pmatrix}$$

$$=\begin{pmatrix} d_1 & & \\ & d_3 & \\ & & d_2 \end{pmatrix}$$

由此可见，$\begin{pmatrix} d_1 & & \\ & d_2 & \\ & & d_3 \end{pmatrix}$ 与 $\begin{pmatrix} d_1 & & \\ & d_3 & \\ & & d_2 \end{pmatrix}$ 合同.

一般地，如果 i_1，i_2，…，i_n 为 1，2，…，n 的一个排列，那么可以验证

$$\begin{pmatrix} d_1 & & \\ & \ddots & \\ & & d_n \end{pmatrix} \text{与} \begin{pmatrix} d_{i1} & & \\ & \ddots & \\ & & d_{in} \end{pmatrix} \text{合同}$$

定理 6.1.2 设 $\boldsymbol{A}$ 为实对称矩阵，则 $\boldsymbol{A}$ 合同于对角矩阵.

证明 由定理 5.4.3 知，存在正交矩阵 $\boldsymbol{Q}$，使得

$$\boldsymbol{Q}^{-1}\boldsymbol{A}\boldsymbol{Q}=\begin{pmatrix} \lambda_1 & & \\ & \ddots & \\ & & \lambda_n \end{pmatrix}=\boldsymbol{\Lambda} \quad \text{又 } \boldsymbol{Q}^{-1}=\boldsymbol{Q}^{\mathrm{T}}$$

故 $\boldsymbol{Q}^{\mathrm{T}}\boldsymbol{A}\boldsymbol{Q}=\boldsymbol{Q}^{-1}\boldsymbol{A}\boldsymbol{Q}=\boldsymbol{\Lambda}$. 由此可见 $\boldsymbol{A}$ 与 $\boldsymbol{\Lambda}$ 合同.

6.2 化二次型为标准形

二次型所要研究的基本问题是：

(1) 对于给定的一般 n 元二次型 $f(x_1, x_2, \cdots, x_n)=\boldsymbol{X}^{\mathrm{T}}\boldsymbol{A}\boldsymbol{X}$，是否存在可逆的线性变换，

使其化为标准形?

(2) 如何求出可逆的线性变换 $\boldsymbol{X}=\boldsymbol{QY}$,使二次型 $f(x_1, x_2, \cdots, x_n)=\boldsymbol{X}^{\mathrm{T}}\boldsymbol{AX}$ 变成标准形?也就是要使

$$\boldsymbol{Y}^{\mathrm{T}}(\boldsymbol{Q}^{\mathrm{T}}\boldsymbol{AQ})\boldsymbol{Y}=k_1y_1^2+k_2y_2^2+\cdots+k_ny_n^2$$

$$=(y_1, y_2, \cdots, y_n)\begin{pmatrix} k_1 & & & \\ & k_2 & & \\ & & \ddots & \\ & & & k_n \end{pmatrix}\begin{pmatrix} y_1 \\ y_2 \\ \vdots \\ y_n \end{pmatrix}$$

即要使 $\boldsymbol{Q}^{\mathrm{T}}\boldsymbol{AQ}$ 成为对角矩阵,其主要问题就是:对于对称矩阵 $\boldsymbol{A}$,寻求可逆矩阵 $\boldsymbol{Q}$ 使 $\boldsymbol{Q}^{\mathrm{T}}\boldsymbol{AQ}$ 为对角矩阵.

对于问题(1) 定理 6.1.2 已经作出了回答,而问题(2) 我们将介绍以下三种常用方法.

6.2.1 用正交变换化二次型为标准形

设 $\boldsymbol{Q}$ 为正交矩阵,那么 $\boldsymbol{X}=\boldsymbol{QY}$ 称为一个正交变换. 正交变换在几何上的一个重要作用是它能保持向量的长度不变.我们将用正交变换把二次型化为标准形,有下述主轴定理.

定理 6.2.1 (主轴定理) 二次型 $f(x_1, x_2, \cdots, x_n)=\boldsymbol{X}^{\mathrm{T}}\boldsymbol{AX}$ 可经正交变换 $\boldsymbol{X}=\boldsymbol{QY}$ 化成标准形 $\lambda_1y_1^2+\cdots+\lambda_ny_n^2$,其中 $\lambda_1, \cdots, \lambda_n$ 为 $\boldsymbol{A}$ 的特征值.

证明 由定理 5.4.3 知,存在正交矩阵 $\boldsymbol{Q}$,使

$$\boldsymbol{Q}^{-1}\boldsymbol{AQ}=\boldsymbol{Q}^{\mathrm{T}}\boldsymbol{AQ}=\begin{pmatrix} \lambda_1 & & \\ & \ddots & \\ & & \lambda_n \end{pmatrix}$$

其中 $\lambda_1, \cdots, \lambda_n$ 是 $\boldsymbol{A}$ 的特征值,令 $\boldsymbol{X}=\boldsymbol{QY}$,则

$$f(x_1, x_2, \cdots, x_n)=\boldsymbol{X}^{\mathrm{T}}\boldsymbol{AX}=\boldsymbol{Y}^{\mathrm{T}}(\boldsymbol{Q}^{\mathrm{T}}\boldsymbol{AQ})\boldsymbol{Y}=\lambda_1y_1^2+\cdots+\lambda_ny_n^2$$

由此可得用正交变换化二次型为标准形的具体步骤:

(1) 将二次型 $f=\boldsymbol{X}^{\mathrm{T}}\boldsymbol{AX}$ 表示成矩阵形式,求出 $\boldsymbol{A}$;

(2) 求出 $\boldsymbol{A}$ 的所有特征值 $\lambda_1, \cdots, \lambda_n$;

(3) 求出对应于特征值的特征向量 $\boldsymbol{\xi}_1, \cdots, \boldsymbol{\xi}_n$;

(4) 将特征向量 $\boldsymbol{\xi}_1, \cdots, \boldsymbol{\xi}_n$ 正交化、单位化,得 $\boldsymbol{q}_1, \cdots, \boldsymbol{q}_n$,记 $\boldsymbol{Q}=(\boldsymbol{q}_1, \cdots, \boldsymbol{q}_n)$;

(5) 作正交变换 $\boldsymbol{X}=\boldsymbol{QY}$,则得标准形 $f=\lambda_1y_1^2+\cdots+\lambda_ny_n^2$.

例 6.2.1 求正交变换 $\boldsymbol{X}=\boldsymbol{QY}$ 将二次型 $f(x_1, x_2)=2x_1^2+2x_2^2+4x_1x_2$ 化成标准形.

解 (1) 写出对应的二次型矩阵,并求其特征值. 即有

$$\boldsymbol{A}=\begin{pmatrix} 2 & 2 \\ 2 & 2 \end{pmatrix}, \quad |\boldsymbol{A}-\lambda\boldsymbol{E}|=\begin{vmatrix} 2-\lambda & 2 \\ 2 & 2-\lambda \end{vmatrix}=\lambda^2-4\lambda=\lambda(\lambda-4)$$

从而得到特征值 $\lambda_1=0$, $\lambda_2=4$.

(2) 求特征向量:

将 $\lambda_1=0$ 代入 $(\boldsymbol{A}-\lambda\boldsymbol{E})\boldsymbol{X}=\boldsymbol{O}$ 得基础解系 $\boldsymbol{\xi}_1=(1, -1)^{\mathrm{T}}$;

将 $\lambda_2=4$ 代入 $(\boldsymbol{A}-\lambda\boldsymbol{E})\boldsymbol{X}=\boldsymbol{O}$ 得基础解系 $\boldsymbol{\xi}_2=(1, 1)^{\mathrm{T}}$.

因为$\boldsymbol{\xi}_1$，$\boldsymbol{\xi}_2$正交，所以将它们单位化得

$$\boldsymbol{q}_1=\frac{1}{\sqrt{2}}\begin{pmatrix}1\\-1\end{pmatrix},\ \boldsymbol{q}_2=\frac{1}{\sqrt{2}}\begin{pmatrix}1\\1\end{pmatrix}$$

令$\boldsymbol{Q}=\begin{pmatrix}\frac{1}{\sqrt{2}}&\frac{1}{\sqrt{2}}\\-\frac{1}{\sqrt{2}}&\frac{1}{\sqrt{2}}\end{pmatrix}$，则所求正交变换为$\begin{pmatrix}x_1\\x_2\end{pmatrix}=\begin{pmatrix}\frac{1}{\sqrt{2}}&\frac{1}{\sqrt{2}}\\-\frac{1}{\sqrt{2}}&\frac{1}{\sqrt{2}}\end{pmatrix}\begin{pmatrix}y_1\\y_2\end{pmatrix}$，且有$f=4y_2^2$.

例 6.2.2 求正交变换$\boldsymbol{X}=\boldsymbol{QY}$把二次型$f(x_1,x_2,x_3)=4x_1^2+3x_2^2+3x_3^2+2x_2x_3$化成标准形.

解 二次型$f(x_1,x_2,x_3)$的矩阵为$\boldsymbol{A}=\begin{pmatrix}4&0&0\\0&3&1\\0&1&3\end{pmatrix}$. 由例 5.4.1 知，令

$$\boldsymbol{Q}=\begin{pmatrix}0&1&0\\\frac{1}{\sqrt{2}}&0&\frac{1}{\sqrt{2}}\\-\frac{1}{\sqrt{2}}&0&\frac{1}{\sqrt{2}}\end{pmatrix},\ \boldsymbol{\Lambda}=\begin{pmatrix}2&&\\&4&\\&&4\end{pmatrix}$$

则$\boldsymbol{Q}$为正交矩阵，且$\boldsymbol{Q}^{\mathrm{T}}\boldsymbol{AQ}=\boldsymbol{Q}^{-1}\boldsymbol{AQ}=\boldsymbol{\Lambda}$. 于是，作$\boldsymbol{X}=\boldsymbol{QY}$，则

$$f(x_1,x_2,x_3)=2y_1^2+4y_2^2+4y_3^2.$$

例 6.2.3 设二次型

$$f(x_1,x_2,x_3)=x_1^2+ax_2^2+x_3^3+2bx_1x_2+2x_1x_3+2x_2x_3$$

经过正交变换$\boldsymbol{X}=\boldsymbol{QY}$化成$y_2^2+4y_3^2$，求$a$，$b$的值及正交矩阵$\boldsymbol{Q}$.

解 二次型$f(x_1,x_2,x_3)$和$y_2^2+4y_3^2$对应的矩阵分别为

$$\boldsymbol{A}=\begin{pmatrix}1&b&1\\b&a&1\\1&1&1\end{pmatrix}\text{和}\boldsymbol{\Lambda}=\begin{pmatrix}0&&\\&1&\\&&4\end{pmatrix}$$

由已知条件可得

$$\boldsymbol{Q}^{\mathrm{T}}\boldsymbol{AQ}=\boldsymbol{Q}^{-1}\boldsymbol{AQ}=\boldsymbol{\Lambda}$$

所以$\boldsymbol{A}$与$\boldsymbol{\Lambda}$相似，故$\boldsymbol{A}$的特征值为$\lambda_1=0$，$\lambda_2=1$，$\lambda_3=4$，进而有

$$\mathrm{tr}(\boldsymbol{A})=\lambda_1+\lambda_2+\lambda_3=5,\quad |\boldsymbol{A}|=\lambda_1\lambda_2\lambda_3=0$$

由此两式解出$a=3,b=1$. 容易求得

$$\boldsymbol{q}_1=\begin{pmatrix}\frac{1}{\sqrt{2}}\\0\\-\frac{1}{\sqrt{2}}\end{pmatrix},\ \boldsymbol{q}_2=\begin{pmatrix}\frac{1}{\sqrt{3}}\\-\frac{1}{\sqrt{3}}\\\frac{1}{\sqrt{3}}\end{pmatrix},\ \boldsymbol{q}_3=\begin{pmatrix}\frac{1}{\sqrt{6}}\\\frac{2}{\sqrt{6}}\\\frac{1}{\sqrt{6}}\end{pmatrix}$$

分别为 $\boldsymbol{A}$ 的对应于特征值 $\lambda_1=0$, $\lambda_2=1$, $\lambda_3=4$ 的单位特征向量. 则

$$\boldsymbol{Q}=(\boldsymbol{q}_1,\boldsymbol{q}_2,\boldsymbol{q}_3)=\begin{pmatrix} \frac{1}{\sqrt{2}} & \frac{1}{\sqrt{3}} & \frac{1}{\sqrt{6}} \\ 0 & -\frac{1}{\sqrt{3}} & \frac{2}{\sqrt{6}} \\ -\frac{1}{\sqrt{2}} & \frac{1}{\sqrt{3}} & \frac{1}{\sqrt{6}} \end{pmatrix}$$

即为所求的正交矩阵.

6.2.2 用配方法化二次型为标准形

可逆的线性变换在几何学上称为仿射变换. 对平面图形来说, 这种变换相当于实行了旋转、压缩、反射三种变换, 在这种变换下图形的类型不会改变, 但大小、方向会改变, 大圆会变成小圆, 变成椭圆. 而用正交变换化二次型为标准形, 具有保持几何性质不变的优点. 这是一种重要的方法, 但是计算较烦琐, 而且只适用于实二次型, 使用时有一定局限性. 如果化二次型为标准形时, 所做的变换矩阵不要求是正交矩阵, 也可以是一般可逆矩阵, 那么用配方的方法就可以实现了. 这时标准形

$$f=k_1y_1^2+k_2y_2^2+\cdots+k_ny_n^2$$

其中 $k_1, k_2, \cdots, k_n$ 一般不是 $\boldsymbol{A}$ 的特征值.

配方法(拉格朗日法)是运用配平方的方法来逐次消去二次型中的混合乘积项, 只剩下二次方项, 从而将二次型化为标准形. 下面举例说明这种方法.

例 6.2.4 化二次型 $f(x_1,x_2,x_3)=x_1^2+x_2^2-x_3^2+4x_1x_3+4x_2x_3$ 为标准形, 并写出所用的变换矩阵.

解 由于 f 中含有 x_1^2 项, 把含有 x_1 的项归并起来配方

$$\begin{aligned} f&=(x_1^2+4x_1x_3)+x_2^2-x_3^2+4x_2x_3 \\ &=(x_1+2x_3)^2+x_2^2-5x_3^2+4x_2x_3 \end{aligned}$$

上式右端除第一项外, 不含有 x_1, 继续配方得

$$\begin{aligned} f&=(x_1+2x_3)^2+x_2^2+4x_2x_3-5x_3^2 \\ &=(x_1+2x_3)^2+(x_2+2x_3)^2-9x_3^2 \end{aligned}$$

令 $\begin{cases} y_1=x_1+2x_3 \\ y_2=x_2+2x_3 \\ y_3=x_3 \end{cases}$, 即 $\begin{cases} x_1=y_1-2y_3 \\ x_2=y_2-2y_3 \\ x_3=y_3 \end{cases}$, 就把二次型化成了标准形

$$f=y_1^2+y_2^2-9y_3^2$$

即经过非退化的线性变换 $\boldsymbol{X}=\boldsymbol{PY}(|\boldsymbol{P}|\neq 0)$, 将二次型 $f=x_1^2+x_2^2-x_3^2+4x_1x_3+4x_2x_3$ 化为标准形 $f=y_1^2+y_2^2-9y_3^2$, 其中, 变换矩阵 $\boldsymbol{P}=\begin{pmatrix} 1 & 0 & -2 \\ 0 & 1 & -2 \\ 0 & 0 & 1 \end{pmatrix}$ $(|\boldsymbol{P}|=1\neq 0)$ 是可逆矩阵, 而非正交矩阵.

例 6.2.5 用配方法将二次型 $f(x_1, x_2, x_3)=x_1x_2+x_1x_3-3x_2x_3$ 化为标准形，并求出变换矩阵.

解 二次型不含二次方项，不能直接配方，可先作可逆线性变换使其出现二次方项. 因为这个二次型含有交叉项 x_1x_2，利用平方差公式，令

$$\begin{cases} x_1=y_1+y_2 \\ x_2=y_1-y_2 \\ x_3=y_3 \end{cases}$$

即 $\boldsymbol{X}=\boldsymbol{P}_1\boldsymbol{Y}$，其中 $\boldsymbol{P}_1=\begin{pmatrix} 1 & 1 & 0 \\ 1 & -1 & 0 \\ 0 & 0 & 1 \end{pmatrix}$，得

$$f(x_1, x_2, x_3)=y_1^2-2y_1y_3-y_2^2+4y_2y_3$$

把所有含 y_1 的项集中配方，再把含 y_2 的项集中配方，即得

$$\begin{aligned} f(x_1, x_2, x_3)&=(y_1^2-2y_1y_3+y_3^2)-y_2^2+4y_2y_3-y_3^2 \\ &=(y_1-y_3)^2-(y_2-2y_3)^2+3y_3^2 \end{aligned}$$

令

$$\begin{cases} z_1=y_1-y_3 \\ z_2=y_2-2y_3 \\ z_3=y_3 \end{cases}$$

即 $\boldsymbol{Z}=\boldsymbol{P}_2\boldsymbol{Y}$，其中 $\boldsymbol{P}_2=\begin{pmatrix} 1 & 0 & -1 \\ 0 & 1 & -2 \\ 0 & 0 & 1 \end{pmatrix}$. 由 $\boldsymbol{Z}=\boldsymbol{P}_2\boldsymbol{Y}$，解出 $\boldsymbol{Y}=\boldsymbol{P}_2^{-1}\boldsymbol{Z}$，代入 $\boldsymbol{X}=\boldsymbol{P}_1\boldsymbol{Y}$ 得

$$\boldsymbol{X}=\boldsymbol{P}_1\boldsymbol{P}_2^{-1}\boldsymbol{Z}=\begin{pmatrix} 1 & 1 & 0 \\ 1 & -1 & 0 \\ 0 & 0 & 1 \end{pmatrix}\begin{pmatrix} 1 & 0 & 1 \\ 0 & 1 & 2 \\ 0 & 0 & 1 \end{pmatrix}\boldsymbol{Z}=\begin{pmatrix} 1 & 1 & 3 \\ 1 & -1 & -1 \\ 0 & 0 & 1 \end{pmatrix}\boldsymbol{Z}$$

此时把 $f(x_1, x_2, x_3)$ 化成标准形

$$f=z_1^2-z_2^2+3z_3^2$$

进一步，如果令 $\begin{cases} z_1=\omega_1 \\ z_2=\omega_2 \\ z_3=\dfrac{1}{\sqrt{3}}\omega_2 \end{cases}$，即 $\boldsymbol{Z}=\begin{pmatrix} 1 & 0 & 0 \\ 0 & 1 & 0 \\ 0 & 0 & \dfrac{1}{\sqrt{3}} \end{pmatrix}\boldsymbol{\omega}$，此时

$$f(x_1, x_2, x_3)=\omega_1^2-\omega_2^2+\omega_3^2$$

可以证明，任何一个二次型都可以像例 6.2.4 和例 6.2.5 那样用配方法化为标准形.

配方的技巧是，当二次型中含 x_1 的二次方项和 x_1 的乘积项时，就将所有这些 x_1 的项归并在一起，用添项减项的方法配成完全二次方项，使余下的项不再含 x_1. 若余下的项中含 x_2 的二次方项和 x_2 的乘积项，可类似处理. 如此继续直到全配成完全二次方. 最后，依次将每一个完全二次方项记为一个新变量的二次方，变成标准形；当二次型不含二次方项时，若含交叉项如 x_1x_2，则可先引进变换 $\begin{cases} x_1=y_1+y_2 \\ x_2=y_1-y_2 \end{cases}$，其余变量 x_i 均直接令成 y_i. 这样，关于新变量的

二次型中会出现二次方项，然后再按前述的方法进行配方.

例 6.2.6　用配方法化二次型 $f(x,y)=x^2-xy+y^2$ 为标准形.

解　因为 $f(x,y)=x^2-xy+y^2=\left(x-\frac{y}{2}\right)^2+\frac{3}{4}y^2$，所以作可逆的线性变换

$$\begin{cases}x_1=x-\frac{y}{2}\\ y_1=y\end{cases}，即\begin{cases}x=x_1+\frac{y_1}{2}\\ y=y_1\end{cases}$$

则得标准形 $f(x,y)=x_1^2+\frac{3}{4}y_1^2$.

也可以用另外的配方法，即 $f(x,y)=x^2-xy+y^2=\frac{3}{4}x^2+\left(\frac{x}{2}-y\right)^2$，这样作可逆线性变换 $\begin{cases}x_2=x\\ y_2=\frac{x}{2}-y\end{cases}$，即 $\begin{cases}x=x_2\\ y=\frac{x_2}{2}-y_2\end{cases}$. 可得标准形 $f(x,y)=\frac{3}{4}x_2^2+y_2^2$.

如果选取可逆线性变换 $\begin{cases}x_3=\frac{x+y}{2}\\ y_3=\frac{x-y}{2}\end{cases}$，即 $\begin{cases}x=x_3+y_3\\ y=x_3-y_3\end{cases}$.

可得标准形 $f(x,y)=x_3^2+y_3^2$.

由此可见，二次型经不同的线性变换得到不同的标准形，即二次型的标准形不唯一.

一般地，任何二次型都可以用上面的方法找到可逆变换，把二次型化成标准形，且由定理 6.1.1 知，标准形中含有的项数就是二次型的秩.

* 6.2.3　用初等(合同)变换法化二次型为标准形

我们知道，把二次型 $f(x_1,x_2,\cdots,x_n)$ 作可逆线性变换变成标准形的问题，就归结为对于一个对称矩阵 $\boldsymbol{A}$，去找一个可逆矩阵 $\boldsymbol{C}$，使 $\boldsymbol{C}^{\mathrm{T}}\boldsymbol{A}\boldsymbol{C}$ 为对角矩阵的问题. 因任意可逆矩阵 $\boldsymbol{C}$ 都可表示为若干初等矩阵的乘积，令

$$\boldsymbol{C}=\boldsymbol{P}_1\boldsymbol{P}_2\cdots\boldsymbol{P}_m \tag{6.2.1}$$

这里 $\boldsymbol{P}_i(i=1,2,\cdots,m)$ 都是初等矩阵，则

$$\boldsymbol{C}^{\mathrm{T}}\boldsymbol{A}\boldsymbol{C}=(\boldsymbol{P}_1\boldsymbol{P}_2\cdots\boldsymbol{P}_m)^{\mathrm{T}}\boldsymbol{A}(\boldsymbol{P}_1\boldsymbol{P}_2\cdots\boldsymbol{P}_m)=\boldsymbol{P}_m^{\mathrm{T}}\cdots\boldsymbol{P}_2^{\mathrm{T}}\boldsymbol{P}_1^{\mathrm{T}}\boldsymbol{A}\boldsymbol{P}_1\boldsymbol{P}_2\cdots\boldsymbol{P}_m$$

$$=\begin{pmatrix}k_1&&&&&\\&k_2&&&&\\&&\ddots&&&\\&&&k_r&&\\&&&&0&\\&&&&&\ddots\\&&&&&&0\end{pmatrix}=\boldsymbol{B} \tag{6.2.2}$$

为此，需要研究初等矩阵 $\boldsymbol{P}_i$ 与它的转置矩阵 $\boldsymbol{P}_i^{\mathrm{T}}$ 之间的关系.

我们知道，初等矩阵有 $\boldsymbol{E}(i,j)$，$\boldsymbol{E}(i(k))$，$\boldsymbol{E}(i,j(k))$ 三种类型. 显然

$$\boldsymbol{E}(i,j)^{\mathrm{T}}=\boldsymbol{E}(i,j),\ \boldsymbol{E}(i(k))^{\mathrm{T}}=\boldsymbol{E}(i(k)),\ \boldsymbol{E}(i,j(k))^{\mathrm{T}}=\boldsymbol{E}(j,i(k))$$

因此，$\boldsymbol{E}(i,j)^{\mathrm{T}}\boldsymbol{AE}(i,j)=\boldsymbol{E}(i,j)\boldsymbol{AE}(i,j)$，这相当于把 $\boldsymbol{A}$ 的第 i，j 行互换，接着把所得矩阵的第 i，j 列互换；$\boldsymbol{E}(i(k))^{\mathrm{T}}\boldsymbol{AE}(i(k))=\boldsymbol{E}(i(k))\boldsymbol{AE}(i(k))$，这相当于把 $\boldsymbol{A}$ 的第 i 行乘 k，接着把所得矩阵的第 i 列乘 k；$\boldsymbol{E}(i,j(k))^{\mathrm{T}}\boldsymbol{AE}(i,j(k))=\boldsymbol{E}(j,i(k))\boldsymbol{AE}(i,j(k))$，这相当于把 $\boldsymbol{A}$ 的第 i 行的 k 倍加到第 j 行上，接着把所得矩阵的第 i 列的 k 倍加到第 j 列上.

综上所述，若 $\boldsymbol{P}_i$ 是一个初等矩阵，则 $\boldsymbol{P}_i^{\mathrm{T}}\boldsymbol{AP}_i$ 就相当于先对 $\boldsymbol{A}$ 作一次初等行变换，接着对所得矩阵作一次同类型的初等列变换. 我们称之为成对的初等行、列变换.

式(6.2.2) 表明，只要对 $\boldsymbol{A}$ 实行一系列成对的初等行、列变换，就可以变成对角矩阵. 为了同时求出可逆矩阵 $\boldsymbol{C}$，式(6.2.1) 也可写成

$$\boldsymbol{C}=\boldsymbol{E}\boldsymbol{P}_1\boldsymbol{P}_2\cdots\boldsymbol{P}_m \tag{6.2.3}$$

比较式(6.2.3) 与式(6.2.2) 可知，当我们对 $\boldsymbol{A}$ 实行成对的初等行、列变换，把 $\boldsymbol{A}$ 变成了对角矩阵时，对 $\boldsymbol{E}$ 只作其中的初等列变换，则 $\boldsymbol{E}$ 就变成了 $\boldsymbol{C}$. 于是，我们得到了把二次型经过非退化线性变换变成标准形的初等变换法：

设二次型 $f(x_1,x_2,\cdots,x_n)$ 的矩阵为 $\boldsymbol{A}$，作初等变换

$$\begin{pmatrix}\boldsymbol{A}\\ \cdots\\ \boldsymbol{E}\end{pmatrix}\xrightarrow[\text{对 }\boldsymbol{E}\text{ 只作其中的初等列变换}]{\text{对 }\boldsymbol{A}\text{ 作成对的初等行、列变换}}\begin{pmatrix}\boldsymbol{B}\\ \cdots\\ \boldsymbol{C}\end{pmatrix}$$

其中 $\boldsymbol{B}=\begin{pmatrix}k_1&&&&&&\\&k_2&&&&&\\&&\ddots&&&&\\&&&k_r&&&\\&&&&0&&\\&&&&&\ddots&\\&&&&&&0\end{pmatrix}$ 是对角矩阵，则有 $\boldsymbol{B}=\boldsymbol{C}^{\mathrm{T}}\boldsymbol{AC}$. 于是只要作非退化的线性变换 $\boldsymbol{X}=\boldsymbol{CY}$，二次型就变成了标准形：

$$f(x_1,x_2,\cdots,x_n)=\boldsymbol{X}^{\mathrm{T}}\boldsymbol{AX}=(\boldsymbol{CY})^{\mathrm{T}}\boldsymbol{A}(\boldsymbol{CY})=\boldsymbol{Y}^{\mathrm{T}}(\boldsymbol{C}^{\mathrm{T}}\boldsymbol{AC})\boldsymbol{Y}=\boldsymbol{Y}^{\mathrm{T}}\boldsymbol{BY}=k_1y_1^2+\cdots+k_ry_r^2$$

例 6.2.7 用初等变换法化二次型 $f(x_1,x_2,x_3)=2x_1x_2+2x_1x_3-6x_2x_3$ 为标准形，并求所用的非退化线性变换.

解 这个二次型的矩阵为 $\boldsymbol{A}=\begin{pmatrix}0&1&1\\1&0&-3\\1&-3&0\end{pmatrix}$. 把 3 阶单位矩阵放在矩阵 $\boldsymbol{A}$ 的下面，作一个 6×3 矩阵，对其进行成对的初等变换，得

$$\begin{pmatrix} 0 & 1 & 1 \\ 1 & 0 & -3 \\ 1 & -3 & 0 \\ \hdashline 1 & 0 & 0 \\ 0 & 1 & 0 \\ 0 & 0 & 1 \end{pmatrix} \xrightarrow[c_1+c_2]{r_1+r_2} \begin{pmatrix} 2 & 1 & -2 \\ 1 & 0 & -3 \\ -2 & -3 & 0 \\ \hdashline 1 & 0 & 0 \\ 1 & 1 & 0 \\ 0 & 0 & 1 \end{pmatrix} \xrightarrow[\substack{c_2-\frac{1}{2}c_1 \\ c_3+c_1}]{\substack{r_2-\frac{1}{2}r_1 \\ r_3+r_1}} \begin{pmatrix} 2 & 0 & 0 \\ 0 & -\frac{1}{2} & -2 \\ 0 & -2 & -2 \\ \hdashline 1 & -\frac{1}{2} & 1 \\ 1 & \frac{1}{2} & 1 \\ 0 & 0 & 1 \end{pmatrix} \xrightarrow[c_3-4c_2]{r_3-4r_2} \begin{pmatrix} 2 & 0 & 0 \\ 0 & -\frac{1}{2} & 0 \\ 0 & 0 & 6 \\ \hdashline 1 & -\frac{1}{2} & 3 \\ 1 & \frac{1}{2} & -1 \\ 0 & 0 & 1 \end{pmatrix}$$

取 $\boldsymbol{C}=\begin{pmatrix} 1 & -\frac{1}{2} & 3 \\ 1 & \frac{1}{2} & -1 \\ 0 & 0 & 1 \end{pmatrix}$，于是

$$\boldsymbol{C}^{\mathrm{T}}\boldsymbol{A}\boldsymbol{C}=\begin{pmatrix} 2 & 0 & 0 \\ 0 & -\frac{1}{2} & 0 \\ 0 & 0 & 6 \end{pmatrix}$$

所以所给二次型可经非退化的线性变换

$$\begin{pmatrix} x_1 \\ x_2 \\ x_3 \end{pmatrix}=\begin{pmatrix} 1 & -\frac{1}{2} & 3 \\ 1 & \frac{1}{2} & -1 \\ 0 & 0 & 1 \end{pmatrix}\begin{pmatrix} y_1 \\ y_2 \\ y_3 \end{pmatrix}$$

化为标准形 $f=2y_1^2-\frac{1}{2}y_2^2+6y_3^2$.

用初等(合同)变换法化二次型为标准形，简单、有效，便于掌握.

6.3 正定二次型

6.3.1 惯性定理

上节我们分别用正交变换和一般可逆线性变换把二次型化成了不同的标准形，那么，不同的标准形之间有什么共性呢?

首先，我们把实对称矩阵 $\boldsymbol{A}$ 的秩称为二次型 $f(x_1, x_2, \cdots, x_n)=\boldsymbol{X}^{\mathrm{T}}\boldsymbol{A}\boldsymbol{X}$ 的秩，记为 $R(f)$. 由定理3.6.5中秩的性质(5)知，如果 $\boldsymbol{P}$ 为可逆阵，那么 $R(\boldsymbol{A})=R(\boldsymbol{P}^{\mathrm{T}}\boldsymbol{A}\boldsymbol{P})$. 因此二次型的秩在可逆线性变换下是不变量. 而标准形的秩就是标准形中的非零项数. 因此，同一个二次型的不同标准形中非零项数是相同的.

由例 6.2.5 可以看出，用可逆线性变换 $\boldsymbol{X}=\boldsymbol{PY}$ 将一个二次型 $f(x_1, x_2, \cdots, x_n)=\boldsymbol{X}^{\mathrm{T}}\boldsymbol{AX}$ 化为标准形

$$k_1y_1^2+k_2y_2^2+\cdots+k_ny_n^2$$

之后，还可以进一步用可逆线性变换化为

$$z_1^2+\cdots+z_p^2-z_{p+1}^2-\cdots-z_r^2$$

的形式，这里 r 为 $\boldsymbol{A}$ 的秩. 这种形式的二次型称为 $f(x_1, x_2, \cdots, x_n)$ 的规范形.

定理 6.3.1(惯性定理)　任一秩为 r 的 n 元实二次型 $f=\boldsymbol{X}^{\mathrm{T}}\boldsymbol{AX}$，都可以经过可逆线性变换 $\boldsymbol{X}=\boldsymbol{PY}$ 化为规范形 $y_1^2+\cdots+y_p^2-y_{p+1}^2-\cdots-y_r^2(r\leqslant n)$，其中 p 和 r 由二次型的矩阵 $\boldsymbol{A}$ 所唯一确定，与所作的可逆线性变换无关.

证明(略)

定义 6.3.1　二次型 $f(x_1, x_2, \cdots, x_n)$ 的规范形中的 p 称为 f 的正惯性指数，$r-p$ 称为 f 的负惯性指数，正惯性指数减去负惯性指数所得的差 $2p-r$ 称为 f 的符号差.

惯性定理表明，用不同的可逆线性变换把二次型 f 化为标准形，这些标准形的共性是：其中系数为正数的项数都是 p，系数为负数的项数都是 $r-p$.

二次型 $f(x_1, x_2, \cdots, x_n)=\boldsymbol{X}^{\mathrm{T}}\boldsymbol{AX}$ 的正(负)惯性指数也称为 $\boldsymbol{A}$ 的正(负)惯性指数.

推论 6.3.1　设 $\boldsymbol{A}$ 为 n 阶实对称矩阵，则存在可逆阵 $\boldsymbol{P}$，使

$$\boldsymbol{P}^{\mathrm{T}}\boldsymbol{AP}=\begin{pmatrix}1 &&&&&&&& \\ & \ddots &&&&&&& \\ && 1 &&&&&& \\ &&& -1 &&&&& \\ &&&& \ddots &&&& \\ &&&&& -1 &&& \\ &&&&&& 0 && \\ &&&&&&& \ddots & \\ &&&&&&&& 0\end{pmatrix}=\begin{pmatrix}\boldsymbol{E}_p && \\ & -\boldsymbol{E}_q & \\ && \boldsymbol{O}\end{pmatrix}$$

其中 p，q 分别为 $\boldsymbol{A}$ 的正、负惯性指数.

例 6.3.1　设 $f(x_1, x_2, x_3)=x_1^2-x_2^2+2ax_1x_3+4x_2x_3$ 的负惯性指数为 1，求 a 的取值范围.

解　由于二次型的负惯性指数为 f 的标准形中系数为负数项的个数，因此先用配方法把 f 化为标准形

$$\begin{aligned}f&=x_1^2-x_2^2+2ax_1x_3+4x_2x_3\\&=(x_1+ax_3)^2-x_2^2-a^2x_3^2+4x_2x_3\\&=(x_1+ax_3)^2-(x_2-2x_3)^2+(4-a^2)x_3^2\\&=y_1^2-y_2^2+(4-a^2)y_3^2\end{aligned}$$

其中

$$\begin{cases}y_1=x_1+ax_3\\ y_2=x_2-2x_3\\ y_3=x_3\end{cases}$$

因为 f 的负惯性指数为 1，所以 $4-a^2\geqslant 0$，即 $-2\leqslant a\leqslant 2$.

6.3.2 二次型的正定性

定义 6.3.2 设有实二次型 $f(x_1, x_2, \cdots, x_n)=\boldsymbol{X}^{\mathrm{T}}\boldsymbol{A}\boldsymbol{X}(\boldsymbol{A}^{\mathrm{T}}=\boldsymbol{A})$，如果对任意的 $\boldsymbol{X}\neq\boldsymbol{O}(\boldsymbol{X}\in\mathbf{R}^n)$，都有：

(1) $\boldsymbol{X}^{\mathrm{T}}\boldsymbol{A}\boldsymbol{X}>0$，则称 f 为正定二次型，相应的矩阵 $\boldsymbol{A}$ 称为正定矩阵；

(2) $\boldsymbol{X}^{\mathrm{T}}\boldsymbol{A}\boldsymbol{X}<0$，则称 f 为负定二次型，相应的矩阵 $\boldsymbol{A}$ 称为负定矩阵；

(3) $\boldsymbol{X}^{\mathrm{T}}\boldsymbol{A}\boldsymbol{X}\geqslant 0$，则称 f 为半正定二次型，相应的矩阵 $\boldsymbol{A}$ 称为半正定矩阵；

(4) $\boldsymbol{X}^{\mathrm{T}}\boldsymbol{A}\boldsymbol{X}\leqslant 0$，则称 f 为半负定二次型，相应的矩阵 $\boldsymbol{A}$ 称为半负定矩阵；

(5) 不是正定、半正定、负定、半负定的二次型称为不定二次型.

例 6.3.2 二次型 $f(x_1, x_2, x_3)=2x_1^2+x_2^2+3x_3^2$ 是正定二次型.

因对于任意 $\boldsymbol{X}=(x_1, x_2, x_3)\neq\boldsymbol{O}$，

都有 $f(x_1, x_2, x_3)=2x_1^2+x_2^2+3x_3^2>0$，二次型的矩阵 $\boldsymbol{A}=\begin{pmatrix}2 & & \\ & 1 & \\ & & 3\end{pmatrix}$ 是正定矩阵.

二次型 $f(x_1, x_2, x_3)=2x_1^2+x_2^2-3x_3^2$ 不是正定二次型. 实际上，如果取 $\boldsymbol{X}=(0, 0, 1)\neq\boldsymbol{O}$，有 $f(0, 0, 1)=-3<0$.

二次型 $f(x_1, x_2, x_3)=-x_1^2-x_2^2-x_3^2-2x_1x_2+2x_1x_3+2x_2x_3=-(x_1+x_2-x_3)^2\leqslant 0$，当 $x_1+x_2-x_3=0$ 时，$f(x_1, x_2, x_3)=0$，因此 $f(x_1, x_2, x_3)$ 是半负定的，它的矩阵 $\boldsymbol{A}=\begin{pmatrix}-1 & -1 & 1\\ -1 & -1 & 1\\ 1 & 1 & -1\end{pmatrix}$ 是半负定矩阵.

二次型的规范形是唯一的，因此可以利用二次形的规范形(或标准形)将 n 元二次型进行分类，其中，在理论及应用方面最重要的一类二次型，就是正惯性指数为 n 的二次型. 所以本节主要讨论正定二次型.

定理 6.3.2 二次型 $f(x_1, x_2, \cdots, x_n)=k_1x_1^2+k_2x_2^2+\cdots+k_nx_n^2$ 是正定的充分必要条件为 $k_i(i=1, 2, \cdots, n)$ 均大于零.

证明 (必要性) 若 $f(x_1, x_2, \cdots, x_n)$ 正定，则取 $\boldsymbol{X}=\boldsymbol{e}_i=(0, \cdots, 1, \cdots, 0)^{\mathrm{T}}\neq\boldsymbol{O}$，可得

$$k_i=f(\boldsymbol{e}_i)>0$$

这里 $\boldsymbol{e}_i$ 的第 i 个分量为 1，其余分量均为 0，$i=1, 2, \cdots, n$.

(充分性) 若 $k_i>0(i=1, 2, \cdots, n)$，则对任意非零向量 $(x_1, \cdots, x_n)^{\mathrm{T}}$，

$$f(x_1, x_2, \cdots, x_n)=k_1x_1^2+k_2x_2^2+\cdots+k_nx_n^2>0$$

因此 $f(x_1, x_2, \cdots, x_n)$ 是正定的.

可见，若二次型为标准形，其正定性很容易判别. 若二次型 $f(x_1, x_2, \cdots, x_n)$ 不是标准形，我们很自然地会想到通过可逆线性变换将 $f(x_1, x_2, \cdots, x_n)$ 化成标准形. 然而通过 $f(x_1, x_2, \cdots, x_n)$ 的标准形来判定 $f(x_1, x_2, \cdots, x_n)$ 的正定性这种方法可行吗？事实上，

我们有下面的定理.

定理 6.3.3　可逆线性变换不改变二次型的正定性.

证明　设二次型 $f(x_1, x_2, \cdots, x_n)=\boldsymbol{X}^{\mathrm{T}}\boldsymbol{A}\boldsymbol{X}$ 是正定的，而且经过可逆线性变换 $\boldsymbol{X}=\boldsymbol{P}\boldsymbol{Y}$，化成二次型 $g(y_1, y_2, \cdots, y_n)=\boldsymbol{Y}^{\mathrm{T}}\boldsymbol{B}\boldsymbol{Y}$，其中 $\boldsymbol{B}=\boldsymbol{P}^{\mathrm{T}}\boldsymbol{A}\boldsymbol{P}$.

于是，对于任意 $\boldsymbol{Y}\neq\boldsymbol{O}$，由 $\boldsymbol{P}$ 为可逆阵知 $\boldsymbol{X}=\boldsymbol{P}\boldsymbol{Y}\neq\boldsymbol{O}$，因而

$$f(x_1, x_2, \cdots, x_n)=\boldsymbol{X}^{\mathrm{T}}\boldsymbol{A}\boldsymbol{X}>0$$

又因为

$$\boldsymbol{Y}^{\mathrm{T}}\boldsymbol{B}\boldsymbol{Y}=\boldsymbol{Y}^{\mathrm{T}}(\boldsymbol{P}^{\mathrm{T}}\boldsymbol{A}\boldsymbol{P})\boldsymbol{Y}=(\boldsymbol{P}\boldsymbol{Y})^{\mathrm{T}}\boldsymbol{A}(\boldsymbol{P}\boldsymbol{Y})=\boldsymbol{X}^{\mathrm{T}}\boldsymbol{A}\boldsymbol{X}$$

所以

$$g(y_1, y_2, \cdots, y_n)=\boldsymbol{Y}^{\mathrm{T}}\boldsymbol{B}\boldsymbol{Y}>0$$

由此可见，$g(y_1, y_2, \cdots, y_n)$ 是正定的.

由定理 6.3.2 和定理 6.3.3 知，可根据标准形或规范形判断二次型的正定性.

定理 6.3.4　设 $\boldsymbol{A}$ 为 n 阶实对称矩阵，则以下条件是等价的：

(1) $\boldsymbol{A}$ 是正定阵($f=\boldsymbol{X}^{\mathrm{T}}\boldsymbol{A}\boldsymbol{X}$ 是正定二次型)；

(2) $\boldsymbol{A}$ 的正惯性指数为 n；

(3) $\boldsymbol{A}$ 的特征值均大于零；

(4) $\boldsymbol{A}$ 与 $\boldsymbol{E}$ 合同；

(5) 存在可逆阵 $\boldsymbol{P}$，使 $\boldsymbol{A}=\boldsymbol{P}^{\mathrm{T}}\boldsymbol{P}$.

证明　(1) ⇒ (2) 设 $f(x_1, x_2, \cdots, x_n)=\boldsymbol{X}^{\mathrm{T}}\boldsymbol{A}\boldsymbol{X}$ 经可逆线性变换 $\boldsymbol{X}=\boldsymbol{P}\boldsymbol{Y}$ 化为标准形

$$k_1y_1^2+k_2y_2^2+\cdots+k_ny_n^2$$

由定理 6.3.2 和定理 6.3.3 可知，$k_i>0(i=1, 2, \cdots, n)$，即 $\boldsymbol{A}$ 的正惯性指数为 n.

(2) ⇒ (3) 由主轴定理，存在正交变换 $\boldsymbol{X}=\boldsymbol{Q}\boldsymbol{Y}$，使

$$f(x_1, x_2, \cdots, x_n)=\lambda_1y_1^2+\lambda_2y_2^2+\cdots+\lambda_ny_n^2$$

其中 $\lambda_i(i=1, 2, \cdots, n)$ 为 $\boldsymbol{A}$ 的特征值. 由(2)知，$\lambda_i>0(i=1, 2, \cdots, n)$.

(3) ⇒ (4) 由于 $\boldsymbol{A}$ 的特征值大于零，由主轴定理与惯性定理知，$\boldsymbol{A}$ 的正惯性指数为 n，于是由推论 6.3.1 知，存在可逆矩阵 $\boldsymbol{P}$，使 $\boldsymbol{P}^{\mathrm{T}}\boldsymbol{A}\boldsymbol{P}=\boldsymbol{E}$，即 $\boldsymbol{A}$ 与 $\boldsymbol{E}$ 合同.

(4) ⇒ (5) 因为 $\boldsymbol{A}$ 与 $\boldsymbol{E}$ 合同，即存在可逆矩阵 $\boldsymbol{Q}$，使得 $\boldsymbol{Q}^{\mathrm{T}}\boldsymbol{A}\boldsymbol{Q}=\boldsymbol{E}$，故

$$\boldsymbol{A}=(\boldsymbol{Q}^{\mathrm{T}})^{-1}\boldsymbol{E}\boldsymbol{Q}^{-1}=(\boldsymbol{Q}^{-1})^{\mathrm{T}}\boldsymbol{Q}^{-1}$$

令 $\boldsymbol{P}=\boldsymbol{Q}^{-1}$，则 $\boldsymbol{A}=\boldsymbol{P}^{\mathrm{T}}\boldsymbol{P}$ 且 $\boldsymbol{P}$ 为可逆阵.

(5) ⇒ (1) 任取 $\boldsymbol{X}\neq\boldsymbol{O}$，因为 $\boldsymbol{P}$ 为可逆阵，所以 $\boldsymbol{P}\boldsymbol{X}\neq\boldsymbol{O}$，于是

$$\boldsymbol{X}^{\mathrm{T}}\boldsymbol{A}\boldsymbol{X}=\boldsymbol{X}^{\mathrm{T}}\boldsymbol{P}^{\mathrm{T}}\boldsymbol{P}\boldsymbol{X}=(\boldsymbol{P}\boldsymbol{X})^{\mathrm{T}}\boldsymbol{P}\boldsymbol{X}>0$$

由此可见，$\boldsymbol{A}$ 为正定阵.

下面从实对称矩阵 $\boldsymbol{A}$ 自身讨论二次型 $f(x_1, x_2, \cdots, x_n)=\boldsymbol{X}^{\mathrm{T}}\boldsymbol{A}\boldsymbol{X}$ 的正定问题. 先引入主子式和顺序主子式的概念.

一个矩阵 $\boldsymbol{A}$ 的 k 阶子式是任取 k 行 k 列，位于这 k 行和 k 列交叉处的元素，按原来的顺序构成的一个 k 阶行列式，现在考虑一种特殊取法所取得的子式.

定义 6.3.3　在 n 阶矩阵 $\boldsymbol{A}$ 中，取第 $i_1, i_2, \cdots, i_k$ 行及第 $i_1, i_2, \cdots, i_k$ 列(即行标和列标相同)所得到的 k 阶子式称为矩阵 $\boldsymbol{A}$ 的 **k 阶主子式**.

定义 6.3.4 设$\boldsymbol{A}=(a_{ij})$是n阶矩阵，那么位于$\boldsymbol{A}$的左上角的主子式

$$\begin{vmatrix} a_{11} & a_{12} & \cdots & a_{1k} \\ a_{21} & a_{22} & \cdots & a_{2k} \\ \vdots & \vdots & & \vdots \\ a_{k1} & a_{k2} & \cdots & a_{kk} \end{vmatrix} \quad (k=1,2,\cdots,n)$$

称为矩阵$\boldsymbol{A}$的k阶顺序主子式.

例如，设$\boldsymbol{A}=\begin{pmatrix} 2 & 0 & -2 \\ 0 & 4 & 0 \\ -2 & 0 & 5 \end{pmatrix}$，取$\boldsymbol{A}$的第1、3行及第1、3列得到二阶子式$\begin{vmatrix} 2 & -2 \\ -2 & 5 \end{vmatrix}$就是$\boldsymbol{A}$的一个二阶主子式；$\boldsymbol{A}$有3个顺序主子式，其中，1阶顺序主子式为$|2|=2$，2阶顺序主子式为$\begin{vmatrix} 2 & 0 \\ 0 & 4 \end{vmatrix}=8$，3阶顺序主子式为$|\boldsymbol{A}|=24$.

由此可得如下定理：

定理 6.3.5 (1) n阶实对称矩阵$\boldsymbol{A}=(a_{ij})$正定的充分必要条件是它的各阶顺序主子式都为正，即

$$\Delta_1=a_{11}>0,\ \Delta_2=\begin{vmatrix} a_{11} & a_{12} \\ a_{21} & a_{22} \end{vmatrix}>0,\ \cdots,\ \Delta_n=\begin{vmatrix} a_{11} & a_{12} & \cdots & a_{1n} \\ a_{21} & a_{22} & \cdots & a_{2n} \\ \vdots & \vdots & & \vdots \\ a_{n1} & a_{n2} & \cdots & a_{nn} \end{vmatrix}>0$$

(2) n阶实对称矩阵$\boldsymbol{A}=(a_{ij})$负定的充分必要条件是它的奇数阶顺序主子式为负，偶数阶顺序主子式为正.

此定理称为西尔维斯特(Syvester)定理，在这里不予证明.

例 6.3.3 判定二次型$f(x,y,z)=3x^2+2y^2+2z^2+2xy+2xz$的正定性.

解 方法一：该二次型的矩阵$\boldsymbol{A}=\begin{pmatrix} 3 & 1 & 1 \\ 1 & 2 & 0 \\ 1 & 0 & 2 \end{pmatrix}$，

由$|\boldsymbol{A}-\lambda\boldsymbol{E}|=-(\lambda-1)(\lambda-2)(\lambda-4)$，得特征值$\lambda_1=1$，$\lambda_2=2$，$\lambda_3=4$均大于零，所以该二次型为正定二次型.

方法二：由于$\boldsymbol{A}=\begin{pmatrix} 3 & 1 & 1 \\ 1 & 2 & 0 \\ 1 & 0 & 2 \end{pmatrix}$的各阶顺序主子式

$$\Delta_1=a_{11}=3>0,\ \Delta_2=\begin{vmatrix} 3 & 1 \\ 1 & 2 \end{vmatrix}=5>0,\ \Delta_3=\begin{vmatrix} 3 & 1 & 1 \\ 1 & 2 & 0 \\ 1 & 0 & 2 \end{vmatrix}=8>0$$

即$\boldsymbol{A}$的各阶顺序主子式都大于0，由定理6.3.5知该二次型为正定二次型.

注 此题也可将二次型化为标准形，各项系数均为正，因此该二次型是正定的.

例 6.3.4 若二次型$f(x_1,x_2,x_3)=x_1^2+4x_2^2+4x_3^2+2tx_1x_2-2x_1x_3+4x_2x_3$是正定

的，求参数 t 的取值范围.

解 二次型的矩阵为 $A=\begin{pmatrix}1 & t & -1\\ t & 4 & 2\\ -1 & 2 & 4\end{pmatrix}$，要使 f 为正定二次型，其充分必要条件是 A 的各阶顺序主子式都大于 0，即

$$\Delta_1=a_{11}=1>0,\ \Delta_2=\begin{vmatrix}1 & t\\ t & 4\end{vmatrix}=4-t^2>0$$

$$\Delta_3=\begin{vmatrix}1 & t & -1\\ t & 4 & 2\\ -1 & 2 & 4\end{vmatrix}=\begin{vmatrix}0 & t+2 & 3\\ 0 & 4+2t & 2+4t\\ -1 & 2 & 4\end{vmatrix}=-4(t+2)(t-1)>0$$

由 $\Delta_2>0$，解得 $-2<t<2$，由 $\Delta_3>0$，解得 $-2<t<1$，故当 $-2<t<1$，二次型 f 正定.

例 6.3.5 判断下列对称矩阵的有定性

(1) $\begin{pmatrix}2 & -1 & 0\\ -1 & 2 & -1\\ 0 & -1 & 2\end{pmatrix}$； (2) $\begin{pmatrix}-5 & 2 & 2\\ 2 & -6 & 0\\ 2 & 0 & -4\end{pmatrix}$.

解 (1) 因 $\Delta_1=a_{11}=2>0$，$\Delta_2=\begin{vmatrix}2 & -1\\ -1 & 2\end{vmatrix}=3>0$，$\Delta_3=\begin{vmatrix}2 & -1 & 0\\ -1 & 2 & -1\\ 0 & -1 & 2\end{vmatrix}=4>0$，所以由定理 6.3.5 知该矩阵为正定矩阵；

(2) 因 $\Delta_1=a_{11}=-5<0$，$\Delta_2=\begin{vmatrix}-5 & 2\\ 2 & -6\end{vmatrix}=26>0$，$\Delta_3=\begin{vmatrix}-5 & 2 & 2\\ 2 & -6 & 0\\ 2 & 0 & -4\end{vmatrix}=-80<0$，所以由定理 6.3.5 知该矩阵为负定矩阵.

例 6.3.6 已知实对称阵 A 满足 $A^2-3A+2E=O$，证明：A 是正定阵.

证明 设 λ 为 A 的特征值，那么 $\lambda^2-3\lambda+2$ 为 $A^2-3A+2E$ 的特征值，故 $\lambda^2-3\lambda+2=0$. 由此可得 $\lambda=1$ 或 $\lambda=2$，可见 A 的一切可能特征值均大于零，因此 A 是正定矩阵.

例 6.3.7 设 A，B 是 n 阶正定矩阵，则 $A+B$ 也是正定矩阵.

证明 因 $A^{\mathrm T}=A$，$B^{\mathrm T}=B$，所以 $(A+B)^{\mathrm T}=A^{\mathrm T}+B^{\mathrm T}=A+B$，即 $A+B$ 是实对称矩阵，又因 A，B 正定，故对任一 n 维列向量 $X\neq O$，均有

$$X^{\mathrm T}AX>0,\ X^{\mathrm T}BX>0,\ X^{\mathrm T}(A+B)X=X^{\mathrm T}AX+X^{\mathrm T}BX>0$$

即 $A+B$ 正定.

6.4 二次型的应用 —— 二次曲面

本节介绍二次曲面方程的化简与曲面的分类问题. 由于正交变换保持向量的长度不变，即

保持几何图形不变，因此用正交变换化二次型为标准形的问题可应用到几何中二次曲面的分类问题.

设空间中一般二次曲面的方程为

$$a_{11}x_1^2+a_{22}x_2^2+a_{33}x_3^3+2a_{12}x_1x_2+2a_{13}x_1x_3+2a_{23}x_2x_3+b_1x_1+b_2x_2+b_3x_3+c=0$$

其中 x_1，x_2，x_3 分别表示空间中一点的横标、纵标、竖标.

利用矩阵运算，上述方程可写成

$$\boldsymbol{X}^{\mathrm{T}}\boldsymbol{A}\boldsymbol{X}+\boldsymbol{B}^{\mathrm{T}}\boldsymbol{X}+c=0$$

其中 $\boldsymbol{X}=(x_1,x_2,x_3)^{\mathrm{T}}$，$\boldsymbol{B}=(b_1,b_2,b_3)^{\mathrm{T}}$，$\boldsymbol{A}=\begin{pmatrix}a_{11}&a_{12}&a_{13}\\a_{12}&a_{22}&a_{23}\\a_{13}&a_{23}&a_{33}\end{pmatrix}$ 为对称矩阵.再利用主轴定理，作正交变换 $\boldsymbol{X}=\boldsymbol{Q}\boldsymbol{Y}$，使得

$$\boldsymbol{Q}^{\mathrm{T}}\boldsymbol{A}\boldsymbol{Q}=\begin{pmatrix}\lambda_1&0&0\\0&\lambda_2&0\\0&0&\lambda_3\end{pmatrix}$$

$$\boldsymbol{X}^{\mathrm{T}}\boldsymbol{A}\boldsymbol{X}=\lambda_1y_1^2+\lambda_2y_2^2+\lambda_3y_3^2$$

相应地，

$$\boldsymbol{B}^{\mathrm{T}}\boldsymbol{X}=\boldsymbol{B}^{\mathrm{T}}\boldsymbol{Q}\boldsymbol{Y}=b'_1y_1+b'_2y_2+b'_3y_3$$

这样，二次曲面的方程化成

$$\lambda_1y_1^2+\lambda_2y_2^2+\lambda_3y_3^2+b'_1y_1+b'_2y_2+b'_3y_3+c=0$$

再对上式进行适当的平移便可以得到二次曲面的标准形式. 根据 λ_1，λ_2，λ_3 的不同取值，可得到二次曲面的 17 种标准方程.

(1) $\dfrac{x^2}{a^2}+\dfrac{y^2}{b^2}+\dfrac{z^2}{c^2}=1.$ （椭球面）

(2) $\dfrac{x^2}{a^2}+\dfrac{y^2}{b^2}+\dfrac{z^2}{c^2}=-1.$ （虚椭球面）

(3) $\dfrac{x^2}{a^2}+\dfrac{y^2}{b^2}+\dfrac{z^2}{c^2}=0.$ （点）

(4) $\dfrac{x^2}{a^2}+\dfrac{y^2}{b^2}-\dfrac{z^2}{c^2}=1.$ （单叶双曲面）

(5) $-\dfrac{x^2}{a^2}-\dfrac{y^2}{b^2}+\dfrac{z^2}{c^2}=1.$ （双叶双曲面）

(6) $\dfrac{x^2}{a^2}+\dfrac{y^2}{b^2}-\dfrac{z^2}{c^2}=0.$ （二次锥面）

(7) $\dfrac{x^2}{a^2}+\dfrac{y^2}{b^2}=z.$ （椭圆抛物面）

(8) $\dfrac{x^2}{a^2}-\dfrac{y^2}{b^2}=z.$ （双曲抛物面）

(9) $\dfrac{x^2}{a^2}+\dfrac{y^2}{b^2}=1.$ （椭圆柱面）

(10) $\frac{x^2}{a^2}+\frac{y^2}{b^2}=-1.$ (虚椭圆柱面)

(11) $\frac{x^2}{a^2}+\frac{y^2}{b^2}=0.$ (直线 z 轴)

(12) $\frac{x^2}{a^2}-\frac{y^2}{b^2}=1.$ (双曲柱面)

(13) $\frac{x^2}{a^2}-\frac{y^2}{b^2}=0.$ (一对相交平面)

(14) $x^2=a^2.$ (一对平行平面)

(15) $x^2=-a^2.$ (一对虚平行平面)

(16) $x^2=0.$ (一对重合平面)

(17) $x^2=2py.$ (抛物柱面)

例 6.4.1 问二次曲面

$$4x_1^2+3x_2^2+3x_3^2+2x_2x_3=0$$

代表何种曲面.

解 由例 6.2.2 知二次型

$$f(x_1, x_2, x_3)=4x_1^2+3x_2^2+3x_3^2+2x_2x_3$$

经过正交变换 $\boldsymbol{X}=\boldsymbol{QY}$，化成

$$f=2y_1^2+4y_2^2+4y_3^2$$

此时二次曲面方程变成

$$2y_1^2+4y_2^2+4y_3^2=0$$

由此可见，该曲面方程代表点.

例 6.4.2 求 k 的值，使二次曲面

$$2x_1^2+x_2^2+x_3^2+2x_1x_2+kx_2x_3=1$$

表示椭球面.

解 令 $f(x_1, x_2, x_3)=2x_1^2+x_2^2+x_3^2+2x_1x_2+kx_2x_3$

此二次型的矩阵是

$$\boldsymbol{A}=\begin{pmatrix}2 & 1 & 0\\ 1 & 1 & \frac{k}{2}\\ 0 & \frac{k}{2} & 1\end{pmatrix}$$

因为 $f(x_1, x_2, x_3)$ 经过正交变换 $\boldsymbol{X}=\boldsymbol{QY}$ 化成 $\lambda_1y_1^2+\lambda_2y_2^2+\lambda_3y_3^2$，所以当且仅当 $f(x_1, x_2, x_3)$ 正定(即特征值 $\lambda_i>0$，$i=1, 2, 3$)时，$f(x_1, x_2, x_3)=1$ 表示椭球面. 此时 $\boldsymbol{A}$ 的顺序主子式都大于零. 即

$$\Delta_1=a_{11}=2>0,\ \Delta_2=\begin{vmatrix}2 & 1\\ 1 & 1\end{vmatrix}=1>0,\ \Delta_3=\begin{vmatrix}2 & 1 & 0\\ 1 & 1 & \frac{k}{2}\\ 0 & \frac{k}{2} & 1\end{vmatrix}=1-\frac{k^2}{2}>0$$

解得 $-\sqrt{2}<k<\sqrt{2}$，因此，当 $-\sqrt{2}<k<\sqrt{2}$ 时，$f(x_1, x_2, x_3)=1$ 表示椭球面.

* **例 6.4.3** 已知二次曲面的方程

$$x_1^2+3x_2^2+x_3^3+2ax_1x_2+2x_1x_3+2x_2x_3=4$$

的图形为柱面，求此柱面的母线的方向向量，并说出此柱面的名称.

解 把所给方程左端的二次型记作

$$f(x_1, x_2, x_3)=\boldsymbol{X}^{\mathrm{T}}\boldsymbol{AX}$$

其中

$$\boldsymbol{A}=\begin{pmatrix}1 & a & 1\\ a & 3 & 1\\ 1 & 1 & 1\end{pmatrix}$$

设正交变换 $\boldsymbol{X}=\boldsymbol{QY}$ 把 $f(x_1, x_2, x_3)$ 化成标准形

$$f(x_1, x_2, x_3)=\lambda_1y_1^2+\lambda_2y_2^2+\lambda_3y_3^2$$

因为 $f(x_1, x_2, x_3)=4$ 代表柱面，故 λ_1，λ_2，λ_3 中至少有一个为零，即 $\lambda=0$ 为 $\boldsymbol{A}$ 的特征值，因此 $|\boldsymbol{A}|=0$. 而 $|\boldsymbol{A}|=-(a-1)^2$，由此可得 $a=1$.

当 $a=1$ 时

$$|\boldsymbol{A}-\lambda\boldsymbol{E}|=\begin{vmatrix}1-\lambda & 1 & 1\\ 1 & 3-\lambda & 1\\ 1 & 1 & 1-\lambda\end{vmatrix}=-\lambda(\lambda-1)(\lambda-4)$$

故 $\boldsymbol{A}$ 的特征值为 $\lambda_1=0$，$\lambda_2=1$，$\lambda_3=4$. 于是二次曲面的标准方程为

$$y_2^2+4y_3^2=4$$

可见它是一个椭圆柱面.

下面求柱面母线的方向. 从柱面的标准方程知柱面母线平行于 y_1 轴，故柱面母线的方向向量在 $Oy_1y_2y_3$ 坐标系中的坐标为 $(1, 0, 0)^{\mathrm{T}}$. 因而在 $Ox_1x_2x_3$ 坐标系中的坐标为 $\boldsymbol{Q}\begin{pmatrix}1\\0\\0\end{pmatrix}=(\boldsymbol{q}_1, \boldsymbol{q}_2, \boldsymbol{q}_3)\begin{pmatrix}1\\0\\0\end{pmatrix}=\boldsymbol{q}_1$. 这就是说，柱面母线的方向向量就是属于特征值 $\lambda_1=0$ 的特征向量 $\boldsymbol{q}_1$.

下面求特征值 $\lambda_1=0$ 对应的特征向量，解方程组 $\boldsymbol{AX}=\boldsymbol{O}$. 对 $\boldsymbol{A}$ 施以初等行变换得

$$\boldsymbol{A}=\begin{pmatrix}1 & 1 & 1\\ 1 & 3 & 1\\ 1 & 1 & 1\end{pmatrix}\xrightarrow{r}\begin{pmatrix}1 & 0 & 1\\ 0 & 1 & 0\\ 0 & 0 & 0\end{pmatrix}, \text{得基础解系 } \boldsymbol{p}_1=\begin{pmatrix}1\\0\\-1\end{pmatrix},$$

故 $\boldsymbol{q}_1$ 可取为 $\frac{1}{\sqrt{2}}(1, 0, -1)^{\mathrm{T}}$.

6.5 本章小结

一、二次型及其矩阵表示

1. 二次齐次多项式 $f(x_1,x_2,\cdots,x_n)=\sum_{i=1}^{n}\sum_{j=1}^{n}a_{ij}x_ix_j=\boldsymbol{X}^{\mathrm{T}}\boldsymbol{A}\boldsymbol{X}(\boldsymbol{A}^{\mathrm{T}}=\boldsymbol{A})$ 称为二次型,其中 $\boldsymbol{A}$ 为对称矩阵,称为二次型的矩阵.

2. 二次型 $f(x_1,x_2,\cdots,x_n)=\boldsymbol{X}^{T}\boldsymbol{A}\boldsymbol{X}(\boldsymbol{A}^{T}=\boldsymbol{A})$ 的秩为对称矩阵 $\boldsymbol{A}$ 的秩.

3. 标准形:只含平方项,不含交叉项的二次型称为标准形式的二次型.

4. 矩阵的合同.

二、二次型的标准形

1. 正交变换法.

正交变换化二次型为标准形的具体步骤:

(1) 将二次型 $f=\boldsymbol{X}^{\mathrm{T}}\boldsymbol{A}\boldsymbol{X}$ 表示成矩阵形式,求出 $\boldsymbol{A}$.

(2) 求出 $\boldsymbol{A}$ 的所有特征值 $\lambda_1,\cdots,\lambda_n$.

(3) 求出对应于特征值的特征向量 $\boldsymbol{\xi}_1,\cdots,\boldsymbol{\xi}_n$.

(4) 将特征向量 $\boldsymbol{\xi}_1,\cdots,\boldsymbol{\xi}_n$ 正交化、单位化,得 $\boldsymbol{q}_1,\cdots,\boldsymbol{q}_n$,记 $\boldsymbol{Q}=(\boldsymbol{q}_1,\cdots,\boldsymbol{q}_n)$.

(5) 作正交变换 $\boldsymbol{X}=\boldsymbol{Q}\boldsymbol{Y}$,则得标准形 $f=\lambda_1y_1^2+\cdots+\lambda_ny_n^2$.

2. 配方法.

3.初等(合同) 变换法.

设二次型 $f(x_1,x_2,\cdots,x_n)$ 的矩阵为 $\boldsymbol{A}$,作初等变换

$$\begin{pmatrix}\boldsymbol{A}\\ \cdots\\ \boldsymbol{E}\end{pmatrix}\xrightarrow[\text{对}\boldsymbol{E}\text{只作其中的初等列变换}]{\text{对}\boldsymbol{A}\text{作成对的初等行、列变换}}\begin{pmatrix}\boldsymbol{B}\\ \cdots\\ \boldsymbol{C}\end{pmatrix}$$

其中 $\boldsymbol{B}$ 为对角阵,且 $\boldsymbol{B}=\begin{pmatrix}k_1 & & \\ & \ddots & \\ & & k_n\end{pmatrix}$,则作线性变换 $\boldsymbol{X}=\boldsymbol{C}\boldsymbol{Y}$,二次型就变成了标准形:

$$f(x_1,x_2,\cdots,x_n)=\boldsymbol{X}^{\mathrm{T}}\boldsymbol{A}\boldsymbol{X}=(\boldsymbol{C}\boldsymbol{Y})^{\mathrm{T}}\boldsymbol{A}(\boldsymbol{C}\boldsymbol{Y})=\boldsymbol{Y}^{\mathrm{T}}(\boldsymbol{C}^{\mathrm{T}}\boldsymbol{A}\boldsymbol{C})\boldsymbol{Y}=\boldsymbol{Y}^{\mathrm{T}}\boldsymbol{B}\boldsymbol{Y}=k_1y_1^2+\cdots+k_ny_n^2.$$

三、正定二次型

1. 基本概念:规范形、正惯性指数、负惯性指数、符号差、正定二次型、负定二次型、半正定二次型、不定二次型.

2. 可逆的线性变换不改变二次型的正定性.

3. 判定:设 $\boldsymbol{A}$ 为 n 阶实对称矩阵,则以下条件是等价的:

(1) $f=\boldsymbol{X}^{\mathrm{T}}\boldsymbol{A}\boldsymbol{X}$ 是正定二次型;

(2) $\boldsymbol{A}$ 是正定阵;

(3) $\boldsymbol{A}$ 的正惯性指数为 n;

(4) $\boldsymbol{A}$ 的特征值均大于零；

(5) $\boldsymbol{A}$ 与 $\boldsymbol{E}$ 合同；

(6) 存在可逆阵 $\boldsymbol{P}$，使 $\boldsymbol{A}=\boldsymbol{P}^{\mathrm{T}}\boldsymbol{P}$；

(7) $\boldsymbol{A}$ 的各阶顺序主子式都为正.

6.6 习题六

一、填空题

1. 矩阵 $\boldsymbol{A}=\begin{pmatrix}1&-1&2\\-1&1&1\\2&1&2\end{pmatrix}$ 所对应的二次型为____________.

2. 二次型 $f(x_1,x_2,x_3)=(x_1,x_2,x_3)\begin{pmatrix}1&t&-1\\t&4&2\\-1&2&4\end{pmatrix}\begin{pmatrix}x_1\\x_2\\x_3\end{pmatrix}$ 对应的矩阵是________.

3. 二次型 $f(x_1,x_2,x_3)=2x_1^2-x_2^2+x_3^2+2x_1x_2$ 的矩阵为____________.

4. 二次型 $f(x_1,x_2,x_3)=(x_1+x_2)^2+(x_2-x_3)^2+(x_3+x_1)^2$ 的秩为________.

5. 二次型 $f(x_1,x_2,x_3)=x_1^2-3x_2^2-2x_1x_2+2x_1x_3-6x_2x_3$ 的秩为________，正惯性指数为________.

6. 设二次型 $f(x_1,x_2,x_3,x_4)$ 的秩为3，负惯性指数为1，则 $f(x_1,x_2,x_3,x_4)$ 的规范形为____________.

7. 已知二次型 $f(x_1,x_2,x_3)=a(x_1^2+x_2^2+x_3^2)+4x_1x_2+4x_1x_3+4x_2x_3$ 经正交变换 $\boldsymbol{X}=\boldsymbol{PY}$ 可化成标准形 $f(x_1,x_2,x_3)=6y_1^2$，则 $a=$________.

8. 若二次型 $f(x_1,x_2,x_3)=2x_1^2+x_2^2+x_3^3+2x_1x_2+tx_2x_3$ 是正定的，则 t 的取值范围是____________.

9. 设二次型 $f(x_1,x_2,\cdots,x_n)=\boldsymbol{X}^{\mathrm{T}}\boldsymbol{AX}$ 的秩为1，$\boldsymbol{A}$ 的各行元素之和为3，则 f 在正交变换 $\boldsymbol{X}=\boldsymbol{PY}$ 下的标准形为____________.

二、选择题

1. 二次型 $f(x_1,x_2,x_3)=x_1^2+x_2^2-2x_1x_2$ 的矩阵是(　　).

A. $\begin{pmatrix}1&-2\\0&1\end{pmatrix}$　　B. $\begin{pmatrix}1&-1\\-1&1\end{pmatrix}$　　C. $\begin{pmatrix}1&-2&0\\0&1&0\\0&0&0\end{pmatrix}$　　D. $\begin{pmatrix}1&-1&0\\-1&1&0\\0&0&0\end{pmatrix}$

2. 与矩阵 $\boldsymbol{A}=\begin{pmatrix}1&2&0\\2&1&0\\0&0&1\end{pmatrix}$ 合同的矩阵为(　　).

A. $\begin{pmatrix}1&0&0\\0&1&0\\0&0&1\end{pmatrix}$　B. $\begin{pmatrix}1&0&0\\0&1&0\\0&0&-1\end{pmatrix}$　C. $\begin{pmatrix}1&0&0\\0&-1&0\\0&0&-1\end{pmatrix}$　D. $\begin{pmatrix}-1&0&0\\0&-1&0\\0&0&-1\end{pmatrix}$

3. 设 $\boldsymbol{A}=\begin{pmatrix}1&2\\2&1\end{pmatrix}$，则下列矩阵中与 $\boldsymbol{A}$ 合同的矩阵为(　　).

A. $\begin{pmatrix}-2&1\\-1&-2\end{pmatrix}$　B. $\begin{pmatrix}2&-1\\-1&2\end{pmatrix}$　C. $\begin{pmatrix}2&1\\1&2\end{pmatrix}$　D. $\begin{pmatrix}1&-2\\-2&1\end{pmatrix}$

4. 设 $\boldsymbol{A}=\begin{pmatrix}1&1&1&1\\1&1&1&1\\1&1&1&1\\1&1&1&1\end{pmatrix}$，$\boldsymbol{B}=\begin{pmatrix}4&0&0&0\\0&0&0&0\\0&0&0&0\\0&0&0&0\end{pmatrix}$，则 $\boldsymbol{A}$ 与 $\boldsymbol{B}$(　　).

A. 合同且相似　B. 合同但不相似
C. 不合同但相似　D. 不合同且不相似

5. 二次型 $f(x_1, \cdots, x_n)=\boldsymbol{X}^{\mathrm{T}}\boldsymbol{A}\boldsymbol{X}$ 的矩阵 $\boldsymbol{A}$ 的所有主对角元为正是 $f(x_1, \cdots, x_n)$ 为正定的(　　).

A. 充分条件但非必要条件　B. 必要条件但非充分条件
C. 充分必要条件　D. 既不充分也不必要条件

6. 二次型 $f(x_1, x_2, x_3)=3x_1^2+3x_2^2+9x_3^2+10x_1x_2+12x_1x_3+12x_2x_3$ 的秩为(　　).

A. 3　B. 2　C. 1　D. 0

7. 二次型 $f=\boldsymbol{X}^{\mathrm{T}}\boldsymbol{A}\boldsymbol{X}$，其中 $\boldsymbol{A}^{\mathrm{T}}=\boldsymbol{A}$，$\boldsymbol{X}=(x_1, x_2, \cdots, x_n)^{\mathrm{T}}$，则 f 为正定二次型的充要条件是(　　).

A. 存在 n 阶矩阵 $\boldsymbol{C}$，使得 $\boldsymbol{A}=\boldsymbol{C}^{\mathrm{T}}\boldsymbol{C}$
B. 存在正交矩阵 $\boldsymbol{Q}$，使得 $\boldsymbol{Q}^{\mathrm{T}}\boldsymbol{A}\boldsymbol{Q}=\mathrm{diag}(\lambda_1, \lambda_2, \cdots, \lambda_n)$，其中 $\lambda_i>0(i=1, 2, \cdots, n)$
C. $\boldsymbol{A}$ 的行列式 $|\boldsymbol{A}|>0$
D. 对任何 $\boldsymbol{X}=(x_1, x_2, \cdots, x_n)^{\mathrm{T}}$，$x_i\neq 0(i=1, 2, \cdots, n)$，都有 $\boldsymbol{X}^{\mathrm{T}}\boldsymbol{A}\boldsymbol{X}>0$

8. 设二次型 $f(x_1, x_2, x_3)$ 在正交变换 $\boldsymbol{X}=\boldsymbol{P}\boldsymbol{Y}$ 下的标准形为 $2y_1^2+y_2^2-y_3^2$，其中 $\boldsymbol{P}=(\boldsymbol{p}_1, \boldsymbol{p}_2, \boldsymbol{p}_3)$，若 $\boldsymbol{Q}=(\boldsymbol{p}_1, -\boldsymbol{p}_3, \boldsymbol{p}_2)$，则 $f(x_1, x_2, x_3)$ 在正交变换 $\boldsymbol{X}=\boldsymbol{Q}\boldsymbol{Y}$ 下的标准形为(　　).

A. $2y_1^2-y_2^2+y_3^2$　B. $2y_1^2+y_2^2-y_3^2$
C. $2y_1^2-y_2^2-y_3^2$　D. $2y_1^2+y_2^2+y_3^2$

9. 设二次型 $f(x_1, x_2, x_3)=a(x_1^2+x_2^2+x_3^2)+2x_1x_2+2x_1x_3+2x_2x_3$ 的正、负惯性指数分别为 1、2，则(　　).

A. $a>1$　B. $a<-2$　C. $-2<a<1$　D. $a=1$ 或 $a=-2$

10. 设 3 阶实对称矩阵 $\boldsymbol{A}$ 的特征值为 2，-1，1，则二次型 $f(x_1, x_2, \cdots, x_n)=\boldsymbol{X}^{\mathrm{T}}\boldsymbol{A}\boldsymbol{X}$ 的规范形为(　　).

A. $2y_1^2-y_2^2+y_3^2$　B. $y_1^2-y_2^2+y_3^2$
C. $y_1^2+y_2^2-y_3^2$　D. $2y_1^2+y_2^2-y_3^2$

11. 矩阵 $\boldsymbol{A}=\begin{pmatrix}1 & 0 & 0\\ 0 & m & m-1\\ 0 & m-1 & m\end{pmatrix}$ 为正定矩阵，则 m 必满足(　　).

A. $m>\frac{1}{2}$　　B. $0<m<\frac{1}{2}$　　C. $m>-2$　　D. 与 m 无关，不能确定

12. 若二次型 $f(x_1, x_2, x_3)=2x_1^2+8x_2^2+x_3^2+2ax_1x_2$ 正定，则(　　).

A. $a<8$　　B. $a>4$　　C. $a<-4$　　D. $-4<a<4$

三、计算题

1. 写出下列二次型对应的矩阵.

(1) $f(x_1, x_2, x_3)=x_1^2+4x_2^2+x_3^2+4x_1x_2+2x_1x_3+4x_2x_3$;

(2) $f(x, y, z)=x^2+y^2-7z^2-2xy-4xz-4yz$;

(3) $f(x, y, z)=x^2-4xy+4y^2-2xz+z^2+4yz$;

(4) $f(x_1, x_2, x_3, x_4)=x_1^2+x_2^2+x_3^2+x_4^2-2x_1x_2+4x_1x_3-2x_1x_4+6x_2x_3-4x_2x_4$.

2. 写出下列对称矩阵所对应的二次型.

(1) $\begin{pmatrix}1 & -1\\ -1 & 1\end{pmatrix}$; (2) $\begin{pmatrix}1 & 0 & 1\\ 0 & -1 & 0\\ 1 & 0 & 1\end{pmatrix}$; (3) $\begin{pmatrix}3 & 2 & 4\\ 2 & 0 & 2\\ 4 & 2 & 3\end{pmatrix}$.

3. 求正交变换，将下列二次型化为标准形.

(1) $f(x_1, x_2, x_3)=2x_1^2+3x_2^2+x_3^2+4x_1x_2-4x_1x_3$;

(2) $f(x_1, x_2, x_3, x_4)=2x_1x_2-2x_3x_4$;

(3) $f(x_1, x_2, x_3)=2x_1^2+6x_2^2+2x_3^2+8x_1x_3$;

(4) $f(x, y, z)=3x^2+2y^2+2z^2+2xy+2xz$.

4. 用配方法将下列二次型化为标准形，并写出所用的可逆的线性变换.

(1) $f(x_1, x_2, x_3)=x_1^2-x_3^2+2x_1x_2+2x_2x_3$;

(2) $f(x_1, x_2, x_3)=2x_1x_2+2x_1x_3-6x_2x_3$;

(3) $f(x_1, x_2, x_3)=2x_1^2+x_2^2+4x_3^2+2x_1x_2-2x_2x_3$.

5. 设 $\boldsymbol{\alpha}=(a_1, \cdots, a_n)^{\mathrm{T}}\neq\boldsymbol{O}$，$\boldsymbol{A}=\boldsymbol{\alpha}\boldsymbol{\alpha}^{\mathrm{T}}$，证明：存在可逆线性变换 $\boldsymbol{X}=\boldsymbol{P}\boldsymbol{Y}$ 使

$$f(x_1, x_2, \cdots, x_n)=\boldsymbol{X}^{\mathrm{T}}\boldsymbol{A}\boldsymbol{X}=y_1^2.$$

6. 已知二次型

$$f(x_1, x_2, x_3)=2x_1^2+3x_2^2+3x_3^2+2ax_2x_3\quad(a>0)$$

通过正交变换化为标准形 $f(x_1, x_2, x_3)=y_1^2+2y_2^2+5y_3^2$，求参数 a 以及所用的正交变换.

7. 判断下列二次型的正定性.

(1) $f(x_1, x_2, x_3)=5x_1^2+x_2^2+5x_3^2+4x_1x_2-8x_1x_3-4x_2x_3$;

(2) $f(x_1, x_2, x_3)=-5x_1^2-6x_2^2-4x_3^2+4x_1x_2+4x_1x_3$.

8. 当 t 取什么值时，下列二次型是正定的.

(1) $f(x_1, x_2, x_3)=3x_1^2+3x_2^2+3x_3^2+2tx_2x_3$;

(2) $f(x_1, x_2, x_3)=x_1^2+x_2^2+5x_3^2+2tx_1x_2-2x_1x_3+4x_2x_3$;

(3) $f(x_1, x_2, x_3)=x_1^2+4x_2^2+2x_3^2+2tx_1x_2+2x_1x_3$.

9. 判断下列实对称矩阵是否正定.

(1) $\boldsymbol{A}=\begin{pmatrix}10 & 4 & 12\\ 4 & 2 & -14\\ 12 & -14 & 1\end{pmatrix}$; (2) $\begin{pmatrix}1 & 1 & 1 & 1\\ 1 & 2 & 2 & 2\\ 1 & 2 & 3 & 3\\ 1 & 2 & 3 & 4\end{pmatrix}$.

10. 设矩阵$\boldsymbol{A}=\begin{pmatrix}1 & 0 & 1\\ 0 & 2 & 0\\ 1 & 0 & 1\end{pmatrix}$，$\boldsymbol{B}=(k\boldsymbol{E}+\boldsymbol{A})^2$，求对角矩阵$\boldsymbol{\Lambda}$，使$\boldsymbol{B}$与$\boldsymbol{\Lambda}$相似，并确定$k$为何值时，$\boldsymbol{B}$为正定矩阵.

11. 已知$\boldsymbol{A}-\boldsymbol{E}$是$n$阶正定矩阵，证明：$\boldsymbol{E}-\boldsymbol{A}^{-1}$是正定矩阵.

*12. 设$\boldsymbol{A}$为n阶正定矩阵，$\boldsymbol{B}$为n阶实反对称矩阵. 证明：$\boldsymbol{A}-\boldsymbol{B}^2$是正定矩阵.

13. 设$\boldsymbol{A}$为n阶实对称矩阵，且满足$\boldsymbol{A}^4-4\boldsymbol{A}^3+7\boldsymbol{A}^2-16\boldsymbol{A}+12\boldsymbol{E}=\boldsymbol{O}$，证明：$\boldsymbol{A}$是正定矩阵.

14. 已知二次型$f(x_1, x_2, x_3)=(1-a)x_1^2+(1-a)x_2^2+2x_3^2+2(1+a)x_1x_2$的秩为2.

(1) 求a的值.

(2) 求正交变换$\boldsymbol{X}=\boldsymbol{QY}$，把$f(x_1, x_2, x_3)$化为标准形.

(3) 求方程$f(x_1, x_2, x_3)=0$的解.

附录 MATLAB 在线性代数中的应用

MATLAB 是 Matrix Laboratory 的缩写，是美国 MathWorks 公司自 20 世纪 80 年代中期推出的数学软件. 强大的数值计算能力和卓越的数据可视化能力，使其很快在数学软件中脱颖而出，成为一个功能强大的大型软件. 因此，它是大学生必须掌握的一个基本数学工具. 本节简单介绍 MATLAB 在线性代数中的一些应用.

一、数值矩阵的输入

任何矩阵都可以直接按行方式输入每个元素：同一行中的元素用逗号(，)或者空格符分隔，且空格符数不限；不同行之间用分号(;)或者回车换行分隔. 所有元素处于一对方括号([])内. 特别注意，MATLAB 中所有符号均在英文状态下输入. 如在命令窗口中输入：

```
>> X= [1, 1, 0, -1, 3, 4]          % 输入一个 1×6 矩阵或 6 维行向量，使用空格符
```

结果显示为：

```
X=
  1  1  0  -1  3  4
```

```
>> A= [1, 1, 0; -1, 3, 4; 1, 2, 3]  % 输入一个 3×3 矩阵，使用逗号和分号
```

结果显示为：

```
A=
   1  1  0
  -1  3  4
   1  2  3
```

符号“>>”是 MATLAB 的提示符，表示等待输入. 符号“%”后的所有文字等内容为注释，不参与运算.

二、矩阵的简单运算

1. 矩阵的加减运算($\boldsymbol{A}\pm\boldsymbol{B}$)

在 MATLAB 中仍用 $\boldsymbol{A}\pm\boldsymbol{B}$ 来计算. 例如：

在 MATLAB 命令窗口输入：

```
>> A= [1, 1, 0; -1, 3, 4;1, 2, 3]; B= [-1, 1, 2;1, 0, 1; 0, 1, 1];
>> C= A+ B
```

结果显示为：

```
C=
  0  2  2
  0  3  5
  1  3  4
```

注 多条命令可以放在同一行，用逗号或分号分隔，逗号表示要显示前一条语句的运行结果，分号表示不显示运行结果.

2. 矩阵的数乘运算(kA)

在 MATLAB 中用 $k*\boldsymbol{A}$ 来计算. 例如：

在 MATLAB 命令窗口输入：

```
>> A= [1, 1, 0;-1, 3, 4;1, 2, 3]; B= 2* A
```

结果显示为：

```
B=
    2  2  0
  - 2  6  8
    2  4  6
```

3. 矩阵的乘法运算(AB)

在 MATLAB 中用 $\boldsymbol{A}*\boldsymbol{B}$ 来计算. 例如：

在 MATLAB 命令窗口输入：

```
>> A= [1, 0, 1;-1, 1, 0];B= [1, 1, 0; -1, 3, 4;1, 2, 3];
>> C= A* B
```

结果显示为：

```
C=
    2  3  3
   -2  2  4
  >> B* A
```

结果显示为：

```
? error using = = > *
Inner matrix dimensions must agree.
```

以上信息显示矩阵 A 和矩阵 B 的维数不符合 B＊A 乘法运算规则.

三、矩阵的基本函数运算

矩阵的函数运算是矩阵运算中最为实用的部分，主要包括矩阵的转置(′)、矩阵的逆(inv)、矩阵的幂(^)、矩阵的行列式(det)、特征值运算、矩阵的秩(rank)、迹的运算、求正交矩阵运算、向量组的最大无关组等.

1. 矩阵的转置运算(A^{T} 或 A')

在 MATLAB 中可调用 $\boldsymbol{A}'$来计算. 例如：

在 MATLAB 命令窗口输入：

```
>> A= [1, -1;0, 1;1, 0];
>> A'
```

结果显示为：

```
ans=
     1  0  1
    -1  1  0
```

符号 ans 用作结果的缺省变量名.

2. 矩阵的逆运算(A^{-1}, $A^{-1}B$, BA^{-1})

矩阵的逆运算是矩阵运算中很重要的一种运算. 它在线性代数及计算方法中都有很多的论述. 而在 MATLAB 中，众多的复杂理论只变成了一个简单的命令——inv 或 A^{-1}. 例如：

在 MATLAB 命令窗口输入：

```
>> A= [4, 2, 3;3, 1, 2;2, 1, 1];
>> A^{-1}                    % 也可以使用 inv(A)
```

结果显示为：

```
ans=
    -1   1   1
     1  -2   1
     1   0  -2
```

MATLAB 还提供了两种逆运算：左除'\'和右除'/'. 一般情况下，$\boldsymbol{X}=\boldsymbol{A}\backslash\boldsymbol{B}$ 是方程 $\boldsymbol{AX}=\boldsymbol{B}$ 的解，而 $\boldsymbol{X}=\boldsymbol{B}/\boldsymbol{A}$ 是方程 $\boldsymbol{XA}=\boldsymbol{B}$ 的解. 当然，如果 $\boldsymbol{A}$ 可逆，$\boldsymbol{A}\backslash\boldsymbol{B}$ 和 $\boldsymbol{B}/\boldsymbol{A}$ 也可通过 $\boldsymbol{A}$ 的逆矩阵与 $\boldsymbol{B}$ 相乘得到：

```
A\B= inv(A)* B   或  A\B= A^{-1}* B,
B/A= B* inv(A)  或  B/A= B* A^{-1}.
```

3. 矩阵的行列式运算

矩阵的行列式的值可由 det 函数计算得出. 例如，计算行列式 det$(\boldsymbol{A})=\begin{vmatrix}1&3&0\\2&4&1\\3&5&2\end{vmatrix}$.

在 MATLAB 命令窗口输入：

```
>> A =  [1, 3, 0;2, 4, 1;3, 5, 2];
>> det(A)
```

结果显示为：

```
ans =  0
```

4. 向量组的秩

对于一个 n 维列向量组 $\boldsymbol{\alpha}_1$，$\boldsymbol{\alpha}_2$，…，$\boldsymbol{\alpha}_m$，构造一个 $n\times m$ 矩阵 $\boldsymbol{A}$，调用函数 rank 来计算其秩，格式为 rank($\boldsymbol{A}$). 例如：

在 MATLAB 命令窗口输入：

```
>> clear;
>> x1= [1, 2, 3]'; x2= [4, 5, 6]'; x3= [7, 8, 9]';
>> A= [x1, x2, x3];
>> rank(A)
```

结果显示为：

```
ans=

      2
```

由于秩为 2<向量的个数 3，因此向量组线性相关.

5. 化行最简形或求向量组的最大无关组

矩阵可以通过初等行变换化成行最简形，从而找出列向量组的最大无关组，在 MATLAB 中将矩阵化成行最简形的函数是：rref. 格式为 rref(**A**)，**A** 为矩阵.

例如，求向量组 $a1=(1, -2, 2, 3)$，$a2=(-2, 4, -1, 3)$，$a3=(-1, 2, 0, 3)$，$a4=(0, 6, 2, 3)$，$a5=(2, -6, 3, 4)$的一个最大无关组.

在 MATLAB 命令窗口输入：

```
> > a1= [1, -2, 2, 3]';a2 = [-2, 4, -1, 3]';a3 = [-1, 2, 0, 3]';a4 = [0, 6, 2, 3]';
    a5 = [2, -6, 3, 4]';
> > A= [a1 a2 a3 a4 a5]
A =
      1    -2    -1    0     2
     -2     4     2    6    -6
      2    -1     0    2     3
      3     3     3    3     4
> > format rat                        % 以有理格式输出
> > B= rref(A)                        % 求 A 的行最简形
```

结果显示为：

```
B =
     1    0    1/3    0    16/9
     0    1    2/3    0    -1/9
     0    0     0     1    -1/3
     0    0     0     0     0
```

从 B 中可以得到：向量组 a1、a2、a4 是其中一个最大无关组.

6. 迹函数

矩阵所有对角线上元素的和称为矩阵的迹，在 MATLAB 中可由 trace 函数来计算. 例如：

```
> > A =  [1, 3, 0;2, 4, 1;3, 5, 2];trace(A)
ans =
        7
```

7. 向量的点乘(内积)

维数相同的两个向量的点乘可由函数 dot 得出. 例如：

```
> > X= [-1, 0, 2];Y= [-2, -1, 1];
> > Z= dot(X, Y)
Z =
     4
```

还可用另一种算法：

```
sum(X. * Y)
ans=
        4
```

8. 向量的叉乘(向量积)

在数学上，两个向量的叉乘是一个过两相交向量的交点且垂直于两向量所在平面的向量. 在 MATLAB 中，用函数 cross 实现. 例如：

```
> > X= [-1, 0, 2];Y= [-2, -1, 1];
> > Z= cross(X, Y)
Z =
    2    -3    1
```

9. 向量的混合积

混合积 $\boldsymbol{X}\cdot(\boldsymbol{Y}\times\boldsymbol{Z})$由以上两个函数实现. 例如：

```
> > X= [-1, 0, 2];Y= [-2, -1, 1];Z= [2, -3, 1];
> > d= dot(X, cross(Y, Z))
d =
    14
```

10. 求矩阵的正交矩阵

将矩阵 $\boldsymbol{A}$ 正交规范化，可用函数 orth，格式为 orth ($\boldsymbol{A}$). 例如：

```
> > A= [4, 0, 0;0, 3, 1;0, 1, 3];
> > P= orth(A)
p=
          0          1          0
    -985/1393     0     -985/1393
    -985/1393     0      985/1393
format short
P
p=
         0        1. 0000        0
    -0. 6061          0       -0. 6061
    -0. 6061          0        0. 6061
```

11. 方阵的特征值与特征向量

在 MATLAB 中，用如下几种调用格式来求 $\boldsymbol{A}$ 的特征值和特征向量.

(1)$\boldsymbol{d}$=eig($\boldsymbol{A}$)　　% $\boldsymbol{d}$ 为矩阵 $\boldsymbol{A}$ 的特征值排成的向量

(2)[$\boldsymbol{V}$, $\boldsymbol{D}$]=eig($\boldsymbol{A}$) % $\boldsymbol{D}$ 为 $\boldsymbol{A}$ 的特征值对角矩阵，$\boldsymbol{V}$ 的列向量为对应特征值的特征向量（且为单位向量）

例如：

```
> > A= [1, 2, 3;4, 5, 6;6, 8, 9];
```

```
>> [x, y]= eig(A)
x =
    -0.2320  -0.6858   0.4082
    -0.5253  -0.0868  -0.8165
    -0.8186   0.6123   0.4082
y =
    16.1168      0         0
       0      -1.1168      0
       0         0      -0.0000
```

其中 x 为特征向量矩阵，y 为特征值矩阵.

四、符号矩阵的运算

符号矩阵的四则运算与数值矩阵的四则运算完全相同；符号矩阵的其他一些基本运算也与数值矩阵的运算格式相同. 这些运算包括矩阵的转置(′)、行列式(det)、逆(inv)、秩(rank)、幂(^)和指数(exp 和 expm 等)运算.

符号工具箱中还提供了符号矩阵因式分解、展开、合并、简化及通分等符号操作函数. 下面举例说明矩阵的因式分解.

符号表达式因式分解函数 factor (s). s 为符号矩阵或符号表达式，常用于多项式的因式分解.

1. 分解因式

将 x^9-1 分解因式.

```
>> syms x
>> factor(x^9-1)
ans =
      (x-1)* (x^2+x+1)* (x^6+x^3+1)
```

2. 解齐次线性方程组

问 k 为何值时，齐次线性方程组

$$\begin{cases}(1-k)x_1-2x_2+4x_3=0\\2x_1+(3-k)x_2+x_3=0\\x_1+x_2+(1-k)x_3=0\end{cases}$$

有非零解?

```
>> syms k
>> A= [1-k, -2, 4;2, 3-k, 1;1, 1, 1-k];
>> det(A)
ans =
      -6* k+5* k^2-k^3
>> factor(det(A))
ans =
      -k* (k-2)* (-3+k)
```

从而可得：当 $k=0$、$k=2$、$k=3$ 时，原方程组有非零解.

下面给出几个实验案例.

实验 1 用初等行变换法求解线性方程组

$$\begin{cases} x_1 + x_2 - 3x_3 - x_4 = 1 \\ 3x_1 - x_2 - 3x_3 + 4x_4 = 4 \\ x_1 + 5x_2 - 9x_3 - 8x_4 = 0 \end{cases}$$

在 MATLAB 编辑器中建立 M 文件：

```
A= [1, 1 -3, -1;3, -1, -3, 4;1, 5, -9, -8]; % 系数矩阵
b= [1, 4, 0]';                              % 常数列向量
B= [A, b];                                  % 增广矩阵
C= rref(B)                                  % 求增广矩阵的行最简形，可得行最简形同解方
程组
```

运行结果显示为：

```
C =
    1    0    -3/2    3/4     5/4
    0    1    -3/2    7/4    -1/4
    0    0       0      0       0
```

可得对应齐次方程组的基础解系为：

$$\boldsymbol{\xi}_1=\begin{pmatrix}3/2\\3/2\\1\\0\end{pmatrix},\quad \boldsymbol{\xi}_2=\begin{pmatrix}-3/4\\-7/4\\0\\1\end{pmatrix}$$

非齐次方程组的特解为：

$$\boldsymbol{\eta}^*=\begin{pmatrix}5/4\\-1/4\\0\\0\end{pmatrix}$$

所以原方程组的通解为：

$$\boldsymbol{X}=k_1\boldsymbol{\xi}_1+k_2\boldsymbol{\xi}_2+\boldsymbol{\eta}^*$$

实验 2 用 Cramer 法则求解线性方程组 $\begin{cases} 3x_1 - 2x_2 + 2x_3 = 10 \\ x_1 + 2x_2 - 3x_3 = -1. \\ 3x_1 - 2x_2 + 2x_3 = 10 \end{cases}$

在新建的 M 文件中输入：

```
clear                                             % 清除变量
n = input('方程个数 n = ')                        % 请用户输入方程的个数
A = input('系数矩阵 A = ')                        % 请用户输入方程组的系数矩阵
b= input('常数列向量 b = ')                       % 请用户输入常数列向量
if (size(A)~ = [n, n]) | size(B)~ = [n, 1])      % 判断 A 和 b 的输入格式是否正确
```

```
        disp('输入不正确，要求 A 是 n 阶方阵，b 是 n 维列向量')
    else if det(A)= = 0
        disp('系数行列式为 0，不能用克拉默法则解此方程组')
    else
        for i= 1:n                      % 计算 x1，x2,…，xn
            B = A;                      % 构造与 A 相等的矩阵 B
            B(:，i)= b;                 % 用列向量 b 代替矩阵 B 中的第 i 列
            x(i)= det(B)/det(A);        % 根据 Cramer 法则计算 x1，x2,…，xn
        end
    end
```

实验 3 向量组的线性相关性. 给定一个 n 维向量组 $\boldsymbol{\alpha}_1$，$\boldsymbol{\alpha}_2$，…，$\boldsymbol{\alpha}_m$，判断其线性相关性，并确定一个最大无关组. 由于对矩阵 $\boldsymbol{A}$ 实施初等行变换不改变其列向量之间的线性关系，因此可以利用 MATLAB 的库函数 rref 实现.

在新建的 M 文件中输入：

```
clear;
x1= [1，0，2]'; x2= [2，1，1]'; x3= [2，0，1]'; x4= [3，1，1]'; x5= [1，1，1]';
A= [x1，x2，x3，x4，x5];
[R，jb]= rref(A); len= length(jb);
if len< 5
    'The vector group is linearly dependent and serial numbers are'
    jb
else
    'The vector group is linearly independent. '
end
```

运行结果为：

```
The vector group is linearly dependent and serial numbers are
jb= 1 2 3
```

这就是说，向量组 $\boldsymbol{\alpha}_1$，$\boldsymbol{\alpha}_2$，$\boldsymbol{\alpha}_3$，$\boldsymbol{\alpha}_4$，$\boldsymbol{\alpha}_5$ 是线性相关的，而 $\boldsymbol{\alpha}_1$，$\boldsymbol{\alpha}_2$，$\boldsymbol{\alpha}_3$ 是一个最大无关组.

实验 4 求齐次线性方程组的基础解系和通解

例如，求齐次线性方程组 $\begin{cases} x_1+2x_2+2x_3+x_4=0 \\ 2x_1+x_2-2x_3-2x_4=0 \\ x_1-x_2-4x_3-3x_4=0 \end{cases}$ 的基础解系和通解.

在新建的 M 文件中输入：

```
A= [1，2，2，1;2，1，-2，-2;1，-1，-4，-3];
format rat
B= null(A，'r')  % 求解空间的一组基(基础解系)，B 的列向量为方程组 AX = 0 的有理基
B =
        2      5/3
       -2     -4/3
        1        0
        0        1
```

写出通解：

```
syms k1 k2
x= k1* B(:, 1)+ k2* B(:, 2)                    % 写出方程组的通解
x =
    [ 2* k1+5/3* k2]
    [ -2* k1-4/3* k2]
    [          k1]
    [          k2]
```

实验5 化二次型为标准形. 在 MATLAB 中将二次型

$$f=x_1^2+x_2^2+x_3^2+4x_1x_2+4x_1x_3+4x_2x_3$$

化为标准形.

在新建的 M 文件中输入：

```
clear;                              % 清空工作间的变量
A= [1, 2, 2;2, 1, 2;2, 2, 1]        % 输入二次型对应的对称阵
[q, d]= eig(A)                      % 求矩阵 A 的特征值与特征向量
C= q'* A* q                         % 对角化运算的验证，q'表示 q 的转置
```

运行结果为：

```
A =
    1    2    2
    2    1    2
    2    2    1
q=
   - 0.5619     0.5924    0.5774
   - 0.2321   - 0.7828    0.5774
     0.7940     0.1904    0.5774
d =
   - 1.0000        0          0
      0       - 1.0000        0
      0            0      5.0000
C =
   - 1.0000     0.0000    0.0000
     0.0000   - 1.0000    0.0000
     0.0000     0.0000    5.0000
```

由以上结果知道，q 为正交矩阵 $\boldsymbol{Q}$，而 d 的对角线元素为矩阵 $\boldsymbol{A}$ 的特征值. d 对应对角矩阵 $\boldsymbol{D}$，因此作变换 $\boldsymbol{X}=\boldsymbol{QY}$，则二次型可转换为标准形

$$f=-y_1^2-y_2^2+5y_3^2$$

需要特别注意的是，MATLAB 中的结果多用浮点数来表示. 例如，$\dfrac{1}{\sqrt{3}}$用 0.5774 表示.

实验6 判定二次型的正定性. 在 MATLAB 中判定

$$f=3x_1^2+2x_2^2+7x_3^2-4x_1x_2-4x_2x_3$$

是否为正定二次型？

在新建的 M 文件中输入：

```
clear;                                   % 清空工作间的变量
A= [3, -2, 0;-2, 2, -2;0, -2, 7]         % 输入二次型对应的对称阵
[q, d]= eig(A)                           % 求矩阵 A 的特征值与特征向量
v= diag(d)                               % 提取矩阵 A 的所有特征值
if all(v> 0)                             % 判断矩阵 A 的特征值是否均为正
    dis('二次型为正定')
elseif all(v> = 0)                       % 判断矩阵 A 的特征值是否均为非负
    dis('二次型为半正定')
elseif all(v< 0)                         % 判断矩阵 A 的特征值是否均为负
    dis('二次型为负定')
elseif all(v< = 0)                       % 判断矩阵 A 的特征值是否均为非正
    dis('二次型为半负定')
else
    dis('二次型为不定')
end
```

运行结果为：

二次型为正定.

实验 7 计算二次型的正(负)惯性指数. 在 MATLAB 中计算二次型

$$f=x_1x_2+x_1x_3-3x_2x_3$$

的正(负)惯性指数.

在新建的 M 文件中输入：

```
clear;                                              % 清空工作间的变量
A= [0, 0.5, 0.5; 0.5, 0, -1.5;0.5, -1.5, 0]; % 输入二次型对应的对称阵
[q, d]= eig(A);                                     % 计算矩阵 A 的特征值与特征向量
n= length(d);                                       % 计算矩阵 A 的阶数
zheng= 0;fu= 0;                                     % 将正负惯性指数初始值置为 0
for i= 1:n                                          % 使用循环语句统计正负惯性指数
    if d(i)> 0
     zheng= zheng+1;
    elseif d(i)< 0
     fu= fu+1;
    end
end
zheng, fu                                           % 输出正负惯性指数
```

运行结果为：

```
Zheng= 2
Fu= 1
```

即正惯性指数为 2，负惯性指数为 1.

工程技术中的一些问题，如振动问题和稳定性问题，常归结为求一个方阵的特征值和特征向量.

参考文献

[1] 同济大学数学系. 线性代数[M]. 6 版. 北京：高等教育出版社，2014.
[2] 同济大学数学系. 线性代数学习辅导与习题选解[M]. 北京：高等教育出版社，2014.
[3] 陈建龙，周建华，张小向，等. 线性代数[M]. 2 版. 北京：科学出版社，2016.
[4] 罗从文. 线性代数教程[M]. 3 版. 北京：科学出版社，2016.
[5] 王天泽. 线性代数[M]. 北京：科学出版社，2015.
[6] 刘三阳，马建荣，杨国平. 线性代数[M]. 2 版. 北京：高等教育出版社，2009.
[7] 吴传生. 线性代数[M]. 3 版. 北京：高等教育出版社，2015.
[8] 陈建华. 线性代数[M]. 3 版. 北京：机械工业出版社，2012.
[9] 陈东升. 线性代数及其实验[M]. 武汉：武汉大学出版社，2015.
[10] DAVID C L. 线性代数及其应用[M]. 刘深泉，洪毅，等译. 北京：机械工业出版社，2005.
[11] 王艳军，赵明华，李文斌. 线性代数实验教程 [M]. 北京：清华大学出版社，2011.